Grundkurs Strahlenschutz

„Strahlenschutz"

Claus Grupen

Grundkurs Strahlenschutz

Praxiswissen für den Umgang mit radioaktiven Stoffen

Unter Mitarbeit
von Ulrich Werthenbach und Tilo Stroh

4. Auflage

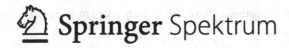 Springer Spektrum

Prof. Dr. Claus Grupen
Universität Siegen
Siegen, Deutschland

Dr. Ulrich Werthenbach
Universität Siegen
Siegen, Deutschland

Dr. Tilo Stroh
Universität Siegen
Siegen, Deutschland

ISBN 978-3-642-55341-7   ISBN 978-3-540-75849-5 (eBook)
DOI 10.1007/978-3-540-75849-5

Die Deutsche Nationalbibliothek verzeichnet diese Publikation in der Deutschen Nationalbibliografie; detaillierte bibliografische Daten sind im Internet über http://dnb.d-nb.de abrufbar.

Springer Spektrum

Springer Spektrum ist eine Marke von Springer DE. Springer DE ist Teil der Fachverlagsgruppe Springer Science+Business Media
www.springer-spektrum.de

Vorwort zur 4. Auflage

Die Strahlenschutzverordnung (StrlSchV) von 2001 hat sich im Wesentlichen in der Praxis bewährt. Einige Schwierigkeiten der Umstellung ergaben sich an Schulen. Viele der schwach radioaktiven Präparate, die nach der alten StrlSchV nur der zuständigen atomrechtlichen Aufsichtsbehörde angezeigt werden mussten, unterliegen jetzt der Genehmigungspflicht, denn in der neuen StrlSchV gibt es keine Anzeigepflicht mehr. Ein Problem in den Schulen stellte auch die fehlende Organisationsstruktur dar, denn es mussten jetzt Strahlenschutzverantwortliche ernannt und Strahlenschutzbeauftragte ausgebildet und bestellt werden.

Die relativ konservativen Grenzwerte nach der gegenwärtig gültigen StrlSchV sind schon größenordnungsmäßig vergleichbar mit natürlichen radioaktiven Umweltbelastungen. Es ergibt sich die Frage, ob diese vorsichtigen Grenzwerte jetzt eine langfristige Gültigkeit haben werden, denn weitere Senkungen – auch im weltweiten Vergleich von gesetzlichen Regelungen – erscheinen wenig sinnvoll.

Die in der jetzigen StrlSchV vorgegebenen Dosisgrenzwerte wurden in der Praxis nur äußerst selten sowohl für beruflich exponierte Personen als auch für die Bevölkerung erreicht. Das mag eine Folge des in der StrlSchV von 2001 vorgeschriebenen Minimalisierungsgebots sein, das das alte ALARA-Prinzip (As Low As Reasonably Achievable) ersetzt hat.

Die Annahme eines Risikofaktors von 5% pro Sv für bösartige stochastische Strahlenwirkungen stellt bei der Extrapolation zu niedrigen Dosen durch eine lineare Dosiseffektkurve wegen der dort bekannten effektiven Reparaturprozesse sicher eine sehr konservative Abschätzung dar. Andere Länder nehmen geringere Risikowerte an (z. B. Brasilien mit 1% pro Sv). Ob es sinnvoll ist, bei kleinen Dosen im Bereich von mSv noch rechnerisch ein Strahlenrisiko anzunehmen, sei dahingestellt. Schließlich hat sich das Leben unter solchen Belastungen, die in früheren Epochen der erdgeschichtlichen Entwicklung noch größer waren, erst entwickelt. Die Tatsache, dass der Mensch kein Sinnesorgan für ionisierende Strahlung hat, könnte andeuten, dass er für Niedrigstrahlung auch keines braucht.

Außerdem zeigen epidemiologische Untersuchungen an Beschäftigten in kerntechnischen Anlagen nach Exposition mit geringer Dosis keine signifikante Zunahme der Krebsraten mit steigender

Strahlendosis, selbst bis in den 100 mSv-Bereich hinein. Im Gegenteil, es gibt sogar Untersuchungen, die von einer günstigen Wirkung niedriger Dosen berichten („Hormesis").

Dosisbelastungen des fliegenden Personals liegen deutlich unter 6 mSv pro Jahr. Sporadisch auftretende solare Ausbrüche können aber zu deutlich höheren Dosen führen. Hier wäre ein Frühwarnsystem (Weltraum-Strahlungs-Wetterbericht) nützlich.

Schließlich ist noch anzumerken, dass die Kenntnis der aktuellen Strahlungsgrößen in der beruflichen Praxis zumindest in der Medizin noch unzureichend ist. Hier besteht mit Sicherheit noch Schulungsbedarf, damit nicht Dosisbelastungen von Milli-Sievert (mSv) mit Belichtungszeiten bei Röntgengeräten mit Milli-Sekunden (ms) verwechselt werden, wie es immer wieder von Patienten berichtet wird.

Für die 4. Auflage des Buches wurden neue Kapitel über ‚Strahlungsquellen' und ‚Kernenergie und Kernkraftwerke' sowie ein Abschnitt über die viel diskutierten potentiellen Gefahren ‚Nicht-ionisierender Strahlung' hinzugefügt. Im übrigen Text sind lediglich ein paar Ergänzungen vorgenommen worden, einige wenige Tippfehler korrigiert und einige Zeichnungen verbessert worden. Weiterhin wurde ein Periodensystem der Elemente und eine vereinfachte Nuklidkarte hinzugefügt.

Ich danke den Lesern des Buches und den Hörern meiner Vorlesungen dafür, dass sie mich auf Verbesserungsmöglichkeiten hingewiesen haben. Herr Dipl. Phys. Stefan Armbrust hat die Zeichnungen für die neuen Kapitel professionell gestaltet. Insbesondere danke ich auch meinem Kollegen, Herrn Dr. Ulrich Werthenbach, für seine vielen wertvollen Hinweise zu den gesetzlichen Regelungen und messtechnischen Neuerungen. Herr Dr. Tilo Stroh hat in seiner unnachahmlichen Art mit dauerhaften und unermüdlichen Anstrengungen ganz wesentlich dazu beigetragen, die technischen Probleme bei der Erstellung der LATEX- und Postscript-Vorlage des Buches zu lösen. Außerdem hat er den kompletten Text akribisch auf Konsistenz und mögliche Fehler durchgesehen. Dafür bin ich ihm sehr dankbar.

Siegen, November 2007   Claus Grupen

Vorwort zur 3. Auflage

Aufgrund der Euratom-Grundnormen (Richtlinien 96/29- und 97/ 43-Euratom) und der ICRP-Empfehlungen (International Commission for Radiological Protection) wurden die Anforderungen an den Strahlenschutz fortentwickelt mit dem Ziel einer europäischen Vereinheitlichung. Zur Umsetzung der europäischen Vorgaben wurde eine Neufassung der Strahlenschutzverordnung notwendig. Da die Strahlenschutzverordnung eine dem Atomgesetz nachgeordnete Verordnung ist, musste auch das Atomgesetz neu formuliert werden. Der Novelle des Atomgesetzes hat der Bundesrat bereits am 17. März 2000 abschließend zugestimmt. Die Strahlenschutzverordnung sollte den umfangreichen europäischen Vorgaben bis zum 13. Mai 2000 angepasst werden.

Wegen diverser Verzögerungen wurde die Neufassung der Strahlenschutzverordnung jedoch erst im Juli 2001 im Bundesrat verabschiedet und am 21. Juli 2001 im Bundesgesetzblatt veröffentlicht. Sie trat am 1. August 2001 in Kraft.

Aufgrund der Neuregelungen der Grenzwerte und der Hinzufügung neuer Gesichtspunkte wurde eine Aktualisierung des „Grundkurses Strahlenschutz" erforderlich.

Die wichtigsten Aspekte der neuen Strahlenschutzverordnung umfassen folgende Änderungen:

- Der Grenzwert für beruflich strahlenexponierte Personen wird von 50 mSv pro Jahr auf 20 mSv/a gesenkt.
- Der Grenzwert für Kontrollbereiche wird von 15 mSv/a auf 6 mSv/a gesenkt.
- Zum Schutz der Bevölkerung wird der Grenzwert aus zielgerichteter Nutzung radioaktiver Stoffe von 1,5 mSv/a auf 1 mSv/a gesenkt.
- Die Freigabe für Stoffe aus genehmigungsbedürftigem Umgang mit radioaktiven Materialien wird neu geregelt. Die neuen Freigaberegelungen dürfen nur zu Strahlenexpositionen der Bevölkerung von maximal 10 μSv/a führen.
- Erstmalig wird in der Strahlenschutzverordnung anerkannt, dass Strahlenbelastungen aus natürlichen Quellen mit berücksichtigt werden müssen. Dabei wird insbesondere auch das Flugpersonal hinsichtlich Belastungen durch kosmische Strahlung in den Regelungsbereich mit einbezogen (s. § 103).

Ich bedanke mich bei Herrn Dipl. Phys. Pedro Saraiva und Herrn Dipl. Phys. Stefan Armbrust für die Erstellung der neuen graphischen Darstellungen. Mein besonderer Dank gilt Frau Lisa Hoppe und Herrn Dr. Johannes Heß, die die notwendigen Textänderungen mit großer Sorgfalt durchgeführt und das Layout entsprechend korrigiert haben. Herr Dipl. Phys. Tilo Stroh hat wiederum die umfangreiche Aufgabe übernommen, dem Manuskript „den letzten Schliff" zu geben. Die endgültige LaTeX-Gestalt des Buches verdanke ich seiner langjährigen Erfahrung. Herr Dr. Ulrich Werthenbach hat eine Aktualisierung der kommerziellen Produkte für den praktischen Strahlenschutz vorgenommen und den gesamten Text kritisch durchgesehen. Schließlich danke ich den Lesern meines Buches für Hinweise auf Verbesserungsmöglichkeiten, die ich gerne berücksichtigt habe.

Siegen, im Januar 2003

Bemerkungen zur 2. Auflage

Ursprünglich war geplant, eine überarbeitete zweite Auflage zu veröffentlichen, nachdem die von der Internationalen Strahlenschutzkommssion empfohlenen reduzierten Grenzwerte in die alte nationale Strahlenschutzverordnung eingearbeitet waren. Wegen verschiedener Anhörungen verzögerte sich jedoch die Verabschiedung der überarbeiteten Strahlenschutzverordnung. Da die erste Auflage vergriffen war, entschloss sich der Verlag, die erste Auflage im Wesentlichen nachzudrucken. Diese zweite Auflage wurde jedoch durch ein ausführliches Nachwort ergänzt, das die beabsichtigten Neuregelungen, die später auch wirklich so in die neue Verordnung aufgenommen wurden, bereits enthielt.

Der Sinn der dritten Auflage ist nun, die konkreten Änderungen auch bezüglich der in den Anhängen aufgeführten Grenzwerte detailliert in den Text einzuarbeiten, und die Gelegenheit wahrzunehmen, den Text des Buches auch hinsichtlich neuerer Erkenntnisse zu überarbeiten und zu ergänzen.

Siegen, im Juli 2002

Vorwort der 1. Auflage

Der Schutz des Menschen und der Umwelt vor Gefahren durch die Technisierung des Lebensraumes ist von außerordentlicher Bedeutung. Für die Aspekte des Strahlenschutzes trifft dies in besonderem Maße auf kerntechnische Anlagen, Kernkraftwerke und nuklearmedizinische Einrichtungen zu, in denen mit Kernbrennstoffen oder radioaktiven Quellen hoher Aktivität umgegangen wird.

Ein Großteil der Literatur zum Thema Strahlenschutz und Radioaktivität ist für Personen geschrieben, die schon irgendeine Art einer naturwissenschaftlichen Ausbildung hinter sich haben. Praktische Aspekte des Strahlenschutzes müssen aber gemeinsam von Physikern, Chemikern, Biologen, Medizinern, Ingenieuren und Juristen bewältigt werden. In diesem Buch werden neben den physikalischen Aspekten des Strahlenschutzes die messtechnischen Gesichtspunkte und die juristischen Vorgaben dargestellt.

Der Grundkurs Strahlenschutz richtet sich an Mediziner, Biologen, Physiker, Ingenieure und Techniker, die regelmäßig mit radioaktiven Stoffen umgehen. Die erfolgreiche Teilnahme an einem solchen Grundkurs befähigt den Mitarbeiter, Strahlenschutzbeauftragter in einem Betrieb oder einer medizinischen Abteilung zu werden. Dazu ist allerdings noch eine Prüfung bei einer staatlich anerkannten Ausbildungsstätte erforderlich. Neben dem Grundkurs im Strahlenschutz gibt es eine Reihe von Spezialkursen, wie Sonderkurse für Lehrer, Sonderkurse für Werkstoffprüfer, Spezialkurse für den Umgang mit offenen oder umschlossenen Strahlern, Spezialkurse über Beschleuniger für Anwendungen in der Medizin etc. Der Grundkurs ist aber Voraussetzung für fast alle Spezialkurse.

Die Darstellung des Grundkurses im Strahlenschutz ist ganz bewusst einfach gehalten worden. Es werden – außer vielleicht im Kapitel über „Physikalische Grundlagen" und in einigen Ergänzungen und Übungen – nur geringe Mathematikkenntnisse vorausgesetzt. Trotzdem wird dem mathematisch ungeübten Leser empfohlen, den Anhang O zur Einführung in die grundlegenden Begriffe der Mathematik zuerst zu lesen und auf diesen Anhang zurückzugreifen, wann immer im Text darauf verwiesen wird.

Zur Leseerleichterung und zum einfacheren Auffinden von bestimmten sachlichen Aspekten sind eine Reihe von Fachbegriffen im Text hervorgehoben. Alle Begriffe, die nicht unbedingt selbsterklärend sind, werden in einem umfangreichen Glossar kurz erläutert. Das Glossar sollte immer parallel zum Lesen konsultiert werden, wenn Erklärungsbedarf bezüglich eines Fachbegriffes besteht.

Das vorliegende Buch ist aus einem Skript entstanden, das für Teilnehmer des Grundkurses im Strahlenschutz zur Verfügung gestellt wurde. Dieser Grundkurs wurde in Siegen bisher etwa ein halbes Dutzend Male durchgeführt.

Ich bedanke mich bei Frau U. Bender für das Schreiben des Textes und bei Frau C. Hauke, Frau J. Hermann und Herrn W. Kinzel für die Anfertigung der Bilder. Frau C. Hauke, Frau J. Hermann, Herrn W. Kinzel und Herrn M. Euteneuer danke ich für die Durchführung einiger Messungen, die in den Kapiteln 3, 4, 5 und 11 beschrieben werden. Herrn Dr. A. Böhrer und Herrn Dipl. Phys. V. Schreiber bin ich für das kritische Korrekturlesen und den Herren Dipl. Phys. V. Schreiber, Dipl. Phys. T. Walger, und G. Prange für die Mithilfe beim Computer-Layout zu Dank verpflichtet. Herrn J. Heß danke ich für die sorgfältige Durchsicht der Ergänzungen und Übungen. Meinen Kursteilnehmern danke ich für zahlreiche Anregungen. Mein besonderer Dank gilt den Herren Dipl. Phys. T. Stroh und Dipl. Phys. P. Saraiva, die bei der technischen Gestaltung des Buches in vielfältiger Weise mitgewirkt haben. Sie haben die umfangreiche Aufgabe übernommen, dem Manuskript die endgültige LaTeX-Gestalt zu geben. Meinem Lektor, Herrn Wolfgang Schwarz, danke ich für wertvolle Anregungen und die aktive Mitwirkung bei der Erstellung der Druckvorlage.

Siegen, im Oktober 1997

Inhaltsverzeichnis

1 Einleitung

„Alle Probleme sind letztendlich wissenschaftliche Probleme."

G. B. Shaw 1856–1950

Das Leben auf der Erde hat sich unter einer ständigen natürlichen radioaktiven Belastung entwickelt. Zu der ionisierenden Strahlung[1] aus natürlichen Quellen kam im 20. Jahrhundert eine Vielzahl von zivilisationsbedingten Expositionen hinzu. Die letzteren sind mit der rasanten Entwicklung der medizinischen Diagnostik und Therapie und dem Einsatz von radioaktiven Stoffen in Naturwissenschaft und Technik verknüpft.

Der Mensch hat kein Sinnesorgan für ionisierende Strahlen. Deshalb wurden die Gefahren, die von der ionisierenden Strahlung ausgehen, häufig unterschätzt. Noch heute passiert es gelegentlich, dass starke radioaktive Quellen, die etwa in Medizin oder Technik eingesetzt wurden, von Kindern, z. B. auf Bauplätzen oder Schrottplätzen, „gefunden" werden. Da scheinbar von diesen Stoffen keine schädigende Wirkung ausgeht, kann es passieren, dass die Kinder mit diesen Quellen umgehen oder sie etwa im Haus aufbewahren. Bei der Stärke der in Medizin und Technik verwendeten Quellen führt die Bestrahlung über einen Zeitraum von einigen Tagen im Allgemeinen zur Strahlenkrankheit oder zum Tod.

Um die potentielle Gefahr, die von radioaktiven Stoffen ausgeht, richtig beurteilen zu können, muss man ein Gefühl dafür entwickeln, wie groß die schädigende Wirkung der Strahlen ist. Da man sich einer gewissen radioaktiven Belastung, nämlich durch die natürliche Radioaktiviät der Umwelt, nicht entziehen kann, müssen zusätzliche Expositionen an dieser natürlichen Radioaktiviät gemessen werden. Um das durch die Umweltradioaktivität bedingte Risiko kritisch einschätzen zu können, muss man über ein Mindestmaß an Faktenwissen verfügen, das in gewisser Weise das fehlende Sinnesorgan für Radioaktivität ersetzt.

Abb. 1.1
Portrait von
Henri Antoine Becquerel
(Zeichnung: C. Grupen)

Abb. 1.2
Portrait von
Wilhelm Conrad Röntgen
(Zeichnung: C. Grupen)

---

[1] Es ist vielfach üblich, die von radioaktiven Stoffen ausgehende Strahlung als „radioaktive Strahlung" zu bezeichnen. Tatsächlich ist die Strahlung selbst nicht radioaktiv. Man will mit dem Begriff radioaktive Strahlung deren ionisierende und eventuell schädigende Wirkung kennzeichnen. Deshalb ist es besser und präziser von „ionisierender Strahlung" zu sprechen.

1896
Entdeckung der
Radioaktivität durch Henri
Antoine Becquerel

Die Entdeckung der Radioaktivität gelang Henri Becquerel im Jahre 1896, als er feststellte, dass die von Uransalzen ausgehende „Strahlung" in der Lage war, photoempfindliches Papier zu schwärzen. Zunächst glaubte man, dass es sich hierbei um eine Fluoreszenzstrahlung von Uransalzen handelte. Das photoempfindliche Papier wurde aber auch ohne vorherige Lichtanregung des Urans geschwärzt. Die vom Uran spontan ausgehende Strahlung war für das menschliche Auge nicht wahrnehmbar. Es musste sich also um ein neues Phänomen handeln.

1895
Entdeckung der
Röntgenstrahlen durch
Wilhelm Conrad Röntgen

Im Sinne des Strahlenschutzes muss man aber auch die von Wilhelm Conrad Röntgen mehr zufällig entdeckte Röntgenstrahlung mit erwähnen, die beim Beschuss von Materialien durch energiereiche Elektronen entsteht. Tatsächlich hat Röntgens Entdeckung (Dezember 1895) Becquerel zu seinen Untersuchungen über eine mögliche Fluoreszenz des Urans mit angeregt.

Entdeckung
von Polonium und Radium

Das Forschungsgebiet der Radioaktivität erlangte besondere Bedeutung, als es dem Ehepaar Marie und Pierre Curie im Jahre 1898 gelang, mit chemischen Methoden neue radioaktive Elemente (Polonium und Radium) aus Pechblende zu isolieren. Marie Curie erhielt für ihre Forschungen zwei Nobelpreise (1903 Henri Becquerel, Pierre Curie, Marie Curie: Physik-Nobelpreis für die Entdeckung und Erforschung der Radioaktivität; 1911 Marie Curie: Chemie-Nobelpreis für die Entdeckung der Elemente Polonium und Radium durch chemische Trennverfahren aus Pechblende).

α-, β-, γ-Strahlen

Um die Jahrhundertwende (1899–1902) wurde durch die Untersuchungen von Ernest Rutherford klar, dass es unterschiedliche Arten ionisierender Strahlung gab. Da man sie zunächst nicht identifizieren konnte, benannte man die verschiedenen Strahlenarten nach den Anfangsbuchstaben des griechischen Alphabets mit α-, β- und γ-Strahlung. Dabei waren α- und β-Strahlen magnetisch beeinflussbar, γ-Strahlen dagegen nicht.

künstliche Radioaktivität

Kernspaltung

Diese Radioaktivität war ein Phänomen der natürlichen Umwelt. Es gelang nicht, mit chemischen Methoden inaktive Substanzen in radioaktive Stoffe zu verwandeln. Erst 1934 konnten Frederic Joliot und Irène Curie auf künstlichem Wege neue radioaktive Stoffe mit kernphysikalischen Verfahren erzeugen. Wenige Jahre später gelang Otto Hahn und Fritz Straßmann (1938/39) die Spaltung von Urankernen, deren physikalische Bedeutung insbesondere von Lise Meitner und Otto Frisch richtig erkannt wurde.

Transurane

Seit 1939 beschäftigt man sich damit, superschwere Elemente jenseits des Urans („Transurane"), die in der Natur nicht vorkommen, künstlich herzustellen. Diese Elemente sind allesamt hochradioaktiv. Zu dieser Gruppe gehören z. B. Elemente wie das auch chemisch hochgiftige Plutonium und Americium. Bisher konnte man 26 in der Natur nicht vorkommende Transurane synthetisieren.

Die Bedeutung der Radioaktivität und des Strahlenschutzes für den Menschen und seine Umwelt ist groß. Die Beurteilung der Auswirkungen ionisierender Strahlung auf den Menschen sollte aber nicht nur so genannten Experten überlassen werden. Jeder, der bereit ist, sich mit dieser Problematik zu beschäftigen, sollte in der Lage sein, zu einem eigenen Urteil zu kommen. Es ist anzustreben, dass Diskussionen etwa über das Pro und Kontra von Kernkraftwerken nicht durch intuitive Abneigungen oder blinde Unterstützungen dominiert werden, sondern dass eine solide Sachkenntnis im Vordergrund steht.

Auswirkung ionisierender Strahlung

Dieses Buch dient dazu, die physikalischen, technischen, medizinischen und juristischen Aspekte in Form eines Strahlenschutzgrundkurses vorzustellen und zugleich auch einen Beitrag zur Versachlichung der Diskussionen um die Kerntechnik zu liefern.

„Eigentlich hatte ich mir unter Radio-Aktivität
etwas anderes vorgestellt!"

© by Claus Grupen

2 Einheiten des Strahlenschutzes

„Alle zusammengesetzten Dinge neigen dazu zu zerfallen."

Buddha 563–483 v. Chr.

Aus der Vielfalt der Einheiten, die im Laufe der historischen Entwicklung der Forschungen auf dem Gebiet der Radioaktivität Verwendung fanden, sollen nur die heute üblichen definiert werden. Wo noch gegenwärtig parallel alte Einheiten verwendet werden, wird deren Zusammenhang mit den neuen Einheiten angegeben.

1 Becquerel (Bq) = 1 Zerfall pro Sekunde

1 Curie (Ci) = 3,7 × 10¹⁰ Bq

Die Einheit der Aktivität ist das Becquerel (Bq). 1 Bq ist ein Zerfall pro Sekunde. Die alte Einheit Curie (Ci) entspricht der Aktivität von 1 g Radium:[1]

$$1\,\text{Ci} = 3{,}7 \times 10^{10}\,\text{Bq} \; ,$$
$$1\,\text{Bq} = 27 \times 10^{-12}\,\text{Ci} = 27\,\text{pCi} \; . \tag{2.1}$$

„Ich bleibe lieber bei der alten Aktivitätseinheit.
Mikro-Curie hört sich so viel besser an
als Mega-Becquerel!"

© by Claus Grupen

---

[1] Wegen der häufig vorkommenden sehr großen und sehr kleinen Zahlen wird durchgehend die Potenzschreibweise verwendet, z. B. $10^6 = 1\,000\,000$ und $10^{-6} = 0{,}000\,001$.

Beim radioaktiven Zerfall ist die Menge der zerfallenen Kerne ΔN der Anzahl der vorhandenen N und der Beobachtungszeit Δt proportional. Durch den Zerfall nimmt die Anzahl der Kerne ab. Deshalb gilt

$$\Delta N \sim -N\,\Delta t \ . \tag{2.2}$$

Da sich die Zerfallsrate mit der Zeit ändert, ist hier ein Übergang zu sehr kleinen, d. h. infinitesimalen Zeiten dt und Anzahlen dN angebracht (s. Anhang O),

$$dN \sim -N\,dt \ . \tag{2.3}$$

Aus dieser Proportionalität erhält man durch Einführung einer Proportionalitätskonstanten, der Zerfallskonstanten λ, die Gleichung **Zerfallskonstante**

$$dN = -\lambda\,N\,dt \ . \tag{2.4}$$

Ein solcher Zusammenhang wird ganz allgemein durch die so genannte Exponentialfunktion beschrieben (s. Anhang O):

$$N = N_0\,e^{-\lambda t} \ . \tag{2.5}$$

N_0 kennzeichnet die zur Zeit $t = 0$, also ursprünglich vorhandene Anzahl von Atomkernen. Die Zahl $e = 2{,}718\,28\ldots$ bildet die Basis des natürlichen Logarithmus (s. Anhang O). Da der Exponent der Exponentialfunktion immer dimensionslos sein muss, ist die physikalische Einheit der Zerfallskonstanten Sekunde^{-1}. λ hängt mit der Lebensdauer des radioaktiven Strahlers wie **Lebensdauer**

$$\lambda = \frac{1}{\tau} \tag{2.6}$$

zusammen. Von der Lebensdauer zu unterscheiden ist die Halbwertszeit $T_{1/2}$ – das ist die Zeit, nach der die Hälfte der anfangs vorhandenen Atomkerne zerfallen ist. Wegen **Halbwertszeit**

$$N(t = T_{1/2}) = \frac{N_0}{2} = N_0\,e^{-T_{1/2}/\tau} \tag{2.7}$$

ergibt sich nach den im Anhang O dargestellten Rechenregeln mit der Exponentialfunktion und dem natürlichen Logarithmus[2]

$$\frac{1}{2} = e^{-T_{1/2}/\tau} \ ,$$

$$e^{T_{1/2}/\tau} = 2 \ ,$$

$$T_{1/2}/\tau = \ln 2 \quad \text{bzw.}$$

$$T_{1/2} = \tau\,\ln 2 \ . \tag{2.8}$$

---

[2] Die Exponentialfunktion e^x und der natürliche Logarithmus $\ln x$ sind Rechenoperationen, die selbst auf einfachen, nichtwissenschaftlichen Taschenrechnern aufgerufen werden können.

Die Zerfallskonstante λ des instabilen Kernes (Radionuklids) ist dann

$$\lambda = \frac{1}{\tau} = \frac{\ln 2}{T_{1/2}} \; . \tag{2.9}$$

Aktivität Die Aktivität A einer radioaktiven Quelle gibt die Anzahl der Zerfälle pro Sekunde an. Die Aktivität A ist also gleich der Änderungsrate ΔN der vorhandenen Atomkerne in der Zeit Δt. Weil eine abnehmende Anzahl von Atomkernen eine positive Aktivität darstellt, erhält man

$$A = -\frac{\Delta N}{\Delta t} \; . \tag{2.10}$$

Für kleine Zeitintervalle dt gilt

$$A = -\frac{dN}{dt} \; , \tag{2.11}$$

woraus mit Hilfe von Gleichung (2.5) und den im Anhang O dargestellten Differentiationsregeln folgt:

$$A = -\frac{d}{dt}(N_0 \, e^{-\lambda t}) = \lambda \, N_0 \, e^{-\lambda t} = \lambda \, N = \frac{1}{\tau} N \; . \tag{2.12}$$

Radioaktive Stoffe mit einer großen Lebensdauer τ bzw. Halbwertszeit $T_{1/2}$ führen also zu einer geringen Aktivität bei gleicher Anzahl von Atomkernen.

Die Aktivität in Bq macht noch keine Aussagen über mögliche biologische Schäden. Letztere stehen im Zusammenhang mit der pro **Energiedosis** Masse deponierten Energie des Strahlers. Die Energiedosis D (absorbierte Energie ΔW pro Masseneinheit Δm),

$$D = \frac{\Delta W}{\Delta m} = \frac{1}{\rho} \frac{\Delta W}{\Delta V} \tag{2.13}$$

Gray (ρ – Dichte, ΔV – Volumeneinheit), wird in Gray gemessen:

$$1 \text{ Gray (Gy)} = 1 \text{ Joule (J)} \, / \, 1 \text{ Kilogramm (kg)} \; . \tag{2.14}$$

Mit der alten Einheit rad (roentgen absorbed dose, 1 rad = 100 erg/g)
1 Gy = 1 J/1 kg hängt Gy gemäß
1 Gy = 100 rad
$$1 \text{ Gy} = 100 \text{ rad} \tag{2.15}$$

zusammen.[3]

Für indirekt ionisierende Strahlung (also Photonen und Neutronen, nicht aber Elektronen und andere geladene Teilchen) wird eine **KERMA** weitere Dosisgröße, die KERMA, definiert. Kerma ist eine Abkür-

---

[3] 1 Joule (J) = 1 Wattsekunde (W s) = $1 \frac{\text{kg m}^2}{\text{s}^2} = 10^7 \frac{\text{g cm}^2}{\text{s}^2} = 10^7$ erg

zung[4] für „kinetic energy released per unit mass". Die Kerma k ist
der Quotient aus den kinetischen Anfangsenergien aller geladenen
Teilchen, die in einem Volumenelement durch indirekt ionisierende
Teilchen freigesetzt werden, und der Masse der Materie in diesem
Volumenelement:

$$k = \frac{\Delta E}{\Delta m} = \frac{1}{\rho} \frac{\Delta E}{\Delta V} \qquad (2.16)$$

mit ΔE = Summe der Anfangswerte der kinetischen Energien aller geladenen Teilchen, die von indirekt ionisierenden Teilchen im
Massenelement Δm freigesetzt werden (ρ – Dichte, ΔV – Volumenelement). Die Kerma bezieht sich also auf die auf geladene Teilchen übertragene Energie, unabhängig davon, welcher Anteil dieser
Energie von den geladenen Teilchen entsprechend ihrer Reichweite oder durch Bremsstrahlung aus dem Volumen heraustransportiert
wird. Deshalb wird Kerma auch manchmal als Dosisgröße der ersten **Dosisgröße der ersten**
Wechselwirkungsstufe bezeichnet. Die Einheit der Kerma ist eben- **Wechselwirkungsstufe**
falls Gray (Gy).

Gray und rad beschreiben die rein physikalische Energiedeposition. Diese Einheiten machen noch keine Aussagen über den biologischen Effekt einer Strahlung. So ionisieren Elektronen relativ
schwach, während α-Strahlen eine hohe Ionisationsdichte aufweisen, so dass biologische Reparaturmechanismen im letzteren Fal-
le schlecht greifen können. Die relative biologische Wirksamkeit **relative biologische**
(RBW) hängt von der Strahlenart, der Strahlenenergie, der zeitli- **Wirksamkeit**
chen Verteilung der Dosis und anderen Größen ab. Die relative biologische Wirksamkeit ist definiert als der Faktor, mit dem die Energiedosis D bei einer beliebigen Strahlenart zu multiplizieren ist, um
die Energiedosis D_γ zu erhalten, bei der man mit Röntgenstrahlen
die gleiche biologische Wirkung erzielt,

$$RBW = D_\gamma / D \ . \qquad (2.17)$$

Da man im Strahlenschutz nicht immer weiß, auf welche der
möglichen biologischen Wirkungen man sich im Einzelfall beziehen soll, benutzt man statt des komplizierten, energie-, strahlungs-
und dosisleistungsabhängigen RBW-Faktors den so genannten Qualitätsfaktor Q, um eine physikalische Energiedeposition zu bewerten. Damit gelangt man zur Äquivalentdosis H, **Äquivalentdosis**

$$H = Q \, f \, D \ . \qquad (2.18)$$

H wird in Sievert (Sv) gemessen. f berücksichtigt weitere strah-
lungsrelevante Faktoren, wie etwa eine Dosisleistungsabhängigkeit

---

[4] Gelegentlich findet man auch „kinetic energy released in matter (oder: in
material)".

oder reduzierte biologische Effekte durch eine fraktionierte Bestrahlung. Insgesamt bewertet daher das Produkt aus dem Qualitätsfaktor Q und dem modifizierenden Faktor f den biologischen Strahlungseffekt der Dosis D. Deshalb wird $q = Q\,f$ auch **Bewertungsfaktor** genannt.

Bewertungsfaktor

Qualitätsfaktor

Da der Qualitätsfaktor Q (und auch der Korrekturfaktor f) und damit ebenfalls der Bewertungsfaktor q dimensionslos sind,[5] ist die Einheit der Äquivalentdosis auch J/kg. Die alte Einheit rem (roentgen equivalent man) hängt mit der Maßeinheit Sievert gemäß

1 Sv = 100 rem

$$1\,\mathrm{Sv} = 100\,\mathrm{rem} \qquad (2.19)$$

zusammen.

„Aber der atomare Fortschritt bildet doch ungemein!"

nach Jupp Wolter

Strahlungs-Wichtungsfaktoren

Die Bewertungsfaktoren q, die in der Strahlenschutzverordnung Strahlungs-Wichtungsfaktoren w_R genannt werden, hängen von der Strahlenart und bei Neutronen auch von der Strahlenenergie ab. Die neu festgelegten Strahlungs-Wichtungsfaktoren sind in Tabelle 2.1 aufgeführt.

Für das Strahlungsfeld R erhält man also die Äquivalentdosis H_R aus der Energiedosis D_R gemäß

$$H_R = w_R\, D_R \; . \qquad (2.20)$$

Aufnahmen mit einer Diffusionsnebelkammer in der normalen Raumluft von Gebäuden zeigen deutlich die stark ionisierende Wirkung von α-Teilchen aus der Radon-Zerfallskette (s. Bild 2.1; links).

---

[5] Da die Energiedosis D in Gy und die Äquivalentdosis H in Sv gemessen wird, hat der Bewertungsfaktor q genau genommen die Einheit Sv/Gy. Allerdings haben sowohl Gy wie auch Sv die gleiche physikalische Einheit J/kg; wobei Gy allein den physikalischen Effekt, Sv aber zusätzlich die biologische Wirkung berücksichtigt.

Strahlenart und Energiebereich	Strahlungs-Wichtungsfaktor w_R
Photonen, alle Energien	1
Elektronen und Myonen[7], alle Energien	1
Neutronen $E_n < 10\,\mathrm{keV}$	5
$10\,\mathrm{keV} \leq E_n \leq 100\,\mathrm{keV}$	10
$100\,\mathrm{keV} < E_n \leq 2\,\mathrm{MeV}$	20
$2\,\mathrm{MeV} < E_n \leq 20\,\mathrm{MeV}$	10
$E_n > 20\,\mathrm{MeV}$	5
Protonen, außer Rückstoßprotonen, $E > 2\,\mathrm{MeV}$	5
α-Teilchen, Spaltfragmente, schwere Kerne	20

Tabelle 2.1
Strahlungs-Wichtungsfaktoren
w_R[6]

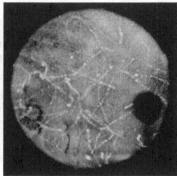

Abb. 2.1
Spuren von α-Teilchen und Elektronen in einer Diffusionsnebelkammer, die normaler Raumluft ausgesetzt war. Die unterschiedliche Länge und Breite der α-Teilchen-Spuren (linkes Bild) kommt durch Projektionseffekte zustande

Gleichzeitig wird die schwach ionisierende Wirkung von Zerfalls-elektronen sichtbar, deren Spuren in der Nebelkammer durch Viel-fachstreuung sehr stark gekrümmt sind (rechtes Bild).

Neben diesen Einheiten findet noch eine Größe für die Men-ge der erzeugten Ladung Verwendung, das Röntgen (R). Ein Rönt-gen ist diejenige Strahlendosis an Röntgen- oder γ-Strahlung, die in $1\,\mathrm{cm}^3$ Luft (bei Normalbedingungen) je eine elektrostatische La-dungseinheit an Elektronen und Ionen freisetzt.

Röntgen

Wenn man die Einheit Röntgen durch eine Ionendosis I in Cou-lomb/kg ausdrückt, erhält man

Ionendosis

$$1\,\mathrm{R} = 2{,}58 \times 10^{-4}\,\mathrm{C/kg} \ . \tag{2.21}$$

Das Gewebeäquivalent des Röntgens ergibt sich zu

$$1\,\mathrm{R} = 0{,}88\,\mathrm{rad} = 8{,}8\,\mathrm{mGy} \ . \tag{2.22}$$

---

[6] Der energieabhängige Strahlungs-Wichtungsfaktor für Neutronen kann durch die Funktion $w_R = 5 + 17\,\mathrm{e}^{-\frac{1}{6}(\ln(2\,E_n))^2}$ approximiert werden, wobei die Neutronenenergie E_n in MeV gemessen wird.

[7] Myonen sind kurzlebige Elementarteilchen, die hauptsächlich in der kosmischen Strahlung gebildet werden (s. Kap. 11.1).

Für eine näherungsweise Abschätzung von Körperdosen bei Photonenstrahlung ist es im Allgemeinen ausreichend, die Photonen-Äquivalentdosis gemäß

$$H_X = \eta \, I_S \tag{2.23}$$

zu berechnen, wobei I_S die Standard-Ionendosis in Röntgen ist und der Skalierungsfaktor zu

Skalierungsfaktor

$$\eta = 38,8 \, \mathrm{Sv} \, (\mathrm{C/kg})^{-1} = 0,01 \, \mathrm{Sv/R} \tag{2.24}$$

angenommen wird.

Dosisleistung
Betrachtet man die Zeitabhängigkeit der Energie-, Äquivalent- oder Ionendosis, so kommt man zu den Begriffen der Dosisleistung. Die Energiedosisleistung ist die Änderung der Dosis ΔD in der Zeit Δt. Da sich die Dosisleistung, z. B. bei radioaktiven Quellen mit kurzer Halbwertszeit, schnell ändert, ist hier die differentielle Schreibweise angezeigt (s. Anhang O). Je nachdem ob man die von Leibniz eingeführte Notation ($\frac{\mathrm{d}}{\mathrm{d}t}$) oder die von Newton favorisierte Punktschreibweise bevorzugt, erhält man für die Energiedosisleistung

$$\frac{\mathrm{d}D}{\mathrm{d}t} \equiv \dot{D} \; . \tag{2.25}$$

Äquivalentdosisleistung
Entsprechend wird die Äquivalentdosisleistung durch

$$\frac{\mathrm{d}H}{\mathrm{d}t} \equiv \dot{H} \tag{2.26}$$

Ionendosisleistung
und die Ionendosisleistung durch

$$\frac{\mathrm{d}I}{\mathrm{d}t} \equiv \dot{I} \tag{2.27}$$

charakterisiert. Die physikalischen Einheiten dieser Größen sind:

$$[\dot{D}] = \frac{\mathrm{J}}{\mathrm{kg\,s}} = \frac{\mathrm{W\,s}}{\mathrm{kg\,s}} = \frac{\mathrm{W}}{\mathrm{kg}} \; , \tag{2.28}$$

$$[\dot{H}] = [\dot{D}] \; , \tag{2.29}$$

$$[\dot{I}] = \frac{\mathrm{C}}{\mathrm{kg\,s}} = \frac{\mathrm{A\,s}}{\mathrm{kg\,s}} = \frac{\mathrm{A}}{\mathrm{kg}} \; . \tag{2.30}$$

$\dot{D}$ und $\dot{H}$ werden also in Watt pro Kilogramm und $\dot{I}$ in Ampere pro kg angegeben.

Ganz- und Teilkörperdosis
Eine empfangene Dosis kann sich auf den ganzen Körper beziehen (Ganzkörperdosis) oder nur auf Teile des Körpers (Teilkörperdosis). Die Äquivalentdosis, die sich 50 Jahre nach einer einmaligen Inkorporation radioaktiver Stoffe in einem bestimmten Organ oder Gewebe akkumuliert hat, heißt „50-Jahre-Folgeäquivalentdosis".

50-Jahre-Folgeäquivalentdosis

Erfolgt eine Strahlenbelastung mit einer mittleren Pro-Kopf-Äquivalentdosisleistung $\overline{H}(t)$ für eine Bevölkerungsgruppe über einen längeren Zeitraum, so definiert man die „Folgeäquivalentdosis" gemäß

Folgeäquivalentdosis

$$H_f = \sum \overline{H}(t)\,\Delta t \ , \qquad (2.31)$$

wobei über die relevanten Zeitintervalle Δt zu summieren ist. Hängt die Dosisleistung $\overline{H}(t)$ nicht von der Zeit ab, so gilt

$$H_f = \overline{H}\,t \ , \qquad (2.32)$$

wobei t den betrachteten Zeitraum darstellt.

Soll eine Teilkörperbestrahlung in eine Ganzkörperdosis umgerechnet werden, so muss man die bestrahlten Organe des Körpers mit einem Wichtungsfaktor w_T bewerten. Diese effektive Äquivalentdosis ist definiert als

effektive Äquivalentdosis

$$H_{\mathrm{eff}} = E = \sum_{T=1}^{n} w_T H_T \ , \qquad (2.33)$$

wobei H_T die mittlere Äquivalentdosis in dem bestrahlten Organ oder Gewebe und w_T der Wichtungsfaktor für das T-te Organ oder Gewebe ist.[8]

Für Zwecke des Strahlenschutzes wird vereinfachend definiert, dass der Mensch dreizehn „Organe" hat. Die Wichtungsfaktoren sind auf 1 normiert ($\sum w_i = 1$). Diese Gewebe-Wichtungsfaktoren sind in Tabelle 2.2 zusammengestellt.

Wichtungsfaktor

Organ oder Gewebe	Gewebe-Wichtungsfaktor w_T
Keimdrüsen	0,20
rotes Knochenmark	0,12
Dickdarm	0,12
Lunge	0,12
Magen	0,12
Blase	0,05
Brust	0,05
Leber	0,05
Speiseröhre	0,05
Schilddrüse	0,05
Haut	0,01
Knochenoberfläche	0,01
andere Organe oder Gewebe	0,05

Tabelle 2.2
Gewebe-Wichtungsfaktoren w_T

---

[8] In der Strahlenschutzverordnung von 2001 wird H_{eff} mit E bezeichnet, um darauf hinzuweisen, dass es sich um eine effektive Dosis handelt.

Tabelle 2.3
Dosiskonstanten Γ für einige β-
und γ-Strahler[9]

Radionuklid	β-Dosiskonstante $\left(\dfrac{\text{Sv m}^2}{\text{Bq h}}\right)$
$^{32}_{15}$P	$9{,}05 \times 10^{-12}$
$^{60}_{27}$Co	$2{,}62 \times 10^{-11}$
$^{90}_{38}$Sr	$2{,}00 \times 10^{-11}$
$^{131}_{53}$I	$1{,}73 \times 10^{-11}$
$^{204}_{81}$Tl	$1{,}30 \times 10^{-11}$

Radionuklid	γ-Dosiskonstante $\left(\dfrac{\text{Sv m}^2}{\text{Bq h}}\right)$
$^{41}_{18}$Ar	$1{,}73 \times 10^{-13}$
$^{60}_{27}$Co	$3{,}41 \times 10^{-13}$
$^{85}_{36}$Kr	$3{,}14 \times 10^{-16}$
$^{131}_{53}$I	$5{,}51 \times 10^{-14}$
$^{133}_{54}$Xe	$3{,}68 \times 10^{-15}$
$^{137}_{55}$Cs	$8{,}46 \times 10^{-14}$

Strahlenrisiko

Man nimmt an, dass die inhomogene Bestrahlung des Körpers mit einer effektiven Äquivalentdosis H_{eff} das gleiche Strahlenrisiko wie eine homogene Ganzkörperbestrahlung mit $H = H_{\text{eff}}$ darstellt.

Die Berechnung der Äquivalentdosisleistung durch punktförmige Strahlenquellen der Aktivität A kann durch

$$\dot{H} = \Gamma \, \frac{A}{r^2} \tag{2.34}$$

Dosiskonstante

erfolgen. Dabei ist r der Abstand von der Strahlenquelle und Γ eine spezifische Strahlenkonstante, die von der Strahlenart und der Strahlenenergie abhängt. Bei β-Strahlen muss zusätzlich noch die Reichweite berücksichtigt werden. Tabelle 2.3 enthält die β- und γ-Dosiskonstanten für einige gebräuchliche Strahlenquellen. Die $1/r^2$-Abhängigkeit der Äquivalentdosisleistung lässt sich leicht verstehen, wenn man bedenkt, dass bei isotroper Emission die bestrahlte Fläche für größere Entfernungen quadratisch mit dem Abstand r

---

[9] Ein chemisches Element ist durch die Anzahl der positiv geladenen Kernbausteine (Protonen) gekennzeichnet (Protonenzahl = Z). Weiterhin gibt es in Atomkernen Neutronen, die für den Zusammenhalt der Kerne wesentlich sind (Neutronenzahl = N). Die Massenzahl A erhält man als $Z + N$. Kerne mit fester Protonenzahl, aber variabler Neutronenzahl nennt man Isotope des Elements mit der Ordnungszahl Z. Radioaktive Isotope heißen Radioisotope oder Radionuklide. Man kennzeichnet ein Isotop mit Z Protonen und N Neutronen durch $^A_Z Element$. Da der Name des Elements eindeutig durch Z bestimmt ist, lässt man häufig den Index Z weg; z. B. $^{137}_{55}Cäsium$ oder $^{137}Cäsium$.

anwächst. Die von der Quelle ausgehende Strahlung muss irgendwo durch die Oberfläche einer gedachten Kugel hindurchgehen (Kugeloberfläche $= 4\pi r^2$), also nimmt die Strahlungsintensität pro Einheitsfläche wie $1/r^2$ ab („Raumwinkeleffekt").

$1/r^2$-Gesetz

Die Unterschiede in den β- und γ-Dosiskonstanten rühren grundsätzlich daher, dass Elektronen immer ihre vollständige Energie im Körper deponieren, während das Absorptionsvermögen des Körpers für γ-Strahlung viel geringer ist. Unterschiede in den β- oder γ-Dosiskonstanten für verschiedene Radionuklide rühren von der unterschiedlichen Energie der emittierten β- und γ-Strahlen her. So emittiert ^{137}Cs ein Photon der Energie 662 keV und ^{60}Co zwei γ-Quanten mit Energien 1,17 MeV und 1,33 MeV. Folglich ist die γ-Dosiskonstante für ^{60}Co größer als für ^{137}Cs.

Energieabsorption

Ein punktförmiger ^{137}Cs γ-Strahler der Aktivität 10 MBq erzeugt eine Äquivalentdosisleistung von 0,846 μSv/h in einem Abstand von 1 m. Eine ^{60}Co-Quelle gleicher Aktivität führt zu einer Äquivalentdosisleistung von 3,41 μSv/h im gleichen Abstand. Das Dosisleistungsverhältnis dieser beiden Strahler entspricht dem Verhältnis der deponierten Energien.

Dosisleistungsverhältnis

© by Claus Grupen

2.1 Ergänzungen

Ergänzung 1

Kontamination
Ortsdosisleistung

Ein Strahlenschutzbeauftragter stellt eine Jodkontamination mit ^{131}I in einem medizinischen Labor fest, die zu einer Ortsdosisleistung von 1 mSv/h führt. Er beschließt, den Raum zu versiegeln und abzuwarten, bis die Aktivität des radioaktiven Strahlers so weit abgeklungen ist, dass die Ortsdosisleistung nur noch 1 μSv/h beträgt. Wie lange muss der Raum geschlossen bleiben?

Die Halbwertszeit des ^{131}I-Isotops beträgt 8 Tage. Die Dosisleistung und damit die Aktivität soll um einen Faktor 1000 reduziert werden. Das Zerfallsgesetz

$$N = N_0 \, e^{-t/\tau}$$

Abklingverhalten

führt zu einem zeitlichen Verhalten der Aktivität A wie

$$A = A_0 \, e^{-t/\tau} \; ,$$

wobei A_0 die Anfangsaktivität ist. Mit $A/A_0 = 10^{-3}$ und $\tau = T_{1/2}/\ln 2$ folgt

$$\exp\left(-\frac{t \, \ln 2}{T_{1/2}}\right) = 10^{-3}$$

und

$$t = \left(T_{1/2}/\ln 2\right) \ln 1000 = 79{,}7 \, \text{Tage} \; .$$

Man benötigt also etwa 10 Halbwertszeiten $((1/2)^{10} = 1/1024)$, um den erforderlichen Reduktionsfaktor zu erzielen.

„Machen Sie sich nichts draus! Nur für unendliche Zeiten werden Sie ganz versinken."

Ein historisches Beispiel für die spezifische Aktivität führte zur Definition der alten Einheit *Curie*:

Die Halbwertszeit von ^{226}Ra ist 1600 Jahre. Damit ist die spezifische Aktivität (also die Aktivität pro Gramm):

$$A^* = \lambda\,N = \frac{\ln 2}{T_{1/2}}\,\frac{N_A}{M_{Ra}} = \frac{\ln 2}{1600\,a}\,\frac{6{,}022 \times 10^{23}}{226}$$

$$= 3{,}7 \times 10^{10}\,\text{Bq} = 1\,\text{Curie}\,.$$

(N_A ist die Avogadro-Zahl und M_{Ra} das Atomgewicht von ^{226}Radium, $1\,a = 3{,}1536 \times 10^7\,\text{s}$.)

Neben den von der Internationalen Strahlenschutzkommission (ICRP) empfohlenen Dosisgrößen hat auch die Internationale Kommission für Strahlungseinheiten und -messungen (ICRU[10]) auf der Grundlage der Euratom-Richtlinie von 1996 zusammen mit der ICRP ein leicht geändertes Konzept der Dosisgrößen im Strahlenschutz vorgeschlagen. Diese Dosisgrößen unterscheiden sich von den bisher vorgestellten Einheiten durch eine höhere Spezialisierung und eine stärkere Formalisierung. Diese dosimetrischen Größen mit den dazugehörigen Gewebe- und Strahlungs-Wichtungsfaktoren wurden in die Strahlenschutzverordnung von 2001 (Anlage VI) aufgenommen.

Wenn in einem spezifischen Gewebe, Organ oder Körperteil T die Energiedosis $D_{T,R}$ durch ein Strahlungsfeld der Qualität R hervorgerufen wird, dann erhält man die Äquivalent- oder Organdosis mit Hilfe des Strahlungs-Wichtungsfaktors w_R zu

$$H_{T,R} = w_R\,D_{T,R}\,, \tag{2.35}$$

wobei die w_R die in Tabelle 2.1 aufgeführten Strahlungs-Wichtungsfaktoren sind.

Gleichung (2.35) definiert also Teilkörperdosen T für ein bestimmtes Strahlungsfeld R. Wirken mehrere Strahlungsqualitäten (α, β, γ, n) zusammen, so ergibt sich die Teilkörperdosis zu

$$H_T = \sum_R H_{T,R} = \sum_R w_R\,D_{T,R}\,. \tag{2.36}$$

Die effektive Äquivalentdosis E erhält man aus Gleichung (2.36) durch Wichtung mit den Gewebe-Wichtungsfaktoren w_T, die in Tabelle 2.2 angegeben sind:

$$E = H_{\text{eff}} = \sum_T w_T\,H_T = \sum_T w_T \sum_R w_R\,D_{T,R}\,. \tag{2.37}$$

Weiterhin wurden Dosisgrößen für durchdringende Strahlung (in 10 mm Gewebetiefe) und für Strahlung geringer Eindringtiefe (70

Ergänzung 2
spezifische Aktivität

Ergänzung 3

modifizierte Dosisgrößen

Strahlungsfeld

Strahlungsqualität

---

[10] International Commission on Radiation Units and Measurement

**operative Größen
der Personendosimetrie**

μm Bezugstiefe) in die Strahlenschutzverordnung aufgenommen. Diese operativen Größen der Personendosimetrie werden mit $H_p(10)$ bzw. $H_p(0,07)$ bezeichnet. Genauere Informationen zu diesem geänderten Konzept der Dosisgrößen im Strahlenschutz findet man in der Anlage VI der Strahlenschutzverordnung. Eine Gegenüberstellung der ICRP- und und ICRU-Vorstellungen wird in J. Böhm, Bericht der Physikalisch–Technischen Bundesanstalt Braunschweig, PTB-DOS-31 (1999) gegeben.

Tiefen-Personendosen

Gleitschattenmethode

Die Personendosen wurden in der Vergangenheit überwiegend mit Filmdosimetern gemessen (siehe Abschn. 5.6). Zur Bestimmung der Tiefen-Personendosen $H_p(10)$ und $H_p(0,07)$ sind Filmdosimeter aber nur bedingt geeignet. Neuartige Dosimeter basierend auf der Gleitschattenmethode[11] sind dagegen für die Messung der Tiefen-Personendosen optimiert. Mit diesen neuen Dosimetern ist es möglich, die Energie und den Einfallswinkel von Photonenstrahlung abzuschätzen, sowie Betastrahlung von Photonen zu unterscheiden.

**Umrechnungsfaktor
für Tiefen-Personendosen**

Durch diese neue Messtechnik ist es erforderlich geworden, die bisherigen Messgrößen $H_p(10)$ und $H_p(0,07)$ auf die neuen Messgrößen $H^*(10)$ und $H^*(0,07)$ umzurechnen. Der Umrechnungsfaktor hängt nun natürlich von der Photonenenergie und auch von der Einfallsrichtung ab. Für natürliche Umgebungsstrahlung, Gammastrahlung und Röntgenstrahlung aus Röntgenröhren mit Spannungen unterhalb von 50 kV und oberhalb von 400 kV ist der Umrechnungsfaktor gleich 1, d. h. die alten und neuen Tiefen-Personendosen stimmen überein. Für Gammastrahlung aus radioaktiven Präparaten, die häufig als Röntgenquellen dienen (z. B. ^{57}Co, ^{67}Ga, ^{75}Se, ^{99m}Tc, ^{153}Gd, ^{153}Sm, ^{169}Yb, ^{170}Tm, ^{186}Re, ^{192}Ir, ^{197}Hg, ^{199}Au, ^{201}Tl, ^{241}Am) und für das Röntgenstrahlungsfeld von Röntgengeräten, die mit Spannungen zwischen 50 kV und 400 kV betrieben werden, sind die Umrechnungsfaktoren $H^*(10)/H_p(10) = 1,3$ und $H^*(0,07)/H_p(0,07) = 1,3$. Das bedeutet, dass in diesen Fällen die mit den alten Filmdosimetern bestimmten Tiefen-Personendosen um 30 Prozent nach oben zu korrigieren sind.

Genauere und detailliertere Angaben zu den neuen Messgrößen und Messverfahren findet man unter `http://www.automess` `.de/neue-messgr.htm`.

---

[11] In Gleitschattendosimetern verwendet man eine raffinierte Anordnung aus stark strukturierten Metall- und Plastikfiltern und Richtungsanzeigern sowie Betastrahlungsindikatoren, um die Tiefen-Personendosis zu bestimmen. Durch die unterschiedlichen Absorptionskoeffizienten der verschiedenen verwendeten Materialien gelingt eine sehr genaue Messung der Dosis über einen weiten Energiebereich. Der eigentliche Detektor hinter den Filtern ist aber nach wie vor immer noch ein Film.

Eine neue Einheit der Strahlungsdosis

Die üblichen Einheiten für Strahlendosen (Gy, Sv) sind für eine breitere Öffentlichkeit wenig aussagekräftig und schwer interpretierbar. Schon geringe Strahlenbelastungen, die nur wegen außerordentlich empfindlicher Messtechniken festgestellt werden können (man kann ohne weiteres den Zerfall einzelner Atomkerne messen) führen gelegentlich zu Überreaktionen in öffentlichen Diskussionen. Es ist aber wichtig, die Strahlenbelastungen, etwa durch Castor-Transporte oder Kernkraftwerke, in Einheiten auszudrücken, die für die normale Bevölkerung nachvollziehbar und einschätzbar sind. Dabei reicht es aus, die Größenordnung der Belastung zu verstehen, und zwar in leicht verständlichen Einheiten, die intuitiv bewertet werden können.

Die Menschheit hat sich unter einer ständigen natürlichen Strahlenbelastung bedingt durch kosmische und terrestrische Strahlung bei ständiger Inkorporation durch Ingestion und Inhalation natürlicher Radionuklide entwickelt. Es gibt keinerlei Hinweise, dass dieses Strahlungsniveau irgendeinen biologischen Schaden angerichtet hat. Die natürliche Strahlungsdosis ist zwar gewissen regionalen Schwankungen unterworfen, aber niemand kann eine natürliche jährliche Strahlendosis von etwa 2 mSv unterschreiten. An dieser Dosis müssen besondere Strahlenbelastungen durch Medizin oder die Technisierung der Umwelt gemessen werden.

Es wird deshalb vorgeschlagen, diesen typischen Wert der unvermeidbaren natürlichen Strahlendosis (UNS) pro Jahr zur Bewertung zusätzlicher Strahlenbelastungen bei Diskussionen in der Öffentlichkeit zugrunde zu legen:[12]

$$1\,\text{UNS} = 2\,\text{mSv} \ .$$

In diesen Einheiten ausgedrückt, ergeben sich aus der Tabelle einige exemplarisch ausgewählte Belastungen.

Art der Belastung	Dosis in UNS
Zahnröntgenaufnahme	0,005
Belastung durch Kernkraftwerke	$\leq 0,01/a$
Castor-Begleitung	$\leq 0,015$
Flug Frankfurt – New York	0,015
Thorax-Röntgenaufnahme	0,05
Mammographie	0,25
Schilddrüsenszintigraphie	0,40
starker Raucher	0,50/a
Positronen-Emissions-Tomographie	4,0
Computertomographie Brustkorb	5,0
Grenzwert für strahlenexponierte Personen	10
Feuerwehreinsatz bei Personengefährdung	≤ 125
maximale Lebensdosis für exponierte Personen	200
letale Dosis	2000
lokale Krebsbehandlung	$\approx 30\,000$

An Hand dieser Zahlen ist für jedermann das Gefährdungspotential von Strahlenbelastungen realistischer abschätzbar.

---

[12] G. Charpak und R. L. Garwin haben einen ähnlichen Vorschlag gemacht; und zwar die durch die körpereigene Radioaktivität bedingte jährliche Strahlendosis als Einheit zugrunde zu legen. Sie definieren 1 DARI = 0,2 mSv, wobei die Abkürzung DARI für Dose Annuelle due aux Radiations Internes steht. Europhysics News 33/1; p. 14 (2002)

Zusammenfassung

> Die wesentlichen Einheiten des Strahlenschutzes sind das Becquerel (Bq) für die Aktivität, das Gray (Gy) für die rein physikalische Energiedeposition pro Masseneinheit und das Sievert (Sv) für die mit der biologischen Wirkung gewichteten Energiedosis. Eine charakteristische Größe für den radioaktiven Stoff ist seine Halbwertszeit $T_{1/2}$. Stoffe mit großen Halbwertszeiten haben eine geringe und solche mit kurzen Halbwertszeiten eine hohe Aktivität. Die Aktivität allein ist noch kein direktes Maß für eine mögliche Strahlenschädigung. Sie hängt vielmehr von der Art des Strahlers und dem Abstand zum Strahler ab.

2.2 Übungen

Übung 1

Ein Stoff habe eine nahezu konstante Gammaaktivität von 1 GBq. Pro Zerfall werden 1,5 MeV frei. Wie groß ist die tägliche Energiedosis, wenn die ionisierenden Strahlen in einer Masse $m = 10\,kg$ absorbiert werden?

Übung 2

In einem kernphysikalischen Labor hat ein Angestellter bei einem Unfall Stäube eines ^{90}Sr-Isotops inhaliert, die zu einer Dosisleistung von 1 µSv/h in seinem Körper führten. Die physikalische Halbwertszeit von ^{90}Sr beträgt 28,5 Jahre, die biologische Halbwertszeit (s. Kap. 12, Seite 184) nur 80 Tage. Nach welcher Zeit ist die Dosisleistung auf 0,1 µSv/h abgeklungen?

Übung 3

In einem Abstand von 2 m von einer punktförmigen ^{60}Co-Quelle wird eine Dosisleistung von 100 µSv/h gemessen. Welche Aktivität hat die Quelle?
(Zur Lösung dieser Aufgabe verwenden Sie bitte die Informationen aus den Bildern 3.4 und 4.4.)

Übung 4

Nuklearmedizin

Das in der Nuklearmedizin häufig verwendete Radioisotop Technetium (^{99m}Tc, ein metastabiler Zustand von ^{99}Tc) hat eine Halbwertszeit von 6 h. Welche Aktivität hat ein Patient, dem 10 MBq ^{99m}Tc für eine Nierenuntersuchung verabreicht wurden, noch nach zwei Tagen?

3 Physikalische Grundlagen

„Die Atome verbinden sich in unterschiedlicher Weise und Lage, genau wie die Buchstaben, die, obwohl gering an Zahl, durch unterschiedliche Anordnung unzählig viele Wörter hervorbringen."

Epikur 341–270 v. Chr.

Die chemischen Eigenschaften von Elementen sind durch die Zahl der positiv geladenen Kernbausteine (Protonen) und der gleich großen Anzahl von Elektronen neutraler Atome gekennzeichnet. Atome haben Durchmesser von der Größenordnung 10^{-10} m. Atomkerne sind mit Durchmessern von einigen 10^{-15} m sehr viel kleiner. Im Atomkern ist fast die gesamte Masse eines Atoms konzentriert.

Kernbausteine (Nukleonen)

Neben den Protonen gibt es noch weitere Kernbausteine, die aber elektrisch neutral sind (Neutronen). Bei leichten Elementen gibt es etwa gleich viele Protonen und Neutronen im Kern; bei schweren Elementen überwiegt der Neutronenanteil.

Atomkerne würden wegen der elektrostatischen Abstoßung der positiv geladenen Protonen auseinander fliegen, wenn es nicht eine stärkere Kraft gäbe, die die Atomkerne zusammenhielte. Protonen und Neutronen selbst sind zusammengesetzte Objekte, die aus Quarks aufgebaut sind. Ähnlich wie positiv geladene Atomkerne und Hüllenelektronen durch den Austausch von Photonen im Rahmen der elektromagnetischen Wechselwirkung zusammengehalten werden, werden die Quarks in den Nukleonen durch den Austausch von Gluonen gebunden. Die Restwechselwirkung der Gluonen bindet dann die Nukleonen zu einem Atomkern zusammen, genauso wie die Restwechselwirkung der elektrischen Ladungen der Atombausteine (Kern und Elektronen) Moleküle zusammenhält. Die für die Kernbindung verantwortliche starke Wechselwirkung ist etwa hundertmal stärker als die elektromagnetische Wechselwirkung.

Quarks und Gluonen

Ein Atomkern der Massenzahl A besteht aus Z Protonen und N Neutronen: $A = Z + N$. Die Kernladungszahl Z stabiler Kerne hängt mit der Massenzahl gemäß

$$Z_{\text{stabil}} = \frac{A}{1{,}98 + 0{,}0155 A^{2/3}} \tag{3.1}$$

zusammen. Für leichte Kerne ($Z \leq 20$, Calcium) gilt $Z = A/2$; für schwere Kerne ist etwa $Z = A/2{,}5$.

Die Kernladungszahl Z kennzeichnet den chemischen Charakter des Atoms. Kerne mit festem Z und verschiedenem N heißen

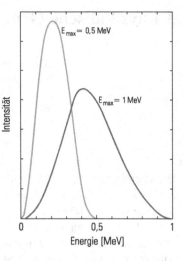

Abb. 3.1
Neutron-zu-Proton-Verhältnis
für stabile Kerne

Abb. 3.2
Energiespektren von Elektronen
beim β-Zerfall eines Atomkerns

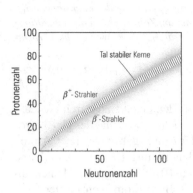

Isotope   Isotope. Sind die Isotope radioaktiv, so nennt man sie auch Radioisotope. Kerne mit fester Summe aus Protonen- und Neutronenzahl, also konstanter Massenzahl A, heißen Isobare. Kerne mit fester Neutronen-, aber verschiedener Protonenzahl sind Isotone. Protonen und Neutronen sind etwa gleich schwer, $m_{\text{Neutron}}/m_{\text{Proton}} = 1{,}001\,38$.

Isobare

Isotone

Kerne mit Neutronenüberschuss sind in der Regel β^--Strahler.

β^--Strahler   Bei diesem Kernprozess wandelt sich ein Neutron (n) unter Emission eines Elektrons (e^-) und eines Elektronantineutrinos ($\overline{\nu}_e$) in ein Proton (p) um,

$$n \longrightarrow p + e^- + \overline{\nu}_e \ . \tag{3.2}$$

β^+-Strahler   Kerne mit Protonenüberschuss sind β^+-Strahler (s. Bild 3.1). Hier zerfällt ein Proton in ein Neutron unter Emission eines Positrons (e^+) und eines Neutrinos (ν_e),

$$p \longrightarrow n + e^+ + \nu_e \ . \tag{3.3}$$

Da sich die Energie in beliebigen Verhältnissen auf die drei beteiligten Teilchen aufteilen kann, sind die Energiespektren von Elektronen und Positronen kontinuierlich mit einer Maximalenergie E_{max} (s. Bild 3.2). In Konkurrenz zum β^+-Zerfall kann auch der Elektroneneinfang auftreten. In diesem Prozess verbindet sich ein Proton mit einem Hüllenelektron (meist aus der innersten Schale, der K-Schale) zu einem Neutron unter Emission eines Neutrinos,

Elektroneneinfang

$$p + e^- \longrightarrow n + \nu_e \ . \tag{3.4}$$

β-Zerfälle führen in den meisten Fällen nicht zum Grundzustand des Tochterkerns. Der angeregte Tochterkern geht in den Grundzustand unter Emission von γ-Strahlung über. Da die Energiedifferenz zwischen dem angeregten Kern und dem Grundzustand fest ist, besitzen γ-Quanten im Gegensatz zu Elektronen eine diskrete Energie.

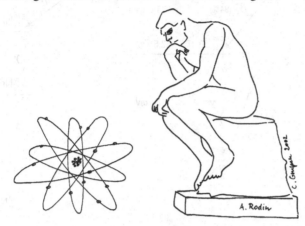

© by Claus Grupen

Als Beispiele für β-Zerfälle seien folgende Zerfälle betrachtet:

$$
\begin{aligned}
{}^{137}_{55}\text{Cs} &\longrightarrow {}^{137}_{56}\text{Ba}^* + e^- + \bar{\nu}_e \\
&\quad\;\; \longmapsto {}^{137}_{56}\text{Ba} + \gamma
\end{aligned}
\tag{3.5}
$$

Das Elektron kann maximal eine Energie von 0,51 MeV erhalten (1,17 MeV wenn der Zerfall direkt in den Grundzustand erfolgt[1]). Das Photon aus dem Zerfall des angeregten Ba* hat eine Energie von 662 keV. Diese Informationen fasst man am besten in einem Zerfallsschema zusammen (s. Bild 3.3). **Zerfallsschema**

Neben den angegebenen Eigenschaften stellt man noch das Verzweigungsverhältnis (mit 94% Wahrscheinlichkeit erfolgt der Zerfall in den angeregten Barium-Zustand, mit 6% in den Grundzustand) und die Halbwertszeiten dar. Der Index m am Barium kennzeichnet seinen metastabilen Zustand mit einer Halbwertszeit von 2,5 min.[2] In diesem Zerfallsschema stellt die vertikale Achse eine nicht maßstabsgetreue Energieskala dar. **Verzweigungsverhältnis**

metastabiler Zustand

---

[1] Energien werden in der Kernphysik in Elektronenvolt (eV) gemessen. 1 eV ist diejenige Energie, die ein einfach geladenes Teilchen erhält, wenn es eine Potentialdifferenz von einem Volt durchlaufen hat. Elektronen in einer Fernsehröhre werden auf eine Energie von etwa 20 keV beschleunigt. 1 keV = 10^3 eV; 1 MeV = 10^6 eV.

[2] Relativ langlebige angeregte Zustände von Kernen, deren Zerfall durch Auswahlregeln verboten wird, nennt man metastabil. Diese Zustände sind jedoch nicht vollständig stabil, da die Auswahlregeln nicht streng, oder nur für einen Prozess gelten, der normalerweise den Hauptprozess bildet und schwächere Übergänge überdeckt.

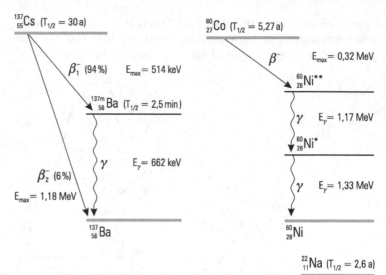

Abb. 3.3
Zerfallsschema von $^{137}_{55}$Cs

Abb. 3.4
Zerfallsschema von $^{60}_{27}$Co

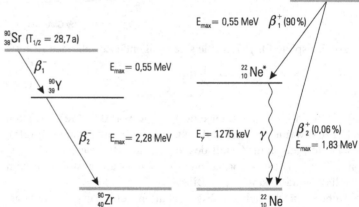

Abb. 3.5
Zerfallsschema von $^{90}_{38}$Sr

Abb. 3.6
Zerfallsschema von $^{22}_{11}$Na

„Cobaltbombe"   Ein für medizinische Anwendungen besonders wichtiges Radionuklid ist $^{60}_{27}$Co. Es zerfällt unter Elektronenemission in den doppelt
angeregten Zustand $^{60}_{28}$Ni** mit nachfolgender Emission von zwei
γ-Quanten mit Energien von 1,17 MeV und 1,33 MeV. Diese γ-
Quanten werden in der Strahlentherapie zur Tumorbehandlung eingesetzt,

$$^{60}_{27}\text{Co} \longrightarrow {}^{60}_{28}\text{Ni}^{**} + e^- + \bar{\nu}_e$$
$$\phantom{^{60}_{27}\text{Co} \longrightarrow}\hookrightarrow \text{Ni}^* + \gamma\,(1{,}17\,\text{MeV}) \qquad . \qquad (3.6)$$
$$\phantom{^{60}_{27}\text{Co} \longrightarrow \hookrightarrow}\hookrightarrow \text{Ni} + \gamma\,(1{,}33\,\text{MeV})$$

Bild 3.4 zeigt das Zerfallsschema von $^{60}_{27}$Co.
Ein Beispiel für einen β^--Zerfall ohne γ-Emission zeigt Bild 3.5.
$^{90}_{38}$Sr ist für den Aspekt des Strahlenschutzes sehr wichtig, weil es
sich nach Inkorporationen besonders im Knochen anreichert und

dort einen großen biologischen Schaden bewirken kann („Knochen-   **„Knochensucher"**
sucher").

Der Positronenstrahler $^{22}_{11}$Na ist insbesondere für bildgebende   **Positronenstrahler**
Verfahren mit der Positronen-Emissions-Tomographie von Bedeu-
tung (Bild 3.6).

Aus den kontinuierlichen β-Spektren ist die Übergangsenergie
E_{max} nur schwer abzulesen (s. Bild 3.2). Der Verlauf des Impuls-
Spektrums kann in einfacher Näherung durch

$$N(p) \sim p^2 (E - E_{max})^2 \qquad (3.7)$$

beschrieben werden (p ist der Impuls der Elektronen).

Stellt man nun $\sqrt{N(p)/p^2}$ als Funktion der Energie dar (Fermi–
Kurie-Darstellung[3]), so lässt sich die Maximalenergie leicht bestim-   **Fermi–Kurie-Darstellung**
men (Bild 3.7) und der β-Strahler identifizieren.

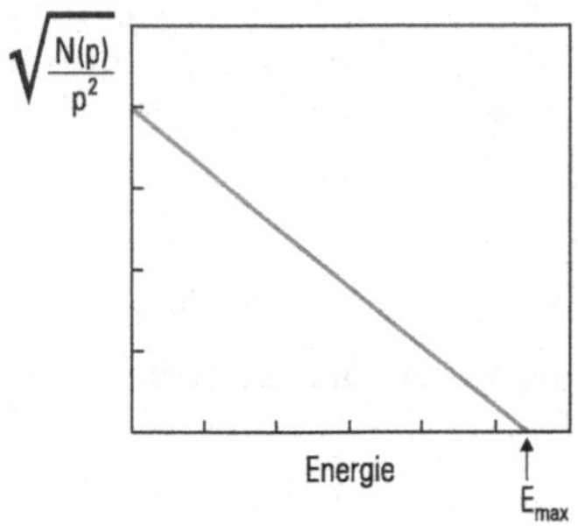

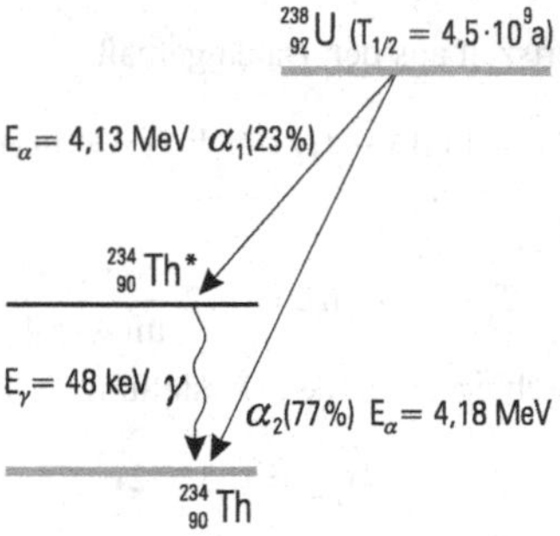

Abb. 3.7
Fermi–Kurie-Darstellung des
Spektrums für einen β-Strahler

Abb. 3.8
Zerfallsschema von $^{238}_{92}$U

Schwere, massereiche Kerne neigen zur α-Emission, also dem
Zerfall unter Aussendung eines Heliumkernes. So zerfällt $^{238}_{92}$Uran
in angeregte Zustände des $^{234}_{90}$Thorium-Isotops. Da die Kernzustände
feste Energien haben, sind die α-Teilchen monoenergetisch (s. Bild   **α-Zerfall**
3.8). Neben der α-Emission können schwere Kerne (für $Z \geq 90$)
auch durch spontane Spaltung zerfallen.

Bei Kernspaltungen entstehen Spaltprodukte, die zu viele Neu-   **Kernspaltung**
tronen enthalten. Der Neutronenüberschuss kann sich durch β^--
Emission abbauen; es können aber auch Neutronen direkt emittiert
werden. Ein Beispiel für eine induzierte Spaltung von $^{235}_{92}$U stellt die   **Neutronenemission**
Reaktion

$$^{235}U + n \longrightarrow {}^{236}U^* \longrightarrow {}^{139}I^* + {}^{96}Y^* + n \qquad (3.8)$$

---

[3] Diese Art der Darstellung des Betaspektrums wurde zuerst von F. N. D.
Kurie vorgeschlagen. Die Ähnlichkeit des Namens mit dem von Madame
Curie ist rein zufällig.

Bestimmung der Halbwertszeit von ^{220}Radon

In einem Thoriumoxid-Präparat (mit ^{228}Th) befinden sich sämtliche Radonuklide der Thorium-Zerfalls-reihe

$$^{228}\text{Th} \xrightarrow{\alpha} {}^{224}\text{Ra} \xrightarrow{\alpha} {}^{220}\text{Rn} \xrightarrow{\alpha} {}^{216}\text{Po} \xrightarrow{\alpha} {}^{212}\text{Pb} \xrightarrow{\beta} {}^{212}\text{Bi} \xrightarrow{\beta} {}^{212}\text{Po} \xrightarrow{\alpha} {}^{208}\text{Pb} \ .$$

^{224}Ra zerfällt mit einem α-Zerfall in das Edelgasisotop ^{220}Rn. Dieses gasförmige Isotop wird mit einem kleinen Gummigebläse in eine Ionisationskammer (s. Kap. 5.1) gebracht und zerfällt dort unter α-Emission in ^{216}Po. ^{216}Po geht mit einer sehr kurzen α-Zerfallszeit von 0,15 Sekunden in ^{212}Pb über. Die vom ^{220}Rn und ^{216}Po emittierten α-Teilchen werden praktisch gleichzeitig gemessen. Da bei diesen Zerfällen insgesamt 13 MeV in der Ionisationskammer deponiert werden, erhält man ein sehr klares, untergrundfreies Signal. Die Zählrate als Funktion der Zeit ist im Bild einmal linear und einmal halblogarithmisch aufgetragen. Wegen des exponentiellen Zerfallsgesetzes ist die Zerfallskurve in der halblogarithmischen Darstellung eine Gerade.

Die Aktivität lässt sich beschreiben durch

$$A = A_0 \, e^{-t/\tau} \ .$$

Daraus errechnet sich die Halbwertszeit aus den Daten gemäß

$$\ln A_1 = \ln A_0 - t_1/\tau \ , \ \ln A_2 = \ln A_0 - t_2/\tau$$

durch Differenzbildung zu

$$T_{1/2} = \tau \, \ln 2 = \ln 2 \, \frac{t_2 - t_1}{\ln(A_1/A_2)} \ .$$

Unter Berücksichtigung der Messfehler (die in den Darstellungen nicht mit angegeben sind) erhält man

$$T_{1/2} = (55 \pm 2)\,\text{s}$$

in guter Übereinstimmung mit dem Literaturwert von 55,6 Sekunden.

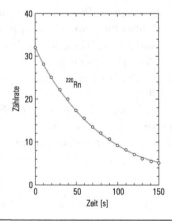
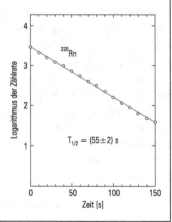

Abb. 3.9
Lebensdauerbestimmung von
^{220}Rn; a) in linearer und b) in
halblogarithmischer Darstellung

Bestimmung der Absolut-Aktivität mit der Beta–Gamma-Koinzidenzmethode

Die Absolut-Aktivität einer Strahlenquelle, die gleichzeitig Elektronen und Photonen emittiert (z. B. ^{137}Cs, ^{60}Co), lässt sich mit der Beta–Gamma-Koinzidenzmethode bestimmen. Man benutzt dazu ein β-empfindliches und ein γ-empfindliches Zählrohr. Im Idealfall misst das β-Zählrohr nur Elektronen und das γ-Zählrohr nur Photonen.

Im β-Zählrohr erhält man die Zählrate

$$N_\beta = \varepsilon_\beta \, A \;,$$

wobei ε_β das Ansprechvermögen für Elektronen und A die Aktivität der Quelle ist. Entsprechend gilt

$$N_\gamma = \varepsilon_\gamma \, A \;.$$

Vor dem γ-Zählrohr sorgt eine dünne Bleiplatte dafür, dass die Elektronen das γ-Zählrohr nicht erreichen können. Die Koinzidenzzählrate der beiden Zähler ist

$$N_{\beta\gamma} = \varepsilon_\beta \, \varepsilon_\gamma \, A \;;$$

daraus ergibt sich die Aktivität zu

$$A = \frac{N_\beta \, N_\gamma}{N_{\beta\gamma}} \;.$$

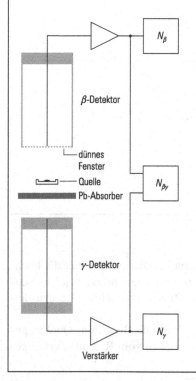

N_β

β-Detektor

dünnes Fenster

Quelle

Pb-Absorber

$N_{\beta\gamma}$

γ-Detektor

N_γ

Verstärker

In der Praxis müssen allerdings einige Korrekturen angebracht werden. Zwar ist das Ansprechvermögen von Zählrohren für γ-Strahlung gering, trotzdem wird der β-Zähler auch einige Photonen zählen. N_β und $N_{\beta\gamma}$ werden also zu groß ausfallen. Die Anzahl der Impulse, die im β-Zähler durch Photonen ausgelöst werden, kann aber durch Absorptionsmessungen bestimmt werden. Weiterhin müssen die Nullrate und die Zufallskoinzidenzrate berücksichtigt werden. Ebenso müssen eventuelle Raumwinkeleffekte bei der Berücksichtigung von Korrekturen in Rechnung gestellt werden. Bei hohen Zählraten ist auch eine Totzeitkorrektur erforderlich.

Die beschriebene Methode ist allerdings nur für solche radioaktiven Quellen geeignet, die sowohl einen β-Zerfall als auch einen anschließenden γ-Zerfall aufweisen.

Abb. 3.10
Beta–Gamma-Koinzidenzmethode
zur Bestimmung der
Absolut-Aktivität von radioaktiven
Quellen

Zufallskoinzidenzen

Koinzidenzmessungen für seltene Ereignisse werden durch zufällige Koinzidenzen empfindlich gestört. Wenn die Einzelzählraten zweier Zähler N_1 und N_2 sind und die Auflösungszeit der Koinzidenzanordnung τ beträgt, dann ergibt sich die Rate unkorrelierter Koinzidenzen zu

$$N_{12} = 2 \times N_1 \times N_2 \times \tau \; .$$

Der Faktor 2 rührt daher, dass auch eine Koinzidenz zustande kommt, wenn sich die beiden Einzelsignale gerade noch ein wenig überlappen. Sind die Impulsbreiten der beiden Zähler (τ_1, τ_2) unterschiedlich, so erhält man als Zufallskoinzidenzzählrate

$$N_{12} = N_1 \times N_2 \times (\tau_1 + \tau_2) \; .$$

Bei Einzelzählraten von $N_1 = N_2 = 1\,\text{kHz}$ und einer Auflösungszeit von $1\,\mu\text{s}$ würde man

$$N_{12} = 2 \times 10^3 \times 10^3 \times 10^{-6}/\text{s} = 2/\text{s}$$

erwarten.
Entsprechend errechnen sich n-fach Zufallskoinzidenzen von n Zählern zu

$$N_n = n \times N_1 \times N_2 \times N_3 \times \cdots \times N_n \times \tau^{n-1} \; ,$$

wenn N_i ($i = 1, 2, \ldots, n$) die Einzelzählraten sind und τ die Auflösungszeit ist.

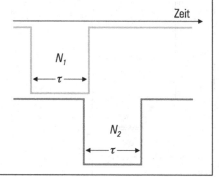

Abb. 3.11
Motivation der Berechnungsformel
für Zufallskoinzidenzen

dar. Es entsteht zunächst ein promptes Spaltneutron, aber die hochangeregten Jod- und Yttrium-Kerne emittieren ihrerseits je ein Neutron, um dann durch sukzessive β^--Zerfälle zu stabilen Kernzuständen zu gelangen.

Ra–Be-Quelle   Neutronen können aber auch in Radium–Beryllium-Quellen gebildet werden. Dabei erzeugen α-Teilchen vom Radium-Zerfall gemäß

$$\alpha + {}^{9}_{4}\text{Be} \longrightarrow {}^{12}_{6}\text{C} + n \tag{3.9}$$

Neutronen durch Wechselwirkung mit Beryllium.

Die wesentlichen Eigenschaften der verschiedenen radioaktiven Strahler sind in Tabelle 3.1 noch einmal zusammengefasst.

Strahler	emittiertes Teilchen	typische Energien
α-Strahler	$^4_2$He	4–6 MeV
β^--Strahler	e^-	≈ 1 MeV
β^+-Strahler	e^+	≈ 1 MeV
γ-Strahler	γ	≈ 1 MeV
n-Strahler	n	1–6 MeV
Röntgen-Strahler	γ	10–100 keV

Tabelle 3.1
Einige Eigenschaften radioaktiver Strahler

In der Folge von Kernumwandlungen können folgende Prozesse in der atomaren Elektronenhülle auftreten: Ein angeregter Atomkern gibt seine überschüssige Energie E_{anr} häufig durch γ-Emission ab. Er kann seine Anregungsenergie aber auch direkt auf ein Hüllenelektron übertragen, das dann den Atomverband mit der Energie $E_{anr} - E_{bin}$ verlässt. E_{bin} ist dabei die Elektronenbindungsenergie in der jeweiligen Schale. So kann der mit 570 keV angeregte ^{207}Pb-Kern ein Photon mit 570 keV emitieren oder ein Elektron mit $570\,\text{keV} - E_K = 482\,\text{keV}$ bzw. $570\,\text{keV} - E_L = 554\,\text{keV}$ aus der Hülle herausschlagen (Konversionselektronen). E_K und E_L sind dabei die Bindungsenergien von Elektronen in der K- bzw. L-Schale ($E_K = 88\,\text{keV}$, $E_L = 16\,\text{keV}$).

Wenn durch einen Elektroneneinfang oder durch Konversion eine Lücke in der Atomhülle entstanden ist, werden sich die Elektronen auf einen energetisch günstigeren Zustand hinbewegen. So kann eine Lücke in der K-Schale durch ein Elektron aus der L-Schale aufgefüllt werden. Die dabei frei werdende Energie $E_K - E_L$ kann entweder als charakteristische Röntgenstrahlung mit $E_X = E_K - E_L$ emitiert werden oder, falls $E_K - E_L > E_L$, direkt auf ein anderes L-Elektron übertragen werden, das dabei den Atomverband mit der Energie $E_K - 2E_L$ verlässt (Auger-Elektron).

In Tabelle 3.1 sind neben den Kernstrahlen auch die für die Aspekte des Strahlenschutzes wichtigen Röntgenstrahlen aufgeführt. Bei Röntgenstrahlen handelt es sich um sehr kurzwellige elektromagnetische Strahlung, genau wie bei der γ-Strahlung. Neben der typischen Energie von Röntgenstrahlung (10–100 keV), die gewöhnlich geringer ist als die von γ-Strahlung, unterscheidet sich die Röntgenstrahlung von γ-Strahlung durch den Erzeugungsmechanismus. Röntgenstrahlen werden bei der Abbremsung von Elektronen im Coulomb-Feld von Atomkernen (Bremsstrahlung, wie etwa in einer Röntgenröhre – s. auch Kap. 10) oder bei atomaren Übergängen in der Elektronenhülle erzeugt. Das kontinuierliche Spektrum der Bremsstrahlungsphotonen, wie es in einer Röntgenröhre entsteht, ist

Folgeprozesse in der Hülle

Konversionselektronen

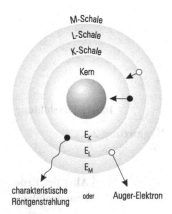

Abb. 3.12
Illustration der Erzeugung von charakteristischer Röntgenstrahlung und Auger-Elektronen

Bremsstrahlung

Röntgenstrahlung

in der Regel überlagert von scharfen, monoenergetischen Röntgenlinien, die charakteristisch für das abbremsende Material sind (charakteristische Röntgenstrahlung, s. Bild 3.12; s. a. Bild 10.3, Seite 150).

3.1 Ergänzungen

Ergänzung 1

Konversionswahrscheinlichkeit

Ein angeregter Atomkern (z. B. ^{137}Ba*) kann seine Energie in Form von γ-Quanten oder über Konversionselektronen abgeben. Die Konversionswahrscheinlichkeit η, also das Verhältnis der Anzahl der Zerfälle unter Aussendung von Elektronen zur gesamten Zahl aller Übergänge des Atomkernes (η = Konversion/(Konversion + γ-Emission)), ist proportional zu $Z^3\alpha^4$, wenn Z die Kernladungszahl und α ($= \frac{1}{137}$) die Sommerfeld'sche Feinstrukturkonstante ist. Daneben hängt die Konversionswahrscheinlichkeit auch von der Anregungsenergie des Kerns ab. Für den metastabilen 662 keV-Anregungszustand des ^{137m}Ba ist η = 8,4%; d. h. in 91,6% der Fälle wird ein Photon dieser Energie emittiert und in 8,4% der Fälle ein Konversionselektron mit der Energie 662 keV $- E_X$, wenn E_X die Bindungsenergie in der X-Schale (X = K, L, M, . . .) ist. Die Konversionswahrscheinlichkeit ist groß für kleine γ-Energien und hohe Kernladungszahlen. So ist für den metastabilen 59 keV-Übergang des $^{60m}_{27}$Co die Konversionswahrscheinlichkeit 98%. Die niederenergetischen γ-Quanten werden also nur mit 2% Wahrscheinlichkeit emittiert.

innere Paarbildung

Ist die Anregungsenergie des Kernes größer als die doppelte Elektronenmasse, kann in seltenen Fällen auch der Grundzustand durch Emission eines Elektron–Positron-Paares erreicht werden. Dieser Vorgang heißt innere Paarbildung.

Ergänzung 2

Alter der Erde
Isotopenbilanz

Das für kerntechnische Anlagen wertvolle ^{235}U-Isotop ($T_{1/2}$ = 7×10^8 a) hat eine Isotopenhäufigkeit von 0,72%, während das ^{238}U-Isotop ($T_{1/2} = 4,5 \times 10^9$ a) mit 99,28% Isotopenhäufigkeit sehr viel häufiger auftritt. Daraus lässt sich im Prinzip das Alter der Erde abschätzen, wenn man annimmt, dass ursprünglich beide Uranisotope gleich häufig waren;

$$N(^{238}\text{U}) = N_0(^{238}\text{U})\, \mathrm{e}^{-\lambda_1\, t}\ ,$$
$$N(^{235}\text{U}) = N_0(^{235}\text{U})\, \mathrm{e}^{-\lambda_2\, t}\ .$$

Wegen $N_0(^{238}\text{U}) = N_0(^{235}\text{U})$, $N(^{238}\text{U}) = 0,9928$ und $N(^{235}\text{U}) = 0,0072$ folgt

$$N(^{238}\text{U})\, \mathrm{e}^{\lambda_1\, t} = N(^{235}\text{U})\, \mathrm{e}^{\lambda_2\, t}$$

und damit

$$\frac{N(^{238}U)}{N(^{235}U)} = e^{(\lambda_2 - \lambda_1)\,t} \;.$$

Damit erhält man für das Alter der Erde

$$t = \frac{1}{\lambda_2 - \lambda_1} \ln \frac{N(^{238}U)}{N(^{235}U)} \;;$$

mit $\lambda = \frac{\ln 2}{T_{1/2}}$ folgt

$$t = \frac{T_{1/2}^{(1)}\,T_{1/2}^{(2)}}{\ln 2 \left(T_{1/2}^{(1)} - T_{1/2}^{(2)}\right)} \ln \frac{N(^{238}U)}{N(^{235}U)}$$

$$= 5{,}9 \times 10^9 \,\text{a} = 1{,}86 \times 10^{17}\,\text{s} \;.$$

Dieses Alter entspricht größenordnungsmäßig auch dem Ergebnis aus geologischen Bestimmungen.

Die Sprengkraft einer Bombe wird gewöhnlich in Kilo-Tonnen (kT) oder Mega-Tonnen TNT-Äquivalent ausgedrückt, wobei TNT klassischer Sprengstoff ist (Trinitrotoluol). Eine Kilotonne TNT entspricht einer freigesetzten Energie von $9{,}1 \times 10^{11}\,\text{cal} = 3{,}8 \times 10^{12}$ Joule.

Ergänzung 3

klassischer Sprengstoff

Bei einer Spaltung eines Urankerns wird eine Energie von etwa 200 MeV frei. 1 kT TNT entspricht daher einer Anzahl N von Spaltprozessen:

$$N = \frac{3{,}8 \times 10^{12}\,\text{J}}{1{,}6 \times 10^{-13}\,\text{J/MeV} \times 200\,\text{MeV/Spaltung}}$$

$$= 1{,}19 \times 10^{23}\ \text{Spaltungen/kT} \;.$$

Die Hiroshima-Bombe hatte eine Sprengkraft von 14 kT TNT. Welche Aktivität von ^{137}Cs wurde insgesamt freigesetzt? Angenommen dieser radioaktive Fallout ergoss sich auf eine Fläche von $20 \times 20\,\text{km}^2$; wie groß wäre die Bodenbelastung an ^{137}Cs gewesen?

Kernspaltbombe

$$N(\text{Hiroshima}) = 1{,}19 \times 10^{23} \times 14 = 1{,}663 \times 10^{24}\ \text{Spaltungen} \;.$$

Die Hiroshima-Bombe enthielt 64 kg Uran mit einem Anteil von 80 % ^{235}U. Nach heutigen Schätzungen wurde weniger als 1 kg zur Spaltung gebracht. Die Spaltausbeute von ^{137}Cs bei einer solchen Bombe ist 6,2 %. Damit wurden insgesamt

Hiroshima

$$N_1 = 1{,}663 \times 10^{24} \times 6{,}2 \times 10^{-2} = 1{,}03 \times 10^{23}\ ^{137}\text{Cs-Atome}$$

freigesetzt. Die Halbwertszeit von ^{137}Cs beträgt 30 Jahre. Damit ist die Zerfallskonstante

$$\lambda = \frac{1}{\tau} = \frac{\ln 2}{T_{1/2}} = 7,3 \times 10^{-10}\,\frac{1}{\text{s}}\ ,$$

und folglich die gesamte ^{137}Cs-Aktivität

$$N_2 = \lambda \times N_1 = 7,53 \times 10^{13}\,\text{Bq}\ (= 2036\,\text{Ci})\ ,$$

entsprechend einer Bodenbelastung von

$$\frac{N_2}{A} = 188,25\,\frac{\text{kBq}}{\text{m}^2}\ .$$

Zusammenfassung

Ionisierende Strahlen werden bei Kernumwandlungen freigesetzt. α-Strahlen sind Heliumkerne. $\beta^-(\beta^+)$-Strahler emittieren Elektronen (β^-) oder deren Antiteilchen (β^+ = Positronen). Bei $\beta^-(\beta^+)$-Strahlern wandeln sich Neutronen (Protonen) im Kern um. γ-Strahlung ist in der Regel eine Folge von α- und β-Emissionen. Der Neutronenüberschuss bei Spaltprodukten kann durch Neutronenstrahlung oder β^--Strahlung abgebaut werden. Da sich bei α- und β-Strahlung auch der chemische Charakter des Elementes ändert, treten ebenfalls Folgeprozesse in der Atomhülle auf. Sie führen zur Emission von Röntgenstrahlung und/oder Auger-Elektronen.

3.2 Übungen

Übung 1   Warum überwiegt bei schweren Kernen der Neutronenanteil?

Übung 2   Bei der Kernspaltung entstehen überwiegend β^--strahlende Radionuklide. Warum?

Übung 3   Schätzen Sie ab, wie lange es dauert, bis ein Elektron von 100 keV in Gewebe zur Ruhe kommt (verwenden Sie dazu Informationen aus Bild 4.4).

Übung 4   Vergleichen Sie die kinetische Energie eines mit 200 km/h geschlagenen Tennisballes ($m = 60$ g) mit der eines 5 MeV-α-Teilchens! Bestimmen Sie auch die Energiedichten des Tennisballes (Durchmesser 6,5 cm) und des α-Teilchens (Durchmesser $3,2 \times 10^{-13}$ cm).

Übung 5   Bei der Spaltung von ^{235}U werden etwa 1 MeV pro Nukleon frei. Wie groß ist der Massenverlust bei einer vollständigen Spaltung von einer Tonne Uran 235?

4 Wechselwirkung ionisierender Strahlung mit Materie

„Es wird sich herausstellen, dass alles von den Kräften abhängt, mit denen die Materieteilchen aufeinander einwirken. In diesen Kräften liegt zweifellos der Ursprung aller Naturerscheinungen."

R. J. Boscovich 1711–1780

Bei direkt oder indirekt ionisierenden Strahlen handelt es sich entweder um geladene Teilchen (Elektronen, Positronen, Protonen, Heliumkerne), neutrale Teilchen (Neutronen) oder um kurzwellige elektromagnetische Strahlung (Röntgen- und γ-Strahlung). Teilchen und Strahlung werden nicht direkt, sondern erst über ihre Wechselwirkung mit Materie nachgewiesen. Dabei gibt es spezifische Wechselwirkungen, die für geladene Teilchen, Neutronen und Röntgen- und γ-Strahlung jeweils charakteristisch sind.

4.1 Nachweis geladener Teilchen

Geladene Teilchen verlieren ihre kinetische Energie beim Durchgang durch Materie durch Anregung von gebundenen Elektronen und durch Ionisation, z. B. für α-Teilchen:

$$\alpha + \text{Atom} \longrightarrow \text{Atom}^* + \alpha$$
$$\hookrightarrow \text{Atom} + \text{Photon (Anregung)} , \qquad (4.1)$$
$$\alpha + \text{Atom} \longrightarrow \text{Atom}^+ + e^- + \alpha \qquad \text{(Ionisation)} .$$

Der Energieverlust geladener Teilchen beim Durchgang durch Materie hängt von der Teilchengeschwindigkeit, ihrer Ladung und den Eigenschaften der durchquerten Materie ab. Je langsamer das Teilchen ist, desto größer ist die Verweilzeit in der Nähe eines bestimmten Atoms; entsprechend größer ist die Wechselwirkungswahrscheinlichkeit mit einem bestimmten Energieübertrag auf das Targetatom. Ist v die Teilchengeschwindigkeit, so gilt

Anregung
Ionisation
Energieverlust
geladener Teilchen

$$\Delta E \sim \frac{1}{v^2} . \qquad (4.2)$$

Da die Wechselwirkung durch die elektrischen Ladungen von Teilchen (z) und Target (Z) vermittelt wird, ist der Energieverlust umso größer, je größer die beteiligten Ladungen sind:

$$\Delta E \sim z^2\, Z \;. \tag{4.3}$$

Bethe–Bloch-Formel

Schließlich wird das elektrische Feld des geladenen Teilchens bei hohen Geschwindigkeiten, entsprechend hohen Energien, relativistisch verzerrt, so dass der Energieverlust bei sehr hohen Energien wieder ansteigt. Diese Abhängigkeiten werden in der Bethe–Bloch-Beziehung, die den Energieverlust ΔE pro Wegstrecke Δx beschreibt, zusammengefasst:

$$\frac{\Delta E}{\Delta x} \sim \frac{1}{v^2} z^2 \frac{Z}{A} \ln(a\, E) \;. \tag{4.4}$$

Dabei sind

ΔE – abgegebene Energie auf der Wegstrecke Δx,
v – Geschwindigkeit des Teilchens,
z – Ladung des Teilchens ($z_\alpha = 2$; $z_e = -1$),
Z, A – Kernladungszahl und Massenzahl des durchlaufenen Materials,
E – Gesamtenergie des Teilchens ($E = E_{\text{kin}} + m_0 c^2$),
a – eine materialabhängige Konstante.

mittlerer Energieverlust

Der mittlere Energieverlust von relativistischen Elektronen ($\approx$ MeV-Bereich) liegt bei $2{,}5\,\text{keV/cm}$ in Luft. Derjenige von α-Teilchen ist wegen der höheren Ladung ($\sim z^2$) und geringeren Geschwindigkeit der bei radioaktiven Zerfällen auftretenden α-Teilchen viel höher ($\approx 100\,\text{keV/mm}$ in Luft).

Linearer Energietransfer (LET)

Im praktischen Strahlenschutz ist es manchmal wünschenswert, nur die lokale Energieabgabe, d. h. Kollisionen mit relativ kleinen Energieübertragungen zu berücksichtigen. Zu diesem Zweck wurde das lineare Energieübertragungsvermögen (LET) eingeführt. Der Lineare Energietransfer geladener Teilchen ist der Quotient aus dem

Erzeugung von Elementarteilchen in Wechselwirkungen
© C. Grupen

mittleren Energieverlust ΔE, den das Teilchen durch Stöße erleidet, wobei der Energieverlust pro Stoß kleiner als ein vorgegebener Energie-Schnittparameter E_{Schnitt} ist, und der dabei zurückgelegten Strecke Δx,

$$\text{LET} = L_{E_{\text{Schnitt}}} = \left(\frac{\Delta E}{\Delta x}\right)_{E_{\text{Schnitt}}}. \qquad (4.5)$$

Der Energie-Schnittparameter wird üblicherweise in eV angegeben. Ein Wert von LET_{100} bedeutet etwa, dass nur Stöße mit Energieübertragungen kleiner als 100 eV betrachtet werden sollen.

In Bild 4.1 ist der Energieverlust von Elektronen in Luft mit dem von Protonen und α-Teilchen verglichen. Da der Energieverlust zum Teil beträchtlich mit der Energie variiert, wurde hier die differentielle Schreibweise $\frac{dE}{dx}$ anstelle von $\frac{\Delta E}{\Delta x}$ verwendet. Die Bilder 4.2a und 4.2b zeigen den mittleren spezifischen Energieverlust von Elektronen in Kupfer (a) und Gewebe (b). Der Energieverlust in dünnen Absorbern unterliegt jedoch großen Schwankungen, die durch eine unsymmetrische Verteilung ("Landau-Verteilung") beschrieben werden können.

Entsprechend Gleichung (4.4) nimmt der Energieverlust gegen Ende der Reichweite (d. h. bei kleineren Geschwindigkeiten) zu. Bild 4.3 beschreibt den relativen Energieverlust (bzw. Dosis) von negativen Pionen, α-Teilchen und Stickstoff-Kernen im Vergleich zur ^{60}Co-γ-Strahlung in Gewebe. Wie aus dieser Darstellung klar erkennbar ist, eignen sich schwere Ionen wegen des ausgeprägten Ionisationsmaximums ("Bragg-Peak") am Reichweitenende – eine Folge der $1/v^2$-Abhängigkeit des Energieverlustes – besonders für die Tumorbehandlung. Durch Energievariation und laterale Strahl-

Protonentherapie

spezifischer Energieverlust

Reichweite geladener Teilchen

Bragg-Maximum

Tumortherapie

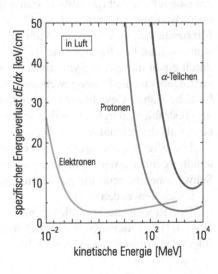

Abb. 4.1
Energieverlust von Elektronen, Protonen und α-Teilchen in Luft als Funktion der Energie

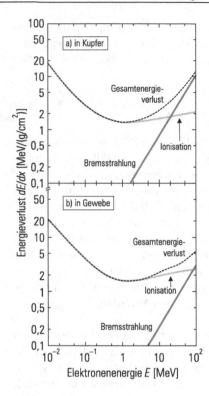

Abb. 4.2
Spezifischer Energieverlust von Elektronen in Kupfer (a) und in Gewebe (b). Die Wegstrecke dx ist hier nicht in cm angegeben, sondern in der nahezu materialunabhängigen Massenbelegung $\rho\,dx$, wobei ρ die Dichte des Materials ist. 1 g/cm^2 Gewebe entsprechen ziemlich genau 1 cm, während 1 g/cm^2 Kupfer 0,11 cm sind

ablenktechniken des Schwerionenstrahls („Scannen") lassen sich bestimmte erkrankte Gewebebereiche sehr präzise zerstören ohne gesundes Gewebe nennenswert in Mitleidenschaft zu ziehen.

Mikrostrahl-Bestrahlungs-Therapie

Eine viel versprechende Technik zur Behandlung von Tumoren ist auch die Mikrostrahl-Bestrahlungs-Therapie (MRT – Microbeam Radiation Therapy). Hierbei wird das erkrankte Gewebe in Mikroschritten von typisch 25 µm Breite in 200 µm Abstand bestrahlt („räumlich fraktionierte Bestrahlung"). Die Schritte werden

Synchrotronstrahlung im Röntgenbereich

durch einen intensiven Synchrotronstrahl im Röntgenbereich realisiert. Dabei ist die Liniengewebedosis mit etwa 600 Gy letal für das lokal bestrahlte Gewebe. Das gesunde Gewebe übersteht diese Art der Bestrahlung durch die biologischen Reparaturmechanismen viel besser als das erkrankte Gewebe.

Diese Technik ist insofern interessant, weil dadurch auch die Behandlung metastasierter Tumore möglich erscheint, auf die sich die Schwerionentherapie, die gut lokalisierte Tumore voraussetzt, praktisch nicht anwenden lässt.

Die Reichweite von Elektronen in verschiedenen Materialien (Bild 4.4) und diejenige von α-Teilchen in Luft (Bild 4.5) ist in den folgenden Bildern dargestellt. Elektronen aus radioaktiven Quellen

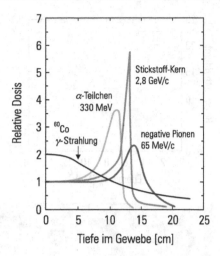

Abb. 4.3
Relative Dosis als Funktion
der Tiefe im Gewebe für
γ-Strahlung von ^{60}Co, negative
Pionen mit Impuls 65 MeV/c,
Stickstoff-Kerne (Impuls
2,8 GeV/c)[1] und α-Teilchen
(Energie 330 MeV)

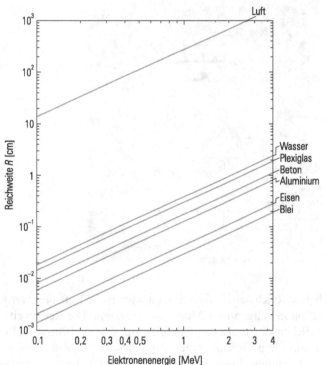

Abb. 4.4
Reichweite von Elektronen
in verschiedenen Materialien

---

[1] Für masselose oder sehr energiereiche Teilchen hängt die Energie mit
dem Impuls $p = m\,v$ über die Beziehung $E = p\,c$ zusammen. Deshalb
misst man den Impuls häufig in Energieeinheiten pro Lichtgeschwindigkeit, z. B. MeV/c oder GeV/c.

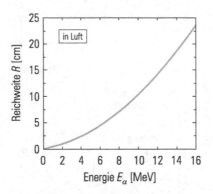

Abb. 4.5
Reichweite von α-Teilchen in Luft

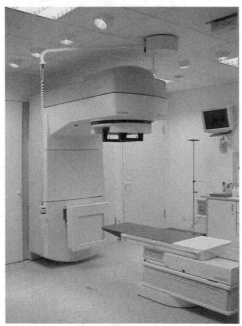

Abb. 4.6
Linearbeschleuniger,
Elektronenenergie 6 bis 21 MeV
mit maximalen Photonenenergien
von 6 bis 21 MeV (Typ: Siemens
KD-2, http://www.ma.uni-
heidelberg.de)

haben Reichweiten von einigen Metern in Luft und werden aber schon in einigen mm Aluminium gestoppt. Die Reichweite von α-Teilchen mit typischen Energien um 5 MeV beträgt in Luft etwa 4 cm. Schon ein Blatt Papier kann diese α-Strahlen absorbieren.

Bremsstrahlung   Für höhere Energien gewinnt ein zusätzlicher Energieverlustmechanismus an Bedeutung, die Bremsstrahlung (s. Bild 4.2). Bremsstrahlung entsteht, wenn ein geladenes Teilchen im Coulomb-Feld eines Atomkerns abgelenkt bzw. abgebremst wird. Wegen der $1/m^2$-Abhängigkeit des Bremsstrahlungsverlustes spielt dieser Mechanismus im Strahlenschutz praktisch nur für die leichten Elektronen ($m_e \approx \frac{1}{7300} m_\alpha$) eine Rolle. Für alle anderen Teilchen (Protonen, α-

Absorption von β-Strahlung

Mit einem Geiger–Müller-Zählrohr wird die Absorption von β-Strahlung des Präparats ^{90}Sr vermessen. Zu diesem Zweck wird ein Aluminium-Absorber variabler Dicke zwischen Quelle und Detektor platziert. Die Zählrate als Funktion der Absorberdicke ist im Bild dargestellt. ^{90}Sr zerfällt mit einer Maximalenergie von 0,55 MeV in ^{90}Y, welches mit $E_{\beta_{max}} = 2,28$ MeV in ^{90}Zr übergeht (s. Bild 3.5). Die Elektronen vom ^{90}Sr-Zerfall werden relativ schnell absorbiert (vgl. Bild 4.4). Die Ergebnisse für Absorberdicken größer als $0,2\,\mathrm{g/cm^2}$ Al ($\cong 0,75$ mm Al) sind auf Elektronen vom ^{90}Y-Zerfall zurückzuführen. Obwohl die Absorption von β-Strahlung nicht durch ein Exponentialgesetz beschrieben wird, lässt sich dennoch ein effektiver Absorptionskoeffizient für kontinuierliche β-Strahler angeben. Die in der halblogarithmischen Darstellung angepasste Gerade gestattet es, diesen effektiven Absorptionskoeffizienten für β-Strahlung zu ermitteln. Aus

$$N_i = N_0 \, e^{-\kappa \, x_i} \qquad (i = 1, 2)$$

ergibt sich

$$\kappa = \frac{\ln(N_1/N_2)}{x_2 - x_1} = 4{,}33 \,(\mathrm{g/cm^2})^{-1} \ .$$

Der Absorptionskoeffizient für Elektronen aus kontinuierlichen β-Spektren wird empirisch durch die Beziehung

$$\kappa = 15/E_{\beta_{max}}^{1,5}$$

($E_{\beta_{max}}$ in MeV; κ in $(\mathrm{g/cm^2})^{-1}$) angegeben (s. Seite 248). Der daraus erhaltene Wert von $\kappa = 4{,}38$ stimmt sehr gut mit dem experimentell ermittelten überein.

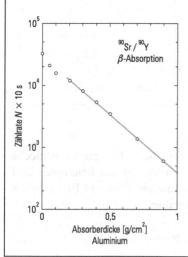

Abb. 4.7
Absorption von Elektronen aus einer ^{90}Sr-Quelle in Aluminium

Bestimmung der Reichweite von α-Strahlung

Die Reichweite von α-Strahlen lässt sich recht gut mit einer Expansionsnebelkammer bestimmen. Die α-Strahlen einer offenen, kollimierten ^{226}Ra-Quelle werden in eine flache Kammer, die mit einem Gas–Dampf-Gemisch (z. B. Luft–Wasserdampf oder Argon–Alkohol) gefüllt ist, gerichtet. Durch adiabatische Expansion des Kammervolumens wird die Temperatur des Gasgemisches erniedrigt. Der Dampf kommt dadurch in den Zustand der Übersättigung. Er kondensiert als Nebeltröpfchen an den Kondensationskeimen, die durch die Ionisationsspuren der α-Teilchen dargestellt werden. Die beleuchteten Spuren der α-Teilchen können leicht photographiert und ausgewertet werden (s. Bild links).

Die Reichweite der α-Teilchen mit elektronischen Detektoren zu bestimmen, ist viel schwieriger. Es muss darauf geachtet werden, dass sowohl das Austrittsfenster der Quelle als auch das Eintrittsfenster des Detektors extrem dünn sind. Eine Zählratenmessung an einer ^{226}Ra-Quelle (α-Energie 4,8 MeV) mit einem Geiger–Müller-Zählrohr ergab die im Bild (rechts) dargestellte Abhängigkeit von der Massenbelegung zwischen Detektor und Quelle. Die variable Massenbelegung wurde durch extrem dünne Polyethylenfolien realisiert. Wenn man die Zählratenkurve differenziert (unterer Einsatz im Bild), lässt sich die Reichweite der α-Strahlen an der Position des Maximums der Differenzenkurve leicht ablesen. Das Ergebnis von 4,75 mg/cm^2, entsprechend 3,7 cm Luft, stimmt mit der Erwartung gut überein.

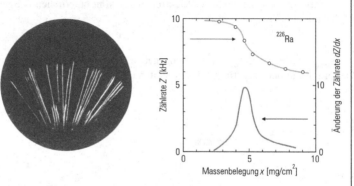

Abb. 4.8
Spuren von 8,8 MeV- und
6 MeV-α-Teilchen in einer
Nebelkammer (L. Meitner, K.
Freitag; links); Bestimmung der
Reichweite von α-Strahlen durch
Absorptionsmessungen mit dünnen
Polyethylenfolien (rechts)

Teilchen, schwere Atomkerne) liefert dieser Energieverlustmechanismus auf Grund der relativ großen Massen der beteiligten Teilchen praktisch keinen Beitrag. Der Energieverlust für Elektronen in Materie durch Bremsstrahlung kann durch

$$\frac{\Delta E}{\Delta x} \sim Z^2\, E \tag{4.6}$$

beschrieben werden. Für große Energien (in Blei ab 7,4 MeV) ist der Bremsstrahlungsverlust von Elektronen größer als der Energieverlust durch Ionisation und Anregung (s. Bild 4.2).

Elektronenstrahlen hoher Energie (einige MeV; etwa von einem Beschleuniger in einer nuklearmedizinischen Abteilung eines Krankenhauses) schirmt man am besten mit einem Sandwich aus einem **Abschirmung** Material mit geringer Kernladung gefolgt von einer Schicht Blei ab. Im Absorber geringer Kernladung (z. B. Kunststoff) verlieren die Elektronen ihre Energie durch Ionisation und Anregung, ohne in nennenswerter Weise Bremsstrahlung zu erzeugen, um schließlich in Blei gestoppt zu werden. In einem reinen Bleiabsorber würden hochenergetische Elektronen Bremsstrahlung erzeugen, die sich schwer abschirmen lässt.

Vermeidung von Bremsstrahlung

4.2 Nachweis von Neutronen

Neutronen als neutrale Teilchen können nicht direkt gemessen werden. Alle Nachweisverfahren laufen darauf hinaus, in Neutronenwechselwirkungen zunächst geladene Teilchen zu erzeugen, die vom Detektor dann über die „normalen" Wechselwirkungsprozesse wie Ionisation und Anregung nachgewiesen werden.

Neutronenwechselwirkungen

Für Neutronen mit Energien, wie sie im Strahlenschutz vorkommen ($E_{kin} \leq 10\,\text{MeV}$), kommen folgende Nachweisreaktionen in Betracht:

$$n + {}^{6}_{3}\text{Li} \longrightarrow \alpha + {}^{3}_{1}\text{H} \; , \qquad (4.7)$$

$$n + {}^{10}_{5}\text{B} \longrightarrow \alpha + {}^{7}_{3}\text{Li} \; , \qquad (4.8)$$

$$n + {}^{3}_{2}\text{He} \longrightarrow p + {}^{3}_{1}\text{H} \; , \qquad (4.9)$$

$$n + p \longrightarrow n + p \; . \qquad (4.10)$$

Die Wirkungsquerschnitte für diese Reaktionen hängen stark von der Neutronenenergie ab (Bild 4.9).

Thermische Neutronen können leicht mit Ionisationskammern oder Proportionalzählrohren, die mit Bortrifluorid (BF$_3$) gefüllt sind, nachgewiesen werden. Wegen des großen Wirkungsquerschnitts für die Reaktion (4.9) (s. auch Bild 4.9) ist ebenfalls ^{3}He eine attraktive Alternative für den Nachweis langsamer Neutronen. Höherenergetische Neutronen müssen erst auf kleinere Energien abgebremst („moderiert") werden, um sie mit guter Nachweiswahrscheinlichkeit registrieren zu können.

Bortrifluorid-Zähler

^{3}He-Zähler

Die Moderation nichtthermischer Neutronen erfolgt am besten mit Substanzen, die viele „freie" Protonen enthalten, weil Neutronen auf gleich schwere Partner viel Energie übertragen können, während bei Zusammenstößen mit schweren Kernen im Wesentlichen nur quasielastische Streuungen mit geringem Energieübertrag erfolgen. Als Moderatoren eignen sich etwa Paraffin oder Wasser.

Moderation (Abbremsung)

Halbleiterzähler oder Szintillatoren, die Lithium enthalten, sind ebenso zur Neutronenmessung geeignet; auch Proportionalzähler mit Gasfüllungen, die ^{3}He oder Wasserstoff (z. B. in Form von

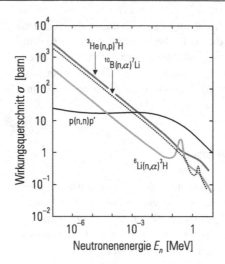

Abb. 4.9
Wirkungsquerschnitte für
neutroneninduzierte Reaktionen
($1\,\mathrm{barn} = 10^{-24}\,\mathrm{cm}^2$)

CH_4) enthalten, können ebenfalls zum Neutronennachweis eingesetzt werden.

**Messung
der Neutronenenergie**

Schwellwertzähler

Für Anwendungen im Strahlenschutz ist auch die Kenntnis der
Neutronenenergie von großer Bedeutung, weil die Strahlungs-Wichtungsfaktoren und damit die relative biologische Wirksamkeit von
ihr abhängen. Zu diesem Zweck setzt man Neutronenschwellwert-
detektoren ein. Ein solcher Detektor besteht aus einer Trägerfolie,
die mit einem Nuklid beschichtet ist, das nur mit Neutronen oberhalb einer bestimmten Energie reagiert. Die bei den Reaktionen entstehenden geladenen Teilchen können mit Plastik-Detektoren über
eine Ätztechnik nachgewiesen werden.

In der Tabelle 4.1 sind geeignete Schwellwertreaktionen zur Bestimmung der Neutronenenergie aufgeführt.

4.3 Nachweis von Photonen

Als neutrale Teilchen müssen Photonen zunächst wie Neutronen
in einem Wechselwirkungsprozess geladene Teilchen erzeugen, die
dann in der Regel über die Prozesse der Ionisation und Szintilla-
tion nachgewiesen werden. Die Wechselwirkungen von Photonen
unterscheiden sich grundlegend von denen geladener Teilchen, da
bei einem Photonenwechselwirkungsprozess das Photon entweder
vollständig absorbiert wird (Photoeffekt, Paarerzeugung) oder unter
relativ großen Winkeln gestreut wird (Compton-Effekt).

**Photoeffekt
Compton-Effekt
Paarbildung**

Während es möglich ist, geladenen Teilchen – je nach Energie – eine Reichweite zuzuordnen, kann man für Photonen nur sta-

Reaktion	Schwellwertenergie (MeV)
Spaltung von ^{234}U	0,3
Spaltung von ^{236}U	0,7
$n + {}^{31}P \rightarrow p + {}^{31}Si$	0,72
$n + {}^{32}S \rightarrow p + {}^{32}P$	0,95
Spaltung von ^{238}U	1,3
$n + {}^{27}Al \rightarrow p + {}^{27}Mg$	1,9
$n + {}^{56}Fe \rightarrow p + {}^{56}Mn$	3,0
$n + {}^{27}Al \rightarrow \alpha + {}^{24}Na$	3,3
$n + {}^{24}Mg \rightarrow p + {}^{24}Na$	4,9
$n + {}^{65}Cu \rightarrow 2n + {}^{64}Cu$	10,1
$n + {}^{58}Ni \rightarrow 2n + {}^{57}Ni$	12,0

Tabelle 4.1
Schwellwertreaktionen zur
Bestimmung der Neutronenenergie

„Wir lagern die β^+-Strahler zusammen mit den β^--Strahlern, damit sie sich gegenseitig zerstrahlen."

© C. Grupen

tistische Aussagen über die Intensitätsminderung beim Durchgang durch Materie machen.

Die Intensität I_0 eines monoenergetischen Photonenstrahls wird in einer Materieschicht der Dicke x geschwächt gemäß (s. Anhang O)

Abschwächung von Photonen

$$I = I_0 \, e^{-\mu x} \; . \tag{4.11}$$

μ ist der Massenabschwächungskoeffizient. Da dieser Koeffizient die Wahrscheinlichkeit für Photowechselwirkungsprozesse enthält und im Photo- und Paarbildungseffekt das Photon komplett absorbiert wird, im Compton-Prozess aber – wenn auch mit reduzierter Energie – „überlebt", muss man den Effekt der Photoabsorption von der Photonenintensitätsabschwächung unterscheiden. Zu diesem Zweck definiert man einen Compton-Streukoeffizienten

Compton-Streuung

$$\mu_{cs} = \frac{E'_\gamma}{E_\gamma} \, \mu_{\text{Compton-Effekt}} \; . \tag{4.12}$$

Absorption von γ-Strahlung

Mit einem Szintillationszähler wird die Absorption von γ-Strahlung aus einem ^{60}Co-Präparat untersucht. Zu diesem Zweck werden zunächst die Elektronen mit der Maximalenergie von $0,31$ MeV mit einem Aluminiumabsorber ausgeblendet. Die verbleibende γ-Zählrate ist im Bild als Funktion der Bleiabsorberdicke dargestellt. Man erkennt, dass die energiereiche γ-Strahlung ($1,17$ MeV und $1,33$ MeV; s. Bild 3.4) nur sehr langsam in Blei absorbiert wird. Der Wirkungsquerschnitt für Photonwechselwirkungen hat gerade bei diesen Energien ein Minimum (s. Bild 4.12), das durch die geringe Wahrscheinlichkeit für den dort dominanten Compton-Prozess gegeben ist.

Eine Auswertung der an die Messdaten angepassten Geraden ergibt für den Massenabsorptionskoeffizienten von im Mittel $1,25$ MeV-γ-Strahlung in Blei den Wert

$$\mu = \frac{\ln(I_1/I_2)}{x_2 - x_1} = 0,37 \,\text{cm}^{-1}$$

entsprechend $\mu = 0,033 \,(\text{g/cm}^2)^{-1}$, in guter Übereinstimmung mit der Erwartung.

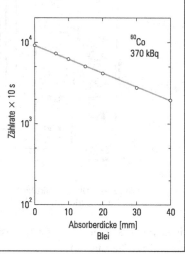

Abb. 4.10
Absorption von γ-Strahlung
aus einer ^{60}Co-Quelle in Blei

Absorption von Photonen

Dabei sind E_γ und E_γ' die Energien des Photons vor und nach der Streuung beim Compton-Effekt. Der Compton-Absorptionskoeffizient ist dann das Komplement zur gesamten Wahrscheinlichkeit für den Compton-Effekt:

$$\mu_{\text{ca}} = \mu_{\text{Compton-Effekt}} - \mu_{\text{cs}} \ . \tag{4.13}$$

Compton-Absorption

Mit den Abkürzungen $\mu_{\text{Photoeffekt}} = \mu_{\text{f}}$, $\mu_{\text{Paarbildung}} = \mu_{\text{p}}$ und $\mu_{\text{Compton-Effekt}} = \mu_{\text{c}}$ ergibt sich dann der Massenabschwächungskoeffizient μ für Photonen zu

$$\mu = \mu_{\text{f}} + \mu_{\text{p}} + \mu_{\text{c}} \ , \tag{4.14}$$

wobei $\mu_c = \mu_{cs} + \mu_{ca}$, und der Massenabsorptionskoeffizient μ_a zu

$$\mu_a = \mu_f + \mu_p + \mu_{ca} \ . \tag{4.15}$$

Der Wirkungsquerschnitt für den Photoeffekt, also die Loslösung eines Elektrons aus dem Atomverband, **Photoeffekt**

$$\gamma + \text{Atom} \longrightarrow \text{Atom}^+ + e^- \ , \tag{4.16}$$

hängt sehr stark von der Kernladungszahl des Absorbers und der Energie des Photons ab. In nicht unmittelbarer Nachbarschaft der Absorptionskanten gilt **Absorptionskante**

$$\sigma_{\text{Photo}} \sim \frac{Z^5}{E_\gamma^{3,5}} \ . \tag{4.17}$$

Der Photoeffekt dominiert bei niedrigen Photonenergien (z. B. im Röntgenbereich) und bei schweren Absorbern (Blei, Wolfram). In den meisten Fällen erfolgt die Photoionisation in der K-Schale (80% des gesamten Photowirkungsquerschnittes).

Der Wirkungsquerschnitt in der Nähe der Absorptionskanten, bei denen die Photonenenergie mit der elementspezifischen Bindungsenergie in der jeweiligen Elektronenschale übereinstimmt, wird allerdings stark gegenüber dem in Gleichung (4.17) angegebenen Verlauf modifiziert.

Der Compton-Effekt beschreibt die Photon-Streuung an quasifreien Elektronen eines Atoms, **Compton-Effekt**

$$\gamma + e^-_{\text{ruhend}} \longrightarrow \gamma' + e^-_{\text{schnell}} \ . \tag{4.18}$$

Die Streuwahrscheinlichkeit ist proportional zur Zahl der potentiellen Streupartner im Atom ($\sim Z$). Die Energieabhängigkeit des Compton-Streuquerschnittes kann durch

$$\sigma_{\text{Compton}} \sim Z \frac{\ln E_\gamma}{E_\gamma} \tag{4.19}$$

beschrieben werden. Aus Gründen der Energie- und Impulserhaltung kann das Photon Energien nur bis zu einem bestimmten Maximalwert auf das Elektron übertragen („Compton-Kante"). **Compton-Kante**

Bei der Paarerzeugung handelt es sich um die Konversion eines Photons in ein Elektron–Positron-Paar im Coulomb-Feld eines Atomkerns,

$$\gamma + \text{Kern} \longrightarrow \text{Kern}' + e^+ + e^- \ . \tag{4.20}$$

Da das Photon mindestens die Ruhmassen m_e des Elektrons und **Paarerzeugung**

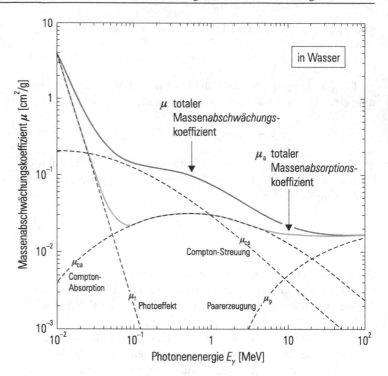

Abb. 4.11
Energieabhängigkeit des Massenabschwächungskoeffizienten μ und
Massenabsorptionskoeffizienten μ_a
für Photonen in Wasser.
μ_f beschreibt den Photoeffekt,
μ_p die Paarerzeugung,
μ_{cs} die Compton-Streuung und
μ_{ca} die Compton-Absorption.
μ_a ist der gesamte
Massenabsorptionskoeffizient
$(\mu_a = \mu_f + \mu_p + \mu_{ca})$
und μ der gesamte
Massenabschwächungskoeffizient
$(\mu = \mu_f + \mu_p + \mu_c$ mit
$\mu_c = \mu_{cs} + \mu_{ca})$

Positrons aufbringen muss, kommt dieser Prozess erst für Photonenenergien $E_\gamma > 2m_e c^2$ in Betracht. Der Wirkungsquerschnitt für
diesen Prozess kann durch

$$\sigma_{Paar} \sim Z^2 \ln E_\gamma \qquad (4.21)$$

parametrisiert werden. Bei hohen Energien strebt der Wirkungsquerschnitt gegen einen energieunabhängigen, konstanten Wert.

Abschwächungskoeffizient   Bild 4.11 zeigt die Massenabschwächungs- und Massenabsorp-
Absorptionskoeffizient   tionskoeffizienten für Wasser als Absorber und Bild 4.12 diejenigen
für Blei. Die Massenabsorptionskoeffizienten können sowohl in der
Einheit cm^{-1} als auch in $(g/cm^2)^{-1}$ angegeben werden, wobei

$$\mu(cm^{-1}) = \mu\left((g/cm^2)^{-1}\right)\rho$$

(ρ – Dichte des Absorbers in g/cm^3) ist.

In der Folge des Photo- und Compton-Effektes fehlt in der Elektronenhülle des Atoms ein Elektron. Durch das Auffüllen der Leer-
charakteristische   stelle aus höher gelegenen Schalen kann die Anregungsenergie der
Röntgenstrahlung   Hülle in Form von charakteristischer Röntgenstrahlung oder durch
Auger-Elektronen   Auger-Elektronen abgegeben werden (s. Kap. 3).

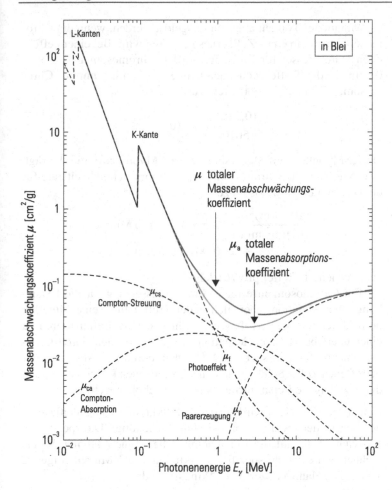

Abb. 4.12
Energieabhängigkeit des Massenabschwächungskoeffizienten μ und Massenabsorptionskoeffizienten μ_a für Photonen in Blei. μ_f beschreibt den Photoeffekt, μ_p die Paarerzeugung, μ_{cs} die Compton-Streuung und μ_{ca} die Compton-Absorption. μ_a ist der gesamte Massenabsorptionskoeffizient ($\mu_a = \mu_f + \mu_p + \mu_{ca}$) und μ der gesamte Massenabschwächungskoeffizient ($\mu = \mu_f + \mu_p + \mu_c$ mit $\mu_c = \mu_{cs} + \mu_{ca}$)

4.4 Ergänzungen

Energiereiche kosmische Myonen deponieren im Gewebe etwa $2\,\mathrm{MeV}/(\mathrm{g/cm^2})$. Wie viele Ladungsträgerpaare werden in einer menschlichen Keimzelle (Durchmesser 0,05 mm) erzeugt, wenn sie von einem Myon getroffen wird und die Energie zur Erzeugung eines Ladungsträgerpaares 30 eV beträgt?

Die Dichte des menschlichen Gewebes ist $1\,\mathrm{g/cm^3}$; also entspricht ein spezifischer Energieverlust von $2\,\mathrm{MeV}/(\mathrm{g/cm^2})$ einer deponierten Energie von $2\,\mathrm{MeV/cm} = 0,2\,\mathrm{keV/\mu m}$. Nähern wir eine Zelle durch ein zylindrisches Volumen, dessen Höhe dem Zelldurchmesser entspricht, so werden bei einem angenommenen Zelldurchmesser von $0,05\,\mathrm{mm} = 50\,\mu\mathrm{m}$ also 10 keV deponiert und damit $10\,000\,\mathrm{eV}/30\,\mathrm{eV} = 333$ Ladungsträgerpaare erzeugt.

Ergänzung 1
kosmische Myonen

Mutationen

Chromosomenveränderung

Mutationen können aber nur ausgelöst werden, wenn ein Chromosom innerhalb eines Zellkernes getroffen wird. Bei einem effektiven Durchmesser für Ionisation in den Chromosomen von etwa $0{,}5\,\mu m$ ist die Trefferwahrscheinlichkeit für ein bestimmtes Chromosom, falls die Zelle getroffen wurde,

$$\frac{(0{,}5\,\mu m)^2}{(50\,\mu m)^2} = 10^{-4} \ .$$

Kosmische Strahlung (Myonen)

Da der Myonfluss auf Meereshöhe etwa $1\,\text{Myon}/(cm^2\,\text{min})$ beträgt, errechnet sich die Chromosomentrefferwahrscheinlichkeitsrate für ein bestimmtes Chromosom zu

$$\frac{(0{,}5\,\mu m)^2}{10^8\,\mu m^2\,\text{min}} = 2{,}5 \times 10^{-9} \ \text{pro Minute}$$

$$= 0{,}0013 \ \text{pro Jahr}$$

entsprechend 1 Treffer pro 761 Jahre.

Chromosomentreffer

Ein Chromosomentreffer ist die Voraussetzung für die Entstehung einer Mutation, aber nicht jeder Treffer führt eine Mutation herbei. Nur wenige „erfolgreiche" Chromosomentreffer führen zu einer überlebensfähigen Mutation, d. h. die meisten durch Chromosomentreffer verursachten Mutationen führen zum Absterben der betroffenen Zelle. Schäden an den Chromosonen können aber auch durch zelleigene Reparaturmechanismen behoben werden.

Ergänzung 2

spezifische Aktivität

Neben der Aktivität A wird bei der Abfallklassifizierung häufig auch der Begriff der spezifischen Aktivität A^* benötigt. Die spezifische Aktivität ist die auf die Masseneinheit bezogene Aktivität. So errechnet sich etwa die spezifische Aktivität von ^{54}Mn auf folgende Weise: Die Halbwertszeit von ^{54}Mn ist $312\,\text{d}$;

$$A^* = -\frac{dN}{dt} = \lambda\,N = \frac{1}{\tau}\,N \ .$$

Dabei ist N die Zahl der Atome pro Gramm,

$$A^* = \frac{\ln 2}{T_{1/2}}\,N = \frac{\ln 2}{T_{1/2}}\,\frac{\text{Avogadro-Zahl}}{\text{Atomgewicht in Gramm}}$$

$$= \frac{0{,}6931}{312 \times \underbrace{24 \times 3600}_{\text{Sekunden pro Tag}}} \times \frac{6{,}022 \times 10^{23}}{54\,\text{Gramm}} = 2{,}87 \times 10^{14}\,\frac{\text{Bq}}{\text{g}} \ .$$

Da empfindliche Detektoren ohne Schwierigkeiten Aktivitäten von $1\,\text{Bq}$ messen können, erreicht man für ^{54}Mn eine Empfindlichkeit von

$$m_{\min} = \frac{1\,\text{Bq}}{2{,}87 \times 10^{14}\,\text{Bq/g}} = 3{,}49 \times 10^{-15}\,\text{g} \ .$$

Es können also schon extrem kleine Mengen eines Radioisotops nachgewiesen werden.

Messempfindlichkeit

Da im Labor radioaktive Quellen mit einer Aktivität von größenordnungsmäßig 10^6 Bq verwendet werden, entspräche dies für ^{54}Mn einer Masse von 3,5 Nanogramm. Da solche geringen Massen technisch schlecht handhabbar sind, mischt man häufig das radioaktive Isotop mit einem chemisch gleichwertigen, inaktiven Isotop (z. B. ^{55}Mn). Wenn das Radioisotop ^{54}Mn mit einer Aktivität von 10^6 Bq (also 3,5 ng) mit 10 mg ^{55}Mn vermischt würde, ergäbe sich eine spezifische Aktivität für diese spezielle Probe von

spezifische Aktivität

$$A^* = \frac{10^6 \, \text{Bq}}{10 \, \text{mg} + 3,5 \, \text{ng}} = 10^8 \, \frac{\text{Bq}}{\text{g}} \ .$$

Der geringe ^{54}Mn-Anteil in einer solchen Probe ließe sich mit chemischen Verfahren kaum feststellen.

Nehmen wir jetzt an, dass 1 mg ^{54}Mn in einem radioaktiven Präparat untergebracht sind (ein sehr starkes Präparat!). Die Aktivität dieses Präparates ist dann

$$A = 2,87 \times 10^{11} \, \text{Bq} = 7,7 \, \text{Ci} \ .$$

Wie groß ist unter diesen Umständen die Energiedosis in einem Abstand von 30 cm in einer 1 cm dicken Gewebeschicht?

Der Energiefluss in $r = 30$ cm Abstand pro cm^2 beträgt

$$W = A \, \epsilon \, \Omega$$

mit
ϵ – Energie pro Zerfall (842 keV-Photon) und
Ω – Raumwinkelanteil $= \frac{1}{4 \pi r^2}$

Raumwinkel
$1/r^2$-Verhalten

und damit

$$W = 2,87 \times 10^{11} \, \text{Bq} \times 0,842 \, \text{MeV} \times \frac{1}{4 \, \pi \, 30^2 \, \text{cm}^2}$$
$$= 2,13 \times 10^7 \, \frac{\text{MeV}}{\text{s} \, \text{cm}^2} \ .$$

Der Massenabsorptionskoeffizient für 842 keV-Photonen in Gewebe ist etwa $\mu = 0,035 \, (\text{g/cm}^2)^{-1}$ (s. Bild 4.11; Wasser und Gewebe sind für diesen Fall vergleichbar). D. h. von der Photonenintensität wird pro g/cm^2 nur der Anteil

$$\frac{N}{N_0} = 1 - e^{-\mu x \rho} = 1 - e^{-0,035 \, (\text{g/cm}^2)^{-1} \times 1 \, \text{cm} \times 1 \, \text{g/cm}^3} = 0,0344$$

in einer 1 cm dicken Gewebeschicht absorbiert. Das entspricht einer absorbierten Energie von

Experimentelle Bestimmung des Abstandsgesetzes

Eine 370 kBq-^{60}Co-Quelle wird in einem variablen Abstand von einem Szintillationszähler aufgebaut. Die vom ^{60}Co-Isotop emittierten γ-Quanten mit Energien von 1,17 MeV und 1,33 MeV (s. Bild 3.4) werden in Luft nur unmerklich geschwächt. Die Zählrate als Funktion des Abstandes zwischen Quelle und Szintillator ist im Bild im doppeltlogarithmischen Maßstab dargestellt. Eine an die Daten angepasste Gerade ergibt die Steigung −2; d. h. die Zählrate variiert wie

$$N \sim r^{-2} \, ,$$

denn eine solche Abhängigkeit ergibt im log–log-Maßstab die gemessene Steigung:

$$\ln N \sim -2 \ln r.$$

Die Tatsache, dass die Zählrate umgekehrt proportional zum Quadrat des Abstandes fällt, folgt aus einer einfachen Raumwinkelbetrachtung: der gesamte Raumwinkel (Oberfläche einer Kugel) entspricht $4\pi r^2$. Ein Detektor der Fläche A im Abstand r registriert daher nur den Raumwinkelanteil $A/4\pi r^2$. Deshalb variiert die Zählrate $N \sim 1/r^2$. Für den Strahlenschutz folgt daraus: Abstandhalten ist ein sehr effektiver Schutz vor Strahlung.

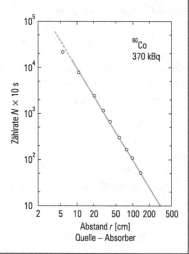

Abb. 4.13
Abstandsgesetz ($1/r^2$-Gesetz)
für die γ-Strahlung
aus einer ^{60}Co-Quelle

$$W^* = W \, \frac{N}{N_0} = 0{,}735 \times 10^6 \, \frac{\text{MeV}}{\text{s g}}$$

(1 cm^3 Gewebe $\widehat{=}$ 1 Gramm; 1 cm Gewebe $\widehat{=}$ 1 g/cm^2),

$$W^* = 0{,}735 \times 10^6 \times 1{,}6 \times 10^{-13} \times 10^3 \, \text{J/(s kg)}$$
$$= 1{,}18 \times 10^{-4} \, \text{Gy/s} \qquad (1 \, \text{MeV} = 1{,}6 \times 10^{-13} \, \text{J}) \, ,$$

also einer Dosisleistung von

$$\dot{D} = 0{,}42 \, \text{Gy/h} \, .$$

In 1 m Abstand erniedrigt sich die Dosis umgekehrt zum Verhältnis der Abstände zum Quadrat. Es ergibt sich

$$\dot{D}_{1\,\mathrm{m}} = \dot{D}_{0,3\,\mathrm{m}} \times \frac{(0,3\,\mathrm{m})^2}{(1\,\mathrm{m})^2} = 38\,\mathrm{mGy/h} \ .$$

Letztlich wird die deponierte Energie in Wärme umgesetzt. Welcher Wärmeleistung $\dot{Q}$ entspricht die Dosis von 38 mGy/h?

$$\dot{Q} = 38 \times 10^{-3}\,\frac{\mathrm{W\,s}}{\mathrm{kg\,h}} = \frac{38 \times 10^{-3}}{3600}\,\frac{\mathrm{W}}{\mathrm{kg}}$$

$$= 1{,}06 \times 10^{-5}\,\frac{\mathrm{W}}{\mathrm{kg}} = 1{,}06 \times 10^{-8}\,\frac{\mathrm{W}}{\mathrm{cm}^3} \ ,$$

Erwärmung durch ionisierende Strahlung?

da die Gewebedichte zu $\rho = 1\,\mathrm{g/cm}^3$ angenommen wurde. Ausgedrückt in Einheiten der Kalorie (1 cal ist diejenige Wärmemenge, die man benötigt, um 1 g Wasser um 1° von 14,5°C auf 15,5°C zu erwärmen; 1 cal = 4,186 J) entspricht das einem Wärmestrom von

$$\dot{Q} = 9 \times 10^{-3}\,\frac{\mathrm{cal}}{\mathrm{kg\,h}} \ ,$$

also einer außerordentlich niedrigen Erwärmung. Bei einer Aufenthaltsdauer von einer Stunde wäre die deponierte Energie

$$Q = 9 \times 10^{-3}\,\frac{\mathrm{cal}}{\mathrm{kg}} \ ,$$

was gemäß

$$\Delta T = \frac{Q}{c} \ , \quad c - \text{spezifische Wärme des Gewebes} \left(1\,\frac{\mathrm{cal}}{\mathrm{g\,K}}\right) \ ,$$

zu einer Erhöhung der Körpertemperatur um

$$\Delta T = 9 \times 10^{-6}\,\mathrm{K} = 9\,\mathrm{\mu K}$$

führen würde. Aus diesen Zahlen wird klar, dass die Strahlengefahr nicht auf die Temperaturerhöhung im menschlichen Körper zurückgeführt werden kann.

Die Reichweite eines Elektrons in Wasser sei 1 cm. Wie kann man daraus die Reichweite in Luft abschätzen?

    Die Reichweite hängt vom Abschirmmaterial wie Z/A ab. Da für Wasser und Luft das Verhältnis in beiden Fällen etwa 0,5 ist, lässt sich die Reichweite in Luft aus dem Dichteverhältnis abschätzen (vgl. auch Bild 4.4):

Ergänzung 3
Reichweite von Elektronen

$$R_{\mathrm{Luft}} \approx R_{\mathrm{Wasser}}\,\frac{\rho_{\mathrm{Wasser}}}{\rho_{\mathrm{Luft}}} = 775\,\mathrm{cm} \ .$$

„Mein Gott, der Kaffee bringt ja 200 J/kg!"

© by Claus Grupen

Ergänzung 4

Ein Betreuer lässt in einem kernphysikalischen Praktikum aus Versehen eine ^{60}Co-Quelle unabgeschirmt liegen. Die Präparatstärke der Quelle beträgt 370 kBq (10 µCi). ^{60}Co emittiert pro Zerfall ein Elektron mit einer Maximalenergie von 310 keV und zwei γ-Quanten mit 1,17 und 1,33 MeV (Energiesumme 2,5 MeV).

Man berechne die Dosisleistung, die Studenten des Praktikums erhalten, wenn sie sich im Mittel in einem Abstand von 3 m von der Quelle aufhalten. Welche Dosis erhalten sie pro Praktikumstag? In welchem Verhältnis steht diese Zahl zur natürlichen Umweltradioaktivität?

Zur Ausführung dieser Berechnung, die mehr eine Abschätzung ist, gehe man folgendermaßen vor:

Elektronenreichweite

1. Man berechne zunächst den Effekt der Elektronen. Die Reichweite von Elektronen berechnet sich (näherungsweise) aus

$$R = (0{,}526\, E_{\text{kin}}/\text{MeV} - 0{,}095)\ \text{g/cm}^2\ .$$

γ-Absorption

2. Die Absorptionswahrscheinlichkeit der γ-Quanten in den zu durchlaufenden 3 m Luft berücksichtige man durch einen Massenabsorptionskoeffizienten in Luft von $\mu = 0{,}03\ \text{cm}^2/\text{g}$ bei einer mittleren Energie $\langle E_\gamma \rangle = 1{,}25$ MeV.

3. Welcher Bruchteil der γ-Quanten wird in einem Normstudenten wechselwirken?

Absorption von β- und γ-Strahlung von Isotopen der ^{226}Ra-Zerfallsreihe

In der ^{226}Ra-Zerfallsreihe treten γ-Strahlen bis 2 MeV und β-Strahlen bis 3 MeV auf. Die experimentellen Ergebnisse der Absorptionsmessungen (s. Bild) zeigen, dass die β-Komponente schon nach 3 mm Aluminium fast vollständig absorbiert ist, während die Photonen auch noch nach 5 cm Aluminium lediglich nur um einen Faktor 2 geschwächt wurden. Beide Schwächungskoeffizienten können recht gut durch Exponentialfunktionen beschrieben werden.

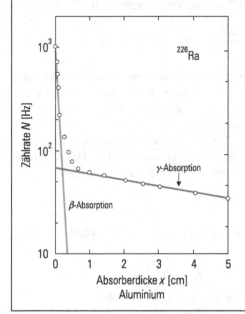

Abb. 4.14
Absorption von β- und γ-Strahlung aus einer ^{226}Ra-Quelle in Aluminium

Man nehme an, dass der Student aus Wasser besteht $(\mu_{\text{Wasser}}(\langle E_\gamma \rangle = 1{,}25\,\text{MeV}) = 0{,}06\,\text{cm}^2/\text{g})$.

4. Man schätze ab, welcher Bruchteil der γ-Energie im Mittel auf den Studenten bei dieser Wechselwirkung übertragen wird. Dazu nehme man an, dass beim Photoeffekt und bei der Paarerzeugung 100%, beim Compton-Effekt 50% der Energie übertragen wird.

5. Man berücksichtige den mittleren Raumwinkel, unter dem der Student von der Quelle gesehen wird.   **Raumwinkeleffekt**

6. Man berücksichtige die relative biologische Wirksamkeit der β- und γ-Strahlen.

7. Man berechne mit den bisherigen Ergebnissen die Dosisleistung, Gesamtdosis und das Dosisverhältnis zur Jahresdosis durch natürliche Radioaktivität (etwa 2,3 mSv/a).   **relative Dosis**

In die empirische Formel wird die kinetische Energie E in MeV eingesetzt; man erhält dann die Reichweite R in g/cm^2:

$$R = (0,526 \, E_{kin}/\text{MeV} - 0,095) \, g/cm^2$$
$$= (0,526 \times 0,31 - 0,095) \, g/cm^2 = 0,068 \, g/cm^2 \ .$$

Um die Reichweite in Luft zu berechnen, benötigt man die Dichte[2] der Luft, $\rho_L = 1,29 \times 10^{-3} \, g/cm^3$; damit ergibt sich

$$r = \frac{R}{\rho_L} = \frac{0,068}{1,29} \times 10^3 \, cm = 52,8 \, cm \ .$$

Effekt der Elektronen

Da die maximale Reichweite in Luft also nur etwa 50 cm beträgt, werden die Studenten, die einen mittleren Abstand von 3 m haben, nicht durch die Elektronen getroffen. Die Elektronen werden also im Folgenden nicht mehr berücksichtigt.

Auch die Photonen werden z. T. auf der Strecke absorbiert, allerdings findet hier keine vollständige Absorption statt. Die Anfangsintensität I_0 wird auf die Intensität $I(3\,\text{m})$ reduziert gemäß

$$I(3\,\text{m}) = I_0 \, e^{-\mu \, \rho_L \, x} \ .$$

Die Wahrscheinlichkeit für Absorption in der Luft ergibt sich dann aus

$$\alpha = 1 - \frac{I}{I_0} = 1,1\% \ .$$

Die γ-Strahlung wird also kaum durch die Luft absorbiert.

Effekt der Photonen

Der Normstudent ist $l = 1,80\,\text{m}$ groß, wiegt $m = 75\,\text{kg}$ und hat eine mittlere Absorptionsdicke von $d = 15\,\text{cm}$; damit ergibt sich (aus der Dichte von Wasser und der Masse von $m = 75\,\text{kg}$) eine Breite $b = 27,7\,\text{cm}$. Der durch den Studenten absorbierte Bruchteil ergibt sich dann zu

$$\beta = 1 - e^{-0,06 \times 15 \times 1} = 59,3\% \ .$$

Es treten also etwa 40,7% der Photonen wieder aus.

Bei der hier gemachten Abschätzung genügt es, nur den Compton-Effekt zu berücksichtigen, da in diesem Energiebereich dies der dominierende Prozess ist. Es wird also nur 50% der Energie durch Compton-Effekt übertragen.

Raumwinkelargument

Der Raumwinkel kann mit Hilfe der angegebenen Skizze (Bild 4.15) abgeschätzt werden.

---

[2] Die Dichte ist abhängig von Druck und Temperatur, hier werden Normalbedingungen vorausgesetzt: $p = 1013\,\text{hPa}$ und $T = 293\,\text{K}$.

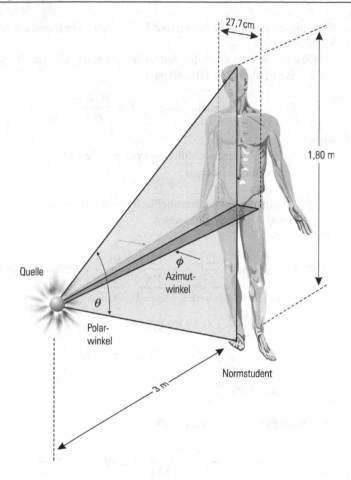

27,7 cm

1,80 m

Quelle

ϕ
Azimut-
winkel

θ

Polar-
winkel

Normstudent

3 m

Abb. 4.15
Skizze zur Verdeutlichung des
Raumwinkels, unter dem die
Quelle den Studenten sieht

Aus der Skizze berechnen sich die Winkel zu[3]

$$\theta = 2 \times \arctan\left(\frac{0,9}{3}\right) = 33,4° = 0,583 \, \text{rad} \ ,$$

$$\phi = 2 \times \arctan\left(\frac{0,1385}{3}\right) = 5,30° = 0,093 \, \text{rad} \ .$$

Damit ergibt sich ein Raumwinkel Ω' von

$$\Omega' = \theta \, \phi = 0,054 \, \text{sterad} \ .$$

Da der Student nicht von den Elektronen aus dem β-Zerfall getroffen wird, ist es nicht notwendig, weiter auf deren biologische

---

[3] Die trigonometrische Funktion „Tangens" beschreibt in einem recht-
winkligen Dreieck das Verhältnis von Gegenkathete zur Ankathete. Der
arctan (auf Taschenrechnern meist als $\tan^{-1}$ gekennzeichnet) ist die Umkehrfunktion des Tangens.

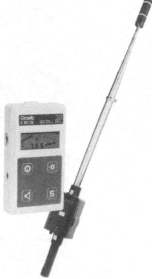

Abb. 4.16
Teleskopsonde zur Aktivitäts- und
Kontaminationsmessung bei
großen Abständen (Basismessgerät
Graetz X50 DE mit Zählrohrsonde
DE, GRAETZ
Strahlungsmeßtechnik GmbH)

Wirkung einzugehen. Die relative biologische Wirksamkeit für γ-Strahler ist eins.

Gesucht ist nun die Energiedosisleistung, die Gesamtdosis und das Dosisverhältnis zur Jahresdosis.

$$\text{Dosisleistung}: \quad \dot{D} = \frac{W\,P}{m}$$

wobei

W – die vom durchstrahlten Körper pro Zerfall
absorbierte Energie,

m – Masse,

P – Präparatstärke einschließlich Raumwinkel-
und Absorptionsfaktoren

sind.

$$P\,W = \underbrace{\frac{1}{2}}_{\text{Compton}} \times \underbrace{\frac{\Omega'}{\Omega}}_{\text{Raumwinkel}} \times \underbrace{\frac{59{,}3}{100}}_{\text{Student}} \times \underbrace{\frac{98{,}9}{100}}_{\text{Luft}} \times 2{,}5\,\text{MeV} \times 10\,\mu\text{Ci}$$

$$= \frac{1}{2} \times \frac{0{,}054}{4\,\pi} \times 0{,}593 \times 0{,}989 \times 2{,}5 \times 10^6$$

$$\times 1{,}602 \times 10^{-19} \times 10^{-5} \times 3{,}7 \times 10^{10}\,\frac{\text{J}}{\text{s}}$$

$$= 1{,}87 \times 10^{-10}\,\frac{\text{J}}{\text{s}}\;.$$

Dosisleistungsberechnung Die Dosisleistung beträgt dann also

$$\dot{D} = \frac{1{,}87 \times 10^{-10}}{75}\,\frac{\text{J}}{\text{s\,kg}} = 2{,}49 \times 10^{-12}\,\frac{\text{Gy}}{\text{s}}$$

$$= 2{,}49 \times 10^{-12}\,\frac{\text{Sv}}{\text{s}}\;, \quad \text{da RBW} = 1\;.$$

Die Gesamtdosis an einem Arbeitstag von 8 h $\equiv$ 28 800 s beträgt dann

$$G = \dot{D}\,t = 2{,}49 \times 10^{-12} \times 28\,800\,\text{Sv} = 0{,}072\,\mu\text{Sv}\;.$$

Dosisvergleich Die Belastung durch die natürliche Radioaktivität liegt bei etwa 2,3 mSv pro Jahr; das führt zu einer Belastung von $7{,}3 \times 10^{-11}$ Sv pro Sekunde bzw. $2{,}1\,\mu$Sv in 8 h. Damit ist die natürliche Strahlenbelastung etwa um einen Faktor 30 größer als die Belastung durch die nicht abgedeckte Quelle. Diese zusätzliche Exposition ist also nahezu vernachlässigbar. Das unabgedeckte Präparat wird erst bei sehr geringen Entfernungen relevant, da dann der Raumwinkel größer wird und eventuell auch die Elektronen berücksichtigt werden müssen.

Zusammenfassung

> Geladene Teilchen verlieren ihre Energie hauptsächlich durch
> Ionisation der durchlaufenen Materie. Für Elektronen kommt
> der Energieverlust durch Bremsstrahlung hinzu. Wegen des rela-
> tiv starken Energieverlustes geladener Teilchen ist deren Reich-
> weite meist gering. Im Gegensatz dazu werden Photonen beim
> Durchgang durch Materie – insbesondere bei den im Strahlen-
> schutz typischen Energien im MeV-Bereich – nur in geringem
> Maße absorbiert. Eine externe Bestrahlung ist deshalb meist auf
> die γ-Strahlung zurückzuführen. Eine besondere Bedeutung er-
> halten die Neutronen, die auf Grund ihrer fehlenden elektrischen
> Ladung ebenfalls eine große Reichweite haben. Strahlenbiolo-
> gisch sind Neutronen sehr unangenehm, weil sie durch Zellkern-
> treffer großen Schaden anrichten können.

4.5 Übungen

Der Schwächungskoeffizient für 1 MeV-Gammastrahlung sei 0,12 cm^{-1} für Beton. Wie groß sind die Halb- und die Zehntelwertsdicken? **Übung 1**

Die Gesamtbetadosisleistung $\dot{D}_\beta$ einer punktförmigen 1 mCi-^{60}Co-Quelle in 5 cm Abstand wird zu **Übung 2**

$$\dot{D}_\beta = \Gamma_\beta \frac{A}{r^2} = 2{,}62 \times 10^{-11} \frac{\text{Sv}\,\text{m}^2}{\text{Bq}\,\text{h}} \times \frac{10^{-3} \times 3{,}7 \times 10^{10}\,\text{Bq}}{0{,}05^2}$$

$$= 388\,\text{mSv/h}$$

abgeschätzt. Die Gesamtgammadosisleistung an der gleichen Stelle ist

$$\dot{D}_\gamma = \Gamma_\gamma \frac{A}{r^2} = 3{,}41 \times 10^{-13} \frac{\text{Sv}\,\text{m}^2}{\text{Bq}\,\text{h}} \times \frac{10^{-3} \times 3{,}7 \times 10^{10}\,\text{Bq}}{0{,}05^2}$$

$$= 5\,\text{mSv/h} .$$

Wie groß sind $\dot{D}_\beta$ und $\dot{D}_\gamma$ in 1 m Abstand?

Der totale Abschwächungskoeffizient (Massenabschwächungskoeffizient) für Photonen von 1 MeV in Wasser beträgt **Übung 3**

$$\mu = 0{,}07 \left(\text{g/cm}^2\right)^{-1} .$$

Um welchen Faktor wird eine monoenergetische Gammastrahlung durch eine 1 m dicke Wasserschicht abgeschwächt?

5 Strahlenschutz-Messtechnik

„Jeder physikalische Effekt ist die Basis für einen Detektor."

Anonymus

Ionisierende Strahlen kann man nicht riechen, nicht sehen, nicht schmecken und nicht fühlen. Da der Mensch kein Sinnesorgan für α-, β- und γ-Strahlen hat, muss man Messgeräte entwickeln, die ihn vor ionisierender Strahlung warnen. Der Zweck der Messung besteht in der Überwachung und der Begrenzung des Ausmaßes von Strahlenexpositionen und dem Schutz vor unerwarteten Expositionen. Dabei ist zu unterscheiden zwischen der Überwachung beruflich strahlenexponierter Personen durch die Feststellung von äußeren Strahlenbelastungen, Kontaminationen und Inkorporationen am Arbeitsplatz und den Messungen zum Schutz der Umwelt. Der letztere Gesichtspunkt umfasst die Bestimmung der Strahlenexposition der Bevölkerung, die Kontrolle über die Abgabe von radioaktiven Stoffen an die Umwelt und die Messung der Verteilung radioaktiver Stoffe in der Biosphäre des Menschen (Atmosphäre, Boden, Wasser, Nahrungsmittel). Erstmalig wird in der Strahlenschutzverordnung von 2001 anerkannt, dass Strahlenbelastungen aus natürlichen Quellen mit berücksichtigt werden müssen. In bestimmten Situationen kann das Vorhandensein natürlicher Strahlungsquellen die Exposition von Einzelpersonen der Bevölkerung so erheblich erhöhen, dass diese aus Gründen des Strahlenschutzes nicht außer Acht gelassen werden dürfen.

Begrenzung von Strahlenexpositionen

Schutz der Umwelt

natürliche Strahlungsquellen

Die im Strahlenschutz verwendeten Messgeräte müssen sicher und robust, und die Messungen müssen reproduzierbar sein. Für die verschiedenen Strahlenarten ist der Einsatz unterschiedlicher, jeweils dem Messziel angepasster Verfahren angezeigt.

Im Folgenden werden die Messprinzipien der verwendeten Strahlungsdetektoren vorgestellt.

5.1 Ionisationskammer

Ein sehr einfacher Strahlungsdetektor ist die Ionisationskammer (Bild 5.1). Einfallende Strahlung erzeugt durch Ionisation im gasgefüllten Zählvolumen Elektronen und Ionen, die in einem konstanten

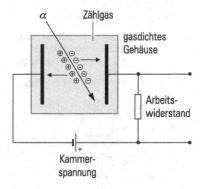

Abb. 5.1
Arbeitsprinzip einer
Ionisationskammer

elektrischen Feld eingesammelt werden. Wegen der fehlenden Gasverstärkung sind die Kammersignale sehr klein und müssen deshalb in nachfolgenden Verstärkern elektronisch aufbereitet werden. Ionisationskammern eignen sich sehr gut zur Messung von α-Strahlen, die im Kammervolumen ihre gesamte Energie deponieren. Da die Kammersignale energieproportional sind, ist mit diesem Detektor außerdem auch eine α-Spektroskopie möglich. Die Ionisationskammer gestattet eine genaue Messung der Ionendosis und Ionendosisleistung über eine Messung des Kammerstromes.

Ionisationskammer

Abb. 5.2
Parallelplatten-
Ionisationskammern mit
Ausleseeinheit für Röntgengeräte;
Messbereich 0,001–9999 Gy/cm^2
(Typ: DOSE AREA PRODUCT
METER 2640A, NE Technology
Ltd, Thermo Eberline Trading
GmbH)

Abb. 5.3
Ionisations-Flachkammer für die
Röntgendiagnostik; maximale
Dosisleistung 20 Gy/s (Typ 77334;
PTW–Freiburg)

Ein neuartiges passives Personendosimeter basiert auf der Kombination einer Ionisationskammer mit einer speziellen Transistor-Speicherzelle. Man verwendet dazu einen MOSFET-Transistor (Metal Oxide Semiconductor Field Effect Transistor) mit einer offenen Steuerelektrode („floating gate"). Dieser MOSFET-Transistor wird in eine kleine Ionisationskammer mit gewebeäquivalenten Wänden eingebaut. Die offene Steuerelektrode wird durch Elektronen, die durch die Oxidschicht getunnelt werden, aufgeladen. Damit wird ein recht stabiles Ladungsniveau erreicht („Memory-Zelle"). Dieses elektrisch erzeugte Ladungsniveau wird durch Ladungsträger verändert, die beim Einfall ionisierender Strahlung in der Ionisationskammer und den Kammerwänden gebildet werden. Die erzeug-

**MOSFET-Transistor
mit floating gate**

Memory-Zelle

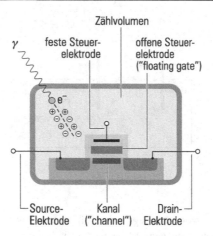

Abb. 5.4
Prinzip des
Ionen-Speicher-Dosimeters DIS

DIS-Dosimeter

ten freien Ladungsträger driften zur offenen Steuerelektrode des MOSFET-Transistors und rufen dort eine Ladungsänderung hervor. Die erzeugte Ladungsänderung ist ein Maß für die deponierte Dosis. Sie kann durch eine Leitfähigkeitsmessung des Transistors bestimmt werden. Das Prinzip dieses DIS-Dosimeters (Direct-Ion-Storage) ist in Bild 5.4 skizziert. Über einen weiten Energiebereich (12 keV bis 6 MeV) ist das Ansprechvermögen dieses elektronischen Dosimeters innerhalb von $\pm 20\%$ konstant.[1]

5.2 Zählrohre

Der Teilchennachweis-Mechanismus in geschlossenen Zählrohren ist der gleiche wie in Ionisationskammern. Allerdings werden in Zählrohren niemals die Ströme sondern nur die Strom- bzw. Spannungspulse gemessen und gezählt. Der mechanische und elektrische Aufbau eines Zählrohres ist in Bild 5.5 dargestellt. Je nach angelegter Hochspannung[2] unterscheidet man zwischen Proportional- und Geiger–Müller-Zählrohren. Das elektrische Feld im zylindrischen Zählrohr ist inhomogen. Seine Stärke nimmt zum Anodendraht hin umgekehrt proportional zum Abstand zu. Durch Ionisation erzeugte Ladungsträger driften – je nach Ladung – zur Anode oder Kathode. Die Elektronen, die zum Zähldraht driften, laufen in Bereiche

**Proportionalzählrohr
Geiger–Müller-Zählrohr**

---

[1] A. Fiechtner, Chr. Wernli, Strahlenschutz Praxis 2/2001, S. 32; RADOS: www.rados.com

[2] Die Hochspannung hängt von der Zählergeometrie, dem Anodendrahtdurchmesser und der Gasfüllung ab. Typische Werte für den Proportionalbereich liegen um 1500 Volt für Zähldrähte mit 30 µm Durchmesser bei einer Argon/Methan-Gasfüllung von 80 : 20.

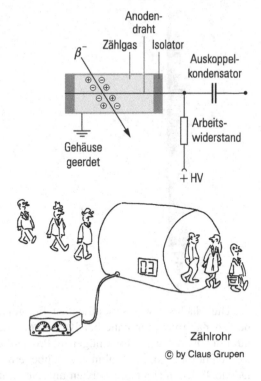

Abb. 5.5
Prinzipieller Aufbau
eines Zählrohres

größer werdender Feldstärke hinein. Wenn sie auf einer freien Weglänge zwischen zwei Stößen mit den Füllgasmolekülen einen Ener-
giebeitrag aus dem Feld aufnehmen, der größer als die Ionisationsenergie des Zählgases ist, kommt es zur Gasverstärkung. Die Zahl   **Gasverstärkung**
der Ladungsträger vermehrt sich dabei lawinenartig. Im Proportionalbereich erhält man Gasverstärkungsfaktoren von etwa 10^4. Die
Entladung bleibt hier auf den Teilchendurchgangsort beschränkt.
Da das Ausgangssignal im Proportionalzählrohr zum Energieverlust   **Energiemessung**
proportional ist (oder der Energie, falls das Teilchen im Zählrohr   **Energieverlustmessung**
vollständig absorbiert wird), lassen sich in diesem Arbeitsbereich
stark ionisierende (α-Teilchen) und schwach ionisierende Teilchen
(β-Strahlen) unterscheiden.

Im Geiger–Müller-Zählrohr wird bei höherer Anodenspannung
der Proportionalbereich verlassen. Die Entladung im Zählrohrvolu-
men breitet sich entlang des gesamten Anodendrahtes aus, und es
werden Gasverstärkungen von 10^8 bis 10^{10} erreicht. Unabhängig
von der Art und Energie des einfallenden Teilchens sind die Signale im Geiger–Müller-Zählrohr alle gleich groß. Man kann also
verschiedene Teilchen mit diesem Detektortyp nicht unterscheiden.
Wegen der hohen Signalamplituden sind aber keine empfindlichen
Verstärker für die Signalanalyse notwendig.

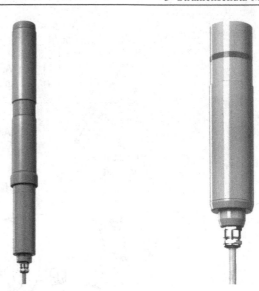

Abb. 5.6
Proportionalzählrohr;
Dosisleistungsbereich
5×10^{-2} bis 5×10^3 µSv/h
(Typ LB 6360; BERTHOLD
TECHNOLOGIES GmbH & Co.
KG)

Abb. 5.7
Geiger–Müller-Zählrohr;
Dosisleistungsbereich
10^{-4} bis 1 Sv/h (Typ LB 6361;
BERTHOLD TECHNOLOGIES
GmbH & Co. KG)

Nachweiswahrscheinlichkeit

Durchflusszählrohr

Abb. 5.8
Kontaminationsmonitor als
Großflächenzähler für α-, β- und
γ-Strahlung; Anzeige in s^{-1} oder
in Bq/cm^2 (Typ Contamat FHT
111 M, ESM Eberline Instruments
GmbH)

Die Nachweiswahrscheinlichkeit für geladene Teilchen ist in beiden Zählrohrtypen nahe bei 100%. Photonen werden allerdings nur mit einem Ansprechvermögen im Prozentbereich nachgewiesen, da die Photonen im Zählvolumen erst über eine Wechselwirkung geladene Teilchen erzeugen müssen und die Konversionswahrscheinlichkeit wegen der geringen Gasdichte klein ist.

Mit Proportional- und Geiger–Müller-Zählrohren lassen sich auch kleine Dosen und Aktivitäten bestimmen. Sie eignen sich auch hervorragend zur Dosisleistungsmessung. Ein Problem bei geschlossenen Zählrohren ist, dass niederenergetische α- und β-Strahlung in der Gehäusewand bereits absorbiert werden kann. Für niederenergetische α- und β-Strahler verwendet man daher häufig offene Zählrohre im Gasdurchflussbetrieb. Die Proben (z. B. ^{14}C zur radioaktiven Altersbestimmung) werden ins Innere des Zählrohres gebracht, so dass eine Absorption im Gehäuse vermieden wird. Bei Großflächenzählern zur Aktivitäts- und Kontaminationsmessung (Bild 5.10) wird das Gasvolumen durch eine extrem dünne Kunststofffolie abgeschlossen. Dieses Eintrittsfenster ist in der Regel auch transparent für α- und β-Strahlung. Großflächenzähler werden häufig als Kleider- und Personenmonitore eingesetzt. Sie enthalten meist mehrere parallel gespannte Anodendrähte und arbeiten im Proportionalbereich („Vieldrahtproportionalkammer").

Um den richtigen Arbeitspunkt eines Zählrohrs zu bestimmen, misst man die Zählrate als Funktion der Hochspannung (Bild 5.13; Seite 64). Diese Zählrohrcharakteristik weist ein Plateau auf, in dem die Zählrate (die ja durch die radioaktive Quelle fest vorgegeben ist)

Abb. 5.9
Kontaminationsmessgeräte mit verschiedenen Durchflusszählrohren, fensterlosem Tritium-Zählrohr und Szintillationsdetektor (ESM Eberline Instruments GmbH)

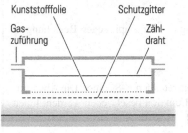

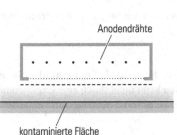

kontaminierte Fläche

Abb. 5.10
Großflächenzähler zur Aktivitäts- und Kontaminationsmessung (Ansichten parallel und senkrecht zu den Drähten)

nicht oder nur ganz wenig von der Hochspannung abhängt. Die Länge des Zählratenplateaus und die Plateau-Steigung sind ein Maß für die Qualität des Zählrohrs. Man wählt den Arbeitspunkt am besten in der Mitte des Plateaus.

Zählratenplateau

5.3 Szintillationszähler

Szintillationszähler eignen sich neben der Messung von geladenen Teilchen auch zum Nachweis von γ-Strahlung (Bild 5.16). Die ionisierenden Strahlen regen das Szintillationsmedium zum Leuchten an. Die Lichtausbeute ist dabei proportional zur deponierten Energie im Szintillator. Um ein Photon im sichtbaren Spektralbereich zu erzeugen, benötigt man einen Energieverlust von etwa 100 eV. Die Szintillationsphotonen werden über einen Lichtleiter auf die Photokathode eines Photomultipliers abgebildet. Dieser konvertiert die Photonen über den Photoeffekt in Photoelektronen, die im Photomultiplier durch Sekundäremission an Dynoden verstärkt werden. Auf diese Weise kann man Signale von etwa 50 mV Amplitude am Ausgang des Photomultipliers erhalten.

Szintillationseffekt

Photomultiplier

Als Szintillationsmedien kommen anorganische dotierte Kristalle (NaI(Tl), CsI(Tl), LiI(Eu), ...), organische Flüssigkeiten (p-Therphenyl, Antracen) oder polymerisierte Festkörper in Frage. Bei den organischen Szintillationszählern handelt es sich um dreikomponentige Mischungen, die aus einem primären Szintillator (z. B. Naphta-

Trennung von α- und β-Strahlung

Mit einer Anordnung aus einem Endfensterzählrohr und einer ^{226}Ra-Quelle wird das Absorptionsverhalten von α- und β-Strahlung untersucht. Um die α-Strahlen überhaupt messen zu können, muss sowohl das Austrittsfenster der Quelle als auch das Eintrittsfenster des Zählrohrs außerordentlich dünn sein ($\equiv$ geringe Massenbelegung). Ebenso darf der Abstand Quelle–Zählrohr höchstens 1 cm betragen, denn die Reichweite der α-Teilchen in Luft beträgt nur etwa 4 cm ($\equiv 5{,}2\,\mathrm{mg/cm^2}$). Als Absorbermaterialien wurden dünne Polyethylenfolien ($1{,}25\,\mathrm{mg/cm^2}$) und Aluminiumfolien ($3{,}5\,\mathrm{mg/cm^2}$) verwendet. Die Absorption der Elektronen kann durch

$$I = I_0\, e^{-\kappa\, x}$$

mit $\kappa = 7{,}4\,(\mathrm{g/cm^2})^{-1}$ beschrieben werden, in guter Übereinstimmung mit der empirischen Beziehung

$$\kappa = 15/E_{\beta\mathrm{max}}^{1,5}$$

($E_{\beta\mathrm{max}}$ in MeV; κ in $(\mathrm{g/cm^2})^{-1}$) für die in der Radium-Zerfallsreihe auftretenden β-Strahler. Die Absorption der kurzreichweitigen α-Strahlen kann nicht durch eine Exponentialfunktion beschrieben werden. Ihnen lässt sich dagegen eine feste Reichweite von 5 bis $6\,\mathrm{mg/cm^2}$ zuordnen.

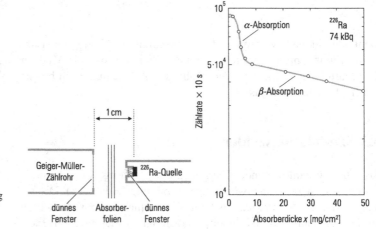

Abb. 5.11
Trennung von α- und β-Strahlung durch Absorption in dünnen Polyethylenfolien

len), einem Wellenlängenschieber (z. B. Butyl PBD[3]) und einer Lösungssubstanz (z. B. Uvasol für Flüssigkeitsszintillatoren oder PMMA[4] für polymerisierte Festkörper) bestehen. Der primäre Szintillator ist für sein eigenes Szintillationslicht nicht transparent. Deshalb muss der Wellenlängenschieber das Licht in einen niederfrequenteren Bereich verschieben, für den der Szintillator durchsichtig ist.

Szintillationsmechanismus
Wellenlängenschieber

---

[3] PBD = 2-(4-tert.-butylphenyl)-5-(4-biphenyl-1,3,4-oxadiazole)

[4] Polymethylmethacrylat (auch bekannt unter der Bezeichnung Plexiglas ®)

Bestimmung der Totzeit eines Geiger–Müller-Zählrohrs

Die Ionisation von Teilchen und die daraus folgende Gasverstärkung in einem Zählrohr erzeugt eine Vielzahl von Ladungsträgern, die die äußere angelegte Feldstärke schwächen und das Zählrohr für weitere Teilchenregistrierung für eine gewisse Zeit, die Totzeit, unempfindlich machen. Erst wenn die durch Ionisation erzeugten Ladungsträger aus dem empfindlichen Volumen herausgedriftet sind, können wieder weitere Teilchen nachgewiesen werden. Da nach jedem Teilchendurchgang das Zählrohr für die Zeit τ „tot" ist, ist der Bruchteil der unempfindlichen Zeit bei N gemessenen Teilchendurchgängen pro Sekunde $N\tau$; d. h. das Zählrohr ist nur für den Anteil $1 - N\tau$ der Zeit empfindlich. Die wahre Zählrate N_{wahr} ergibt sich daher nach Totzeitkorrektur zu

$$N_{\text{wahr}} = \frac{N}{1 - N\tau} \ .$$

Das Bild zeigt die gemessenen Zählraten in einem Geiger–Müller-Zählrohr bei variablen Quellenstärken. Für einen idealen Detektor ohne Totzeit würde $N_{\text{wahr}} = N$ gelten. Die Messpunkte zeigen aber, dass Totzeiteffekte in diesem Fall eine Rolle spielen. Der Zusammenhang $N_{\text{wahr}} = f(N, \tau)$ nach τ aufgelöst ergibt

$$\tau = \frac{1}{N} - \frac{1}{N_{\text{wahr}}} = \frac{N_{\text{wahr}} - N}{N_{\text{wahr}}\, N} \ .$$

Die experimentellen Daten liefern für das verwendete Geiger–Müller-Zählrohr eine Totzeit von

$$\tau = 100\,\mu\text{s} \ .$$

Bei Aktivitätsmessungen im Hochratenbereich mit Geiger–Müller-Zählrohren sind deshalb unbedingt Totzeitkorrekturen zu berücksichtigen!

Ratenmessungen mit Geiger–Müller-Zählrohren an Bord amerikanischer Weltraumsonden (Explorer I) in den späten fünfziger Jahren ergaben beim Durchflug durch die van-Allen-Strahlungsgürtel plötzlich extrem niedrige Zählraten, so dass befürchtet wurde, dass die Detektoren funktionsuntüchtig waren. Die scheinbar niedrigen Zählraten lagen jedoch in extrem hohen Teilchenflüssen begründet, die außerordentlich große effektive Totzeiten bewirkten.

Bei Szintillationszählern (s. Kap. 5.3) liegen die Totzeiten bei viel kleineren Werten (typisch $\tau \approx$ Nanosekunden). Sie sind deshalb für Hochratenmessungen viel besser als Geiger–Müller-Zählrohre geeignet.

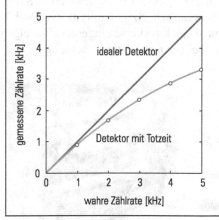

Abb. 5.12
Bestimmung der Totzeit eines
Geiger–Müller-Zählrohrs durch
Messung der Ratenabhängigkeit
bei bekannter Aktivität

Charakteristik eines Geiger–Müller-Zählrohrs

Die experimentell bestimmte Zählrate in einem Geiger–Müller-Zähler hängt von der gewählten Hochspannung ab. Unterhalb einer gewissen Spannung werden überhaupt keine Signale registriert. Erst wenn die Zahl der Ladungsträger in der Gaslawine hinreichend groß ist, spricht das nachgeschaltete Zählwerk an. Für einen großen Bereich ist dann die Zählrate weitgehend unabhängig von der eingestellten Hochspannung (Plateau-Bereich). Gegen Ende des Plateaus steigt die Zählrate aufgrund von Nachentladungen wieder etwas an. Eine weitere Erhöhung der Hochspannung würde letztlich zur Zerstörung des Zählrohres führen. Der Arbeitspunkt des Zählrohrs sollte in der Mitte des Plateaus gewählt werden. Bei guten Zählrohren liegt die Plateau-Steigung unterhalb von 2% pro 100 V.

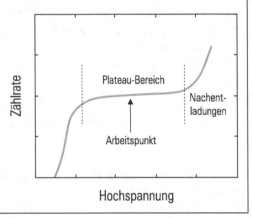

Abb. 5.13
Charakteristik eines Zählrohrs

Gleichzeitig kann die Frequenz des Lichtes für die spektrale Empfindlichkeit des Photomultipliers optimiert werden. Flüssigkeits- und Plastikszintillatoren haben den großen Vorteil, dass ihre Form der Messgeometrie gut angepasst werden kann.

Wegen des guten Ansprechvermögens für Photonen werden Szintillationszähler (vorwiegend anorganische Szintillatoren) zum Nachweis von γ-Strahlung und zur γ-Spektroskopie eingesetzt. Sie eignen sich ebenfalls zur empfindlichen Dosisleistungsmessung.

Abb. 5.14
Aktivitäts- und
Dosisleistungsmessung für α-, β-
und γ-Strahlung mit einem
Geiger–Müller-Zählrohr
(Messgerät Graetz X 5 DE,
Impulssonde 18526 D, GRAETZ
Strahlungsmeßtechnik GmbH)

Abb. 5.15
Analog anzeigendes Strahlungs-
und Kontaminationsmessgerät mit
Endfenster-Geiger–Müller-
Zählrohr (MINI-INSTRUMENTS
LTD, Thermo Eberline Trading
GmbH)

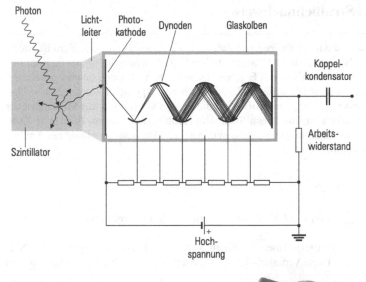

Photon — Licht-leiter — Photo-kathode — Dynoden — Glaskolben — Koppel-kondensator — Arbeits-widerstand — Szintillator — Hoch-spannung

Abb. 5.16
Prinzipieller Aufbau
eines Szintillationszählers
mit Photomultiplierauslese

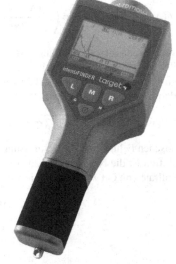

Abb. 5.17
Dosisleistungsmessgerät mit
NaI-Szintillationsdetektor;
Dosisleistungsmessbereich
40 nSv/h–2 mSv/h (Typ SCINTO,
S.E.A. GmbH)

Abb. 5.18
Tragbares digitales
Gammaspektrometer mit
NaI-Szintillationsdetektor zur
Dosisleistungsmessung und
Nuklididentifikation (Typ
identiFINDER; ICx Radiation
GmbH)

5.4 Halbleiter-Zähler

Die Energieauflösung von Szintillationszählern wird von Halbleiterdetektoren noch weit übertroffen. In diesen Zählern, die meistens
auf Silizium oder Germanium basieren, werden nur etwa 3 eV benötigt, um ein Elektron–Loch-Paar zu erzeugen. Die von α-, β- oder
γ-Strahlung erzeugten Elektron–Loch-Paare werden in einem am
Halbleiterkristall angelegten elektrischen Feld abgesaugt, bevor sie
wieder rekombinieren können („Festkörper-Ionisationskammer").

**Festkörper-
Ionisationskammer**

Statistische Effekte beim Strahlennachweis

Ein einfaches Testverfahren für die Funktionsfähigkeit von Zählrohren oder Szintillationszählern ist, die so genannte Nullrate zu messen. Die Nullrate rührt von der natürlichen Umgebungsstrahlung her (s. Kap. 11). Wie bei jedem statistischen Phänomen unterliegt das Ergebnis einer solchen Messung gewissen Schwankungen, die nicht in der Messungenauigkeit begründet sind, sondern ihren Ursprung im stochastischen Charakter des radioaktiven Zerfalls haben. Im Folgenden Bild sind die Ergebnisse von sechzig Messungen der Umgebungsstrahlung (jeweils 10 Sekunden) mit einem Szintillationszähler aufgetragen. Für kleine Zählraten würde man die Einträge im Histogramm durch eine unsymmetrische Poisson-Verteilung beschreiben (negative Werte können nicht vorkommen):

$$f(N, \mu) = \frac{\mu^N e^{-\mu}}{N!} \ , \ N = 0, 1, 2, 3, \ldots \ .$$

Dabei ist μ der Mittelwert $\mu = \frac{1}{k} \sum_{i=1}^{k} N_i$ von k Messungen. $N!$ ist eine Kurzschreibweise für das Produkt $1 \times 2 \times 3 \times 4 \times \ldots \times N$.

Für höhere Zählraten, wie sie bei diesem Experiment vorliegen, geht die Poisson-Verteilung in eine Normalverteilung (Gauß-Verteilung) über. Diese Verteilung ist symmetrisch um ihren Mittelwert. Die Funktion

$$f(N, \mu) = \frac{1}{\sqrt{2\pi}\sigma} \exp\left(-\frac{(N - \mu)^2}{2\sigma^2}\right)$$

beschreibt ihre Form. Ein Maß für die Breite dieser Verteilungskurve ist die Standardabweichung σ. Innerhalb von $\mu \pm \sigma$ liegen 68,27% aller Messwerte und innerhalb von $\mu \pm 2\sigma$ sind dies 95,45%. Die an dem Histogramm (oder der angepassten Kurve) leicht ablesbare Halbwertsbreite (FWHM = full width at half maximum) hängt mit der Standardabweichung durch

$$\Delta N_{\text{FWHM}} = 2 \times \sqrt{2 \times \ln 2} \, \sigma = 2,355 \, \sigma$$

zusammen. Ein Maß für den statistischen Fehler einer Einzelmessung ist die Wurzel aus der Zählrate. Bei Messungen an radioaktiven Stoffen ist die Nullrate stets zu subtrahieren. Bedingt durch die Variation der Umgebungsstrahlung ist die Nullrate von Ort zu Ort verschieden.

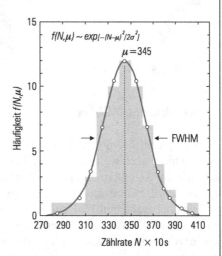

Abb. 5.19
Messung der statistischen
Zählratenschwankung und
Anpassung durch eine
Normalverteilung („Gauß-Kurve")

„Dieses Gerät ist so klein, weil es die kleinsten Atome messen soll!"

© by Claus Grupen

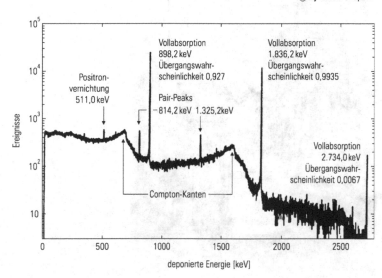

Abb. 5.20
Gamma-Spektrum von ^{88}Y aufgenommen mit einem Reinst-Germanium-Detektor. ^{88}Y zerfällt durch Positronenemission oder Elektroneneinfang (EC, electron capture) in einen angeregten Zustand von ^{88}Sr. Der angeregte ^{88}Sr-Kern geht durch einen Kaskadenzerfall (898 keV und 1836 keV) oder mit geringerer Wahrscheinlichkeit direkt (2734 keV) in den Grundzustand über.

Bild 5.20 zeigt als Beispiel die Komplexität des Gamma-Spektrums von ^{88}Y. Neben den charakteristischen γ-Linien sieht man noch Strukturen, die von der Positronenvernichtung in zwei Photonen herrühren ($e^+ e^- \rightarrow \gamma \gamma$). In diesem Fall wurden die Elektron–Positron-Paare durch Paarerzeugung (Gl. (4.20)) von Photonen der Energie 1,8362 MeV erzeugt. Wenn eines oder beide Annihilationsphotonen den Detektor verlassen, kommt es zu den so genannten

Annihilation (Positronenvernichtung)

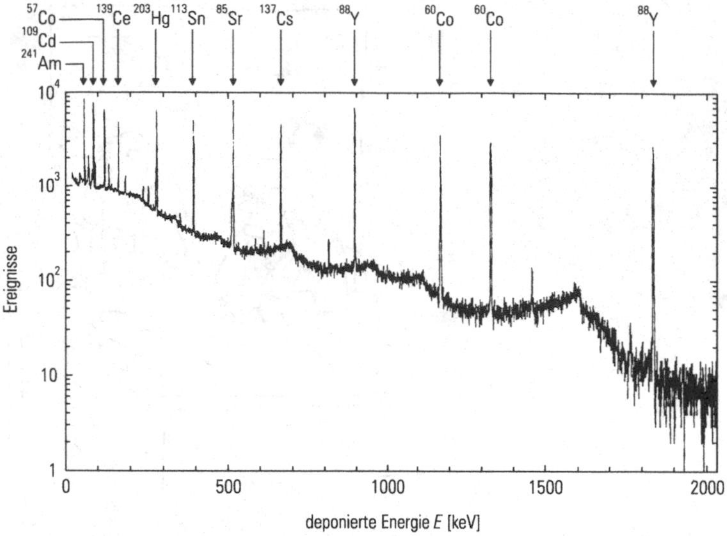

Abb. 5.21
Photopeak-Identifizierung in einem
Radionuklidgemisch an Hand eines
Impulshöhenspektrums
aufgenommen mit einem
Reinst-Germanium-Detektor

Abb. 5.22
Reinst-Germanium-Zähler
zur Messung von γ-Strahlung.
Detektoren in unterschiedlichen
Kryostatkonfigurationen und
Abschirmungen (EG&G)

Pair-Peaks (manchmal auch Escape-Peaks genannt). Wird ein Anni-hilationsphoton allein gemessen (etwa bei einer Positronenvernichtung in der Detektorumhüllung), so kommt es zu einer charakteristischen Linie bei 511 keV, die der Elektronenmasse entspricht. Neben diesen Prozessen wird – genau wie in Bild 5.21 – der Compton-Untergrund mit seinen Compton-Kanten registriert.

Compton-Untergrund

Wegen der hohen Energieauflösung eignen sich Halbleiterdetektoren am besten zur γ-Spektroskopie und damit zur Identifizierung von Radionukliden über deren charakteristische γ-Linien. Bild 5.21 zeigt das Impulshöhenspektrum eines Radionuklidgemisches, aufgenommen mit einem Reinst-Germanium-Kristall, in dem die verschiedenen γ-Linien sehr scharf aufgelöst sind.

γ-Spektroskopie

Nuklididentifizierung

Abb. 5.23
Ionenimplantierte
Silizium-Detektoren, PIPS
(Passivated Implanted Planar
Silicon Detectors), zur Messung
von α-Teilchen (Canberra Eurisys
GmbH)

5.5 Neutronendosimeter

Zum Zwecke der Neutronendosimetrie müssen die neutralen Teilchen erst in Kernreaktionen veranlasst werden, geladene Teilchen zu erzeugen. Die dazu geeigneten Neutronen-Konverter wurden im Kapitel über die Wechselwirkungen von Teilchen und Strahlung mit Materie beschrieben (Abschn. 4.2). Für die Realisierung der Neutronenmessung in einem Zählrohr kann man als Zählgas Bortrifluorid (BF_3) verwenden, um die α-Teilchen aus der Reaktion $n + {}^{10}B \to \alpha + {}^{7}Li$ zu erfassen. In einem LiI(Eu)-Szintillator nutzt man die Wechselwirkung $n + {}^{6}Li \to \alpha + {}^{3}H$ zur Erzeugung von α-Teilchen und Tritonen aus.

Bortrifluoridzähler

Lithium-Jodid-Szintillator

Bild 5.25 zeigt die Energieverteilung der Spaltneutronen, wie sie etwa bei der Spaltung von ${}^{235}U$ durch thermische Neutronen entstehen.

Spaltneutronen

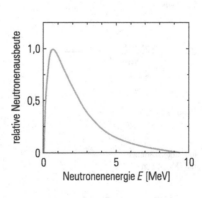

relative Neutronenausbeute

1,0

0,5

0

0   5   10

Neutronenenergie E [MeV]

Abb. 5.24
Neutronendosisleistungs-
Messgerät mit
Polyethylen-Moderator; Zählgas:
^{3}Helium/Methan; Anzeige in
µSv/h (Modell LB 6410;
BERTHOLD TECHNOLOGIES
GmbH & Co. KG)

Abb. 5.25
Energiespektrum von
Spaltneutronen aus der
${}^{235}U$-Spaltung durch thermische
Neutronen

Neben Bortrifluoridzählern werden im Bereich der Dosimetrie schneller, hochenergetischer Neutronen außer Albedodosimetern auch zunehmend Kernspurätzdosimeter eingesetzt. Mit solchen Kernspurdetektoren können Neutronen im Energiebereich von 2 bis 70 MeV erfasst werden. Typische Anwendungsbereiche sind Tätigkeiten am Beschleuniger, der Umgang mit Radium–Beryllium-Quellen im Labor oder die Messung der hochenergetischen Neu-

Kernspurätzdosimeter

tronenkomponente in der kosmischen Strahlung bei großen Flughöhen, eine Messung, die von besonderer Bedeutung für das fliegende
Personal ist. Kernspurätzdosimeter aus geeigneten Materialien sind
weitgehend unempfindlich gegen Alpha-, Beta- und Gammastrahlen. Neutronen erzeugen in den Kernspurfolien Materialschäden,
die durch Ätzen sichtbar gemacht werden. Die Auswertung solcher
Kernspurdetektoren ist relativ umständlich (siehe auch Abschn. 4.2,
Seite 40 f).

5.6 Personendosimeter

Personendosismessung

Füllhalterdosimeter

In der Personendosismessung unterscheidet man direkt und indirekt ablesbare Dosimeter. Die Ausformung einer Ionisationskammer als Füllhalterdosimeter (Bild 5.26) gestattet eine direkte Able-
sung der empfangenen Dosis auf einer in Milli- oder Mikrosievert
geeichten Skala. Das Füllhalterdosimeter besteht aus einer Konden-
satorkammer, die vor der Benutzung auf eine bestimmte Spannung
aufgeladen wird. Die Bestrahlung des Kammergases führt zu einem dosisproportionalen Strom, der den Kondensator langsam ent-
lädt. Der Ladezustand des Kondensators wird nach dem Elektro-
meterprinzip mit Hilfe eines Quarzfadens, der über eine eingebau-

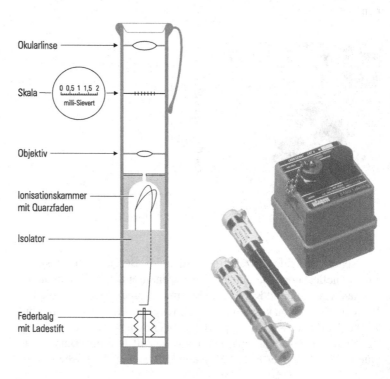

Okularlinse

Skala — 0 0,5 1 1,5 2 milli-Sievert

Objektiv

Ionisationskammer
mit Quarzfaden

Isolator

Federbalg
mit Ladestift

Abb. 5.26
Füllhalterdosimeter

Abb. 5.27
Füllhalterdosimeter mit Ladegerät,
Empfindlichkeit je nach Typ von
18 keV bis 3 MeV;
Anzeigebereiche 1 mSv bis 2 Sv
(SEQ5 und SEQ6R, automess
GmbH)

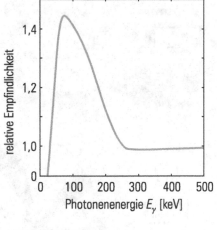

Abb. 5.28
Relative Empfindlichkeit eines
Füllhalterdosimeters in
Abhängigkeit von der
Photonenenergie

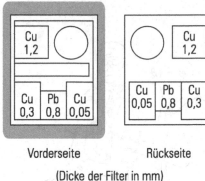

Vorderseite   Rückseite

(Dicke der Filter in mm)

Abb. 5.29
Filmdosimeter mit Positionen der
Absorbereinlagen

te Optik auf eine in Milli- oder Mikrosievert geeichte Skala abgebildet wird, abgelesen. Bei Füllhalterdosimetern für Röntgenstrahlung muss berücksichtigt werden, dass niederenergetische Röntgenstrahlung bereits im Gehäuse des Dosimeters stark absorbiert werden kann. Außerdem bringt die Variation des Wirkungsquerschnittes für den Photoeffekt mit der Photonenenergie eine Abhängigkeit der Empfindlichkeit des Füllhalterdosimeters bei Energien unterhalb von 300 keV mit sich (s. Bild 5.28).

Empfindlichkeit

Das bekannteste indirekt ablesbare Dosimeter ist die Filmplakette (Bild 5.29).

Filmplakette

Die Schwärzung eines photographischen Films (Röntgenfilm) ist ein Maß für die empfangene Dosis. Durch Metallabsorber (Cu, Pb) in verschiedenen Dicken lassen sich Aussagen über Intensität, Richtung, Strahlenart und Strahlenenergie machen. Ein Loch in der Kassette ermöglicht auch die Erfassung niederenergetischer β-Strahlung. Wegen des hohen Informationsgehaltes, der mechanischen Widerstandsfähigkeit und guten Dokumentierbarkeit sind

Dokumentierbarkeit

Abb. 5.30
Filmdosimeter mit Dosismessfilmen in einer Multifilmkassette für den Nachweis von Röntgen-, γ- und β-Strahlung. Die Energie-Nachweisgrenzen für Röntgen- und γ-Strahlung sind 5 keV–9 MeV, für β-Strahlung > 300 keV (GSF – Forschungszentrum für Umwelt und Gesundheit GmbH)

„Und diese kleinen Strahlungsplaketten sollen effektiv vor Strahlung schützen?"

amtliche Dosimeter meist Filmdosimeter. Als Nachteile von Film-plaketten sind die begrenzte Haltbarkeit von Filmen, die Empfind-lichkeit gegenüber Feuchtigkeit und Temperatur, die eingeschränkte Messgenauigkeit und die Umständlichkeit der Auswertung zu er-wähnen.

Zur Bestimmung der Tiefen-Personendosen $H_p(10)$ und $H_p(0,07)$ sind die bisher beschriebenen Filmdosimeter aber nur be-dingt geeignet. Neuartige Dosimeter basierend auf der Gleitschat-

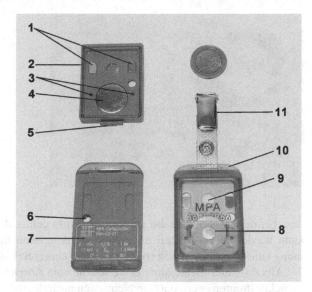

Abb. 5.31
Gleitschattendosimeter mit Messfilm für den Nachweis von Röntgen-, γ- und β-Strahlung. Energie-Nachweisgrenzen für Röntgen- und γ-Strahlung sind 13 keV–1,4 MeV, 1 – Betastrahlungsindikator (auf der Vorder- und Rückseite versetzt angebracht), 2 – Abschirmrahmen, 3 – Richtungsindikator (auf der Vorder- und Rückseite versetzt angebracht), 4 – Metallfilter, 5 – Kassettenverschluss, 6 – Filmkontollloch, 7 – Typenaufdruck, 8 – Gleitschattenfilter, 9 – Plastikfilter, 10 – Transparente Vorderseite, 11 – Befestigungsclip (Materialprüfungsamt Nordrhein-Westfalen)

tenmethode (siehe Seite 16) sind dagegen für die Messung der Tiefen-Personendosen optimiert. Mit diesen neuen Dosimetern ist es ebenfalls möglich, die Energie und den Einfallswinkel von Photonenstrahlung abzuschätzen, sowie Betastrahlung von Photonen zu unterscheiden. Das Bild 5.31 zeigt ein bereits jetzt vielfach eingesetztes neues Gleitschattendosimeter.

Phosphatglasdosimeter geben unter Einwirkung von ultraviolettem Licht eine Fluoreszenzstrahlung ab, die proportional zur Intensität der absorbierten Energiedosis ist. Diese Dosimeter werden häufig in Kugelform gefertigt, wodurch die ursprünglich ausgeprägte Energieabhängigkeit der Dosisanzeige kompensiert wird („Kugeldosimeter"). Durch Verwendung von γ-Filtern (aus Zinn) und Neutronenfiltern (aus Kunststoff mit Bor-Anteil) ist bis zu einem gewissen Grade auch eine Identifizierung der Strahlenart möglich (Bild 5.32). Phosphatglasdosimeter haben einen großen Messbereich, geringes Langzeit-Fading und sind wiederholt auswertbar (dokumentierbar). Ein Nachteil besteht darin, dass die Analyse dieser Dosimeter ein kostspieliges Auswertegerät erfordert.

Thermolumineszenzdosimeter (TLDs) benutzen die Eigenschaft einiger anorganischer Verbindungen (z. B. LiF), nach Anregung mit ionisierender Strahlung bei Erwärmung Licht auszusenden. Dabei ist die Lichtmenge proportional zur eingestrahlten Energiedosis. Thermolumineszenzdosimeter haben selbst bei kleinen Dimensionen eine hohe Messempfindlichkeit und können wie Phosphatglasdosimeter als Fingerringdosimeter getragen werden. Als Nachteil ist die umständliche Auswertung zu erwähnen und die Tatsache,

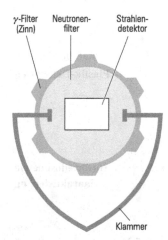

γ-Filter (Zinn) Neutronenfilter Strahlendetektor

Klammer

Abb. 5.32
Phosphatglas-Kugel-Dosimeter

Thermolumineszenzdosimeter

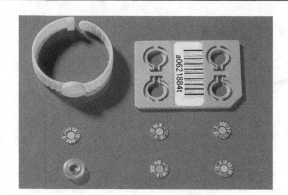

Abb. 5.33
Metallfingerringdosimeter mit Thermolumineszenzdetektor (LiF: Mg, Ti) für Röntgen- und energiereiche β- und γ-Strahlung. Das Dosimeter besteht aus einstellbarem Ringträger, Lumineszenz-Chip und Verschluss (HARSHAW TLD, Thermo Eberline Trading GmbH)

dass bei der Erwärmung die Dosisinformation gelöscht wird. Dies kann wiederum als Vorteil angesehen werden, denn nach Erwärmung kann dieser Dosimetertyp wieder neu eingesetzt werden.

Albedo-Neutronendosimeter

Albedo-Neutronendosimeter weisen die vom Körper des Trägers zurückgestreuten energiearmen Neutronen nach. Sie bestehen meist aus Thermolumineszenzfolien, in denen die Neutronen über Reaktionen an Bor oder Lithium nachgewiesen werden. Die Kalibration dieses Dosimetertyps ist allerdings personenabhängig und bedarf einer Kenntnis des Strahlungsfeldes.

Radon-Messung
Plastik-Detektoren

Zur Radon-Dosisüberwachung können Plastik-Detektoren verwendet werden (Zellulose-Nitratfolien). Die α-Strahlen, die in den Zerfallsketten der Radonisotope auftreten, erzeugen einen Strahlenschaden im Plastik-Material, der mit Natronlauge angeätzt und sichtbar gemacht werden kann.

Havariedosimetrie
Haaraktivierung

Gelegentlich stellt sich das Problem der Ermittlung von Körperdosen nach Strahlenunfällen, wenn keine Dosimeterinformation vorliegt (Havariedosimetrie). Eine Möglichkeit, nachträglich die empfangene Körperdosis zu ermitteln, stellt die Haaraktivierung dar. Haare enthalten Schwefel mit einer Konzentration von 48 mg S je

Abb. 5.34
Albedo-Neutronendosimeter mit Thermolumineszenz-Mehrelementdetektor zum Nachweis von Röntgen- und γ-Strahlen sowie thermischen und epithermischen Neutronen; Messbereich 0,1 mSv bis 2 Sv (GSF – Forschungszentrum für Umwelt und Gesundheit GmbH)

Gramm Haar. Durch Neutroneneinwirkungen (z. B. nach Reaktor-
unfällen) kann der Schwefel gemäß

$$n + {}^{32}\text{S} \longrightarrow {}^{32}\text{P} + p \qquad (5.1)$$

aktiviert werden. Dabei entsteht das Radioisotop Phosphor 32, das
eine Halbwertszeit von 14,3 d hat. Neben dieser Reaktion wird auch
über

$$n + {}^{34}\text{S} \longrightarrow {}^{31}\text{Si} + \alpha \qquad (5.2)$$

das radioaktive Silizium-31-Isotop gebildet. Für die Messung der
Phosphor-Aktivität stört das ^{31}Si-Isotop. Seine Halbwertszeit beträgt jedoch nur 2,6 h, so dass man diese Aktivität zunächst abklingen lässt, bevor die ^{32}P-Aktivität gemessen wird. Im Falle einer
Oberflächenkontamination der Haare ist auch eine vorherige sorgfältige Reinigung notwendig.

Phosphor 32 ist ein reiner Beta-Strahler. Die Maximalenergie
der Elektronen beträgt 1,71 MeV. Wegen der zu erwartenden geringen Zählraten benötigt man einen Detektor mit hohem Ansprechvermögen und kleinem Nulleffekt. Es eignet sich dafür etwa ein aktiv
und passiv abgeschirmtes Endfensterzählrohr. Aus der gemessenen
Phosphor-32-Aktivität kann mit Hilfe des bekannten Aktivierungs-
querschnittes auf die empfangene Strahlendosis zurückgeschlossen
werden.

Eine weitere Möglichkeit der Havariedosimetrie besteht in der
Blutaktivierung. Das menschliche Blut enthält etwa 2 mg Natrium **Blutaktivierung**
pro Milliliter. Diese Konzentration ist für alle Menschen fast gleich.
Durch den Einfang thermischer Neutronen bildet sich das radioaktive ^{24}Na-Isotop

$$n + {}^{23}\text{Na} \longrightarrow {}^{24}\text{Na} + \gamma \ . \qquad (5.3)$$

Nach einer Abklingzeit von Störaktivitäten mit sehr kurzen Halb-
wertszeiten kann die β^--Aktivität von ^{24}Na ($T_{1/2} = 15\,\text{h}$, $E_{\beta^-_{\text{max}}} = 1,39\,\text{MeV}$) ausgemessen werden und als Grundlage für die Bestimmung der empfangenen Dosis dienen.

Die vorgestellten Messgeräte dienen im Strahlenschutz der Identifizierung der Radioisotope, der Bestimmung der freigesetzten Mengen an Radioaktivität, der Feststellung von unzulässigen Freigaben
und der Beobachtung der Auswirkungen auf Umwelt und Mensch.
Im Überwachungsprogramm für Kernkraftwerke ist festgelegt, dass **Überwachung**
die verschiedenen Expositionspfade für äußere und innere Strahlen- **der Strahlenexposition**
exposition, die verschiedenen Abgabepfade (Luft, Wasser), die be-
troffenen Ernährungsketten und die Identität der freigesetzten Radionuklide bestimmt werden müssen. Die entsprechenden Messverfahren müssen sehr empfindlich sein, da mit einer Dosisleistungs-
grenze von 1 mSv/a für die normale Bevölkerung ein sehr niedriger
Wert vorgegeben ist.

Messgenauigkeit

Zur Dosisleistungsmessung in der Personendosimetrie werden überwiegend Ionisationskammern und Geiger–Müller-Zählrohre eingesetzt. Wegen der Energie- und Richtungsabhängigkeit dieser Detektoren, wegen des häufig unbekannten Strahlungsgemisches und wegen der Nichterfassung niederenergetischer β-Strahler sind die Messfehler beträchtlich (20% bis 50%). Bei der Messung eines Ge-

Tabelle 5.1
Einsatzbereiche verschiedener
Messverfahren in der
Personendosimetrie

Dosimeter	Prinzip	Strahlenart Messbereich	Vor- und Nachteile
Filmplakette	photo-chemische Schwärzung	γ, β 0,1 mSv–5 Sv	dokumentierbar, unempfindlich im niederenergetischen γ-Bereich
Stabdosimeter Füllhalter-dosimeter	Ionisations-kammer	γ 0,03–2 mSv, auch andere Messbereiche	empfindlich, jederzeit ablesbar, unempfindlich für α- und β-Strahlung, nicht dokumentierbar
Direkt ables-bare Dosimeter („Taschen-dosimeter")	Ionisations- oder Proportional-kammern und GM-Zählrohre	γ 0,1 µSv–10 Sv	jederzeit ablesbar, nicht dokumen-tierbar
TLD-Dosimeter	Thermo-lumineszenz-Messung	$\gamma, (\beta)$ 0,1 mSv–10 Sv	geeignet im Bereich kleiner Dosen, nicht dokumentierbar
Phosphatglas-dosimeter	Photo-lumineszenz-Messung	γ 0,1 mSv–10 Sv	dokumentierbar, Zwischenablesung möglich
Albedo-Neutronen-dosimeter	Neutronen-moderation durch den Träger	n, γ 0,1 mSv–10 Sv	Kalibrierung trägerabhängig
Kernspurätz-dosimeter	Material-schädigung in Polycar-bonatfilmen	n 0,5 mSv– 10,0 mSv	dokumentierbar, bei Auswertung muss Strahlungsfeld bekannt sein
Radon-Rersonen-dosimeter	Material-schädigungen in Cellulose-nitratfilmen	α 75–7000 kBq h/m^3 [a]	dokumentierbar

[a] Bei dreimonatiger Überwachung (d. h. 500 Arbeitsstunden) entspricht dies einer mittleren Radonkonzentration am Arbeitsplatz von 150–14 000 Bq/m^3.

„Unser neuer Isotopenseparator!"

© by Claus Grupen

mischtes aus verschiedenen γ-Strahlern kann die Unsicherheit sogar bis zu 100% und mehr betragen.

Die Einsatzbereiche verschiedener Messverfahren zur Personendosismessung sind in Tabelle 5.1 zusammengefasst.

Es fällt auf, dass zur Personendosimetrie außer dem Radon-Personendosimeter kein weiterer α-Detektor aufgeführt ist. Wegen der geringen Reichweite von α-Strahlen in Luft (oder Kleidung) stellt die äußere Bestrahlung mit α-Teilchen meist kein Strahlenrisiko dar. Eine Ausnahme bilden Radoninhalationen in einem Radon-Strahlungsumfeld.

5.7 Strahlenschutzbereiche

Der Zweck von Ortsdosismessungen ist die Einteilung der strahlenbelasteten Labore in bestimmte Kategorien. Die Strahlenschutzverordnung von 2001 kennt vier Strahlenschutzbereiche (s. auch Tabelle 5.2):

- Kontrollbereiche sind Bereiche, in denen Personen eine effektive Ganzkörperdosis von mehr als 6 Millisievert im Jahr oder höhere Organdosen als 45 mSv für die Augenlinse oder 150 mSv für die Haut, die Hände, die Unterarme, die Füße und Knöchel pro Jahr erhalten können. Für Personen, die im Kontrollbereich tätig werden, beträgt die maximale Jahresdosis 20 mSv.   **Kontrollbereich**
- Überwachungsbereiche sind nicht zum Kontrollbereich gehörende betriebliche Bereiche, in denen Personen pro Jahr eine effektive Dosis von mehr als 1 Millisievert, oder höhere Organdosen als 15 mSv für die Augenlinse oder 50 mSv für die Haut, die Hände, die Unterarme, die Füße und Knöchel erhalten können.   **Überwachungsbereich**

Tabelle 5.2	**Kontrollbereich**	**Überwachungsbereich**
Definition von Strahlenschutzbereichen	Sperrbereich 6–20 mSv/a > 3 mSv/h	1–6 mSv/a

strahlenexponierte Personen (2000 h/a)

Kat. A	6–20 mSv/a
Kat. B	1–6 mSv/a

**Umgebung außerhalb der Strahlenschutzbereiche
und genereller Grenzwert für die allgemeine Bevölkerung**
≤ 1 mSv/a dauernder Aufenthalt

**Grenzwert für die allgemeine Bevölkerung
für die Errichtung von Anlagen
durch Ableitungen radioaktiver Stoffe mit Luft und Wasser**
≤ 0,3 mSv/a

Sperrbereich

- Sperrbereiche gehören zum Kontrollbereich. In ihnen können Ortsdosisleistungen von mehr als 3 mSv/h auftreten.
- Für Einzelpersonen der Bevölkerung beträgt der Grenzwert der effektiven Dosis ein Millisievert im Kalenderjahr. Im strengeren Sinne handelt es sich hierbei nicht um einen Strahlenschutzbereich.

Ableitung aus kerntechnischen Anlagen

Es ist noch interessant darauf hinzuweisen, dass für die Planung, die Errichtung, den Betrieb, die Stilllegung, den sicheren Einschluss und den Abbau von Anlagen oder Einrichtungen ein Grenzwert von 0,3 mSv/a festgelegt ist, der durch Ableitungen radioaktiver Stoffe mit Luft oder Wasser aus diesen Anlagen entstehen kann. Dieser Grenzwert führt zur Festlegung von maximalen Aktivitätskonzentrationen aus Strahlenschutzbereichen für Abluft und Abwasser, die nuklidspezifisch in der Anlage VII der Strahlenschutzverordnung aufgeführt sind. Dieser generell, und daher auch für die allgemeine Bevölkerung geltende Grenzwert von 0,3 mSv/a, kann also Teil des Grenzwertes von 1 mSv/a für Einzelpersonen der Bevölkerung sein.

5.8 Inkorporations- und Kontaminationsmessung

Inkorporationsmessung

Ein weiterer wichtiger Punkt in der Strahlenschutzmesstechnik ist die Inkorporationsmessung und -überwachung. Zur Prävention von Inhalationen ist die Aktivitätskonzentration der Atemluft zu messen. In Direktmessverfahren wird ein Teilstrom der Atemluft durch einen Detektor geleitet. Bei indirekten Messungen kann die Luft durch einen Filter gepresst werden, dessen Aktivität bei bekanntem Luftdurchsatz bestimmt wird. Analog kann bei möglichen Wasserkonta-

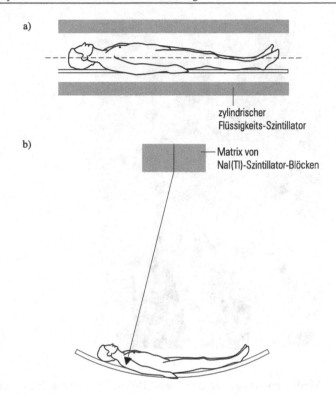

a)

zylindrischer
Flüssigkeits-Szintillator

b)

— Matrix von
NaI(Tl)-Szintillator-Blöcken

Abb. 5.35
Prinzipieller Aufbau von
Ganzkörperzählern zur Messung
von Inkorporationen:
(a) 4π-Geometrie,
(b) Bogengeometrie

minationen vorgegangen werden. Hier sind in der Regel Anreiche- **Kontaminationsmessung**
rungsverfahren der direkten Messung vorzuziehen.

Die Messung der Körperaktivität nach einer angenommenen In-
korporation kann mit dem Ganzkörperzähler erfolgen (Bild 5.35). **Ganzkörperzähler**
Eine Messung der Aktivität von Ausscheidungsprodukten (Urin,
Stuhl) gibt ebenso Aufschluss über mögliche Inkorporationen.

Inkorporationen sind nicht auszuschließen bei Zwischenfällen **Inkorporationsgefahren**
mit Freisetzung von radioaktiven Stoffen, bei erhöhten Aktivitäts-
werten in der Raum- und Atemluft und an Arbeitsplätzen an denen
mit offenen radioaktiven Stoffen umgegangen wird. Insbesondere
bei Kontaminationen von Arbeitsgeräten und Arbeitsplätzen sind Inkorporationen möglich.

Beim Umgang mit offenen radioaktiven Stoffen sind Kontaminationsmessungen unbedingt notwendig. Direktmessungen erfolgen
am einfachsten mit einem Großflächenzähler, wobei darauf zu achten ist, dass der Zähler der kontaminierten Fläche möglichst nahe
kommt, diese aber nicht berührt, um Kontaminationen des Mess-
gerätes zu vermeiden. Zu den indirekten Kontaminationsmessungen
zählen das Wischtest- und Klebeverfahren. In beiden Fällen ist zu **Wischtest**
berücksichtigen, dass nur ein Teil der Kontaminationen mit solchen **Klebeverfahren**

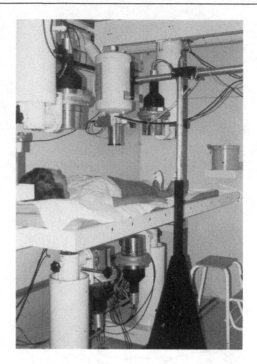

Abb. 5.36
Ganzkörperzähler mit
NaI(Tl)-Detektoren und
Halbleiterzähler
(http://www.strz.uni-
giessen.de)

Methoden erfasst werden kann. Beim Trockenwischtest kann man
mit einem Entnahmefaktor von 20% rechnen; Feuchtwischtests und
Klebeverfahren erlauben Entnahmefaktoren von ca. 50%.

Grenzwerte   Die Ergebnisse der Inkorporationsmessungen sind mit Vorgaben
über die Grenzwerte der Jahresaktivitätszufuhr (JAZ) durch Inhalation und Ingestion nach der Strahlenschutzverordnung zu vergleichen.[5] Falls Inkorporationen durch die Radionuklide i mit den gemessenen Aktivitäten A_i vorlagen und der Zufuhrgrenzwert nach
der Strahlenschutzverordnung für das jeweilige Nuklid durch A_i^{max}
gegeben ist, muss insgesamt die Beziehung

$$\sum_{i=1}^{n} \frac{A_i}{A_i^{\mathrm{max}}} \le 1 \qquad (5.4)$$

erfüllt sein. Bei Überschreitung der Grenzwerte ist die zuständige
Behörde zu benachrichtigen.

---

[5] In der alten Strahlenschutzverordnung wurden diese Grenzwerte (JAZ-
Werte) in der Anlage IV, Tabelle IV,1 festgelegt. Die aktuelle StrlSchV
enthält diese JAZ-Werte nicht mehr. Sie werden zur Zeit aktualisiert und
sollen in einer Richtlinie zur Ausführung der StrlSchV veröffentlicht
werden.

Bei allen Dosis- und Kontaminationsmessungen ist die Kalibration der verwendeten Detektoren mit definierten Testverfahren absolut notwendig. Ebenso ist eine Nuklidanalyse mit der Identifizierung der Hauptradionuklide wesentlich, da die Qualitätsfaktoren zur Bewertung des möglichen Strahlenschadens von der Strahlenart abhängen.

Detektorkalibration

5.9 Ergänzungen

Die radiale Abhängigkeit der elektrischen Feldstärke in einem Proportionalzählrohr ist gegeben durch

Ergänzung 1

$$E(r) = \frac{U_0}{r \, \ln(r_a/r_i)} \ ,$$

wobei U_0 die Anodenspannung, r_a der Radius des Zählrohres und r_i der Anodendrahtradius ist. Zählrohre haben typischerweise Durchmesser in der Größenordnung von 1 cm und Anodendrähte von 30 μm. Damit ist die Feldstärke am Anodendraht bei einer Betriebsspannung von 1500 V

Feldstärkeverlauf

$$E(r = r_i) = \frac{1500\,\text{V}}{15 \times 10^{-6}\,\text{m} \times \ln\left(\frac{5\,\text{mm}}{15 \times 10^{-3}\,\text{mm}}\right)} = 172\,\text{kV/cm}$$

und an der Zählrohrwand

$$E(r = r_a) = \frac{1500\,\text{V}}{5 \times 10^{-3}\,\text{m} \times \ln\left(\frac{5\,\text{mm}}{15 \times 10^{-3}\,\text{mm}}\right)} = 516\,\text{V/cm} \ .$$

Der Spannungsimpuls am Anodendraht nach einem Teilchendurchgang errechnet sich aus der Kondensatorgleichung zu

Spannungssignal

$$\Delta U = \frac{e\,N}{C}\,A \ ,$$

wobei e die Elementarladung, N die Anzahl der primär erzeugten Ladungsträgerpaare, C die Kapazität des Zählrohrs und A der Gasverstärkungsfaktor ist.

Wenn ein α-Teilchen von 5 MeV im Zählrohr absorbiert wird und $W = 25\,\text{eV}$ für die Erzeugung eines Ladungsträgerpaares benötigt werden, ist

$$N = \frac{5\,\text{MeV}}{25\,\text{eV}} = 2 \times 10^5 \ .$$

Mit einer typischen Gasverstärkung von $A = 10^3$ und einer Kapazität von 10 pF wird ($e = 1,602 \times 10^{-19}$ Coulomb)

$$\Delta U = 3,2 \, \text{V} \; .$$

Wegen der geringen Absorptionsstärke des Zählrohrgases für Elektronen der Energie 1 MeV werden diese nur einen Teil ihrer Energie im Zählrohr deponieren. Mit einem Energieverlust von $\Delta E = 2,5$ keV/cm erzeugt ein relativistisches Elektron nur etwa

$$N = \frac{\Delta E}{W} = 100$$

Ladungsträgerpaare, was zu einem Signal von

$$\Delta U = 1,6 \, \text{mV}$$

führt. Solche kleinen Signale erfordern in der Regel eine elektronische Nachverstärkung.

Ergänzung 2

Aktivitätsmessung

Wenn mit einem Zählrohr die Aktivität einer radioaktiven Quelle bestimmt werden soll, so könnte man naiverweise meinen, dass die Zählrate (registrierte Zerfälle pro Sekunde) die Aktivität des Strahlers angeben würde. Die gemessene Zählrate ist aber i. a. sehr viel geringer als die Aktivität des radioaktiven Präparates. Das hat eine Reihe von Gründen, die an folgendem Beispiel erläutert werden sollen:

Eine umschlossene, punktförmige ^{241}Am-Quelle wird mit einem Zählrohr vermessen und führt auf eine Zählrate $R = 100 \, \text{s}^{-1}$. Das Zählrohr habe eine empfindliche Fläche von 10 cm², einen Durchmesser von 1 cm und befindet sich in einem Abstand von 20 cm von der Quelle. Da der radioaktive Strahler umschlossen ist, werden die emittierten α-Teilchen vollständig absorbiert. Das Zählrohr erfasst also nur die Photonen der Energie 60 keV. Wenn die Quelle die γ-Quanten isotrop abstrahlt (was meistens der Fall ist) „sieht"

Raumwinkelanteil

das Zählrohr nur den Raumwinkelanteil

$$f_1 = \frac{\text{Zählrohrfläche}}{\text{Kugeloberfläche im Abstand zum Zählrohr}}$$

$$= \frac{10 \, \text{cm}^2}{4\pi \times 20^2 \, \text{cm}^2} = 0,002 \; .$$

Ein Teil der Photonen wird in der Luft schon absorbiert und erreicht das Zählrohr gar nicht. Dieser Anteil errechnet sich zu

$$1 - e^{-\mu_{\text{Luft}} \, x_{\text{Luft}}} \approx 8 \times 10^{-4} \; ,$$

Absorptionseffekt

wenn μ_{Luft} der Massenabsorptionskoeffizient für 60 keV-Photonen in Luft ist ($\mu_{\text{Luft}} = 0{,}03\,(\text{g/cm}^2)^{-1}$) und x_{Luft} die durchlaufene Wegstrecke in g/cm^2 ist,

$$x_{\text{Luft}} = 20\,\text{cm} \times \rho_{\text{Luft}} = 0{,}0258\,\text{g/cm}^2 \; ;$$

d. h. der Anteil

$$\dot{f}_2 = e^{-\mu_{\text{Luft}}\,x_{\text{Luft}}} = 0{,}9992$$

erreicht das Zählrohr. Ein weiterer Teil der Photonen wird zusätzlich in der Zählrohrwand absorbiert. Besteht der Zählrohrmantel aus 0,5 mm dickem Aluminium (Dichte ρ_{Al}), so errechnet sich der Bruchteil der nicht absorbierten Photonen aus der Massenbelegung

$$\begin{aligned} x_{\text{Al}} &= 0{,}05\,\text{cm} \times \rho_{\text{Al}} = 0{,}05\,\text{cm} \times 2{,}7\,\text{g/cm}^3 \\ &= 0{,}135\,\text{g/cm}^2 \end{aligned}$$

und der Beziehung

$$f_3 = e^{-\mu_{\text{Al}}\,x_{\text{Al}}} = e^{-0{,}15 \times 0{,}135} = 0{,}98 \; ,$$

wobei $\mu_{\text{Al}} = 0{,}15\,(\text{g/cm}^2)^{-1}$ der Massenabsorptionskoeffizient für 60 keV-Photonen in Aluminium ist. D. h. die weitaus meisten Photonen werden nicht absorbiert. Das hat zwar den Vorteil, dass die Photonen in das Zählrohr gelangen, aber, um dort nachgewiesen zu werden, müssen sie im Zählgas erst eine Wechselwirkung herbeiführen. Für eine effektive Gasschicht von 1 cm Xe/CO$_2$ (90 : 10) ist die Massenbelegung bei Normaldruck etwa

$$x = 1\,\text{cm} \times 5{,}5 \times 10^{-3}\,\text{g/cm}^3 = 5{,}5 \times 10^{-3}\,\text{g/cm}^2 \; .$$

Den Massenabsorptionskoeffizienten für Xe/CO$_2$ entnimmt man aus Tabellenwerken (z. B. Particle Data Group „Review of Particle Properties" Eur. Phys. J. C15 (2000)) zu $\mu_{\text{Xe/CO}_2} = 5\,(\text{g/cm}^2)^{-1}$. Damit wird die Absorptionswahrscheinlichkeit im Zählgas

Nachweiswahrscheinlichkeit

$$f_4 = 1 - e^{-\mu_{\text{Xe/CO}_2}\,x_{\text{Xe/CO}_2}} = 1 - e^{-5 \times 5{,}5 \times 10^{-3}} = 0{,}027 \; ,$$

d. h. es werden nur 2,7% der Photonen nachgewiesen.

Zu diesen Effekten können noch weitere Phänomene kommen, wie

- Rückstreuung am Zählrohrmantel,
- Absorption in der Quelle und deren Ummantelung,
- eingeschränkte elektronische Nachweiswahrscheinlichkeit,
- Totzeiteffekte bei hohen Zählraten.

Aktivitätsbestimmung

Sind die letztgenannten Effekte vernachlässigbar, so ergibt sich die Aktivität der Quelle zu

$$A = \frac{R}{f_1 \, f_2 \, f_3 \, f_4} = 1{,}9 \times 10^6 \, \text{Bq} \ .$$

Ist die Totzeit τ des Zählrohrs groß, so ist zu berücksichtigen, dass während des Bruchteils $R \, \tau$ der Zeit keine Impulse gezählt werden können. Die totzeitkorrigierte Rate ist dann

$$R^* = \frac{R}{1 - \tau \, R} \ ,$$

was für $\tau = 100 \, \mu\text{s}$ zu

$$R^* = \frac{100}{1 - 100 \times 10^{-4}} \, \text{s}^{-1} = 101 \, \text{s}^{-1}$$

Totzeiteffekt

führt. Totzeiteffekte werden erst dann wesentlich, wenn $R \, \tau \ll 1$ nicht mehr gilt. In unserem Beispiel stellt die Totzeitkorrektur also nur einen 1%-Effekt dar.

Ergänzung 3

In einem Szintillationszähler wird ein γ-Quant in der Folge des ^{137}Cs-Zerfalls in ^{137}Ba registriert. In anorganischen Szintillatoren wie NaI(Tl) werden etwa 25 eV zur Produktion eines Szintillationsphotons benötigt. Das 662 keV-γ-Quant erzeugt also etwa $N = 26\,500$ Photonen. Über einen Lichtleiter werden diese Photonen auf einen Photomultiplier geführt. Das Lichtleitersystem hat typischerweise eine Überführungswahrscheinlichkeit von $\eta_1 = 20\%$. Von den an der Photokathode ankommenden Photonen erzeugt etwa jedes fünfte ein Photoelektron, d. h. die Quantenausbeute ist ebenfalls

Quantenausbeute

$\eta_2 = 20\%$. Die erzeugten Photoelektronen werden mit $\eta_3 = 80\%$ Wahrscheinlichkeit auf das Dynodensystem, das zur Signalverstärkung dient, geleitet. Wenn der Verstärkungsfaktor des Photomultipliers $A = 10^6$ ist, kommen also

$$R = \eta_1 \, \eta_2 \, \eta_3 \, N \, A = 8{,}48 \times 10^8$$

Elektronen an der Anode an. Jedes Elektron trägt die Ladung $e = 1{,}602 \times 10^{-19}$ Coulomb. Die ankommende Gesamtladung $Q = e \, R$ wird in etwa $\Delta t = 10 \, \text{ns}$ eingesammelt und führt zu einem Strom I von

$$I = \frac{Q}{\Delta t} = 13{,}6 \, \text{mA} \ .$$

Spannungssignal

Schließt man den Photomultiplier mit einem Widerstand von $50 \, \Omega$ ab, so erhält man ein Spannungssignal von

$$\Delta U = I \, R = 680 \, \text{mV} \ .$$

Bestimmung des Ansprechvermögens für γ-Strahlung

Die Absolutbestimmung des Ansprechvermögens von Detektoren erfordert sorgfältige Untersuchungen bezüglich der tatsächlichen Aktivität der verwendeten Quellen (Herstellungsdatum und Halbwertszeit beachten!), der Kapselung der Quelle, der Dicke des Eintrittsfensters des Detektors und der genauen Geometrie der gesamten Messanordnung. Wenn A die Aktivität der als punktförmig angenommenen Quelle zum Messzeitpunkt und r der Abstand von der Quelle zum Detektor (mit der empfindlichen Fläche F) ist, erreichen den Detektor aus Raumwinkelgründen nur

$$N = A \frac{F}{4\pi r^2}$$

Teilchen pro Zeiteinheit. Wenn von diesen Teilchen noch der rechnerisch zu bestimmende Bruchteil ϵ entweder in der Quelle, der Luft oder im Detektorfenster absorbiert wird, können nur $(1 - \epsilon)\, N$ Teilchen im Detektor nachgewiesen werden. Liefert das Experiment eine Zählrate R pro Sekunde im Detektorvolumen, so ergibt sich das Ansprechvermögen zu

$$\eta = \frac{R}{(1 - \epsilon)\, N} \quad.$$

Es lässt sich meist experimentell so einrichten, dass $\epsilon \ll 1$ ist. Weiterhin ist zu berücksichtigen, dass je nach Messanordnung einige γ-Quanten zwischen Quelle und Detektor über Photonwechselwirkungen Elektronen erzeugen können, die mit 100%iger Nachweiswahrscheinlichkeit registriert werden.

Messungen des Ansprechvermögens für die γ-Strahlung von ^{60}Co und diejenige von ^{226}Ra (α- und β-Strahlung jeweils herausgefiltert) ergaben für ein Geiger–Müller-Zählrohr (Argon/Neon-Füllung mit Halogen als Löschgaszusatz) nach Berücksichtigung aller Korrekturen

$$\eta_{\mathrm{GM}} = 1\%$$

und für einen NaI(Tl)-Szintillationszähler (für ^{60}Co-γ-Strahlung)

$$\eta_{\mathrm{Sz}} = 15\% \quad.$$

Dieser letzte Wert ist auch in guter Übereinstimmung mit einer einfachen Überlegung über die Absorption von γ-Strahlung in einem NaI(Tl)-Kristall: Der Absorptionskoeffizient für ^{60}Co-γ-Strahlung in NaI(Tl) ist $\mu = 0{,}02\,(\mathrm{g/cm^2})^{-1}$. Die Dichte von NaI(Tl) beträgt $\rho = 3{,}67\,\mathrm{g/cm^3}$. Die effektive Kristalldicke d_{eff} errechnet sich aus der tatsächlichen Tiefe von $d = 3{,}8\,\mathrm{cm}$, bei einem Durchmesser von $2{,}5\,\mathrm{cm}$, zu $d_{\mathrm{eff}} = 2{,}4\,\mathrm{cm}$, weil die Weglänge der γ-Quanten im Kristall von den Einfallskoordinaten x, θ und ϕ (Ort, Polar- und Azimutwinkel) abhängt. Damit ergibt sich für das zu erwartende Ansprechvermögen

$$\eta_{\mathrm{Sz}} = 1 - \frac{I}{I_0} = 1 - \mathrm{e}^{-\mu\, d_{\mathrm{eff}}\, \rho} = 16\% \quad,$$

was in guter Übereinstimmung mit dem gemessenen Wert steht.

Bestimmung des Ansprechvermögens für γ-Strahlung (Fortsetzung)

Das Ansprechvermögen von Detektoren hängt natürlich von dem verwendeten Detektormaterial und der Geometrie ab. Für Geiger–Müller-Zählrohre erreicht man ein höheres Ansprechvermögen für Photonen, wenn Gase mit hoher Kernladungszahl (z. B. Xenon) verwendet werden, weil der Photoabsorptionskoeffizient mit der Kernladungszahl Z stark ansteigt. Ebenso hängt die Photonnachweiswahrscheinlichkeit in Szintillationszählern von der Kristallart und der Detektorgeometrie ab.

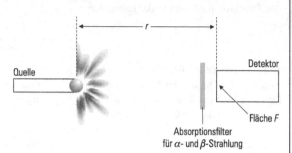

Abb. 5.37
Anordnung zur Absolutmessung des Ansprechvermögens von γ-Strahlung in einem Geiger–Müller-Zählrohr und einem Szintillationszähler

Ergänzung 4

Die Messung der Signalamplitude in einem Szintillations- oder Halbleiterzähler erlaubt die Bestimmung der Teilchenenergie und damit die Identifizierung des Radionuklids. Jede Energiemessung ist aber mit einem statistischen und einem systematischen Fehler behaftet. Betrachten wir zunächst den statistischen Fehler an einem Beispiel:

Das 88 keV-Photon des ^{109}Cd-Isotops erzeugt in einem Plastikszintillator etwa

$$N_{\text{Plastik}} = 880$$

statistische Fehler

Szintillationsphotonen (hier werden etwa $W = 100\,\text{eV}$ für die Produktion eines Photons benötigt). Diese Zahl unterliegt einer statistischen Schwankung, die durch den Wurzelfehler charakterisiert werden kann,

$$N_{\text{Plastik}} = 880 \pm \sqrt{880} = 880 \pm 29{,}7 \ .$$

Wenn von diesen Photonen

$$N^*_{\text{Plastik}} = \eta_1\,\eta_2\,\eta_3\,N_{\text{Plastik}} = 28 \quad \text{(mit gleichen } \eta_i \text{ wie in Erg. 3)}$$

zum Signal beitragen, errechnet sich die relative Energieauflösung $\Delta E/E$ zu

$$\left.\frac{\Delta E}{E}\right|_{\text{Plastik}} = \frac{\Delta N^*_{\text{Plastik}}}{N^*_{\text{Plastik}}} = \frac{\sqrt{28}}{28} = \frac{1}{\sqrt{28}} = 18{,}9\% \ .$$

In einem anorganischen Szintillationszähler ($W = 25\,\text{eV}$) mit glei **Energieauflösung**
chen Sammeleigenschaften werden viermal so viel Photonen zum
Signal beitragen. Damit wird

$$\left.\frac{\Delta E}{E}\right|_{\text{NaI(Tl)}} = 9{,}5\% \ .$$

In einem Halbleiterzähler beträgt der Wert etwa 3 eV, und es werden
(fast) alle erzeugten Ladungsträger gesammelt. Damit erhält man

$$\left.\frac{\Delta E}{E}\right|_{\text{Halbleiter}} = 0{,}58\% \ .$$

Wie man sieht, besitzen Halbleiterzähler (insbesondere Reinst-Germanium-Detektoren) hervorragende Energieauflösungen (vgl. Bild
5.20 und Bild 5.21).

Kommt nun zu dem statistischen Zählfehler ein systematischer **systematischer Fehler**
Fehler von 3% hinzu, etwa bedingt durch instabile elektronische
Auslese, so errechnet sich der Gesamtfehler durch quadratische Addition der Einzelfehler (falls die Fehler nicht korreliert sind):

$$\left.\frac{\Delta E}{E}\right|_{\text{Plastik}}^{\text{Gesamt}} = \sqrt{(18{,}9\%)^2 + (3\%)^2} = 19{,}1\% \ .$$

Für den anorganischen NaI(Tl)-Kristall ergibt sich

$$\left.\frac{\Delta E}{E}\right|_{\text{NaI(Tl)}}^{\text{Gesamt}} = \sqrt{(9{,}5\%)^2 + (3\%)^2} = 9{,}9\% \ .$$

Die Auflösung des Halbleiters würde in diesem Beispiel vom systematischen Fehler dominiert: **Gesamtfehler**

$$\left.\frac{\Delta E}{E}\right|_{\text{Halbleiter}}^{\text{Gesamt}} = \sqrt{(0{,}58\%)^2 + (3\%)^2} = 3{,}06\% \ .$$

Zusammenfassung

Die Wechselwirkungen geladener und neutraler Teilchen bilden
die Basis für die Entwicklung von Messgeräten. Die Ionisation von Gasen kann bei Zählrohren und die Anregung von festen Stoffen bei Szintillationszählern genutzt werden. Szintillationszähler und Zählrohre sind robuste Geräte zur Bestimmung
der Dosis und Dosisleistung. Sie können auch als Dosiswar-
ner und Dosisleistungswarner eingesetzt werden. Die Schwärzung von Röntgenfilmen führt zu den dokumentierbaren amt-
lichen Filmplaketten. Hochpräzise Messungen mit Halbleiter-
zählern (Silizium- und Reinst-Germanium-Zähler) erlauben eine
eindeutige Nuklididentifizierung über die von den Radionukliden emittierten charakteristischen γ-Linien. Mit anorganischen
Szintillationszählern (z. B. NaI(Tl)) ist ebenso eine Nuklididentifizierung, wenn auch bei eingeschränkter Auflösung, möglich.

5.10 Übungen

Übung 1

Ein Taschendosimeter habe ein Ionisationskammervolumen von 2,5
cm^3 und eine Kapazität von 7 pF. Ursprünglich wurde es auf eine
Spannung von 200 V aufgeladen. Nach einem Aufenthalt in einem
Kernkraftwerk zeigt es nur noch eine Spannung von 170 V an. Wie
hoch ist die empfangene Dosis?
Die Dichte der Luft beträgt $\rho_L = 1,29 \times 10^{-3}$ g/cm^3.

Übung 2

Im Abstand von $d_1 = 10$ cm von einem punktförmigen radioaktiven
γ-Strahler wird mit einem Zählrohr eine Rate von $R_1 = 90\,000$
Impulsen pro Sekunde gemessen. Im Abstand von $d_2 = 30$ cm erhält
man $R_2 = 50\,000$ Impulse pro Sekunde. Wie groß ist die Totzeit τ
des Zählrohrs?

Übung 3

Ein Reinst-Germanium-Detektor (Durchmesser $d = 3$ cm) messe in
einem Abstand von $r = 1$ m die γ-Strahlung einer punktförmigen
^{60}Co-Quelle mit einem Ansprechvermögen von 8%. Die Zählrate
innerhalb einer Minute ergibt sich zu 3350 Impulsen bei einer Nullrate von 350 Impulsen pro Minute. Wie groß ist die Aktivität der
Quelle? (Da die Absorption der γ-Strahlung in Luft gering ist, soll
sie hier vernachlässigt werden.)

Übung 4

Eine kontaminierte Arbeitsoberfläche wird dreimal nacheinander
mit einem Trockenwischverfahren dekontaminiert (Entnahmefaktor
$\varepsilon = 20\%$). Nach dieser Prozedur ergibt sich eine Restkontamination
von 512 Bq/cm^2. Wie groß war die ursprüngliche Kontamination?

6 Gesetzliche Grundlagen, Empfehlungen und Richtlinien

> *„Das Problem mit den Fakten ist, dass es so viele davon gibt."*
>
> *Anonymus*

Gesetze und Rechtsverordnungen sind als Rechtsnormen allgemeinverbindlich. Dagegen haben Verwaltungsvorschriften, Empfehlungen (etwa der ICRP; s. Seite 98), DIN-Normen und Richtlinien keine Allgemeinverbindlichkeit. Gesetze und Verordnungen im Bereich des Strahlenschutzes werden aufgrund des sich verbessernden Kenntnisstandes über die Wirkung ionisierender Strahlen im Laufe der Zeit angepasst. Die jeweils neuesten Gesetze und Verordnungen sind allgemeinverbindliche Vorschrift. Einen Überblick über die Struktur der Gesetze und Verordnungen auf nationaler Ebene gibt Bild 6.1.

Gesetze
Verordnungen

Neben der skizzierten Grobstruktur der Gesetze und Verordnungen in Bild 6.1 sind zusätzlich in bestimmten Bereichen noch Sonderregelungen zu beachten:

- Lebensmittel-Bestrahlungs-Verordnung,
- Arzneimittelgesetz (betrifft Herstellung und Verwendung von radioaktiven Arzneien),
- Gesetz über die Beförderung gefährlicher Güter (Gefahrgutverordnung Straße, Brennelemente-Transporte, Transport radioaktiver Abfälle (Castor)),

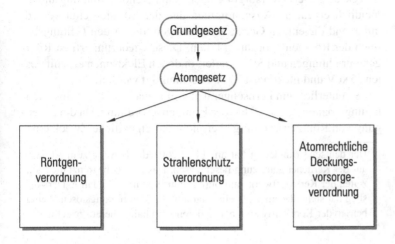

Abb. 6.1
Überblick über die Struktur der relevanten Gesetze und Verordnungen

- Postordnung (Postversendung radioaktiver Stoffe),
- Strahlenschutzvorsorgegesetz,
- Wasserrecht (Einleitung von Abwässern in Gewässer).

Die Beachtung von Durchführungsrichtlinien und Empfehlungen, wie sie etwa von Berufsgenossenschaften, Berufsverbänden (z. B. VDI) und Industrienormen (DIN) vorgeschlagen werden, ist empfehlenswert aber nicht bindend.

Atomgesetz   Zweckbestimmung des ursprünglichen Atomgesetzes war die Förderung der friedlichen Nutzung der Kernenergie und der Schutz von Leben, Gesundheit und Sachgütern vor Gefahren der Kernenergie und ionisierender Strahlung. Außerdem muss eine Gefährdung der inneren und äußeren Sicherheit durch Anwendung von Kernenergie ausgeschlossen und die Erfüllung der internationalen Verpflichtungen gewährleistet sein.

Ausstieg aus der Kernenergie   Nach dem Beschluss der Bundesregierung, aus der Förderung der Kernenergie auszusteigen,[1] und nach der Festlegung von z. T. beträchtlichen Restlaufzeiten der Kernkraftwerke, regelt die Neufassung des Atomgesetzes hauptsächlich die Beförderung und den Umgang mit Kernbrennstoffen. Es erlässt ebenfalls Haftungsvorschriften. Das Atomgesetz unterscheidet Kernbrennstoffe einerseits und sonstige radioaktive Stoffe und Geräte zur Erzeugung ionisierender Strahlung andererseits.

Strahlenschutzverordnung   In der dem Atomgesetz nachgeordneten Strahlenschutzverordnung wird der sachliche Geltungsbereich näher definiert. Die Strahlenschutzverordnung regelt den Umgang mit radioaktiven Stoffen (z. B. in Forschung und Lehre, Medizin, etc.) und legt Grundsätze für den Betrieb von Anlagen zur Erzeugung ionisierender Strahlung fest. Solche Anlagen sind z. B. Beschleuniger für die Grundlagenforschung oder Medizin aber auch Kernkraftwerke, die neben dem Zweck der Energieversorgung auch ionisierende Strahlung unvermeidlich erzeugen. Ausgenommen aus der Strahlenschutzverordnung sind diejenigen Geräte und Anlagen, die in den Geltungsbereich der Röntgenverordnung fallen. Diese wiederum erfasst Röntgen-
Röntgenverordnung   einrichtungen und Störstrahler, in denen Elektronen auf mindestens 5 keV und maximal 1 MeV beschleunigt werden.

So unterliegt ein Fernsehgerät älterer Bauart mit einer Beschleunigungsspannung von 20 kV der Röntgenverordnung. Da die Erzeugung von Röntgenstrahlung aber nicht der eigentliche Zweck eines

---

[1] Der deutsche Bundestag hat am 14.12.2001 die Novelle zum Ausstieg aus der Kernenergienutzung beschlossen. Das Gesetz begrenzt die Laufzeiten der Kernkraftwerke auf durchschnittlich noch 11 Jahre. Der Ausstieg hat sich allerdings als eine Garantie für den reibungslosen Weiterbetrieb der Kernkraftwerke bis zu deren Abschalten herausgestellt.

Fernsehgerätes ist, nennt man dieses Gerät einen Störstrahler[2]. Eine Röntgenröhre mit Beschleunigungsspannungen z. B. bis 500 kV fällt evidenterweise unter die Röntgenverordnung, aber ein Linearbeschleuniger für Elektronen mit einer Maximalenergie von 6 MeV zur Behandlung von Tumorerkrankungen fällt in den Geltungsbereich der Strahlenschutzverordnung.

Die atomrechtliche Deckungsvorsorgeverordnung schließlich legt Regeldeckungssummen im Rahmen von Haftungsvorschriften fest.

Deckungsvorsorge

Auf den sachlichen Geltungsbereich der Strahlenschutzverordnung wird im Folgenden näher eingegangen.

Als oberster Grundsatz galt bisher die Vermeidung unnötiger Bestrahlung und Kontamination auf der Basis des so genannten ALARA-Prinzips. Dieses Prinzip („as low as reasonably achievable") besagt nicht, dass die Bestrahlung so gering wie irgendmöglich gehalten werden muss, sondern dass die Bestrahlung durch technische Einwirkungen so gering wie irgendwie vertretbar (eventuell auch geringer als die in der Strahlenschutzverordnung festgesetzten Grenzwerte) sein soll. In der Neufassung der Strahlenschutzverordnung von 2001 wird dagegen gefordert, die Strahlenexposition so gering wie möglich zu halten, da sicherheitshalber davon ausgegangen werden muss, dass es keinen unteren Schwellenwert für schädliche Wirkungen ionisierender Strahlen gibt. Es hat allerdings keinen Sinn, die Dosis für den Menschen weit unter den Wert zu drücken, dem er bereits durch die natürliche Strahlenbelastung ausgesetzt ist. Diese Umweltradioaktivität liegt in der Größenordnung von 2,3 mSv/a. Nach der Strahlenschutzverordnung muss für das „allgemeine Staatsgebiet" die zusätzliche Dosis kleiner als 1 mSv/a bleiben. Dieser Wert liegt mit Sicherheit innerhalb der Schwankung der natürlichen Strahlenbelastung. Auch muss festgestellt werden – und das ist eigentlich trivial – dass zwischen der radioaktiven Belastung aus natürlichen Quellen und derjenigen aus künstlichen kein prinzipieller Unterschied besteht. Deshalb ist es nur allzu verständlich, wenn in der Strahlenschutzverordnung von 2001 erstmalig detailliert der Bereich der natürlich vorkommenden radioaktiven Stoffe mit einbezogen wird. Die Strahlenbelastungen in der Bundesrepublik schwanken zum Teil beträchtlich (s. Kap. 11). Die neuen Regelungen betreffen natürliche Strahlenbelastungen durch besondere Arbeitsfelder (z. B. Radonexpositionen am Arbeitsplatz) und Materialien, für die nach dem derzeitigen Kenntnisstand Überwachungsbedarf besteht (z. B. Herstellung und Verwendung thorierter Schweißelektroden oder Gewinnung, Verwendung und Verarbeitung

ALARA-Prinzip

Minimierungsgebot

natürlich vorkommende radioaktive Stoffe

---

[2] Damit ist noch keine Aussage über die Qualität des Programms verbunden.

von Zirkonsanden und Monazit). Es wird insbesondere der Schutz des fliegenden Personals vor Expositionen durch kosmische Strahlung berücksichtigt. Das fliegende Personal ist über die möglichen gesundheitlichen Auswirkungen der kosmischen Strahlung zu unterrichten. Sobald die Dosis, die das fliegende Personal durch kosmische Strahlung erhält, den Wert von 1 mSv/a überschreiten kann, ist sie durch entsprechende Messgeräte zu ermitteln (s. § 103). Astronauten sind dabei vom räumlichen Geltungsbereich der Strahlenschutzverordnung nicht erfasst.

kosmische Strahlung

Darüber hinaus wird, wie bisher, das System der Überwachung beim Umgang mit radioaktiven Stoffen an das Überschreiten von Freigrenzen geknüpft. Aufgrund neuerer Erkenntnisse werden die Freigrenzen neu festgelegt. Sie geben besser als die bisherigen Freigrenzen das radiologische Risiko wieder. Dabei sind einige Freigrenzen drastisch erniedrigt, einige aber auch z. T. erhöht worden.

Freigrenzen

Materialien aus genehmigungsbedürftigem Umgang mit radioaktiven Stoffen können unter bestimmten Umständen aus der strahlenschutzrechtlichen Überwachung entlassen werden. Nach der „Freigabe" von radioaktiven Materialien und kontaminierten Gegenständen sind die fraglichen Stoffe keine radioaktiven Stoffe im Sinne des Atomgesetzes mehr und bedürfen infolgedessen auch keiner weiteren Überwachung. Die Freigaberegelung ist daran orientiert, dass sie zu Strahlenexpositionen führen kann, die allenfalls im Bereich von 10 µSv im Jahr liegen. Die nuklidspezifischen Freigaberegelungen für uneingeschränkte Freigabe von festen Stoffen, Flüssigkeiten, Bauschutt und Gebäuden zur Wieder- und Weiterverwendung sind im Anhang zur Strahlenschutzverordnung zusammengestellt. Auszugsweise sind einige dieser Grenzwerte im Anhang dieses Buches angegeben. Es ist klar, dass die Freigaberegelung ein ausdrückliches Verdünnungsverbot enthält.

Freigabe

Verdünnungsverbot

Umgang mit radioaktiven Stoffen

Unter dem „Umgang mit radioaktiven Stoffen" versteht die Strahlenschutzverordnung die Vorgänge der Gewinnung, Erzeugung, Lagerung, Bearbeitung, Verarbeitung, Verwendung und Beseitigung von radioaktiven Stoffen. Die verschiedenen Arbeitsprozesse im Zuge des Umgangs mit radioaktiven Stoffen müssen innerhalb des Betriebes, in dem mit diesen Stoffen umgegangen wird, hinsichtlich der Arbeitsabläufe und Verantwortlichkeiten festgelegt werden. Je nach Aktivität der radioaktiven Stoffe ist der Umgang mit ihnen genehmigungsfrei (Aktivität $A <$ Freigrenze F) oder genehmigungspflichtig ($A \geq F$).[3] Die zahlreichen Abweichungen von

Genehmigungsfreiheit
Genehmigungspflicht

---

[3] Die Freigrenzen für alle Radionuklide sind in der Anlage III der Strahlenschutzverordnung festgelegt. Die Freigrenzen für häufig verwendete Radionuklide findet man im Anhang B (S. 315).

diesen Richtwerten sind in der Strahlenschutzverordnung geregelt (s. auch Ergänzung 6.2).

Der Inhaber oder Leiter eines Betriebes, in dem mit radioaktiven Stoffen umgegangen wird, ist in der Regel auch „Strahlenschutzverantwortlicher". Der Strahlenschutzverantwortliche muss dafür sorgen, dass die Belange des Strahlenschutzes im Sinne der Strahlenschutzverordnung eindeutig und klar geregelt sind. Er selbst muss nicht die Fachkunde im Strahlenschutz besitzen. Bei einem großen Betrieb kann es nützlich sein, dass der Strahlenschutzverantwortliche Teile seiner Aufgaben in Sachen Strahlenschutz (z. B. Schriftwechsel, Dokumentation, ...) einem Strahlenschutzbevollmächtigten überträgt. Diese Möglichkeit wird allerdings selten wahrgenommen. Die eigentlichen Aufgaben und Verantwortlichkeiten im Rahmen des Umgangs mit radioaktiven Stoffen werden von dem (oder den) Strahlenschutzbeauftragten übernommen. Der Strahlenschutzbeauftragte wird vom Strahlenschutzverantwortlichen in einer Strahlenschutzanweisung bestellt. Die Strahlenschutzanweisung legt den innerbetrieblichen Entscheidungsbereich des Strahlenschutzbeauftragten fest. Für diesen Bereich ist der Strahlenschutzbeauftragte verantwortlich. Gibt es in einem Betrieb mehrere Strahlenschutzbeauftragte, so wird in der Regel ein Strahlenschutzbeauftragter mit zentraler Funktion in der Strahlenschutzanweisung bestimmt. Der Sinn dieser Regelung liegt in der Verwaltungsvereinfachung und dient der besseren Übersicht für den Schriftwechsel mit übergeordneten Behörden. Unter den Strahlenschutzbeauftragten gibt es aber keine Hierarchie. Die Zuständigkeiten und Verantwortlichkeiten der einzelnen Strahlenschutzbeauftragten müssen in der Strahlenschutzanweisung klar festgelegt sein (Bild 6.2).

**Strahlenschutz-
verantwortlicher**

Fachkunde

**Strahlenschutz-
bevollmächtigter
Strahlenschutzbeauftragter**

Strahlenschutzanweisung

„Eigentlich ist es schön zum ‚Beauftragten' ernannt zu werden, ohne zugleich ‚Verantwortlicher' zu sein!"

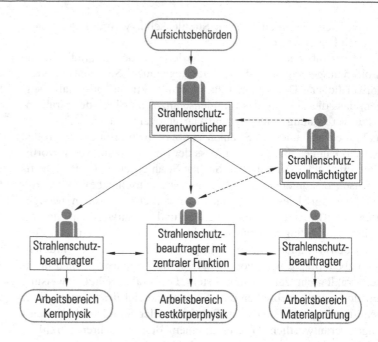

Abb. 6.2
Organisation und Zuständigkeiten im Strahlenschutz am Beispiel eines Physik-Instituts. Die Einführung eines Strahlenschutzbevollmächtigten ist optional

beruflich strahlenexponierte Personen

Die Strahlenschutzverordnung kennt „beruflich strahlenexponierte Personen", „beruflich nicht strahlenexponierte Personen" und die „allgemeine Bevölkerung". Beruflich strahlenexponierte Personen müssen ihre Personendosis mit zwei unabhängigen Messverfahren erfassen und in einen vollständig geführten, registrierten Strahlenpass eintragen. Sie unterliegen auch einer ärztlichen Überwachung. Die ärztliche Überwachung dient weniger der medizinischen Diagnose möglicher Strahlenerkrankungen als mehr der Kontrolle, ob diese Personen geeignet sind, in bestimmten Strahlenschutzbereichen zu arbeiten. Beruflich strahlenexponierte Personen dürfen maximal einer Ganzkörperdosis von 20 mSv/a ausgesetzt sein.

ärztliche Überwachung

Dosisgrenzwert für allgemeine Bevölkerung

Der Dosisgrenzwert für die allgemeine Bevölkerung in Deutschland ist nach der Strahlenschutzverordnung von 2001 1 mSv/Jahr. In dieser Dosis kann eine effektive Dosis von maximal 0,3 mSv/Jahr bedingt durch Ableitung radioaktiver Stoffe mit Luft und Wasser aus Anlagen, von denen eine Belastung durch ionisierende Strahlen ausgeht (also im Wesentlichen aus kerntechnischen Anlagen), enthalten sein. Weitere Belastungen für die Umwelt können als Folge des Umgangs mit radioaktiven Stoffen in der Medizin (z. B. Abluft und Abwässer aus nuklearmedizinischen Abteilungen von Krankenhäusern) und Technik (z. B. Materialuntersuchungen mit Hilfe radioaktiver Stoffe) auftreten. Insgesamt darf die Summe aus diesen Belastungen einschließlich der Dosis durch kerntechnische Anlagen für die allgemeine Bevölkerung aber 1 mSv/Jahr nicht überschreiten.

Da nur beruflich strahlenexponierte Personen im Prinzip einer größeren Jahresdosis ausgesetzt sein können (im Rahmen von $\leq 20\,\text{mSv/a}$), sollen die für diese Personengruppe festgesetzten Grenzwerte noch in etwas größerem Detail vorgestellt werden.

Eine Ganzkörperdosis von $400\,\text{mSv}$ pro Leben darf niemals überschritten werden (das sind 10% der Letaldosis).[4] In diesem Grenzwert darf eine einmalige Katastrophendosis von $250\,\text{mSv}$ enthalten sein. Eine einmalige Katastrophendosis ist zumutbar, wenn es um die Rettung von Leben oder wichtigen Sachgütern geht. Wird bei normalen Arbeiten im Kontrollgebiet die $20\,\text{mSv}$-Jahresdosis überschritten, so muss die Dosisüberschreitung in den folgenden Jahren wieder „abgebummelt" werden. Dosisüberschreitungen sind in jedem Fall der zuständigen Behörde mitzuteilen. Die angegeben Grenzwerte beziehen sich alle auf Ganzkörperdosen. Grenzwerte für Teilkörperdosen[5] und Grenzwerte für die maximal zulässigen Aktivitätskonzentrationen in Wasser und Luft aus Strahlenschutzberei-

Ganzkörperdosis

Katastrophendosis

Dosisüberschreitung

---

[4] Um Härtefälle (z. B. Entlassungen) zu vermeiden, kann die zuständige Behörde im Einvernehmen mit einem Arzt und mit schriftlicher Einwilligung des Betroffenen eine weitere Strahlenbelastung von $\leq 10\,\text{mSv/a}$ zulassen.

[5] Grenzwerte für Organdosen für beruflich strahlenexponierte Personen:

Augenlinse	$150\,\text{mSv/a}$
Haut, Hände, Unterarme, Füße, Knöchel	$500\,\text{mSv/a}$
Keimdrüsen, Gebärmutter, Knochenmark	$50\,\text{mSv/a}$
Schilddrüse, Knochenoberfläche	$300\,\text{mSv/a}$
Dickdarm, Lunge, Magen	$150\,\text{mSv/a}$

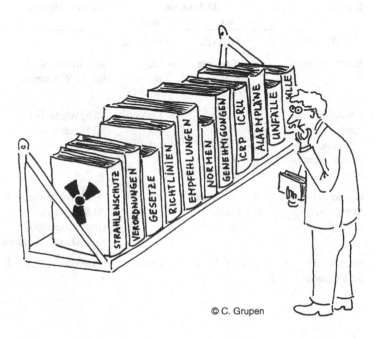

© C. Grupen

chen sind in der Strahlenschutzverordnung (§ 55 und Anlage VII) und in den Anhängen zu diesem Buch aufgeführt.

Die Personendosisüberwachung im Kontrollbereich umfasst eine Messung der Personendosis, Ortsdosis, Aktivität der Atemluft, Kontamination und Körperradioaktivität. Die personenbezogenen Strahlenschutzdaten sind in einen Strahlenpass zu übertragen und im Bundesamt für Strahlenschutz in einem Strahlenschutzregister zu erfassen. Für die eingesetzten Messgeräte gilt eine Eichpflicht.

Strahlenschutzbereiche: Die schon mehrfach erwähnten Strahlenschutzbereiche wurden
Sperrbereich bereits in Kap. 5 (s. auch Tabelle 5.2) definiert. Wegen der beson-
Kontrollbereich deren Bedeutung dieser Bereiche werden sie noch einmal im Über-
Überwachungsbereich blick auch im Vergleich zur alten Strahlenschutzverordnung in Tabelle 6.1 dargestellt und in Bild 6.3 graphisch veranschaulicht.

atomrechtliches Schließlich sei noch der vereinfachte Ablauf eines atomrechtli-
Genehmigungsverfahren chen Genehmigungsverfahrens vorgestellt (Bild 6.4).

Umgangsgenehmigungen Ist der Antragsteller etwa ein Forscher an einer Universität, der mit radioaktiven Stoffen umgehen will, so beantragt er eine Umgangsgenehmigung über den Strahlenschutzverantwortlichen beim zuständigen Regierungspräsidenten über das Gewerbeaufsichtsamt, bzw. das Amt für Arbeitsschutz. Ist der Antragsteller der Betreiber eines Kernkraftwerkes oder eines Endlagers, wird auch eine Zustimmung des zuständigen Bundesministeriums erforderlich.

Neben den verschiedenen Gesetzen und Verordnungen gibt es eine Reihe von Gremien und Organisationen, die Empfehlungen

Tabelle 6.1
Definition der
Strahlenschutzbereiche nach der
alten und neuen (2001)
Strahlenschutzverordnung

Bereich	Definition		Aufenthaltszeit
	alt	neu	
Sperrbereich	> 3 mSv/h	> 3 mSv/h	
Kontrollbereich	> 15 mSv/a max. 50 mSv/a	> 6 mSv/a max. 20 mSv/a	40 h in der Woche bei 50 Wochen/a
Überwachungs- bereich	> 5 mSv/a	> 1 mSv/a	40 h/Woche bei 50 Wochen/a
betrieblicher Überwachungs- bereich	> 1 mSv/a	entfällt	
Bereich, der nicht Strahlenschutz- bereich ist	≤ 1,5 mSv/a (im Einzelfall ≤ 5 mSv/a)	≤ 1 mSv/a	40 h/Woche bei 50 Wochen/a (Betriebsgelände) bzw. Daueraufenthalt
allgemeines Staatsgebiet	≤ 0,3 mSv/a	≤ 1 mSv/a	dauernder Aufenthalt

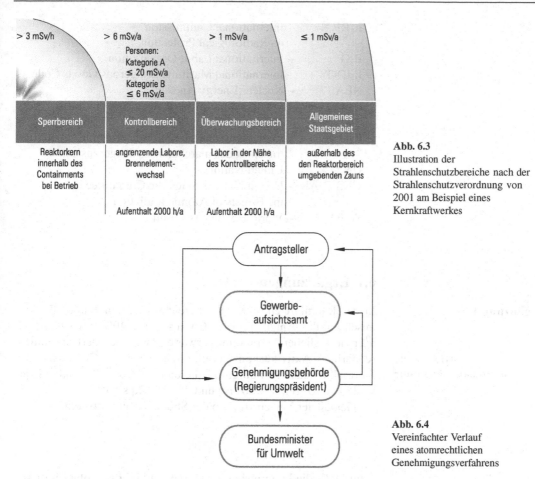

> 3 mSv/h	> 6 mSv/a Personen: Kategorie A ≤ 20 mSv/a Kategorie B ≤ 6 mSv/a	> 1 mSv/a	≤ 1 mSv/a
Sperrbereich	**Kontrollbereich**	**Überwachungsbereich**	**Allgemeines Staatsgebiet**
Reaktorkern innerhalb des Containments bei Betrieb	angrenzende Labore, Brennelement- wechsel	Labor in der Nähe des Kontrollbereichs	außerhalb des den Reaktorbereich umgebenden Zauns
	Aufenthalt 2000 h/a	Aufenthalt 2000 h/a	

Abb. 6.3
Illustration der Strahlenschutzbereiche nach der Strahlenschutzverordnung von 2001 am Beispiel eines Kernkraftwerkes

Antragsteller

Gewerbe-
aufsichtsamt

Genehmigungsbehörde
(Regierungspräsident)

Bundesminister
für Umwelt

Abb. 6.4
Vereinfachter Verlauf eines atomrechtlichen Genehmigungsverfahrens

und Detailregelungen im Rahmen des Strahlenschutzes ausspre-
chen. Dazu gehören:

ADR — Accord Européen relatif au transport
international des marchandises
dangereuses par route
EU — Europäische Union
EURATOM – Europäische Atomgemeinschaft
FAO — Food and Agricultural Organization of the
United Nations
IAEA — International Atomic Energy Agency
IAEO — International Atomic Energy Organisation
ICAO — International Civil Aviation Organization
(Technical Instructions for Safe Transport
of Dangerous Goods by Air)

ICRP	– International Commission on Radiological Protection
ILO	– International Labor Organisation
IMDG	– International Maritime Dangerous Goods Code
NEA	– Nuclear Energy Agency
OECD	– Organization for Economic Cooperation and Development
RID	– Réglement international concernant le transport des marchandises dangereuses
UN	– United Nations
UNSCEAR	– United Nations Scientific Committee on the Effects of Atomic Radiation
WHO	– World Health Organisation

6.1 Ergänzungen

Ergänzung 1

Grenzwerte der Jahresaktivitätszufuhr

In der Raumluft eines Kontrollbereichs wird ein Radionuklidgemisch mit den Anteilen 50% ^{60}Co (als Oxid), 40% ^{137}Cs und 10% ^{90}Sr (in löslicher Verbindung) erwartet. Wie hoch darf die mittlere jährliche Aktivitätskonzentration sein, wenn die Grenzwerte der Jahresaktivitätszufuhr durch Inhalation für ^{60}Co, ^{137}Cs und ^{90}Sr jeweils 4×10^5 Bq, 6×10^6 Bq und 2×10^5 Bq sind?[6]

Gemäß der Vorschrift nach der Strahlenschutzverordnung

$$\sum_{i=1}^{n} \frac{A_i}{A_i^{\max}} \leq 1 \,,$$

wenn $A_i^{\max}$ die Freigrenze für das Radionuklid i ist, folgt für dieses Beispiel aus der Beziehung

$$\frac{0,5\,A}{4 \times 10^5\,\mathrm{Bq}} + \frac{0,4\,A}{6 \times 10^6\,\mathrm{Bq}} + \frac{0,1\,A}{2 \times 10^5\,\mathrm{Bq}} \leq 1 \,,$$

für die maximal zulässige Gesamtaktivität

$$A = 550\,\mathrm{kBq} \,.$$

zulässige Aktivitätskonzentration

Bei einem zugrunde gelegten Atemvolumen von 2400 m^3 pro Jahr im Kontrollbereich ergibt sich die maximal zulässige Aktivitätskonzentration zu

$$C_A = \frac{550\,\mathrm{kBq}}{2400\,\mathrm{m}^3} = 229\,\frac{\mathrm{Bq}}{\mathrm{m}^3} \,.$$

---

[6] Das sind die JAZ-Werte nach der alten Strahlenschutzverordnung. Die StrlSchV von 2001 enthält keine JAZ-Werte mehr. Sie werden aber im Rahmen einer Richtlinie demnächst neu festgelegt.

Verständlichkeit und Lesbarkeit der Strahlenschutzverordnung von 2001

Die Neufassung der Strahlenschutzverordnung von 2001 enthält 118 Paragraphen, das sind 27 mehr als in der alten Strahlenschutzverordnung. Es wurde nach Ansicht des Autors versäumt, die allgemeinen Strahlenschutzgrundsätze in gut lesbarer, verständlicher Form darzustellen. Als Beispiel dafür möge die Definition des Strahlenschutzverantwortlichen und von Ordnungswidrigkeiten nach der neuen deutschen im Vergleich zur schweizerischen Strahlenschutzverordnung dienen.

Deutsche StrlSchV § 31 (1) Strahlenschutzverantwortliche
Strahlenschutzverantwortlicher ist, wer einer Genehmigung nach §§ 6, 7 oder 9 des Atomgesetzes oder nach den §§ 7, 11 oder 15 dieser Verordnung oder wer der Planfeststellung nach § 9 b des Atomgesetzes bedarf oder wer eine Tätigkeit nach § 5 des Atomgesetzes ausübt oder wer eine Anzeige nach § 12 Abs. 1 Satz 1 dieser Verordnung zu erstatten hat oder wer aufgrund des § 7 Abs. 3 dieser Verordnung keiner Genehmigung nach § 7 Abs. 1 bedarf. Handelt es sich …

Schweiz
StSG Art. 16: Verantwortlichkeit in Betrieben
1) Der Bewilligungsinhaber oder die einen Betrieb leitenden Personen sind dafür verantwortlich, dass die Strahlenschutzvorschriften eingehalten werden. Sie haben zu diesem Zweck eine angemessene Zahl von Sachverständigen einzusetzen und diese mit den erforderlichen Kompetenzen und Mitteln auszustatten.
2) Alle im Betrieb tätigen Personen sind verpflichtet, die Betriebsleitung und die Sachverständigen bei Strahlenschutzmaßnahmen zu unterstützen.

Deutsche StrlSchV
§ 116: Ordnungswidrigkeiten
(1) Ordnungswidrig im Sinne des § 46 Abs. 1 Nr. 4 des Atomgesetzes handelt, wer vorsätzlich oder fahrlässig
1. ohne Genehmigung nach
a) § 7 Abs. 1 mit sonstigen radioaktiven Stoffen oder mit Kernbrennstoffen umgeht,
b) § 11 Abs. 1 eine dort bezeichnete Anlage errichtet,
… es folgt eine Liste von 61 Punkten mit vielen Unterpunkten.

Schweiz
StSG 6. Kapitel, Strafbestimmungen: Art. 44 Übertretungen
1) Mit Haft oder mit Buße wird bestraft, wer vorsätzlich oder fahrlässig:
a) bewilligungspflichtige Handlungen ohne Bewilligung vornimmt oder an eine Bewilligung geknüpfte Auflagen nicht erfüllt;
b) die notwendigen Maßnahmen zur Einhaltung der Dosisgrenzwerte nicht trifft;
c) sich einer angeordneten Dosimetrie nicht unterzieht;
d) seine Pflicht als Bewilligungsinhaber oder Sachverständiger nicht erfüllt;
e) …
f) …

(aus H. Brunner: „Das richtige Wort am richtigen Platz", Strahlenschutzpraxis 2002, Heft 1, S. 40–44)

Ergänzung 2   Der Umgang mit radioaktiven Stoffen ist in der Strahlenschutzverordnung geregelt. Man unterscheidet genehmigungsbedürftigen und genehmigungsfreien Umgang. Der Umgang ist genehmigungsfrei, wenn etwa

- der radioaktive Stoff eine Aktivität unterhalb der Freigrenze hat,
- der radioaktive Stoff die Freigrenze der nuklidabhängigen spezifischen Aktivität nicht überschreitet (z. B. 100 Bq/g für ^{90}Sr, bzw. 10 Bq/g für ^{137}Cs, s. Anhang B).

Radioaktive Stoffe oder Vorrichtungen, die radioaktive Substanzen enthalten und nicht genehmigungsfrei sind, bedürfen einer Um-
Umgangsgenehmigung   gangsgenehmigung, die über das zuständige Gewerbeaufsichtsamt bzw. das Amt für Arbeitsschutz beim Regierungspräsidenten beantragt werden muss. Eine Voraussetzung zur Erteilung einer Genehmigung ist, dass der Antragsteller die erforderliche Fachkunde im Strahlenschutz besitzt oder ein Strahlenschutzbeauftragter diese Rolle übernimmt.

Genehmigungsbedürftig sind etwa die Errichtung und der Be-
Errichtung von Anlagen trieb von Anlagen. Dazu gehören

- Beschleuniger oder Plasmaanlagen, in denen jede Sekunde mehr als 10^{12} Neutronen erzeugt werden *können*;
- Elektronenbeschleuniger mit einer Endenergie von mehr als 10 MeV, sofern die mittlere Strahlleistung 1 kW übersteigen kann;
- Elektronenbeschleuniger mit einer Endenergie von mehr als 150 MeV unabhängig von der Strahlleistung;
- Ionenbeschleuniger mit einer Endenergie der Ionen von mehr als 10 MeV je Nukleon, sofern die mittlere Strahlleistung 50 Watt übersteigen kann;
- Ionenbeschleuniger mit einer Endenergie von mehr als 150 MeV pro Nukleon.

Ergänzung 3   Es gibt zahlreiche Voraussetzungen, die erfüllt sein müssen, um ei-
Bauartzulassung   ne Bauartzulassung für Geräte, die radioaktive Stoffe enthalten, zu erwirken. Dazu gehören

- Vorrichtungen, bei denen die Ortsdosisleistung im Abstand von 0,1 m von der berührbaren Oberfläche 1 µSv/h nicht überschreitet;
- Vorrichtungen mit eingebauten umschlossenen radioaktiven Stoffen, die berührungssicher abgedeckt sind und deren Aktivität das 10fache der Freigrenze nicht überschreitet.

Für die Erteilung der Bauartzulassung ist das Bundesamt für Strahlenschutz zuständig. Die Zulassung ist auf höchstens 10 Jahre zu beschränken.

Zusammenfassung

Das Atomgesetz und die nachgeordnete Strahlenschutzverordnung regeln den Verantwortungs- und Zuständigkeitsbereich des
Strahlenschutzbeauftragten. Die Strahlenschutzverordnung regelt den Umgang mit radioaktiven Stoffen und legt Grenzwerte für Strahlenexpositionen fest. Empfehlungen und Richtlinien
haben keine Allgemeinverbindlichkeit. Sie sind aber häufig als
Vorläufer für zukünftige Gesetze zu betrachten und verdienen
deshalb besondere Aufmerksamkeit.

6.2 Übungen

Mit einem chemischen Trennverfahren soll das Edelgas Krypton
aus der Luft extrahiert werden. In bodennaher Luft kommt 1,1 ppm
Krypton vor. Die Luftaktivität, die vom Kryptonisotop ^{85}Kr herrührt, beträgt zur Zeit $1,1\,\mathrm{Bq/m^3}$. Das radioaktive Krypton stammt
vorwiegend aus Kernkraftwerken. Das bei Kernspaltprozessen auftretende gasförmige ^{85}Kr kann leicht entweichen und an die Umgebung abgegeben werden. Wie viel m^3 Krypton in seiner gegenwärtigen Isotopenzusammensetzung in der Luft entspricht der Freigrenze
von $1 \times 10^4\,\mathrm{Bq}$?[7]

Übung 1

Krypton-Belastung

Übung 2

Isotopenverhältnisse

Ein Mineraliensammler findet einen Klumpen Uranerz, dessen Gesamtaktivität der Freigrenze von Natururan in seiner natürlichen Isotopenzusammensetzung entspricht (1×10^4 Bq).[7] Die Isotopenhäufigkeit in Natururan beträgt

$$^{238}\text{U} : {}^{235}\text{U} : {}^{234}\text{U} = 99{,}275 : 0{,}7195 : 0{,}0055\% \ ,$$

und die Halbwertszeiten sind

$$T_{1/2}(^{238}\text{U}) = 4{,}5 \times 10^9 \, \text{a} \ , \quad T_{1/2}(^{235}\text{U}) = 7 \times 10^8 \, \text{a} \ ,$$

$$T_{1/2}(^{234}\text{U}) = 2{,}4 \times 10^5 \, \text{a} \ .$$

Wie viel kg Natururan enthält der Erzklumpen?

Übung 3

Dosisbeschränkungen

Ein Arbeiter in einer Wiederaufbereitungsanlage im Kontrollbereich (Personen Kat. A) habe eine Ganzkörperdosis von 12 mSv durch äußere Bestrahlung und eine innere Leberbestrahlung durch ein inkorporiertes Radionuklid von 40 mSv erhalten. Welcher Ganzkörperbestrahlung dürfte der Arbeiter noch weiterhin in dem Arbeitsjahr ausgesetzt werden, wenn sonst keine Belastungen auftreten? Welches wäre die maximale Lungendosis im Jahr, wenn neben den 12 mSv Ganzkörper- und 40 mSv Leberdosis sonst keine Belastungen vorkommen?

---

[7] Für das Radioisotop ^{85}K und die Uranisotope ^{238}U, ^{235}U und ^{234}U sind die Freigrenzen in der neuen Strahlenschutzverordnung drastisch von 5×10^6 Bq auf 10^4 Bq beschränkt worden.

7 Aufgaben und Pflichten des Strahlenschutzbeauftragten

> *„Es ist unverzichtbar, dass Wissenschaftler für die Verwaltung ihrer eigenen Angelegenheiten Sorge tragen, denn sonst werden die Berufsbeamten das übernehmen – und dann gnade Gott. "*
>
> E. Rutherford 1871–1937

Der Strahlenschutzverantwortliche und der Strahlenschutzbeauftragte tragen beide gemeinsam die Verantwortung für die Einhaltung der Schutzvorschriften der Strahlenschutzverordnung. Der Strahlenschutzverantwortliche übernimmt die Aufsicht und Überwachung des Beauftragten. Die Strahlenschutzbeauftragten müssen die per Strahlenschutzanweisung übertragenen Pflichten fachkundig erfüllen. Der Strahlenschutzbeauftragte ist grundsätzlich zur eigenverantwortlichen Wahrnehmung seiner Aufgaben verpflichtet. Er muss in seinem Entscheidungsbereich Weisungen erteilen dürfen. Der Beauftragte kann sich weigern, einer Weisung durch Vorgesetzte nachzukommen, wenn damit eine Pflichtverletzung im Sinne der Strahlenschutzsicherheit begangen würde. Der Vorgesetzte darf den Beauftragten bei seiner Arbeit nicht behindern und ihn wegen seiner Tätigkeit nicht benachteiligen. Ein Kündigungsschutz erwächst daraus allerdings nicht. Durch das mögliche Widerspiel der Pflichterfüllung in Strahlenschutzangelegenheiten und der Weisungsbefugnis des Vorgesetzten, der vielleicht teure Abschirmmaßnahmen nicht mittragen will, kann der Beauftragte in schwierige Situationen kommen.

Strahlenschutzanweisung

Der Strahlenschutzbeauftragte muss die erforderliche Fachkunde besitzen, er muss über das einschlägige Gesetzes- und Fachwissen verfügen und praktische Erfahrungen in seinem Tätigkeitsbereich aufweisen können. So besitzen z. B. Physiker allein durch ihr Studium die erforderliche Fachkunde noch nicht. Nach der Strahlenschutzverordnung von 2001 ist die Fachkunde alle 5 Jahre aufzufrischen.

Strahlenschutzbeauftragter
Fachkunde

Auffrischung der Fachkunde

Falls in einem Betrieb mehrere Strahlenschutzbeauftragte benannt sind, müssen die entsprechenden Entscheidungsbereiche klar und überlappfrei definiert sein, damit keine Zweifel über die jeweilige Zuständigkeit und Verantwortung bestehen.

Die Strahlenschutzverordnung schreibt vor, dass Personen, die mit radioaktiven Stoffen umgehen (z. B. Studenten in einem kernphysikalischen Praktikum) regelmäßig belehrt werden müssen (jährlich). Die Erstbelehrung erfolgt durch den Strahlenschutzbeauftrag-

Belehrung

ten und muss den folgenden Themenkatalog abdecken:[1]

- Einweisung in die Arbeitsmethoden,
- Hinweise auf mögliche Gefahren,
- Hinweise auf Strahlenexpositionen,
- Beschreibung der Sicherheits- und Schutzmaßnahmen,
- Beschreibung des für die jeweilige Tätigkeit wesentlichen Inhalts der Strahlenschutzverordnung,
- Hinweise auf die Strahlenschutz-Organisation und das Weisungsrecht des Strahlenschutzbeauftragten.

Erstbelehrung
Wiederholungsbelehrung

Eine Erstbelehrung sollte umfassender sein als eine Wiederholungsbelehrung. Die Belehrung muss in der Muttersprache des zu Belehrenden oder in einer von dieser Person beherrschten Sprache vorgenommen werden. Die von der unterwiesenen Person unterzeichneten Unterlagen sind bis zu 5 Jahre aufzubewahren.

Buchführung

Eine der wesentlichen Aufgaben des Strahlenschutzbeauftragten ist eine korrekte und übersichtliche Buchführung. Der Erwerb und die Abgabe radioaktiver Stoffe müssen der zuständigen Behörde angezeigt werden, und es ist darüber Buch zu führen. Es muss jederzeit klar sein, welche radioaktiven Stoffe im Betrieb im Einsatz sind oder gelagert werden. Zu diesem Zweck sind die radioaktiven Stoffe näher zu beschreiben. Die Liste muss folgende Angaben enthalten:

Abb. 7.1
Bauartgeprüfte radioaktive Strahler für Demonstrationsversuche (QSA Global GmbH)

- Radionuklid (z. B. $^{137}_{55}$Cs),
- Aktivität und Strahlenart (z. B. 10^6 Bq; β, γ),
- physikalische Beschaffenheit (z. B. fest oder flüssig),
- umschlossene oder offene Form (z. B. offenes Präparat),
- Datum des Erwerbs oder Abgabe,
- Anschrift des Lieferanten oder Empfängers.

schriftliche Aufzeichnungen

Die schriftlichen Aufzeichnungen über durchgeführte Belehrungen, Ortsdosismessungen, Körperdosen, Kontaminationsmessungen, Besitz und Abgabe radioaktiver Stoffe sind langfristig aufzubewahren – bei Körperdosen bis die überwachte Person das 75. Lebensjahr vollendet hat oder vollendet hätte, mindestens jedoch 30 Jahre.

Strahlenpass

Der Strahlenpass soll das Überschreiten der Dosisgrenzen insbesondere bei Tätigkeiten eines Fremdbeschäftigten verhindern. Er zeigt, ob der Passinhaber die Voraussetzungen für die vorgesehene Tätigkeit z. B. in einem Sperr- oder Kontrollbereich erfüllt. Der Strahlenschutzbeauftragte eines Anlagenbetreibers darf Tätigkeiten

---

[1] Zwei Muster-Strahlenschutzbelehrungen für kernphysikalische Institute findet man unter
http://www.hep.physik.uni-siegen.de/~grupen/
im Internet

von Fremdbeschäftigten nur dann gestatten, wenn diese den lücken-
los geführten Strahlenpass vorlegen. Der Strahlenpass gibt Auskunft
über

- Personaldaten, Arbeitgeber;
- Stand der äußeren und inneren Strahlenexposition;
- Grenzwertüberschreitung von Körperdosen;
- Ergebnis der ärztlichen Überwachung;
- evtl. Atemschutz-Ausbildung und -Übung;
- Bilanzierung der Strahlenexposition im Berufsleben.

Radioaktive Stoffe, Behälter und Räume, die radioaktive Stoffe enthalten, sowie Anlagen zur Erzeugung ionisierender Strahlen und bauartzugelassene Vorrichtungen sind entsprechend zu
kennzeichnen. Ebenso sind die verschiedenen Strahlenschutzbereiche (Sperrbereich, Kontrollbereich) und kontaminierte Bereiche als
solche auszuweisen.

Kennzeichnungspflicht

Vor möglichen Gefahren ist vorschriftsmäßig zu warnen. Die
Kennzeichnung oder Warnung erfolgt mit dem Strahlenwarnzeichen
(s. Bild 7.4) mit einem der Hinweise

Strahlenwarnzeichen

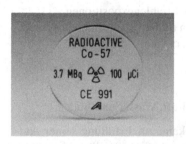

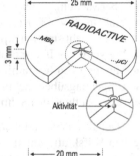

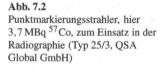

Abb. 7.2
Punktmarkierungsstrahler, hier
3,7 MBq ^{57}Co, zum Einsatz in der
Radiographie (Typ 25/3, QSA
Global GmbH)

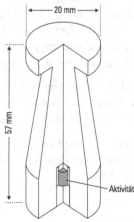

Abb. 7.3
^{137}Cs-Prüfstrahler zur
Funktionskontrolle von
Aktivitätsmessgeräten (Typ CDRB
1548; 3,7 MBq; QSA Global
GmbH)

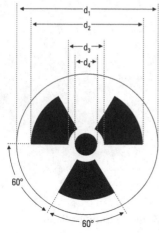

d₁ = 80 mm   d₃ = 20 mm
d₂ = 63 mm   d₄ = 12,5 mm

Abb. 7.4
Vorschriftsmäßiges
Strahlenwarnzeichen (Flügelrad).
Für verschiedene Größen können
die Abmessungen an Hand der
zulässigen Werte für d_1 (20, 40, 80,
160, 250 mm) skaliert werden. Die
schwarzen Bereiche werden auf
gelbem Grund abgebildet. Meist
wird das Flügelrad auf gelbem
Grund in einem schwarzen
Dreieck, dessen Spitze nach oben
zeigt, dargestellt (s. Bild 7.5)

- VORSICHT – STRAHLUNG,
- RADIOAKTIV,
- KERNBRENNSTOFFE,
- SPERRBEREICH – KEIN ZUTRITT,
- KONTROLLBEREICH,
- KONTAMINATION.

Die Kennzeichnung muss zusätzlich Angaben über das Radionuklid, dessen Aktivität und den zuständigen Strahlenschutzbeauftragten enthalten. Kennzeichnungen, die ihre Bedeutung verloren haben,
müssen entfernt werden (s. § 68).

Der Strahlenschutzbeauftragte hat in seinem Entscheidungsbereich eine Reihe von Messungen durchzuführen, die der Strahlenschutzüberwachung und -kontrolle dienen. Zu diesen Aufgaben gehören:

- Messung der Dosiswerte,
- Kontrolle der Aktivitätsmengen,
- Überprüfung der Zutritts- und Aufenthaltsberechtigungen,
- Kontrolle der korrekten Lagerung,
- Dichtigkeitskontrollen,
- Sicherungs- und Sicherheitsmaßnahmen,
- Überwachung außergewöhnlicher Strahlenexpositionen,
- Einhaltung von Dosisgrenzwerten für beruflich strahlenexponier-
  te und nicht strahlenexponierte Personen,
- Messung von Inkorporationen,
- Messung von Kontaminationen,
- Umgebungsüberwachung,
- Sicherstellung des Schutzes von Luft, Wasser und Boden.

Der Strahlenschutzbeauftragte kann zur Erfüllung seiner Aufgaben Hilfskräfte hinzuziehen. Deren Aufgaben sollten aber durch
klare schriftliche Anweisungen festgelegt werden.

Es gibt Vorfälle in der Strahlenschutzpraxis, in denen der Strahlenschutzbeauftragte verpflichtet ist, diese bei der zuständigen Behörde anzuzeigen. Dazu gehören

Dosisgrenzwertüberschreitung

**Verlust und Fund
von radioaktiven Stoffen**

- Überschreitung von Dosisgrenzwerten,
- Verlust und Fund von radioaktiven Stoffen,
- Mängel an sicherheitstechnischen Einrichtungen.

Bei Unfällen in Strahlenschutzbereichen sollte allerdings immer die
Reihenfolge Retten – Alarmieren – Sichern – Melden eingehalten
werden.

Die nach der Strahlenschutzverordnung vorgeschriebene ärztliche Überwachung hat nicht primär das Ziel, Strahlenschäden festzustellen, sondern sie soll den Gesundheitszustand vor Beginn einer Tätigkeit beurteilen und während der Tätigkeit beobachten. Personen, die im Kontrollbereich tätig werden, müssen sich einer ärztlichen Erstuntersuchung unterziehen. Bei Personen der Kategorie A ($\geq 6\,$mSv/a möglich, max. 20 mSv/a) sind jährliche Überwachungsuntersuchungen Vorschrift.

Abb. 7.5
Häufig verwendete Form des Strahlenwarnzeichens

ärztliche Untersuchungen

Für den Fall gesundheitlicher Bedenken als Ergebnis einer ärztlichen Untersuchung können Tätigkeitsbeschränkungen (z. B. Umgang nur mit umschlossenen radioaktiven Stoffen bei einer Untauglichkeit zum Tragen von schwerem Atemschutz) oder Tätigkeitsverbote (z. B. bei schwangeren Frauen (s. § 55, Abs. 4)) ausgesprochen werden. Tätigkeitsverbote oder -einschränkungen für Personen im Kontrollbereich (Kategorie A) können auch in der Folge von Ganzkörper-Dosisüberschreitungen erlassen werden. Sie haben das Ziel, die weiteren Strahlenexposition auf niedrige Dosen zu beschränken bis die Dosisüberschreitung eingeholt ist („Abbummeln").

Tätigkeitsbeschränkungen

Tätigkeitsverbote

Ein wichtiger Gesichtspunkt in der Praxis des Strahlenschutzes ist die Schadensbekämpfung. Man unterscheidet Unfälle, Störfälle, sicherheitstechnisch bedeutsame Ereignisse und radiologische Notstandssituationen. Bei Strahlenunfällen kann es zur Dosisüberschreitung für strahlenexponiertes Personal, z. B. im Kontrollbereich kommen. Störfälle sind Ereignisabläufe, bei deren Eintreten der Betrieb der Anlage aus sicherheitstechnischen Gründen nicht fortgeführt werden kann. Bei der Planung einer Anlage ist darauf zu achten, dass auch im ungünstigsten Störfall unbeteiligte Personen in der Umgebung der Anlage mit höchstens 50 mSv/a belastet werden können („Störfallplanungsgrenzwert").

Strahlenunfall

radiologische Notstandssituation

Störfall

Eine radiologische Notstandssituation ist eine Situation, die Dringlichkeitsmaßnahmen zum Schutz von Arbeitskräften, Einzelpersonen der Bevölkerung, Teilen der Bevölkerung oder der gesamten Bevölkerung erfordert. Als radiologische Notstandssituationen gelten Situationen nach einem Unfall, der in signifikantem Maße zur Freisetzung von radioaktiven Stoffen führt oder führen kann, oder in denen anomale Radioaktivitätswerte festgestellt werden, die für die öffentliche Gesundheit schädlich sein könnten. Die Bevölkerung, die betroffen sein könnte, muss über die für sie geltenden Gesundheitsschutzmaßnahmen sowie über die entsprechenden Verhaltensmaßregeln im Fall einer radiologischen Notstandssituation unterrichtet werden.[2]

Dringlichkeitsmaßnahmen

Für eine radiologische Notstandssituation werden von der ICRP recht komplexe Eingreifgrenzwerte festgelegt. Ab einem Bevölke-

Eingreifgrenzwert

---

[2] http://europa.eu/scadplus/leg/de/cha/c11547.htm

rungsgrenzwert von 5 mSv pro Jahr kann z. B. der Verbleib in Gebäuden empfohlen werden. Diese Maßnahme ist nahezu immer gerechtfertigt bei einer effektiven Dosis von 50 mSv. Übersteigt die
Dosis in einer solchen radiologischen Notstandssituation 10 mSv,
kann die Beschränkung bei einzelnen Nahrungsmitteln erforderlich
werden. Ab einer Schilddrüsenäquivalentdosis von 500 mSv wird
die Verabreichung von stabilem Jod nahegelegt. Ab 500 mSv effektiver Ganzkörperdosis ist eine Evakuierung gerechtfertigt, und
ab einer effektiven Dosis von 1 Sv ist eine Umsiedlung angezeigt.

Dosisrichtwerte   Weitere Empfehlungen über Dosisrichtwerte im Notfallschutz sind
von einer Arbeitsgruppe des „Arbeitskreises Umweltüberwachung"
im Fachverband für Strahlenschutz erarbeitet worden („Grenzwerte
und Richtwerte" vom 20. April 2003).

Da Strahlenunfälle und Störfälle in der Kernenergietechnik ei-
sicherheitstechnisch   ne hohe Ereignisschwelle darstellen, kommt den sonstigen „sicher-
bedeutsames Ereignis   heitstechnisch bedeutsamen Ereignissen" eine zunehmende Bedeutung zu. Solche Ereignisse sind unterhalb der Schwelle von Störfäl-
len und Unfällen anzusiedeln. Ein sicherheitstechnisch bedeutsames
Ereignis liegt etwa bei einem Arbeitsunfall mit Verletzungen, möglichen Kontaminationen, aber ohne Dosisgrenzwertüberschreitungen
vor.

Die Schadensbekämpfung erfordert folgende Maßnahmen:

- Unfallvorsorge (Erste Hilfe, Einsatzpläne, Übungen),
Alarmplan   - Alarmplan auslösen (Störfalleindämmung oder -beseitigung,
  Brandbekämpfung, medizinische Betreuung der verunfallten
  Personen),
- Unterrichtung (des Strahlenschutzverantwortlichen, Strahlen-
  schutzbeauftragten, der betroffenen Angehörigen),
- Vorfallanalyse,
Anzeigepflicht   - Anzeige des Vorfalls bei zuständiger Behörde.

Gefahrengruppen   Die Strahlenschutzverordnung unterscheidet drei Gefahrengruppen bei der Brandbekämpfung, die von der Aktivität und der Form
(offen oder umschlossen) der betroffenen radioaktiven Stoffe abhängen. Die betroffenen Bereiche einer Anlage sind jeweils deutlich sichtbar und dauerhaft mit den Zeichen Gefahrengruppe I, II
oder III zu kennzeichnen. Diese Kennzeichnung ist für mögliche
Einsätze der Feuerwehr unerlässlich.

Radioaktive Abfälle sind vorschriftsmäßig zu entsorgen. Dabei
sind folgende Anforderungen zu erfüllen (s. Anlage X, StrlSchV):

- Kennzeichnung des Abfalls durch einen vorgeschriebenen Abfall-
  code (Bezeichnung, Verarbeitungszustand und Behandlung, z. B.
  wieder aufgearbeitetes Plutonium, Zwischenprodukt, verglast);

© by Claus Grupen

- Kennzeichnung der Abfallbehälter mit sehr detaillierten Angaben (z. B. Abfallmasse, Gesamtaktivität, Ortsdosisleistung in 1 m Abstand, Datum der Einlagerung, ...);
- Möglichkeit der Lagerung radioaktiver Abfälle in Zwischenlagern.

Ein Umgehungsverbot untersagt die Beseitigung von radioaktiven Abfällen durch Verdünnung oder Aufteilung auf Freigrenzmengen.

Umgehungsverbot

7.1 Ergänzungen

In so genannten Radium-Heilquellen kommen Konzentrationen von Radon mit seinen Folgeprodukten von 4000 Bq/l vor. Das Radon wird dabei aus Radiumzerfällen gebildet. Die eigentliche Radiumkonzentration im Wasser selbst ist allerdings mit nur etwa 1 Bq/l relativ gering. Man spricht zwar von Radiumquellen und -bädern, tatsächlich handelt es sich aber um Radonquellen/bäder.[3] Die früher in diesen Bädern verordneten Bade- und Trinkkuren können zu einer bedenklichen Strahlenbelastung führen.[4] Ein berühmtes Opfer einer Radiumkur war der prominente amerikanische Golfer Eben Byers, der 1932 starb, weil er täglich zwölf Flaschen Radiumwasser getrunken hatte, um nach einer Armverletzung die Schmerzen zu betäuben.

Ergänzung 1

Radium-Heilquellen

Ähnliches gilt für Radon-Inhalation. Nach Empfehlungen der ICRP sollen Radon-Konzentrationen in Wohnräumen den Wert von

Radon-Inhalation

---

[3] Für diesen Hinweis bin ich Herrn Prof. Dr. H. von Philipsborn dankbar.

[4] Dabei warben die „Kurorte" mit der Aussage, dass die vom Radium emittierten α-Teilchen eine massierende Wirkung auf die Zellmembranen ausüben und somit gesundheitsfördernd sind!

200 Bq/m^3 nicht überschreiten. Typische Werte in den meisten Wohnungen liegen um 30 Bq/m^3. In Häusern der früher vom Uranbergbau lebenden westböhmischen Kleinstadt St. Joachimstal sind Werte von bis zu 10^6 Bq/m^3 gemessen worden. Die Fundamente der betroffenen (eigentlich unbewohnbaren!) Häuser bestehen zum Teil aus uranhaltigem Abraum der Bergwerke. In der Zerfallskette von Uran tritt das radioaktive Edelgas Radon auf, das durch Undichtigkeiten des Kellerbodens in die Wohnräume gelangen kann.

Ergänzung 2

Die maximal zulässigen Oberflächenkontaminationen für Verkehrsflächen und Arbeitsplätze sind für α-Strahler auf der einen Seite und β- und γ-Strahler auf der anderen Seite typischerweise um einen Faktor 10 verschieden.

Effekt von α-Strahlen

α-Strahlen haben eine höhere biologische Wirksamkeit. Deshalb sind die Dosisgrenzwerte für α-strahlende Radionuklide allgemein und auch für mögliche Kontaminationen strenger als bei β- und γ-Strahlern. Dabei ist die externe Bestrahlung mit α-Strahlen unbedenklich, denn die α-Teilchen werden meist schon in der Luft (Reichweite etwa 4 cm) aber spätestens in der Oberflächenschicht des Gewebes oder der Kleidung gestoppt. Bei Inkorporationen von α-strahlenden Radionukliden wirkt sich die hohe biologische Wirksamkeit aber außerordentlich ungünstig aus, weshalb die zugehörigen Grenzwerte niedriger vorgegeben werden.

Zusammenfassung

> Der Strahlenschutzverantwortliche eines Betriebes oder einer Einrichtung definiert in der Strahlenschutzanweisung den Zuständigkeitsbereich des Strahlenschutzbeauftragten. Für diesen Bereich ist der Strahlenschutzbeauftragte allein verantwortlich. Der Strahlenschutzbeauftragte muss über die notwendige Fachkunde verfügen und die in der Strahlenschutzverordnung festgelegten Aufgaben erfüllen. Die Fachkunde ist in regelmäßigen Abständen durch Besuch entsprechender Kurse aufzufrischen.

7.2 Übungen

Übung 1

Die Dosisleistung an einem Arbeitsplatz betrage 4 µSv/h. Für eine Person, die sich 40 Stunden in der Woche regelmäßig im ganzen Jahr dort aufhält, soll dieser Raum einem Strahlenschutzbereich zugeordnet werden. Gehört dieser Raum zu einem Kontroll- oder Überwachungsbereich?

In einem Reaktorgebäude (Volumen $V_1 = 4000\,\text{m}^3$) wird eine Tritium-Konzentration von $100\,\text{Bq/m}^3$ gemessen. Das Tritium stammte aber aus dem Containment-Bereich (innerer Reaktorkern) mit einem Volumen von $500\,\text{m}^3$. Wie groß war die ursprüngliche Tritium-Konzentration? Wie groß war die Gesamtaktivität?

Übung 2

In einem Arbeitsbereich herrsche eine ^{60}Co-Konzentration in der Luft von $1\,\text{Bq/m}^3$. Bei einem jährlichen Atemvolumen von $8000\,\text{m}^3$ in dieser Umgebung nimmt man also $8000\,\text{Bq}$ auf. Welcher Menge ^{60}Co entspricht diese Aktivität $(T_{1/2}(^{60}\text{Co}) = 5{,}24\,\text{a}$, Masse eines ^{60}Co-Kernes $m_{\text{Co}} = 1 \times 10^{-22}\,\text{g})$?

Übung 3
Inhalationen

8 Strahlenschutz-Technik

„Messen ist Wissen"

E. W. von Siemens 1817–1892

Strahlenschutzgrundsätze

Ziel der Strahlenschutzmaßnahmen ist es, unnötige Strahlenexpositionen, Kontaminationen oder Inkorporationen zu vermeiden und unvermeidbare Strahlenexpositionen, Kontaminationen oder Inkorporationen so gering wie möglich zu gestalten. Die Strahlenschutzverordnung verlangt aber nicht, *jede* Strahlenexposition zu verhindern, sondern im Rahmen der festgelegten Grenzwerte die Expositionen den Umständen entsprechend auf ein Minimum zu beschränken.[1]

Praxis des Strahlenschutzes

Auf der Basis der in Kap. 5 vorgestellten Messtechnik und unter Berücksichtigung der durch die Strahlenschutzverordnung vorgegebenen Grenzwerte werden in diesem Kapitel technische Hinweise für das Arbeiten mit radioaktiven Stoffen vorgestellt. Im Einzelnen werden Bereiche angesprochen, die zum Alltag des praktischen Strahlenschutzes gehören. Diese umfassen:

- Strahlenschutzplanung,
- Arbeitsplanung,
- Arbeitsmethoden,
- Dichtigkeitsprüfungen,
- Abgabe und Freigabe radioaktiver Stoffe,
- Materialdekontamination,
- Abfallbehandlung und Endlagerung,
- Kritikalität,
- Laboreinrichtungen,
- Materialverhalten,
- Atemschutzgeräte,
- Verpackung und Transport.

---

[1] In der Pionierzeit der Untersuchung von Eigenschaften radioaktiver Stoffe gab es das Wort „Strahlenschutz" und den Beruf des „Strahlenschutzbeauftragten" noch gar nicht. Physiker wie Becquerel, Curie und Hahn handhabten wägbare Mengen radioaktiver Stoffe mit bloßen Händen. Dabei wurden auch die flüchtigen Folgeprodukte dieser Substanzen eingeatmet. Noch heute sind die Laborbücher von Marie und Pierre Curie durch Radium (Halbwertszeit 1600 Jahre) mit dessen Folgeprodukten kontaminiert und werden von der Bibliothèque Nationale nur mit gewissen Auflagen ausgeliehen.

8.1 Strahlenschutzplanung

Die obersten Grundregeln beim Arbeiten mit radioaktiven Stoffen können mit Abstand halten, Abschirmung verwenden, Aufenthaltszeit beschränken, Aktivitätsbeschränkung und Verhinderung von Inkorporationen beschrieben werden. Ziel der Strahlenschutzplanung ist es also, jede unnötige Strahlenexposition zu vermeiden und jede unvermeidbare so gering wie möglich zu halten. Um sicherzustellen, dass diese Maximen auch bei der tatsächlichen Arbeit berücksichtigt werden, muss der Strahlenschutzbeauftragte die direkte Strahlenexposition, mögliche Inkorporationen (z. B. durch Messung der Atemluft) und Kontaminationen überwachen.

Abstand halten
Abschirmen
Aufenthaltszeit beschränken
Aktivität beschränken
Inkorporationsvermeidung

Kritische Situationen beim Hantieren mit radioaktivem Material bestehen latent beim Umfüllen von radioaktiven Stoffen (s. Tokaimura-Unfall, Kap. 13), beim Ein- und Ausfahren von Strahlenquellen und bei chemischen Reaktionen. Besondere Vorsicht ist geboten beim Umgang mit radioaktiven Flüssigkeiten, Stäuben und Gasen. Um Strahlenexpositionen so gering wir möglich zu halten, ist es vielfach sinnvoll, die durchzuführenden Arbeiten mit inaktiven Substanzen zu üben.

Kontaminationsvermeidung

Beim Arbeiten in leicht kontaminierten Räumen und bei der Beseitigung von Kontaminationen ist die vorgeschriebene Schutzausrüstung zu tragen. Als flankierende Maßnahme ist es sinnvoll, eine Schleuse einzurichten, Privat- und Schutzkleidung konsequent zu trennen und Kontaminationskontrollen durchzuführen. Bei der Beseitigung hoher Kontaminationen in Arbeitsbereichen besteht die persönliche Schutzausrüstung aus einem Overall, Handschuhen, Stiefeln, Kopfbedeckung und einer Atemschutzausrüstung. Eine Dosiskontrolle ist immer mit einem direkt ablesbaren Dosimeter durchzuführen.

Schutzausrüstung

8.2 Arbeitsplanung

Ziel eines Arbeitsplanes ist es, unter Berücksichtigung der vorgegebenen Tätigkeit die Strahlenbelastung der Beschäftigten durch ausgewogene Vorbereitung so gering wie möglich zu halten, ohne die Tätigkeit über Gebühr zu behindern.

Der Arbeitsplan legt fest, welche technischen Schutzeinrichtungen für die durchzuführenden Arbeiten erforderlich sind. Es ist insbesondere auch wichtig, Werkzeuge und sonstige Hilfsmittel vor Beginn der Tätigkeit bereitzustellen, denn die Nichteinplanung von benötigten Werkzeugen und Hilfsmitteln verlängert die Zeit der Strahlenexposition. Vermeidbare Fehler sind auch die Nichteinhaltung von Zeit- und Platzbedarf für die durchzuführenden Arbeiten.

Strahlenschutzplanung

Zwischenfälle   Unvorhergesehene Zwischenfälle können zum Freisetzen von radioaktiven Stoffen führen. Dazu gehören Leckagen und Brüche von Leitungen oder Gefäßen, die radioaktive Stoffe enthalten. Freisetzungen kommen in der Regel auch in der Folge von unvorhergesehenen chemischen Reaktionen, Brand und Explosion vor. **Freisetzungen** Planbare Freisetzungen dagegen sind z. B. Radonemissionen durch mechanische Bearbeitung von Gesteinen im Uranbergbau. Wenn möglich, müssen Vorsorgemaßnahmen gegen Freisetzungen radioaktiver Stoffe getroffen werden.

natürliche Strahlenquellen   Die Strahlenschutzverordnung bezieht erstmalig auch Arbeiten mit ein, bei denen erheblich erhöhte Expositionen durch natürliche terrestrische Strahlungsquellen auftreten können. Neben Radon-Belastungen im Untertagebergbau gehören dazu auch Bereiche, in denen mit uran- und thoriumhaltigen Substanzen umgegangen wird. Beispiele dafür sind die Herstellung und Verwendung von thorierten Schweißelektroden oder die Gewinnung und Verwendung von Zirkonsanden bzw. thoriumhaltigem Monazit. Ebenso unterliegt das **fliegendes Personal** fliegende Personal in Verkehrsflugzeugen der Strahlenschutzüberwachung, wenn Expositionen von mehr als einem mSv/a auftreten können. Ein wichtiger Punkt bei Arbeiten mit der Möglichkeit von Inkorporationen ist die vorherige Abschätzung der resultierenden Körperdosen.

Die Tabelle 4, Anlage VII der Strahlenschutzverordnung enthält Werte für maximal zulässige Aktivitätskonzentrationen in Luft und Wasser für Ableitungen aus Strahlenschutzbereichen. Diese Grenzwerte sind am 0,3 mSv/a-Prinzip orientiert. Die aufgenommene Aktivität kann – auch im Laufe von vielen Jahren – eine Maximaldosis von 20 mSv nicht überschreiten.

Ein Beispiel möge eine solche Abschätzung verdeutlichen: Ein Beschäftigter soll ganzjährig in einem Bereich arbeiten, der mit einer Raumluftkonzentration von $50\,Bq/m^3$ an Tritium belastet ist. Die inhalierte Aktivität ergibt sich bei einem angenommenen Atemvolumen von $8000\,m^3$ zu $4 \times 10^5\,Bq$. Da die maximal zulässige

Aktivitätskonzentration $100 \, \text{Bq/m}^3$, d. h. der Grenzwert der Jahres-aktivitätszufuhr $8 \times 10^5 \, \text{Bq}$ beträgt, führt die Tritium-Inhalation zu einer Jahresdosis von höchstens $0{,}15 \, \text{mSv}$ und einer Folgedosis von maximal $4 \, \text{mSv}$.[2] Natürlich ist die tatsächliche Dosis und Raumluft-konzentration durch Messung während der Arbeit zu überprüfen.

Sofern die Raumluft mehrere Radionuklide enthält, muss die Bedingungsungleichung

$$\sum_{i=1}^{N} \frac{K_i}{K_i^{\max}} \leq 1 \qquad (8.1)$$

erfüllt sein. Dabei ist K_i die mittlere Aktivitätskonzentration des i-ten Radionuklides und $K_i^{\max}$ die nach den gesetzlichen Bedingungen zumutbare Aktivitätskonzentration.

Analoge Regelungen gelten auch für die Ingestion und für die Handhabung von Freigrenzen bei der Verwendung von mehreren Radionukliden. Falls A_i die Aktivität eines Radionuklides und $A_i^{\max}$ die Freigrenze für diesen Stoff ist, muss die Bedingung

$$\sum_{i=1}^{N} \frac{A_i}{A_i^{\max}} \leq 1 \qquad (8.2)$$

erfüllt werden, wenn man mit mehreren radioaktiven Stoffen umgeht.

Aktivitätskonzentration Grenzwerte

Handhabung von Freigrenzen

8.3 Arbeitsmethoden

Um Strahlenexpositionen zu minimieren, hat der Strahlenschutzbe-auftragte darauf zu achten, dass Verfahren – wenn möglich – in ge-schlossenen statt in offenen Systemen durchgeführt werden, einfa-che, möglichst erprobte Verfahren Anwendung finden, Blindversu-che vorgeschaltet werden und nasse statt trockene, stäubende Ver-fahren gewählt werden. Weitere sinnvolle Maßnahmen können vor-geschriebene Abschirmungen, Aktivitätsbeschränkungen und Kon-taminationskontrollen sein.

Blindversuche

---

[2] ^{3}H ist ein reiner Betastrahler mit einer Maximalenergie von $18 \, \text{keV}$ und einer mittleren Energie von etwa $7 \, \text{keV}$. Bei Inhalation von $4 \times 10^5 \, \text{Bq} \, ^3$H mit einem angenommenen 50%igen Transfer errechnet sich die jährliche effektive Ganzkörperäquivalentdosis zu

$$D = \frac{7 \, \text{keV} \times 1{,}6 \times 10^{-16} \, \text{J/keV}}{75 \, \text{kg}} \times 4 \times 10^5 \, \text{Bq} \times 3{,}15 \times 10^7 \, \frac{\text{s}}{\text{a}} \times 0{,}5$$

$$\approx 0{,}1 \, \text{mSv/a} \; .$$

Absaugvorrichtungen

Abb. 8.2
Manipulator zur Handhabung
radioaktiver Stoffe (Oxford
Technologies) http://www.
oxfordtechnologies.
co.uk

stäubende Verfahren

Aktivitätsverschleppung
Kontaminationsverschleppung

Abb. 8.3
Bleitresor zur Aufbewahrung
radioaktiver Proben (JL Goslar)

Wischprüfung
Tauchprüfung

Bei bestimmten Radionukliden mit hoher Toxizität müssen die Arbeiten in besonderen Absaugvorrichtungen (Abzug, Handschuhkasten) durchgeführt werden. Im Prinzip könnte man die Strahlenexposition reduzieren, indem man *immer* vorschreibt, die Arbeiten in geschlossenen Systemen mit Absaugvorrichtungen durchzuführen. Das ist häufig aus Platzgründen nicht immer möglich und auch nicht immer sinnvoll. Es wird empfohlen, Absaugvorrichtungen vorzuschreiben, wenn bei einfachen Verfahren und Handhabung von kontaminiertem Gerät das 10^4fache der Freigrenze (F) des jeweils eingesetzten Radionuklids überschritten wird. Bei komplizierten Verfahren sollte man schon bei Aktivitäten von $\geq 10\,F$ Absaugvorrichtungen einsetzen, bei stäubenden Verfahren liegt die Grenze noch um einen Faktor 10 niedriger, also bei der Freigrenze. Wegen der hohen biologischen Wirkung von α-Strahlen sollte man bei α-strahlenden Nukliden besondere Vorsicht walten lassen.

Wegen der Kontaminationsgefahr und wegen der Forderung des Abstandshaltens sollte man radioaktive Quellen niemals mit der Hand anfassen. Als spezielle Hilfsmittel müssen neben Fernbedienungsgeräten („Manipulatoren"), etwa für Handschuhboxen, Zangen, Ferngreifer und Spezialpinzetten zur Verfügung stehen.

Im Fall von unerkannten Kontaminationen, versehentlichem Wegwerfen von radioaktiven Stoffen oder kontaminierten Gegenständen zum Abfall besteht die Gefahr der Verschleppung der Aktivität mit einer möglichen weiträumigen Kontamination und Strahlenbelastung. Durch regelmäßige Kontaminationskontrollen und Aufstellung von Aktivitätsbilanzen kann eine solche Aktivitätsverschleppung weitgehend vermieden werden.

8.4 Dichtigkeitsprüfungen

Bei Verdacht auf Undichtigkeit z. B. eines umschlossenen Strahlers ist eine Dichtigkeitsprüfung von einer behördlich bestimmten Prüfstelle vornehmen zu lassen. Das Prüfverfahren richtet sich nach dem Radionuklid, der Oberflächenbeschaffenheit und der Art des Einbaus in eine Vorrichtung. Ein bewährtes und empfindliches Prüfverfahren ist die Wischprüfung. Weitere Prüfverfahren sind die Tauchprüfung (wenn die Wischprüfung nicht geeignet ist) und die Emanationsprüfung (Messungen des Austritts von Radonisotopen bei Strahlern, die etwa ^{226}Ra enthalten). Ein Strahler gilt als dicht, wenn bei der Wischprüfung unmittelbar am Strahler die Aktivität von 200 Bq nicht überschritten wird.

8.5 Abgabe radioaktiver Stoffe

Die „Abgabe" radioaktiver Stoffe bezieht sich hier auf die Freisetzung von radioaktiven Stoffen mit einer daraus resultierenden Belastung für die Umwelt. Die Abgabe kann über die Luft oder über Abwasser erfolgen. Abluftfilter in kerntechnischen Anlagen erzielen Ausscheidungsgrade von bis zu 99,97% für normale Stäube. Die Maßnahmen zum Schutz von Wasser bestehen darin, das kontaminierte Wasser in Behältern zu sammeln und nötigenfalls vor der Abgabe zu behandeln. Behandlungsmöglichkeiten sind durch Destillation, chemische Fällung oder Ionenaustausch gegeben. Bei Kontaminationen mit kurzlebigen Radionukliden lässt man die Lösung in einem Becken abklingen. Die Strahlenschutzverordnung verlangt, dass unkontrollierte Ableitungen überhaupt vermieden werden und die abgeleitete Aktivität so gering wie möglich gehalten wird. Die Grenzwerte für die Aktivitätskonzentrationen für Abluft und Abwasser aus Strahlenschutzbereichen sind in Anlage VII, Tabelle 4 der StrlSchV geregelt (s. auch Anhang C zu diesem Buch).

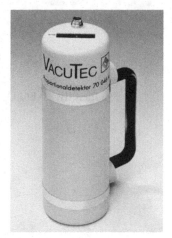

Abb. 8.4
Umgebungsüberwachung mit einem tragbaren Proportionalkammerdetektor; Messbereich 5 nSv/h bis > 1 Sv/h (VacuTec Meßtechnik GmbH)

Zu beachten sind auch mögliche Anreicherungen abgeleiteter radioaktiver Stoffe im Ökosystem. Erstaunliche Anreicherungen mit einem Faktor von 100 oder darüber wurden etwa für ^{134}Cs und ^{137}Cs in Wildfleisch und Pilzen, ^{131}I in der Schilddrüse und ^{226}Ra sowie ^{228}Ra in Paranüssen festgestellt. Bei der möglichen Belastung für den Menschen sind die in Frage kommenden Expositionspfade, Nahrungsketten und Transferfaktoren zu berücksichtigen.

Anreicherungen im Ökosystem

Expositionspfade

Nahrungskette

Transferfaktoren

Unter bestimmten Voraussetzungen kann es erforderlich sein, radioaktive Stoffe an die Umwelt abzugeben, um größeren Schaden zu vermeiden. Wenn also infolge eines Störfalles der Berstdruck eines Behälters, der ein radioaktives Gasgemisch oder ein explosives Knallgasgemisch enthält, erreicht ist, könnte die richtige Entscheidung des Strahlenschutzbeauftragten darin bestehen, gezielt einen Teil des radioaktiven Inventars des Behälters an die Umwelt abzugeben, anstatt eine verheerende Explosion zu riskieren.

In der Strahlenschutzverordnung wird definiert, unter welchen Umständen bestimmte schwach radioaktive Stoffe freigegeben werden können. Die Freigabe ist ein Verwaltungsakt, der die Entlassung radioaktiver Stoffe oder kontaminierter Gegenstände aus dem Regelungsbereich des Atomrechts bewirkt und zur Folge hat, dass die freigegebenen Stoffe und Gegenstände nicht mehr als radioaktive Stoffe gelten. Die Freigabegrenzwerte für feste und flüssige Stoffe, Bauschutt und Bodenflächen sind in der Anlage III, Tabelle 1 der StrlSchV nuklidspezifisch geregelt (s. auch Anhang C, Seite 320).

Freigabe

8.6 Materialdekontamination

Es ist üblich, alle bei Tätigkeiten in Kontroll- oder Sperrbereichen eingesetzten Geräte oder Gegenstände vor dem Verlassen dieser Strahlenschutzbereiche auf Kontamination zu überprüfen. Liegt Kontamination vor und ist eine Dekontamination auf zulässige Grenzwerte nicht möglich, so müssen die Gegenstände im Kontrollbereich verbleiben oder zu radioaktivem Abfall erklärt werden. Grenzwerte für Oberflächenkontaminationen für Arbeitsplätze und Gegenstände sind nuklidspezifisch festgelegt. Typische Werte für α-Strahler liegen bei $1\,\mathrm{Bq/cm^2}$. Wegen der geringeren biologischen Wirksamkeit für β- und γ-Strahler sind dort entsprechend höhere Kontaminationen zugelassen (10–$100\,\mathrm{Bq/cm^2}$).

radioaktiver Abfall

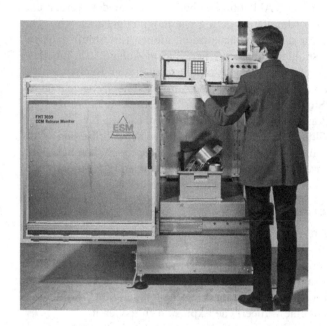

Abb. 8.5
Freigabemonitor zur Ausmessung der spezifischen Aktivität von Werkzeugen und Maschinenteilen (Typ FHT 3035 CCM Freigabemonitor, ESM Eberline Instruments GmbH)

Dekontaminationsfaktor

Voraussetzungen für eine gute Dekontaminierbarkeit ist die Oberflächenbeschaffenheit. Der Dekontaminationsfaktor (DF) ist das Verhältnis der Ausgangsimpulsrate vor zur Restimpulsrate nach der Dekontamination. Glatte Oberflächen erlauben gute ($500 < DF \leq 2000$) oder sogar sehr gute ($DF > 2000$) Dekontaminationsfaktoren. Poröse Gegenstände können nur mäßig ($100 < DF \leq 500$) oder gar nur schlecht ($DF \leq 100$) dekontaminiert werden.

Dekontaminationsverfahren können mechanisch (Putzen, Bürsten, Wasserstrahl-, Dampfstrahl-, Sandstrahl-, Ultraschallverfahren) oder chemisch (Ablösen von Belägen und Korrosionsschichten, chemische Reinigung von Textilien) sein.

Erzielt man durch die Dekontaminationsmaßnahmen eine spezifische Aktivität von etwa $\leq 0,1\,\mathrm{Bq/g}$ und eine Oberflächenrest-
kontamination von etwa $\leq 0,5\,\mathrm{Bq/cm^2}$, so kann das Material nach
Prüfung durch eine unabhängige Kontrollstelle (Landesamt für Um- **freie Wiederverwertung**
weltschutz) zur freien Wiederverwertung ohne weitere Bedingungen
freigegeben werden. Die nuklidspezifischen Grenzwerte für Oberflächenkontaminationen und Freigabewerte sind in Anlage III, Tabelle 1 der Strahlenschutzverordnung im Einzelnen aufgeführt.

8.7 Abfallbehandlung und Endlagerung

Wenn möglich, sollen radioaktive Abfälle einer schadlosen Wie- **schadlose Wiederverwertung**
derverwertung zugeführt werden. So können etwa radioaktiv kon-
taminierte Gegenstände aus Stahl, die nicht weiter dekontaminiert
werden können, eingeschmolzen und zu Containern für hochaktive
Abfälle verarbeitet werden. Falls eine Verwertung unmöglich ist,
muss der radioaktive Abfall entsorgt werden (Zwischenlager, Endlager). Die Beseitigung ist aber nicht unverzüglich vorzunehmen.

Die maximal zulässigen Aktivitätskonzentrationen für die Luft **Grenzwerte für**
aus Strahlenschutzbereichen oder Wasser, das aus Strahlenschutz- **Aktivitätskonzentrationen**
bereichen in Abwasserkanäle eingeleitet wird, sind in der Strahlenschutzverordnung in Anlage VII, Tabelle 4 nuklidspezifisch aufgeführt. Aus diesen Werten lassen sich die Maximalwerte für die
Belastung der normalen Bevölkerung abschätzen. So ist die zulässige maximale Aktivitätskonzentration für tritiumhaltiges Wasser aus
Strahlenschutzbereichen $10^7\,\mathrm{Bq/m^3}$.

Selbst wenn man bedenkt, dass die Abwassermengen durch die
Strahlenschutzregelungen beschränkt sind, kann diese Aktivitätskonzentration doch zu einer spezifischen Aktivität des Trinkwassers
von maximal

$$T\left(\frac{\mathrm{Bq}}{\mathrm{l}}\right) = T_{\max}\left(\frac{\mathrm{Bq}}{\mathrm{m^3}}\right) \times 10^{-3} = 10\,000\,\mathrm{Bq/l}$$

führen. Bei einem Trinkvolumen von $2,5\,\mathrm{l/d}$ würde dies zu einer
maximalen Jahresaktivitätszufuhr von $9 \times 10^6\,\mathrm{Bq}$ an Tritium durch
Ingestion führen.

Für Luftkonzentrationen wird ganz entsprechend verfahren. Dabei geht man von einem jährlichen Atemvolumen von $8000\,\mathrm{m^3}$ aus.
In der Abluft von Strahlenschutzbereichen sind maximale Tritium-
Aktivitätskonzentrationen von $100\,\mathrm{Bq/m^3}$ zugelassen. Auch wenn
die Fortluftströme eingeschränkt sind und die Abluft verdünnt wird,
kann diese Aktivitätskonzentration doch zu einer jährlichen Aktivi-
tätszufuhr von $800\,\mathrm{kBq}$ führen.

„The duck-pond could use some attention!"

© by Nick Downes

Wiederaufbereitungsanlagen

Abklingmethode

Radioaktive Abfälle fallen ganz überwiegend aus Wiederaufbereitungsanlagen für abgebrannte Brennelemente an. Radioaktive Abfälle mit Halbwertszeiten $T_{1/2} \leq 100\,\text{d}$ sollen durch Abklingen „beseitigt" werden. Jeder angefallene radioaktive Abfall ist zu erfassen und in einer Dokumentation mit einer eindeutigen Kennung je Behälter oder Einheit zu versehen. Während der Betriebszeit von Anlagen müssen die Angaben über radioaktive Abfälle laufend aktualisiert werden. Die detaillierten Angaben über die Modalitäten zur Erfassung radioaktiver Abfälle sind in der Anlage X der Strahlenschutzverordnung im Einzelnen geregelt.

Zusätzlich zu diesen Angaben sind Vorkehrungen für eine Wärmeabfuhr zu treffen. Die Abfallbehälter müssen für bestimmte Aufprallgeschwindigkeiten und Feuereinwirkungen ausgelegt werden.

Zwischenlagerung

Endlagerung

Vor der Zwischen- oder Endlagerung sind die radioaktiven Abfälle – je nach Abfallart und Aktivitätsklasse – zu kompaktifizieren, einzuschmelzen, einzuzementieren, in Bitumen zu lösen oder zu verglasen.

Als Anforderungen an ein Endlager sind geologische Stabilität, gute Felsmechanik, hohe Plastizität, Undurchlässigkeit für Flüssigkeiten und Gase und gute Wärmeleitfähigkeit zu nennen. Diese Bedingungen sind recht gut durch Salzstöcke gegeben.

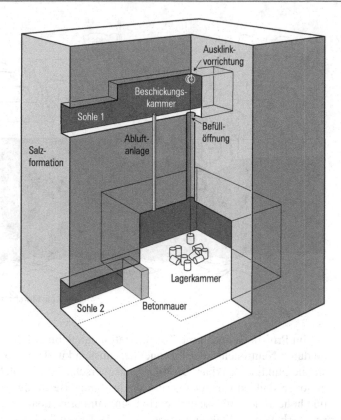

Abb. 8.6
Darstellung der
Endlagerungsmöglichkeit in einem
Salzstock

Für das Lager in Gorleben wurden umfangreiche hydrogeologische und geophysikalische Untersuchungen durchgeführt. Seismologische Messungen, Salzspiegelbohrungen, Tiefbohrungen und Schachtvorbohrungen haben die Eignung von Gorleben auch als Endlager bestätigt. Neben einer großen natürlichen Barriere, guter thermischer Leitfähigkeit und Plastizität (Risse schließen sich wieder) weist der Salzstock auch eine gute Strahlenhärte auf, d. h. die Radiolyse (chemische Umwandlung durch Bestrahlung) von Steinsalz ist sehr begrenzt.

Gorleben

Bild 8.6 zeigt das Schema der Endlagerung mittelaktiver Abfälle in einem Salzbergwerk.

Eine Lagertechnik, wie sie in anderen europäischen Ländern, den USA und Russland z. T. gehandhabt wird, nämlich eine „Beseitigung" von schwach- und mittelaktiven Flüssigkeiten durch Sickerbrunnen und Verklappen oder oberirdische Lagerung oder Vergraben von radioaktiven Feststoffen ist strikt abzulehnen.

Lagertechniken

Allein die Menge des radioaktiven Abfalls aus der ehemaligen UdSSR beträgt 610 Millionen Kubikmeter mit einer Gesamtaktivität von 10^{20} Bq!

© by Luis Murchetz

Transmutation

Im Prinzip ist auch eine Transmutation langlebiger Radionukli-de durch Neutronen- oder Protonenbeschuss in kurzlebige oder gar stabile Nuklide denkbar. Die Wirkungsquerschnitte für solche Reaktionen sind jedoch meist gering, so dass lange Bestrahlungszeiten und hohe Teilchenflüsse erforderlich sind, um brauchbare Ergebnisse zu erhalten. So ließe sich etwa der für die Biosphäre hochtoxische „Knochensucher" ^{90}Sr durch Protonenbeschuss gemäß

$$p + {}^{90}_{38}\text{Sr} \longrightarrow n + {}^{90}_{39}\text{Y} \qquad (8.3)$$

in ein kurzlebiges β-strahlendes Yttrium-Isotop ($T_{1/2} = 64\,\text{h}$) verwandeln, das innerhalb weniger Wochen in stabiles Zirkon $^{90}_{40}$Zr zerfallen würde.

Das bei Kernspaltungen häufig auftretende ^{137}Cs (Halbwertszeit 30 Jahre) würde sich mit Protonen in stabiles ^{137}Ba verwandeln lassen,

$$p + {}^{137}_{55}\text{Cs} \longrightarrow n + {}^{137}_{56}\text{Ba} \ . \qquad (8.4)$$

In jüngster Zeit (1997) ist es tatsächlich gelungen, langlebige Spaltprodukte durch Neutronenbeschuss in kurzlebige Radionuklide zu verwandeln. Mit hochenergetischen Protonen lassen sich durch Spal-

Spallation

lation (Kernzertrümmerung) von geeigneten Targets intensive Neutronenflüsse erzeugen. Durch geeignete Moderatoren wird das Erzeugungsspektrum der Neutronen über einen weiten Bereich energetisch „verschmiert", so dass alle Resonanzen der Einfangwirkungsquerschnitte für Transmutation getroffen werden können. Auf

© by Vladimír Renčín

diese Weise konnte das langlebige Technetium-Isotop ^{99}Tc ($T_{1/2} =$ 210 000 Jahre) in ^{100}Tc ($T_{1/2} = 15,8$ Sekunden) und das Spaltprodukt ^{129}I ($T_{1/2} = 15,7$ Millionen Jahre) in ^{130}I ($T_{1/2} = 12,36$ Stunden) transmutiert werden. Dieses für die Entsorgung hochgiftiger, langlebiger Spaltprodukte interessante Verfahren erfordert jedoch den Einsatz eines kostspieligen Protonenbeschleunigers.

    Die Klärung praktischer Detailfragen und die großtechnische Realisierung der Transmutation langlebiger Radionuklide wird aber auf internationalen Konferenzen intensiv diskutiert.[3]

Umwandlung langlebiger Radionuklide

8.8 Kritikalität

Bei der Kernspaltung werden pro Spaltprozess zwei bis drei Neutronen freigesetzt. Um einen Kernreaktor mit konstanter Leistung zu betreiben, muss mindestens eines dieser Neutronen eine weitere Spaltung auslösen, d. h. der Neutronenvermehrungsfaktor k muss gleich Eins sein. Man bezeichnet den Reaktor dann als kritisch. Es ist interessant zu bemerken, dass in Oklo, Gabun in Afrika, ein Naturreaktor – eine zufällige geologische Anhäufung von Uran – kritisch wurde und über einen Zeitraum von zwei Millionen Jahren Energie durch Kernspaltung erzeugte, um dann ein natürliches Endlager zu werden. Aus den gefundenen Spaltprodukten lässt sich errechnen, dass der Oklo-Reaktor eine Gesamtenergie von 3,2 Gigawattjahren erzeugte, siehe auch Ergänzung 2, Kap. 16, Seite 239. Moderne Kernkraftwerke erzeugen diese Energie in wenigen Jahren.

Neutronenvermehrungsfaktor

Naturreaktor

---

[3] Nuclear Transmutation Methods and Technologies for the Disposition of Long-Lived Radioactive Materials. Nuclear Instruments and Methods in Physics Research 414 (1) 1–126 (1998)

Tabelle 8.1		^{233}U	^{235}U	^{239}Pu
Kritische Massen einiger spaltbarer Stoffe	Metall ohne Reflektor	17 kg	47 kg	10,2 kg
	Metall mit H_2O-Reflektor	6,7 kg	20,1 kg	4,9 kg
	Lösung in Wasser	0,55 kg	0,76 kg	0,51 kg
	Mindestvolumen	3,5 l	5,8 l	4,5 l
	Mindestkonzentration	10,8 g/l	11,5 g/l	7,8 g/l

In der Abfallbehandlung und Entsorgung ist es natürlich von großer Bedeutung, unter allen Umständen zu vermeiden, dass in einem Endlager eine Kettenreaktion in Gang kommt. Zu diesem Zweck können bei größeren Mengen spaltbaren Materials Neutronenfänger und -absorber eingesetzt werden (B, Cd, Gd). Auf jeden Fall ist darauf zu achten, dass durch die Menge des an einer be-

kritische Masse stimmten Stelle gelagerten Materials niemals die kritische Masse überschritten wird (s. Tokaimura-Unfall, Kap. 13).

Die kritische Masse ist dabei diejenige, bei der der Neutronenvermehrungsfaktor gleich Eins wird. Für Werte von $k > 1$ würde eine explosive Kettenreaktion in Gang gesetzt werden. Tabelle 8.1 enthält die kritischen Massen für einige Spaltstoffe.

Berücksichtigt man die große Dichte von Uran ($18,95 \text{ g/cm}^3$), so stellt man fest, dass schon ein Volumen von 353 cm^3 ^{233}U eine kritische Masse darstellt (mit H_2O-Reflektor).

8.9 Laboreinrichtungen

Verarbeitungsaktivitäten Je nach Verarbeitungsaktivität werden Labore, in denen mit radioaktiven Stoffen umgegangen wird, in drei verschiedene Typen eingeteilt (s. Tabelle 8.2).

heiße Ausrüstung Typ-A-Labore erfordern eine „heiße" Ausrüstung. Diese besteht aus folgenden Maßnahmen und Vorkehrungen:

- Schleuse,
- Abzüge, Handschuhboxen,
- Schutzkleidung,
- Hand- und Fußmonitor,
- ortsfeste Ortsdosis- und Ortsdosisleistungs-Messgeräte,
- Abluftmonitor,
- Vielkanalanalysator (zur Nuklididentifizierung),

Tabelle 8.2		**Verarbeitungsaktivität A**
Definition der Verarbeitungsaktivitätsklassen	Typ C	$A \leq 10^2$ faches der Freigrenze
	Typ B	$10^2 < A \leq 10^5$ der Freigrenze
	Typ A	$A > 10^5$ der Freigrenze

Abb. 8.7
Handschuhbox zum sicheren Arbeiten mit radioaktiven Stoffen (Terra Universal, Inc.) http://www.terrauniversal.com

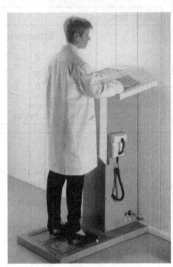

Abb. 8.8
Ganzkörper-Kontaminationsmonitor zur Messung von α-, β- und γ-Kontaminationen mit einem System von Großflächenzählern (Typ RADOS RTM860TS, RADOS Technology GmbH)

Abb. 8.9
Hand–Fuß-Monitor zur Messung von β- oder α- und β-Strahlen mit Großflächenzählern (Modell LB 145, BERTHOLD TECHNOLOGIES GmbH & Co. KG)

- Kontaminationsmonitor
- Dekontaminationsmittel,
- Behälter für radioaktive Abfälle.

Es wird empfohlen, die je nach Labortyp festgelegte, maximale Verarbeitungskapazität mit einem Koeffizienten zu multiplizieren, der auf die Art des Umgangs Rücksicht nimmt (s. Tabelle 8.3).

Laborverfahren

„Umgang"	Multiplikationsfaktor
Lagerung in verschlossenen, belüfteten Behältern	100
einfache, nass-chemische Verfahren	10
übliche nass-chemische Verfahren	1
einfache, trockene Verfahren	0,1
trockene, aerosol-bildende Verfahren	0,01

Tabelle 8.3
Empfohlene Multiplikationsfaktoren, die die Art des „Umgangs" kennzeichnen

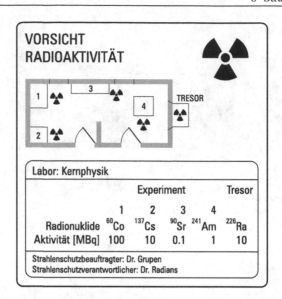

Abb. 8.10
Beispiel zur Kennzeichnung eines
Labors, in dem mit radioaktiven
Stoffen umgegangen wird

Laborkennzeichnung   Labore, in denen mit radioaktiven Stoffen umgegangen wird,
sind zu kennzeichnen (s. Bild 8.10). Dabei ist darauf zu achten, dass
die Informationen jeweils auf dem *aktuellen* Stand sind.

8.10 Materialverhalten

Materialermüdung   In der Auswahl geeigneter Materialien bei der Planung von Laboreinrichtungen ist zu berücksichtigen, dass eine Strahlenbelastung
die Materialeigenschaften verändern kann. Eine Bestrahlung kann
zur

- Versprödung von Metallen,
- Korrosion von Stoffen,
- Festigkeitsminderung,
- Verfärbung,
- Verhärtung,
- Bruchanfälligkeit,
- Aktivierung

führen.

Strahlenschäden   Die Strahlenschäden am Material sind auf physikalische Verän-
in Materialien   derungen, wie auf die Erzeugung von Kristallgitterdefekten, Leer-
stellen, Besetzung von Zwischengitterplätzen, He- und H-Bildung
(durch (n, α)- und (n, p)-Reaktionen) und Aktivierung zurückzuführen. Die Schädigung von Kunststoffen wird durch das Aufbrechen von Bindungen oder die Veränderungen von Quervernetzungen

verursacht. Beim Entwurf von biologischen Schilden und Abschirmungen von Reaktoren sind diese festigkeitsmindernden Effekte besonders zu berücksichtigen.

8.11 Atemschutzgeräte

Je nach Aktivitätskonzentration in der Atemluft sind bei Arbeiten verschiedene Atemschutzgerätetypen einzusetzen. Vollschutzanzüge müssen über eingebaute Masken und Pressluftatmer verfügen und einen Überdruck im Schutzanzug aufweisen. Abhängig von der Aktivitätskonzentration, der Art und Dauer der vorgesehenen Tätigkeit können auch leichtere Schutzausrüstungen getragen werden. Eine entsprechende persönliche Sonderausrüstung muss auch von Feuerwehrleuten bei der Brandbekämpfung getragen werden, wenn mit radioaktiven Stoffen in Form von Gasen und Dämpfen zu rechnen ist. Voraussetzung für das Tragen von Atemschutzgeräten ist eine Tauglichkeitsprüfung. Die Feuerwehrdienstvorschriften für den Einsatz bei Bereichen, bei denen radioaktives Material betroffen ist, gelten nach Inkrafttreten der Strahlenschutzverordnung von 2001 weiter.

Vollschutzanzüge
Pressluftatmer

Schutzausrüstung

Tauglichkeitsprüfung

8.12 Verpackung und Transport

Beim Transport von radioaktiven Stoffen ist zur Vermeidung von Transportschäden auf eine sichere Verpackung zu achten. Die transportierten Güter müssen verplombt, mit vollständigen Begleitpapieren (Radionuklid, Aktivität, offene oder umschlossene Stoffe) versehen und durch eine entsprechende Bezettelung gekennzeichnet sein. Je nach der maximalen Dosisleistung $\dot{D}$ an jedem beliebigen Punkt der Außenfläche wird das Transportgut durch eine Transportkennzahl charakterisiert und in eine Transportkategorie eingeteilt (Tabelle 8.4). Versandstücke, die aufgrund einer Sondervereinbarung befördert werden, sind der Kategorie III–Gelb zuzuordnen. Wenn die Transportkennzahl den Wert 10 übersteigt, darf das Versandstück oder die Verpackung nur unter ausschließlicher Verwendung, d. h. als geschlossene Ladung transportiert werden.

Bild 8.12 zeigt als Beispiel eine Bezettelung für ein Gefahrgut der Klasse III–Gelb. Die Transportkennzahl von 2.0 besagt, dass die Dosisleistung $\dot{D}$ in 1 m Abstand vom Transportgut maximal 20 μSv/h beträgt (2 mrem/h). An der Oberfläche ist die Dosisleistung im Bereich zwischen 0,5 und 2 mSv/h. Gefährliche Transportgüter sind nach der Gefahrgutverordnung Straße in neun Klassen eingeteilt. Radioaktive und spaltbare Stoffe gehören der Klasse 7 an.

Abb. 8.11
Klapptopf mit Bleiabschirmung und Tragegestänge zum Transport von radioaktiven Proben oder Quellen (JL Goslar)

Transportkennzahl

Bezettelung

Gefahrgutverordnung Straße

Tabelle 8.4
Einteilung von Transportkategorien

Transportkennzahl t	max. $\dot{D}$ (mSv/h) an jedem Punkt der Außenfläche	Kategorie
0	$< 0{,}005$	I–Weiß
$0 \leq t \leq 1$	$0{,}005 \leq \dot{D} \leq 0{,}5$	II–Gelb
$1 < t \leq 10$	$0{,}5 < \dot{D} \leq 2$	III–Gelb
$t > 10$	$2 < \dot{D} \leq 10$	III–Gelb besonders gekennzeichnet (Sondervereinbarung)

Abb. 8.12
Beispiel der Bezettelung eines
Transportgutes der Kategorie
III–Gelb

Verantwortlich für die korrekte Bezettelung (am Versandstück und am Fahrzeug) ist der Absender bzw. Fahrzeugführer oder Belader. Weiterhin gilt die Gefahrgutverordnung Straße (GGVS). Der entsprechende Gefahrgutbeauftragte ist zu konsultieren und zu informieren. Ein Transport radioaktiver Abfälle ist vor der Beförderung an die atomrechtliche Aufsichtsbehörde zu melden. Neben einer detaillierten Beschreibung des Inhalts des Transportgutes muss u. a. auch die Annahmezusage des Empfängers vorliegen.

Versandstücke Zusätzlich werden die Versandstücke je nach Verpackung in Typ-A- und Typ-B-Versandstücke eingeteilt. Bei Typ-A-Verpackungen wird Dichtheit und Unversehrtheit des Inhalts bei allen auftretenden Transporteinflüssen und Zwischenfällen verlangt. Für Typ-

B-Versandstücke gelten noch strengere Auflagen. Sie bedürfen einer Baumusterzulassung durch das Bundesamt für Strahlenschutz und müssen auch bei Verkehrsunfällen, beim Sturz aus großer Höhe, beim Brand mit hohen Temperaturen und bei einem hohen Wasserdruck in großer Tiefe unversehrt bleiben.

Außerdem ist beim Versand darauf zu achten, ob eine ausreichende Deckungsvorsorge besteht und ob der Beförderer und der Empfänger über die richtige Umgangsgenehmigung verfügt.

Eine besondere Bedeutung in der Diskussion um die Kernenergie haben CASTOR-Transporte erlangt (CASTOR = CAsk for Storage and Transport Of Radioactive material). Aufgrund einer Vereinbarung der Bundesländer ist vorgesehen, abgebrannte Brennelemente im grenzüberschreitenden Verkehr der Wiederaufbereitung zuzuführen bzw. in bestimmten Zwischenlagern zu sammeln. Das bedingt eine Reihe von Transporten hochradioaktiver Abfälle über das allgemeine Straßen- und Schienennetz. Eine Lagerung über längere Zeit auf dem Gelände der Kernkraftwerke ist eine bedenkenswerte Alternative.

Castor-Behälter für Brennelementtransporte sind Typ-B-Versandstücke. Sie bestehen aus einem 6 Meter langen Gusskörper mit 450 mm dicken Wänden zur Abschirmung. Die rippenförmige Gestaltung der Außenseite dient zur besseren Ableitung der Wärme. Castor-Transporte sind Routinevorgänge. Die technische Auslegung der Transportbehälter deckt alle denkbaren Unfallauswirkungen ab. Sie müssen einen Sturz aus großer Höhe (9 m) auf ein Beton–Stahl-Fundament und einen halbstündigen Feuertest bei 800° Celsius unbeschadet überstehen. Ein Zusammenstoß mit einer Lok, der Aufprall des Straßentransportfahrzeugs auf eine unnachgiebige Wand und der Beschuss mit einem Projektil lassen den Transportbehälter intakt. Es ist darauf hinzuweisen, dass es verschiedene Typen von Castor-Behältern gibt.

Castor-Behälter enthalten in der Regel ein radioaktives Inventar von einigen 10^{17} Bq, entsprechend etwa 16 Brennstäben. Die Dosisleistung an der Oberfläche des Castor-Behälters ist vom Gesetzgeber auf maximal 10 mSv/h und auf 2 mSv/h an der berührbaren Oberfläche des Eisenbahntransportwaggons begrenzt. Im Abstand von 2 m muss sie weniger als 100 µSv/h betragen. Falls der Castor-Behälter mit einem Straßenfahrzeug transportiert wird, muss die Dosisleistung im Fahrerhaus geringer als 20 µSv/h sein. Diese Grenzwerte werden in der Praxis jedoch deutlich unterschritten. Für die Castor-Transporte im Jahre 1997 wurde für das Begleitpersonal eine Obergrenze für die Gesamtdosis von 30 µSv angegeben (die verwendeten Standard-Dosimeter waren nicht empfindlich genug, um die vom Castor ausgehende schwache Strahlung genauer zu

Baumusterzulassung

Abb. 8.13
Stationäre Radioaktivitätsmessanlage zur Kontrolle von LKWs, ausgerüstet mit Plastik-Szintillationszählern (Typ FZM 700, mab STRAHLENMESSTECHNIK)

Castor-Transporte

Konstruktion und Test von Castor-Behältern

Exposition durch Castor-Transporte

Abb. 8.14
Fall- und Erhitzungsversuche mit
einem Castor-Behälter
(http://www.gns-
nuklearservice.de)

messen). 1998 wurden Dosisleistungen in 2 m Abstand von im Mittel 23 µSv/h festgestellt. Davon entfielen 13 µSv/h auf die Gammadosis und 10 µSv/h auf die Neutronendosis. Hierbei ist schon der nach der Strahlenschutzverordnung erhöhte Qualitätsfaktor für Neutronen berücksichtigt. Im Sinne der Strahlenschutzverordnung und auch nach der EURATOM-Richtlinie von 1996 gelten Begleitpersonal, Demonstranten und andere am Transport Beteiligte als nicht beruflich strahlenexponierte Personen.

Im Jahre 1998 fiel jedoch ein ungünstiges Licht auf die Castor-Transporte, als bekannt wurde, dass in einigen Fällen die Grenzwerte für zulässige Oberflächenkontaminationen der Castor-Behälter zum Teil erheblich überschritten wurden. (Tatsächlich handelte es sich nicht um die in Deutschland gebauten Castor-Behälter, sondern um vergleichbare, in Frankreich und Großbritannien hergestellte Castor-ähnliche Container, die allerdings nicht den gleichen Sicherheitsstandard wie Castoren aufweisen.) Um diese Grenzwertüberschreitungen richtig einzuschätzen, müssen einige Details der Beladung der Transportbehälter vorgestellt werden.

Oberflächenkontaminationen

Beladung von Castor-Behältern

Wegen der hohen Dosisleistungen ausgebrannter Brennelemente müssen die Transportbehälter grundsätzlich in einem Lagerbecken unter Wasser beladen werden. Wasser schirmt die von den Brennstäben ausgehende Strahlung gut ab. Das Wasser, in dem die Brenn-

elemente lagern, ist dabei unvermeidlich radioaktiv belastet. Beim Beladevorgang werden die Brennstäbe nun aus dem Lagergestell im Abklingbecken herausgezogen und in den senkrecht stehenden Transportbehälter gesenkt, der in einem kleinen Becken daneben steht und an der Kopfseite geöffnet ist. Der gesamte Vorgang, einschließlich des Heraushebens der Brennelemente, findet vollständig unter Wasser statt. Um den Castor-Behälter vor äußerlichen Kontaminationen beim Beladevorgang zu schützen, wird er durch ein „Kontaminationsschutzhemd" umkleidet. Dieses „Hemd" ist mit vollständig entsalztem, reinem, unkontaminiertem Wasser, das unter Überdruck steht, gefüllt. Der Überdruck verhindert, dass bei eventuellen Lecks kontaminiertes Wasser aus dem radioaktiv belasteten Transportbehälterbecken eindringen kann. Nach der Beladung werden die Behälter noch unter Wasser mit einem Abschirmde-

Abb. 8.15
CASTOR V/19 mit Brennelement-Tragkorb (http://www.gns-nuklearservice.de)

ckel verschlossen. Nach dem Herausheben aus dem Beladebecken wird das zum Teil radioaktiv belastete Wasser aus dem Castor über **Reinigung** Leckschrauben abgelassen. Der Castor, der nun nur noch die Brenn- **von Castor-Behältern** elemente enthält, wird in der Folge mit sauberem, unkontaminierten Wasser abgespritzt, geputzt und in einer Dekontaminationsbox vakuumgetrocknet. In einem anschließenden Wischtest wird sichergestellt, dass an keiner Stelle des Behälters eine Oberflächenkontamination von $4\,\mathrm{Bq/cm^2}$ überschritten wird. Tatsächlich liegt die mittlere Oberflächenkontamination der Behälter bei etwa $0{,}4\,\mathrm{Bq/cm^2}$, wobei kein Einzelwert die Aktivitätsgrenze von $4\,\mathrm{Bq/cm^2}$ überschreitet.

Die Oberflächenkontaminationen rühren daher, dass beim Beladen mit abgebrannten Brennelementen im Abklingbecken eines Reaktors trotz aller Vorkehrungen radioaktiv belastetes Wasser von **„Ausschwitzen"** außen in kleinste Öffnungen (Schraubengewinde, Tragzapfen, Hal- **von Kontaminationen** teschrauben, Spalte zwischen Behälter und Halteplatte) eindringen kann und eventuell während des Transports wieder austritt. Die Behälter sind selbst nachweislich dicht und halten das radioaktive Inventar sicher verschlossen. Befürchtungen, dass radioaktive Partikel aus dem Inneren des Behälters entweichen können, konnten ausgeräumt werden.

Nach der Strahlenschutzverordnung gelten Versandstücke als kontaminiert, wenn an ihren Oberflächen flächenbezogene Aktivitäten von mehr als $1\,\mathrm{Bq/cm^2}$ von Beta- oder Gammastrahlern oder Alphastrahlern geringer Toxizität (z. B. ^{238}U, ^{232}Th, ^{220}Rn) **Oberflächenkontaminationen** festgestellt werden. Für toxische Alphastrahler gilt sogar der strengere Grenzwert von maximal $0{,}1\,\mathrm{Bq/cm^2}$. Für den Versand von Transportstücken per Eisenbahn oder auf der Straße gilt jedoch die „Gefahrgutverordnung Straße", in der ein Grenzwert für die Oberflächenkontamination von $4\,\mathrm{Bq/cm^2}$ festgelegt ist. Die in der Strahlenschutzverordnung nuklidspezifisch angegebenen Grenzwerte für Oberflächenkontaminationen liegen ebenfalls in dieser Größenordnung.

Beim Transport der Behälter können jedoch – bedingt durch Witterungseinflüsse (Temperatur- und Druckschwankungen) und Erschütterungen – Wasserrückstände aus der Oberflächenstruktur **Hot spots auf Castoren** des Behälters „ausschwitzen", d. h. an Schwachstellen (etwa an Verschraubungen, Ablaufstutzen, Kranhaken, . . .) austreten. Sie führen dann lokal zu so genannten „hot spots", also zu begrenzten Bereichen erhöhter Kontamination. Falls das austretende Wasser am Behälter abtropft, treten auch in der Auffangwanne des Transportfahrzeugs Stellen erhöhter Kontamination auf. Solche Grenzwertüberschreitungen wurden an den Zielorten (Wiederaufbereitungsanlagen) über einen längeren Zeitraum gelegentlich festgestellt. Dabei wurden z. T. Extremwerte von $10\,000\,Bq/cm^2$ an ^{60}Co und ^{137}Cs beobachtet. Auch an rücktransportierten, leeren Castor-Behältern wurden Aktivitätsüberschreitungen bis zu einigen hundert Bq/cm^2 gemessen. Allerdings befinden sich diese Kontaminationen direkt auf der Castor-Oberfläche, die während des Transports wegen der Transportbehälterummantelung nicht direkt zugänglich ist.

Trotz der deutlichen Grenzwertüberschreitungen sind die zusätzlichen Dosisbelastungen durch Oberflächenkontaminationen für das Begleitpersonal minimal. Das wird schon dadurch verständlich, dass eine Direktmessung der von der Oberflächenkontamination ausgehenden Dosisleistung wegen der vom Castor-Inneren ausgehenden Strahlung nicht möglich ist. Deshalb kann die Kontamination nur durch einen empfindlichen Wischtest ermittelt werden. Dabei stellte sich heraus, dass in 2 m Abstand vom Transportbehälter eine Dosisleistung von $0,002\,\mu Sv/h$ auf die Oberflächenkontamination zurückgeführt werden konnte. Diese Dosisleistung ist mit der vom Gesetzgeber zugelassenen Direktstrahlung von $100\,\mu Sv/h$ zu vergleichen. Ein anderer Vergleichswert ist die natürliche Umgebungsstrahlung, die mit $0,2\,\mu Sv/h$ zu Buche schlägt.

Grenzwertüberschreitungen

Ein mögliches Problem der Oberflächenkontamination besteht allerdings durch Inkorporationen. An der Außenhaut des Behälters anhaftende radioaktive Partikel könnten in den Körper eines Menschen gelangen. Da die Behälter beim Transport aber mit metallischen Schutzhauben abgedeckt sind, ist eine Inkorporation so gut wie unmöglich. An den Zielorten, wo die Schutzhauben entfernt werden, werden die Behälter aber nur von geschultem Personal gehandhabt. Das Risiko für eine radioaktive Verseuchung durch Oberflächenkontaminationen ist damit praktisch null.

Inkorporationen?

Obwohl die festgestellten Grenzwertüberschreitungen der Oberflächenkontaminationen nicht meldepflichtig sind, wäre es sicher angebracht gewesen, die zuständigen Stellen und die Öffentlichkeit in angemessener Weise umfassend zu informieren, um die Akzeptanz von Castor-Transporten nicht zusätzlich zu gefährden.

Strahlenbelastung für die Bevölkerung?

Es bleibt aber festzuhalten, dass die Oberflächenkontaminationen weder zu einer Erhöhung der Strahlenexposition für das Begleitpersonal der Transporte noch für die Bevölkerung geführt haben. Eine Gesundheitsgefährdung dadurch kann völlig ausgeschlossen werden.

8.13 Ergänzungen

Die Strahlenschutzverordnung kennt neben nuklidspezifischen Freigrenzen, Freigabewerten und Oberflächenkontaminationsgrenzwerten maximal zulässige Aktivitätskonzentrationen für Luft und Was-

Ergänzung 1

**Grenzwerte
für Jahresaktivitätszufuhr**

ser aus Strahlenschutzbereichen. Aus letzteren lassen sich Grenzwerte für die Jahresaktivitätszufuhr über Inhalation und Ingestion
errechnen, wenn man die üblichen Atemvolumina ($8000\,\mathrm{m}^3/\mathrm{a}$) und
Trinkgewohnheiten ($2,5\,\mathrm{l/d}$) in Rechnung stellt. Beim Vergleich ist
allerdings zu beachten, dass die alten Grenzwerte für die Jahresaktivitätszufuhr (JAZ-Werte) auf der Grundlage der maximalen Körperdosis für beruflich strahlenexponierte Personen der Kategorie
A berechnet wurden ($\leq 50\,\mathrm{mSv/a}$), die Aktivitätskonzentrationen
aus Strahlenschutzbereichen sich aber auf die normale Bevölkerung
beziehen ($\leq 0,3\,\mathrm{mSv/a}$).

Unter dieser Prämisse können einige Vergleiche exemplarisch
angestellt werden. Für Tritium errechnet sich der Jahresaktivitäts-
zufuhr-Grenzwert durch Inhalation nach der Strahlenschutzverord-
nung zu $8 \times 10^5\,\mathrm{Bq}$. Dieser Wert ist mit dem um den Faktor $\frac{3}{500}$ mo-
difizierten alten Grenzwert von $3 \times 10^9\,\mathrm{Bq/a} \times \frac{3}{500} = 1,8 \times 10^7\,\mathrm{Bq/a}$
zu vergleichen. Es ergibt sich also eine vorsichtigere Grenze.

Der alte Grenzwert für Inhalation von ^{60}Co von $4 \times 10^5\,\mathrm{Bq/a} \times$
$\frac{3}{500} = 2400\,\mathrm{Bq/a}$ wurde durch $8000\,\mathrm{Bq/a}$ ersetzt, wenn auch der
neue Wert nur unter extremen Bedingungen erreicht werden kann.
Auch für die α-strahlenden Radionuklide wurden die Grenzwerte neu geregelt. Der alte Grenzwert für die Jahresaktivitätszufuhr
von ^{240}Pu durch Inhalation von $100\,\mathrm{Bq/a} \times \frac{3}{500} = 0,6\,\mathrm{Bq/a}$ wurde
durch $2,4\,\mathrm{Bq/a}$ ersetzt, wobei allerdings auch in diesem Falle der
neue Grenzwert nur in Extremsituationen erreicht werden kann. Die
detaillierten nuklidspezifischen maximal zulässigen Aktivitätskonzentrationen aus Strahlenschutzbereichen sind in der Anlage VII,
Tabelle 4 der Strahlenschutzverordnung tabelliert und auszugsweise
im Anhang C dieses Buches dokumentiert.

Ergänzung 2*

zeitlicher Aktivitätsverlauf

Einem Raum (Volumen $V = 20\,\mathrm{m}^3$) werden stündlich $n = 10^{10}$ radioaktive Atomkerne eines Nuklids (^{238}U) zugeführt. Die Lüftungs-
rate betrage $p = 20\,\mathrm{m}^3/\mathrm{h}$. Wie sieht der zeitliche Verlauf der Aktivitätskonzentration aus? Wie hoch ist die Aktivität im Gleichgewichtszustand?

Die Zerfallskonstante von ^{238}U ist $\lambda = \frac{\ln 2}{T_{1/2}} = 4,88 \times 10^{-18}\,\mathrm{s}^{-1}$.

Aktivitätsbilanzgleichung

Die Änderungsrate der im Raum befindlichen radioaktiven Atome
N setzt sich zusammen aus der zugeführten Rate n, der Rate der
zerfallenen Kerne λN und dem Lüftungsverlust $\frac{N}{V}\,p$:

$$\frac{\mathrm{d}N}{\mathrm{d}t} = n - \lambda N - \frac{N}{V}\,p \ .$$

---

* Diese Ergänzung ist mathematisch anspruchsvoll und damit Fortge-
schrittenen vorbehalten.

Die Lösung dieser (nicht ganz einfachen) Differentialgleichung verläuft über Trennung der Variablen:

$$\frac{dN}{n - \lambda N - \frac{N}{V} p} = \frac{dN}{a N + n} = dt \text{ mit } a = - \left(\lambda + \frac{p}{V} \right) \ .$$

Durch Integration erhält man

$$\int_0^t dt' = \int_0^N \frac{dN'}{a N' + n} \ ,$$

$$t = \frac{1}{a} \ln (a N' + n) \Big|_0^N \ ,$$

$$a t = \ln \left(\frac{a N + n}{n} \right) \ ,$$

$$N = \frac{n}{a} \left(e^{a t} - 1 \right) = \frac{n}{\lambda + \frac{p}{V}} \left\{ 1 - e^{-(\lambda + p/V) t} \right\} \ ,$$

$$\frac{N}{V} = \frac{n}{\lambda V + p} \left\{ 1 - e^{-(\lambda + p/V) t} \right\} \ .$$

Die Lösung der Differentialgleichung zeigt, dass die Anfangsaktivität $A = \lambda N$ (für $t = 0$) null ist. Sie steigt proportional zu $1 - e^{a t}$ an und erreicht für unendlich große Zeiten eine Gleichgewichtsaktivität. Da die Exponentialfunktion für $t \to \infty$ gegen Null strebt, erhält man für den Gleichgewichtszustand   **Gleichgewichtsaktivität**

$$A = \lambda N = \frac{\lambda n V}{\lambda V + p} = \frac{4{,}88 \times 10^{-18}\,s^{-1} \times 10^{10}\,h^{-1} \times 20\,m^3}{4{,}88 \times 10^{-18}\,s^{-1} \times 20\,m^3 + \frac{20\,m^3}{3600}\,s^{-1}}$$

$$= 1{,}76 \times 10^{-4}\,h^{-1}$$
$$= 4{,}88 \times 10^{-8}\,Bq \ .$$

Dass die Aktivität so gering ausfällt, liegt an der großen Halbwertszeit des ^{238}U-Isotops. In Bild 8.16 ist der zeitliche Verlauf der Aktivität dargestellt. Man sieht, dass nach etwa 4 h ein Gleichgewicht eintritt. Für ^{90}Sr ($T_{1/2} = 28{,}5\,a$ entsprechend $\lambda = 7{,}7 \times 10^{-10}\,s^{-1}$) hätte man unter sonst gleichen Bedingungen

$$A = 27\,720\,h^{-1} = 7{,}7\,Bq$$

entsprechend einer Gleichgewichtskonzentration von $0{,}385\,Bq/m^3$ erhalten.

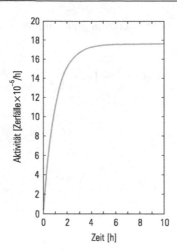

Abb. 8.16
Zeitlicher Verlauf der Aktivität
von ^{238}U durch Zerfall und
Luftaustausch

Ergänzung 3

Die Lagerung hochradioaktiven Abfalls in Containern birgt einige Probleme in sich. Üblicherweise werden hochradioaktive Abfälle in Borsilikatglas eingeschmolzen und in Behältern aus rostfreiem Stahl eingelagert. Allerdings kann diese Technik keine Dauerlösung sein. Die ionisierende Strahlung des radioaktiven Abfalls tritt in Wechselwirkung mit dem Borsilikatglas und dem Stahl. Die kristalline Struktur des Stahlbehälters wird durch die ständige Bestrahlung auf Dauer verändert. Durch die Bombardierung des Gittergefüges mit ionisierender Strahlung werden Atome von ihren angestammten Gitterplätzen entfernt: Es entstehen Gitterdefekte. Da die normale, regelmäßige Struktur des Gitters mit einem niedrigen Energiezustand einhergeht, wird mit der Erzeugung von Fehlstellen und Defekten die innere Energie der Materialien erhöht. Schließlich ist der Energiezuwachs so groß, dass im Material Strukturveränderungen vor sich gehen, die zur Materialermüdung und Rissbildung führen. Man glaubt, dass diese herkömmliche Art der Lagerung in Stahlcontainern wegen der langfristigen Materialveränderungen Sicherheiten bis zu höchstens 100 Jahren bietet.

**Lagerung
radioaktiver Abfälle**

Strahlenresistenz

Nimmt man jedoch Containermaterialien, die von vornherein eine ungeordnete Struktur aufweisen, so ist die Hoffnung, dass atomare Verlagerungen durch Bestrahlung keinen festigkeitsmindernden Einfluss haben. Diese Vermutung einer erhöhten Strahlenresistenz ungeordneter Verbindungen konnte an keramischen Stoffen, wie Erbium-Zirkonat nachgewiesen werden. Solche strahlenresistenten Verbindungen könnten den Weg zu einer langfristigen sicheren Einlagerung hochradioaktiver Stoffe weisen.

Transmutation: eine Alternative zur Endlagerung?

In den letzten Jahren wurden auf dem Forschungsgebiet der Transmutation große Fortschritte erzielt. Jährlich fallen in Deutschland etwa 450 Tonnen abgebrannter Kernbrennstoffe an. Dabei sind die Spaltprodukte wie Cäsium oder Strontium nicht wirklich problematisch, dagegen bereitet die sichere Lagerung der Transurane wie Plutonium, Neptunium, Americium und Curium große Schwierigkeiten. Transurane entstehen aus dem ursprünglichen Kernbrennstoff (meist ^{235}U) durch Neutronenanlagerung mit nachfolgendem β-Zerfall. Dies ist übrigens die Methode, mit der Otto Hahn und sein Assistent Fritz Straßmann Elemente jenseits des Urans durch Neutronenbeschuss herstellen wollten. Zwar machen die Transurane nur etwa ein Prozent des radioaktiven Abfalls aus, aber die Halbwertszeiten dieser radioaktiven Elemente sind zum Teil extrem lang (z. B. $T_{1/2}(^{237}\text{Np}) = 2,1 \times 10^6$ a). Man könnte diese Transurane durch Isotopentrennverfahren aus dem radioaktiven Müll herauslösen und mit schnellen Neutronen beschießen. Dadurch werden die Kerne entweder gespalten oder in kurzlebige Isotope umgewandelt. Durch den Neutronenbeschuss entstehen Isotope wie Ruthenium und Zirkonium, die entweder stabil sind oder in weniger als 100 Jahren zerfallen. Die sichere Endlagerung dieser Isotope muss also nur für größenordnungsmäßig 100 Jahre sichergestellt werden, was in Salzstöcken machbar ist. Eine garantiert sichere Einlagerung von Transuranen mit Halbwertszeiten von einer Million Jahren ist sehr schwer zu beweisen.

Schnelle Neutronen können durch Spallation gewonnen werden. Man schießt einen energiereichen Protonenstrahl auf ein schweres Target (etwa Blei), das dabei in viele Bruchteile zersplittert, wobei auch zahlreiche Neutronen frei werden. Ein einzelnes Proton kann auf diese Weise 30 bis 50 Neutronen freisetzen. Man benötigt dazu allerdings einen aufwendigen Protonenbeschleuniger. Dass eine solche Methode erfolgreich sein kann, wurde bereits 1984 am Europäischen Kernforschungszentrum CERN gezeigt, als geringe Mengen Plutonium durch diese Transmutation entschärft werden konnten.

Transmutation durch Protonenbeschleuniger hat den Vorteil, dass sie sehr einfach gesteuert werden kann. Der Transmutationsprozess kann nicht außer Kontrolle geraten, da man ständig Neutronen nachliefern muss. Ohne den Protonenbeschuss des Targets hört die Transmutation einfach auf. Das Verfahren hat aber auch einige Nachteile:

- man benötigt einen kostspieligen Protonenbeschleuniger;
- die Transurane müssen in hoher Reinheit vorliegen (99,99 %);
- die Herstellung hochreiner Transurane ist technologisch noch nicht vollständig beherrscht;

Ergänzung 4

Neutronenbeschuss

Neutronenfreisetzung durch Spallation

Transmutation durch Protonenbeschleuniger

- als Kühlmittel des Transmutationsreaktors wird ein kompliziert zu handhabendes flüssiges Blei–Wismut-Gemisch favorisiert;
- der Wirkungsgrad der Transmutation ist nur etwa 20 bis 25%, deshalb benötigt man einen Kreislaufbetrieb mit weiteren Stufen der Materialtrennung.

Wärmeentstehung durch Transmutation

Es würde sich aber sicher lohnen, die im Transmutationsprozess entstehende Wärme zur Energiegewinnung zu nutzen. Zwar gibt es gegenwärtig in Deutschland einen Beschluss, aus der Nutzung der Kernenergie auszusteigen. Die Gefahren und klimatischen Veränderungen durch Kohle-, Gas- und Ölverbrennung und die geringe Verfügbarkeit regenerativer Energiequellen für die Grundlast werden aber vermutlich in naher Zukunft genügend Diskussionsstoff für eine Wiederbelebung der Kernenergienutzung liefern. Für diesen Fall wäre ein getestetes und technologisch beherrschtes Transmutationsverfahren einen große Hilfe.

Eine großtechnische Realisierung der Transmutation erfordert allerdings einen hohen instrumentellen und energetischen Aufwand, sodass gegenwärtig niemand ernsthaft an eine Verwirklichung dieser Idee denkt.

Zusammenfassung

> Die Strahlenschutz-Technik regelt die praktischen Aspekte des Strahlenschutzes. Hierzu gehören die Planung von Arbeitsmethoden und der tatsächliche Umgang mit radioaktiven Stoffen. Der Umgang umfasst wiederum die Einhaltung von erprobten Laborvorschriften und die sichere Entsorgung radioaktiver Abfälle. Als Grundmaximen für diese Tätigkeiten gelten: Abstand halten; Abschirmung verwenden; Aufenthaltszeit so kurz wie möglich halten; Aktivität beschränken und Inkorporationen – wenn möglich – ausschließen, zumindest aber weitgehend vermeiden.

8.14 Übungen

Übung 1

Bei einer Wischprüfung unmittelbar an einem ^{241}Am-Strahler wird mit einem Kontaminationsmonitor eine Zählrate von 20 Impulsen pro Sekunde festgestellt. Der Wirkungsgrad des Wischens sei mit 80% und das Ansprechvermögen des Monitors mit 10% angenommen. War der Strahler im Sinne der Strahlenschutzverordnung noch dicht?

Bei einer Kontaminationskontrolle wird bei einem Wischtest (ab- **Übung 2**
gewischte Fläche $F = 900\,cm^2$, Entnahmefaktor $\eta_1 = 20\%$) eine Zählrate von $R = 1000\,Bq$ festgestellt. Das Ansprechvermögen des Kontaminationsmonitors beträgt $\eta_2 = 1\%$ und die Nullrate
$R_0 = 10\,Bq$. Wie groß ist die Aktivität pro cm^2?

Ein großer Transportbehälter (Masse $m = 120$ Tonnen) mit einem **Übung 3**
radioaktiven Inventar von $10^{17}\,Bq$ wird sich aufgrund der radioaktiven Strahlung erwärmen. Nehmen Sie an, dass pro Zerfall $10\,MeV$
freigesetzt werden und diese Energie 24 Stunden lang auf den gesamten Transportbehälter verlustlos übertragen wird. Welche Temperatur erreicht der Behälter, wenn er aus Eisen gefertigt ist und
anfangs eine Temperatur von $20°C$ hatte (spezifische Wärme von
Eisen: $c = 0{,}452\,kJ/(kg\,K)$) ?

Eine $10\,Ci$ starke ^{137}Cs-Quelle für Anwendungen in der Nuklear- **Übung 4**
medizin wird so verpackt, dass sie der Transportklasse II–Gelb mit
der Transportkennzahl $t = 0{,}3$ entspricht. In welchem Bereich liegt
die Dosisleistung $\dot{D}$ an jedem Punkt der Außenfläche und wie groß
ist die Dosisleistung in einem Meter Abstand vom Transportgut?

9 Strahlenschutz-Sicherheit

„Man muss die Dinge wirklich tun, denn obwohl man glaubt, man könnte es, so hat man doch so lange keine Gewissheit, bis man es selbst versucht hat."

Sophokles 495–406 v. Chr.

Die Strahlenschutz-Sicherheit umfasst medizinische Gesichtspunkte, Schutz- und Hilfsmaßnahmen sowie die Vorbeugung und Bewältigung von Unfällen.

9.1 Medizinische Gesichtspunkte

ärztliche Eignungsuntersuchung

Vor Beginn einer Tätigkeit im Kontrollbereich ist eine ärztliche Eignungsuntersuchung durchzuführen. Das Ergebnis dieser Untersuchung muss klar ausdrücken, ob gegen eine Tätigkeit unter Einwirkung ionisierender Strahlung keine gesundheitlichen Bedenken bestehen, ob eine Tätigkeitsbeschränkung im Umgang mit offenen radioaktiven Stoffen festgelegt wird oder ob ein Tätigkeitsverbot ausgesprochen wird.

Kategorie-A- und Kategorie-B-Personen

Überwachungs- und Wiederholungsuntersuchungen sind im jährlichen Rhythmus für Kategorie-A-Personen vorgesehen, nicht aber für Kategorie-B-Personen (zur Definition der Strahlenschutzbereiche für Kategorie-A- und -B-Personen s. Tabelle 5.2 und Tabelle 6.1). Zwischenuntersuchungen können z. B. nach längerer Krankheit durchgeführt werden, sind aber nicht vorgeschrieben. Die ärztliche Überwachung erfolgt durch einen **ermächtigter Arzt**, der über die erforderliche Fachkunde verfügt. Eine besondere ärztliche Untersuchung ist vorgeschrieben bei einer Dosisüberschreitung um mehr als das Zweifache oder nach Unfallsituationen.

Abschlussuntersuchung

Scheidet ein im Kontrollbereich Beschäftigter aus der Firma aus, wird vom Arbeitgeber häufig eine Abschlussuntersuchung befürwortet, die aber nicht vorgeschrieben ist.

9.2 Schutz- und Hilfsmaßnahmen

Abschirmung

Die persönliche Schutzausrüstung beim Arbeiten mit radioaktiven Stoffen besteht aus einer Schutzkleidung zum Schutz vor Kontaminationen und Inkorporationen, gegebenenfalls einer Bleischürze zur Abschirmung und einer Schutzbrille zum mechanischen Schutz der Augen und zum Schutz vor einer Trübung der Augenlinsen. Die Dosisschwelle für eine Trübung der Augenlinsen entspricht 6 Sv pro Berufsleben (Teilkörperdosis).

Bei Arbeiten mit gasförmigen radioaktiven Substanzen, Stäuben oder in Räumen, in denen die Atemluft belastet ist, sind Atemschutzgeräte („5 kg-Geräte") zu tragen. Das Tragen von schwerem Atemschutzgerät setzt eine Eignungsuntersuchung und entsprechendes Training voraus.

Atemschutzgeräte

Technische Schutzmaßnahmen bestehen vorwiegend aus bautechnischen Schutzvorkehrungen wie Maßnahmen gegen äußere Bestrahlung (Abschirmung, Fernbedienung), gegen Inkorporationen (Abzüge, Handschuhboxen, Be- und Entlüftungssysteme) und gegen Kontaminationen. Bei der Verwendung von Durchstrahlungsprüfgeräten, Röntgeneinrichtungen und Dickenmessgeräten sind regelmäßige Funktionsprüfungen an der Verriegelung der Verschlussvorrichtung durchzuführen. Diese Vorrichtungen bedürfen auch einer Abnahme durch den technischen Überwachungsverein (TÜV) und das Gewerbeaufsichtsamt.

Abb. 9.1
Dosisleistungsmessgerät mit einem Zählrohr als Detektor (Modell 6150 AD6, automess GmbH)

Die Schutzmaßnahmen am Arbeitsplatz richten sich danach, ob mit umschlossenen radioaktiven Stoffen, hohen Aktivitäten oder offenen Stoffen umgegangen wird. Eine Ortsdosis- und Ortsdosisleistungsmessung mit entsprechenden Dosis- und Dosisleistungswarnern ist hier angezeigt. Ebenso müssen Kontaminationskontrollen und Kontrollen der Raumluftbelastung durchgeführt werden. Es ist darauf zu achten, dass beim Umgang mit radioaktiven Stoffen möglichst nur ein Bruchteil der zulässigen Grenzwerte erreicht wird. Damit gibt der Gesetzgeber eine Empfehlung der internationalen Strahlenschutzkommissionen weiter.

Funktionsprüfungen

TÜV, Gewerbeaufsicht

Falls Personenkontaminationen auftreten, sind Dekontaminationen einzuleiten. Dekontaminationen der Haut werden durch Waschen (lauwarmes Wasser, Feinwaschmittel, Dekontaminationspasten oder 3%ige Zitronensäurelösung) beseitigt. Bei großflächiger Hautkontamination wird Duschen empfohlen (s. a. Ergänzung 1). Gebrauchte Dekontaminationsmittel müssen je nach Aktivität entsprechend den Regeln für die Behandlung von radioaktiven Abfällen entsorgt werden (s. Abgabe radioaktiver Stoffe und Abfallbehandlung, Kap. 8.5 und 8.7).

Abb. 9.2
Direkt anzeigendes Alarmdosimeter mit Dosis- und Dosisleistungswarnung (Modell ADOS, automess GmbH)

Dekontaminationsverfahren

Dekontaminationen des Mundes, des Nasen–Rachen-Raumes, des Gehörgangs, der Augen und offener Wunden sind durch einen Arzt durchzuführen.

Da die Kontaminationen mit der Zeit tiefer in die Haut eindringen, sollen die Dekontaminationsmaßnahmen zügig, aber nicht überhastet durchgeführt werden. Verbleibende Restkontaminationen von weniger als $10\,\mathrm{Bq/cm^2}$ gelten als vernachlässigbar.

Dekorporationsmethoden

Abb. 9.3
Direkt anzeigendes
Alarmdosimeter mit Dosis- und
Dosisleistungswarnung (Modell
ED 150, GRAETZ
Strahlungsmeßtechnik GmbH)

Im Falle von Inkorporationen müssen Sofortmaßnahmen zur Dekorporation eingeleitet werden. Bei Inhalationen gibt es praktisch keine Hilfsmöglichkeiten, aber bei Ingestionen kann durch Mundspülungen und Anregung von Erbrechen eine rasche Dekorporation erfolgen. Die Verabreichung von Chelatbildnern, die eine Ausscheidungsintensivierung bewirken (im Urin und Stuhl) ist bei größeren Mengen an inkorporierten Stoffen oder besonders bei toxischen Stoffen zu empfehlen. Zu den wirksamsten Chelatbildnern gehört das Diethylentriaminpentaacetat (DTPA). Bild 9.4 zeigt die Ausscheidung von Plutonium mit Urin und Stuhl beim Menschen nach Verabreichung von DTPA nach einer unfallbedingten Plutoniuminkorporation.

Bei Inkorporationen entsprechend einer Ganzkörperdosis von mehr als 100 mSv ist ein ermächtigter Arzt hinzuzuziehen.

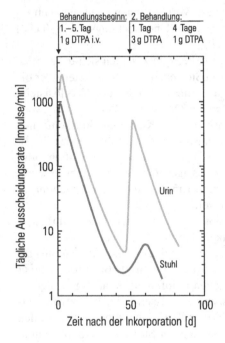

Abb. 9.4
Ausscheidung von Plutonium im
Urin und Stuhl beim Menschen
nach einer unfallbedingten
Plutoniuminkorporation

9.3 Vorbeugung und Bewältigung von Unfällen

Störfälle, Unfälle und sicherheitstechnisch bedeutsame Ereignisse können durch menschliches Versagen, Ausfall von Sicherheitseinrichtungen oder Naturereignisse (Erdbeben, Blitzschlag) bedingt sein. Vorfälle dieser Art müssen der atomrechtlichen Aufsichtsbehörde gemeldet werden.

Meldepflicht

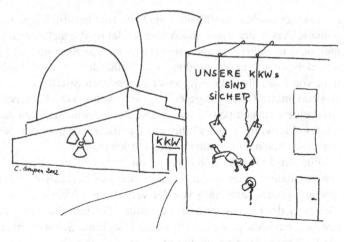

© by Claus Grupen

Wesentliches Merkmal eines Störfalles oder Unfalles ist die Einstellung des Betriebs einer Anlage (Störfall) oder ein Ereignismerkmal, das zur Überschreitung von Grenzwerten führen kann (Unfall). Bei der Planung technischer Schutzmaßnahmen in einem Kernkraftwerk muss ein Störfallgrenzwert von 50 mSv zugrunde gelegt werden. Das bedeutet, dass im ungünstigsten Störfall eine Dosis von 50 mSv durch Freisetzung radioaktiver Stoffe in die Umgebung nicht überschritten werden darf.

Der Strahlenschutzbeauftragte entscheidet, ob es sich um einen örtlich begrenzten Vorfall handelt, der durch eine undramatische Ursache ausgelöst wurde oder um einen schweren Störfall oder Unfall mit möglicherweise schwerwiegenden Folgen („radiologische Notstandssituation"). Im ersten Fall können die Folgen vermutlich selbst behoben werden und die Wiederaufnahme des Betriebes der Anlage vorbereitet werden. Bei schweren Störfällen müssen alle Maßnahmen eingeleitet werden, damit Gefahren für Leben, Gesundheit und Sachgüter auf ein Minimum beschränkt werden. Außerdem ist der vom Strahlenschutzbeauftragten vorbereitete Alarmplan auszulösen.

„radiologische Notstandssituation"

Der Alarmplan – ein Teil der Strahlenschutzverordnung – ist eine formale Richtlinie für die Beschäftigten und Verantwortlichen einer Anlage, um Schadensbegrenzung herbeizuführen. Der Alarmplan muss Informationen über den Geltungsbereich, Anlässe für Alarmauslösung, Alarmsignale, Verhaltensmaßregeln und Maßnahmen bei Alarm enthalten. Außerdem sind zur Beweissicherung und Nachvollziehbarkeit nach dem Ereignisfall die getroffenen Anordnungen des Strahlenschutzbeauftragten, die Messdaten mit Zeitangaben und das Ausmaß des Schadens zu dokumentieren.

Alarmplan

In einer solchen Notfallsituation kann eine beruflich strahlenexponierte Person der Kategorie A über 18 Jahre, die nicht gebärfähig und nicht unzulässig strahlenvorbelastet ist, zur Rettung von Menschenleben und zur Vermeidung von Gefährdungen oder Ausbreitung von Störfällen einmalig einer besonderen Strahlenexposition von maximal 250 mSv ausgesetzt werden, wenn in der Folgezeit die Überschreitung kompensiert wird. Die Rettungsmaßnahmen dürfen nur von Freiwilligen ausgeführt werden, die zuvor über die Gefahren dieser Maßnahmen unterrichtet worden sind.

Einsatzpläne der Feuerwehr

Für den Fall von Bränden sind die Einsatzpläne mit der Feuerwehr abzustimmen. Je nach Zuordnung des Ereignisses zu einer Gefahrengruppe (abhängig von der verunfallten Aktivität und dem Charakter der radioaktiven Stoffe (offen oder umschlossen)) ist in

Feuerwehrdienstvorschriften

den Feuerwehrdienstvorschriften eine bestimmte Schutzausrüstung für die löschenden Feuerwehrleute vorgeschrieben.

Abb. 9.5
Kontaminationsschutzanzug für Feuerwehreinsätze (http://www.ffwessfeld.de)

Verlust radioaktiver Stoffe

In der Folge eines Störfalles, eines Unfalles oder beim normalen Betrieb einer Anlage kann ein Verlust von radioaktiven Stoffen auftreten. Dabei kann es sich um ungewolltes Entweichen gasförmiger oder flüssiger radioaktiver Substanzen beim Arbeiten, um Verlieren (z. B. während eines Transports) oder um Diebstahl handeln. In solchen Fällen ist der Strahlenschutzverantwortliche zu informieren und Anzeige bei der atomrechtlichen Aufsichtsbehörde zu erstatten.

Es ist dabei zu spezifizieren, um welches Radionuklid, welche Aktivität und Menge es sich handelt, ob Kontaminationen eingetreten sind und ob Gewaltanwendung (Diebstahl, Einbruch) vorliegt.

Bei Diebstahl steht meistens nicht der materielle Verlust im Vordergrund, sondern der mögliche Schaden, der durch die Freisetzung radioaktiver Stoffe entstehen kann. Das Ziel bautechnischer Maßnahmen muss es sein, einen Diebstahl zu erschweren und im Falle von Gewaltanwendung einen Diebstahl eine Zeit lang zu verhindern („Widerstandszeitwert der Sicherungsanlagen"). Je nach Aktivitätsklasse (Klasse 1: Aktivität $A \leq 10^4 F$ (Freigrenze), Klasse 2: $10^4 F < A \leq 10^7 F$, Klasse 3: $10^7 F < A \leq 10^{10} F$, Klasse 4: $A > 10^{10} F$; s. auch DIN 25 422: „Aufbewahrung radioaktiver Stoffe") sind entsprechend sichere Aufbewahrungseinrichtungen (Stahlschrank, Tresor, heiße Zelle mit Einbruchmelder oder Alarmanlage) vorzusehen. Unter diesen Gesichtspunkten kommt dem Schutz von hochangereichertem Kernbrennstoff die größte Bedeutung zu.

Widerstandszeitwert der Sicherungsanlagen

Organisatorische Maßnahmen zur Diebstahlsicherung umfassen die Regelung der Schlüsselberechtigung, die Berechtigung zum Ausschalten von Alarmanlagen und die Sicherheitsüberprüfung von Beschäftigten. Unter Umständen muss das zuständige Landeskriminalamt eingeschaltet werden.

Diebstahlsicherung

9.4 Ergänzungen

In vielen Fällen erzielt man bereits durch gründliches Waschen unter fließendem, lauwarmen Wasser mit einer milden Seife eine gute Dekontamination von Hautoberflächen. Die Verwendung von Dekontaminationspasten oder einer 3%igen Zitronensäurelösung führt zu noch besseren Erfolgen.

Ergänzung 1

Dekontaminationsmethoden

Bei hartnäckigen Hautkontaminationen müssen eventuell chemische Mittel verwendet werden. Dazu eignen sich etwa

- Komplexierungslösungen für vorwiegend kationische Kontaminationen, die aus je 5 g Natrium-Ethylendiamintetraessigsäure, Natriumlaurylsulfat, Stärke und 35 g Natriumkarbonat in 1000 ml Wasser gelöst bestehen;
- Kaliumpermanganatlösung als Oxidationsmittel (65 g Kaliumpermanganat in 1000 ml 1%iger Schwefelsäure);
- Natriumbisulfitlösung (18 g Natriumpyrosulfit in 400 ml Wasser);
- Natronbleichlauge (Konzentration von 5% Natriumhypochlorit).

Nach einer Hautdekontamination verbleibe eine nicht entfernbare Kontamination mit ^{32}P von 10 Bq/cm^2. Welche Hautdosis ist innerhalb von 10 Tagen zu erwarten?

Ergänzung 2

Hautkontamination

Die Halbwertszeit von ^{32}P ist $T_{1/2} = 14,2$ d. Nach 10 Tagen ist die Anfangsaktivität $A_F(t = 0) = 10$ Bq/cm^2 auf

$$A_F(t = 10\,\text{d}) = A_F(t = 0)\, e^{-t/\tau}$$

$$= A_F(t = 0)\, e^{-\frac{t \ln 2}{T_{1/2}}} = 6{,}1\,\text{Bq/cm}^2$$

abgeklungen. Größenordnungsmäßig lässt sich also mit einer mittleren Aktivität von 8 Bq/cm^2 rechnen.

^{32}P emittiert Elektronen mit einer Maximalenergie von 1,71 MeV. Die mittlere Elektronenenergie ist dabei etwa 0,6 MeV (s. Bild 3.2). Die von ^{32}P emittierten Elektronen werden in ca. 1,5 mm Gewebe gestoppt (s. Bild 4.4). Bei einer angenommenen kontaminierten Hautoberfläche von insgesamt 6000 cm^2 werden also im Mittel pro Sekunde $8 \times 6000 = 48\,000$ Elektronen à 0,6 MeV in einem Gewebevolumen von

$$V = 6000\,\text{cm}^2 \times 0{,}15\,\text{cm} = 900\,\text{cm}^3 \,\widehat{=}\, 0{,}9\,\text{kg}$$

Dosisbelastung durch Kontaminationen

absorbiert. Das entspricht einer mittleren Dosisleistung von

$$\dot{D} = \frac{W}{m\,t} = \frac{8 \times 6000\,\text{s}^{-1} \times 0{,}6\,\text{MeV} \times 1{,}6 \times 10^{-13}\,\text{J/MeV}}{0{,}9\,\text{kg}}$$

$$= 8 \times 6{,}4 \times 10^{-10}\,\text{Sv/s} = 5{,}12 \times 10^{-9}\,\text{Sv/s}\ ,$$

entsprechend einer Hautdosis von $D = 4{,}4$ mSv in 10 Tagen.

Wie groß wäre die Gesamtdosis bis die Hautoberflächenkontamination vollständig abgeklungen ist?*

Die Dosisleistung wurde bisher zu

$$\dot{D} = \langle A_F \rangle \times 6{,}4 \times 10^{-10}\,\text{Sv/s}$$

berechnet. Statt der mittleren Aktivität muss jetzt aber über einen langen Zeitraum T der exponentielle Zerfall korrekt berücksichtigt werden:

$$A_F(t) = A_F(t = 0)\, e^{-\frac{t \ln 2}{T_{1/2}}}\ ,$$

$$D = \int_{t=0}^{T} \dot{D}(t)\,\mathrm{d}t = \underbrace{6{,}4 \times 10^{-10}}_{f_\beta} \int_{0}^{T} A_F(t = 0)\, e^{-\frac{t \ln 2}{T_{1/2}}}\,\mathrm{d}t$$

$$= -f_\beta\, A_F(t = 0)\, \frac{T_{1/2}}{\ln 2}\, e^{-\frac{t \ln 2}{T_{1/2}}}\Bigg|_{0}^{T}$$

$$= f_\beta\, A_F(t = 0)\, \frac{T_{1/2}}{\ln 2}\, \left\{ 1 - e^{-\frac{T \ln 2}{T_{1/2}}} \right\}$$

$$= f_\beta\, A_F(t = 0)\, \frac{T_{1/2}}{\ln 2}\, \left\{ 1 - 2^{-\frac{T}{T_{1/2}}} \right\}\ .$$

---

* Der folgende Teil der Ergänzung ist mathematisch anspruchsvoll.

Für $T \to \infty$ führt dies auf

$$D(T \to \infty) = f_\beta \, A_F(t=0) \, \frac{T_{1/2}}{\ln 2} = 11,3 \, \text{mSv} \ .$$

Eine näherungsfreie Berechnung der 10-Tage-Dosis hätte auf $D(10\,\text{d}) = 4,37 \, \text{mSv}$ (statt $4,4 \, \text{mSv}$) geführt.

Zusammenfassung

Die Strahlenschutz-Sicherheit befasst sich mit Schutz- und Hilfsmaßnahmen zur Vorbeugung und Bewältigung von Strahlenunfällen. Dabei spielen medizinische Gesichtspunkte eine wesentliche Rolle. Auch schon die Zulassung von Personen zu Arbeiten im Kontrollbereich erfordert eine ärztliche Untersuchung, deren Sinn es ist, festzustellen, ob gegen eine Tätigkeit unter Einwirkung ionisierender Strahlung gesundheitliche Bedenken bestehen.

9.5 Übungen

Bei einem Brand in einem kernphysikalischen Labor muss der Fachberater für Strahlenschutz der Feuerwehr oder der Strahlenschutzbeauftragte des Labors eine Sicherheitsgrenze festlegen, die durch die Dosisleistung von 25 µSv/h definiert ist. In einem Abstand von 100 m von einer als punktförmig angenommenen Quelle wird eine Ortsdosisleistung von 1 µSv/h gemessen. In welchem Abstand liegt die Sicherheitsgrenze? **Übung 1**

Ein Filter für radioaktive Stäube und Gase habe einen Wirkungsgrad $\eta = 30\%$. Der Filter wird durchströmt von einem uranhaltigen radioaktiven Gas mit der Aktivitätskonzentration $\kappa = 40 \, \text{kBq/m}^3$. Wie groß ist die Aktivität des Filters nach einer Woche ($t = 7 \times 24\,\text{h} = 168$ Betriebsstunden) bei einem mittleren Durchsatz von $m = 20 \, \text{m}^3/\text{h}$? **Übung 2**

In einem großen Isotopenlabor ist ein punktförmiger ^{60}Co-Strahler mit einer Aktivität von 0,1 GBq verloren gegangen. In welchen Mindestabständen muss man den Raum absuchen, wenn das zum Suchen verwendete Dosisleistungsgerät eine Nachweisgrenze von 10 µSv/h hat? **Übung 3**

10 Röntgenverordnung

„Röntgenstrahlen. Ihre Moral ist dies: Wenn man die Dinge nur recht betrachtet, kann man fast alles durchschauen. "

S. Butler 1835–1902

Röntgeneinrichtung
Störstrahler

Die Röntgenverordnung wird ebenso wie die Strahlenschutzverordnung vom Atomgesetz auf dem Wege der Ermächtigung in Kraft gesetzt. Die Röntgenverordnung gilt für Röntgeneinrichtungen und Störstrahler, in denen Elektronen auf mindestens 5 keV und maximal 1 MeV beschleunigt werden. Die Obergrenze für die Energie beschleunigter Elektronen ist in der Neufassung der Röntgenverordnung von bisher 3 MeV auf 1 MeV herabgesetzt worden. Die Novelle zur jetzt gültigen Röntgenverordnung wurde am 29. Mai 2002 im Bundeskabinett verabschiedet und am 18. Juni 2002 als „Verordnung zur Änderung der Röntgenverordnung und anderer atomrechtlicher Verordnungen" veröffentlicht. Die Novelle der Röntgenverordnung trat am 1. Juli 2002 in Kraft.

Bauartzulassung

Hochschutzgeräte
Vollschutzgeräte

Störstrahler, also Geräte und Einrichtungen, die Röntgenstrahlen erzeugen, ohne dass sie zu diesem Zweck betrieben werden, sind genehmigungsfrei, wenn sie in 10 cm Abstand von der berührbaren Oberfläche eine Dosisleistung von 1 µSv/h nicht überschreiten oder wenn sie bauartzugelassen sind. Die Voraussetzungen für eine Bauartzulassung prüft die Physikalisch–Technische Bundesanstalt (s. auch Ergänzung 3 in Kap. 6). Sie wird etwa erteilt für Schulröntgeneinrichtungen, Hochschutz- und Vollschutzgeräte und Störstrahler, die den Anforderungen der Anlagen I und II der Röntgenverordnung entsprechen.

Strahlenbelastung
von Patienten

Röntgenpass

In der Hauptsache betrifft die Röntgenverordnung natürlich Geräte zur Röntgendiagnose und -therapie beim Menschen. Grundsätzlich soll die erforderliche Bildqualität mit der geringstmöglichen Strahlenexposition erzielt werden. Die Strahlenbelastung des Patienten muss unter Angabe der bestrahlten Körperregion dokumentiert werden. Auf Wunsch muss dem Patienten eine Abschrift oder ein Röntgennachweisheft ausgefüllt werden. Hier klafft meist eine große Lücke zwischen der täglichen ärztlichen Praxis und den ministeriellen Vorgaben.

Aufnahmen und Aufzeichnungen müssen dreißig Jahre lang aufbewahrt werden. Bei Bedarf müssen diese einem anderen behandelnden Arzt oder dem Patienten vorübergehend überlassen werden, um unnötige Doppelaufnahmen zu vermeiden.

„Bitte recht freundlich"; Cartoon aus der Zeitschrift „Life", 1896

Die Ortsdosisleistung von Röntgengeräten in der medizinischen Praxis darf bei geschlossenem Strahlaustrittsfenster bei den vom Hersteller angegebenen Höchstbetriebswerten in 1 m Abstand vom Brennfleck nicht höher sein als

- 2,5 mSv/h für Röntgenuntersuchungen und -behandlungen bis 200 kV,
- 10 mSv/h für Röntgenbehandlungen über 200 kV.

Nicht zu bestrahlende Körperpartien von Patienten sind mit Bleischürzen abzuschirmen. Dabei schwächt eine 0,3 mm dicke Bleischürze Röntgenstrahlen von 30 keV schon um einen Faktor 1000. Für höhere Energien werden entsprechend dickere Schürzen benötigt (bei 50 keV reduziert 1 mm Pb die Intensität um einen Faktor 1000).

Bild 10.2 zeigt den prinzipiellen Aufbau einer Röntgenröhre. Die Elektronen aus der Glühkathode werden auf ein Target (häufig

Abb. 10.1
Diamantdetektor als Festkörper-Ionisationskammer für Relativdosimetrie von Röntgen- und Elektronenstrahlung; Messbereich 80 keV–20 MeV für Photonen, 4–20 MeV für Elektronen (PTW–Freiburg)

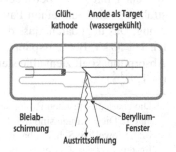

Glüh-   Anode als Target
kathode   (wassergekühlt)

Bleiab-   Beryllium-
schirmung   Fenster
        Austrittsöffnung

Abb. 10.2
Prinzipieller Aufbau einer Röntgenröhre

Röntgen-Bremsstrahlung   Wolfram) beschleunigt und erzeugen beim Abbremsen Bremsstrahlung. Diese kontinuierliche Röntgenstrahlung wird von diskreten Li-
nien überlagert, die für das Targetmaterial charakteristisch sind.

Bild 10.3 zeigt die Spektren einer Röntgenröhre mit einer Wolf-
ram-Anode für Beschleunigungsspannungen von 65 kV und 100 kV.
charakteristische   Bei 65 kV werden die charakteristischen Röntgenlinien (K_α und K_β)
Röntgenlinien   des Wolframs noch nicht angeregt.[1]

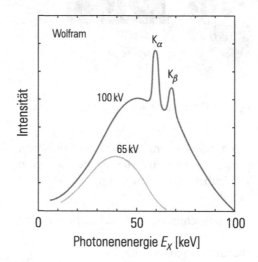

Abb. 10.3
Energiespektrum einer Röntgenröhre für Spannungen von 65 kV
und 100 kV. Die charakteristische
Röntgenstrahlung der Wolfram-
Anode wird bei 65 kV noch nicht
angeregt

In Bild 10.4 sind die Schwächungsfaktoren für Röntgenstrahlung dargestellt, die durch Spannungen von 50 kV, 70 kV und 100 kV
erzeugt und mit 0,5 mm Aluminium gefiltert wurden. Die Schwä-
chungskurven sind keine reinen Exponentialfunktionen, weil die
Röntgenspektren kontinuierlich sind und die Abschwächungskoeffizienten von der Energie abhängen. Im Unterschied zu einem Schwä-
Abschirmung   chungsfaktor von 1000 für monoenergetische Röntgenstrahlung von
gegen Röntgenstrahlung   50 keV bei einer 1 mm dicken Bleiabschirmung, schwächt man die
von einer mit 50 kV betriebenen Röntgenröhre erzeugte Röntgen-
strahlung schon um einen Faktor 100 000 bei 0,5 mm Bleiabschirmung. Das liegt daran, dass die mittlere Energie der Röntgenquanten bei 50 kV Betriebsspannung nur etwa 30 keV beträgt und der
Absorptionskoeffizient eine steile Funktion der Photonenenergie ist
($\sim 1/E_\gamma^{3,5}$).

---

[1] Die charakteristischen Röntgenstrahlen teilt man in K-, L-, M-, ... Lini-
en ein. Diese Linien sind durch Übergänge aus höher gelegenen Schalen
in die jeweilige Schale charakterisiert. Die K-Serie liefert die kurzwel-
ligsten Röntgenstrahlen. Dabei entspricht K_α einem Übergang von der
L- in die K-Schale und K_β einem Übergang von der M- in die K-Schale
(s. Bild 3.12). Daher ist K_β-Strahlung energiereicher als K_α-Strahlung.

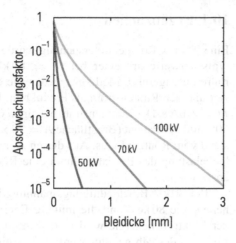

Abb. 10.4
Abschwächungsfaktoren für
Röntgenstrahlung in Blei für drei
verschiedene Betriebsspannungen
einer Röntgenröhre

Die Strahlenbelastung von Bedienungspersonal von Röntgen-
anlagen muss gemessen, dokumentiert und 30 Jahre aufgehoben
werden. Die Einteilung in Strahlenschutzbereiche folgt identisch
derjenigen der Strahlenschutzverordnung.[2] Die Schutzbereiche müssen entsprechend gekennzeichnet und abgesperrt sein. Generell hat
der Strahlenschutzbeauftragte beim Betreiben von Röntgeneinrichtungen dafür zu sorgen, dass jede Strahlenexposition von
Menschen, auch unterhalb der in der Röntgenverordnung vorgeschriebenen Grenzwerte, so gering wie möglich gehalten wird. Der
Strahlenschutzverantwortliche hat bei der Anwendung von Rön-
genstrahlen zur Untersuchung von Menschen dafür zu sorgen, dass
ein Medizinphysik-Experte zur Beratung in Fragen der Optimierung, insbesondere Patientendosimetrie und Qualitätskontrolle, hin-
zugezogen wird, soweit es die Art der Anwendung erfordert. Ein
Medizinphysik-Experte ist dabei etwa ein entsprechend ausgebildeter Naturwissenschaftler mit der erforderlichen Fachkunde im Strahlenschutz.

Es ist anzustreben, dass das Bedienungspersonal von Röntgeneinrichtungen (Röntgenassistenten/-assistentinnen) und die behandelnden Ärzte tatsächlich über die notwendige Fachkunde verfügen.

Dokumentierung

Aufbewahrung

Strahlenschutzbereiche

Patientendosimetrie

Röntgenfachkunde

---

[2] Zur Erinnerung: Begrenzung der effektiven Dosis

Überwachungsbereich	$1\,\text{mSv/a} < \dot{D} \leq 6\,\text{mSv/a}$
Kontrollbereich	$6\,\text{mSv/a} < \dot{D} \leq 20\,\text{mSv/a}$
Sperrbereich	$\dot{D} > 3\,\text{mSv/h}$
Beruflich strahlenexponierte Person Kategorie A	$6\,\text{mSv/a} < \dot{D} \leq 20\,\text{mSv/a}$
Beruflich strahlenexponierte Person Kategorie B	$1\,\text{mSv/a} < \dot{D} \leq 6\,\text{mSv/a}$
Berufslebensdosis	$D \leq 400\,\text{mSv}$

10.1 Ergänzungen

Ergänzung 1

Eine Thorax-Röntgenuntersuchung wurde in den achtziger Jahren typischerweise mit einer bei $U = 80\,\text{kV}$ betriebenen Röntgenröhre durchgeführt. Mediziner geben die eingestellte Belichtungszeit und den Röhrenstrom als Produkt an. Übliche Werte liegen bei $I\,t = 2\,\text{mA}\,\text{s}$. Der Röntgenstrahl hat einen Öffnungswinkel von etwa $60°$, und der Patient (Brustfläche $A = 30 \times 30\,\text{cm}^2$) liegt in 1 m Abstand vom Röntgenfokus. Aus diesen Angaben lässt sich die Strah-

Röntgen-Thorax-Aufnahme   lenbelastung des Patienten durch eine Röntgen-Thorax-Aufnahme abschätzen.

Bei $80\,\text{kV}$ Beschleunigungsspannung ist die maximale Photonenenergie $80\,\text{keV}$ und die mittlere Energie $65\,\text{keV}$. Ein Großteil der Elektronenenergie wird in Erwärmung der Anode umgesetzt; sie muss deshalb gekühlt werden. Nur ein kleiner Bruchteil wird in Form von Röntgenquanten emittiert. Dieser Anteil wird durch

$$\eta_1 = 10^{-6} \times U\,Z$$

wiedergegeben, wobei U die Röhrenspannung in kV und Z die Kernladungszahl des Targets ist. Für $U = 80\,\text{kV}$ und $Z = 74$ (Wolfram) erhält man

$$\eta_1 = 6 \times 10^{-3}\ .$$

Aus dem Produkt $I\,t$ lässt sich die Zahl N_e der Elektronen, die auf die Anode stoßen, berechnen:

$$N_e = \frac{I\,t}{e} = \frac{2 \times 10^{-3}\,\text{A}\,\text{s}}{1{,}602 \times 10^{-19}\,\text{A}\,\text{s}} = 1{,}25 \times 10^{16}\ .$$

Raumwinkelanteil   Damit erhält man für die Zahl der Röntgenphotonen

$$N_\gamma = \eta_1\,N_e = 7{,}4 \times 10^{13}\ .$$

Nimmt man an, dass der durch η_1 angegebene Bruchteil vollständig in einen Öffnungswinkel von $60°$ emittiert wird, so kann aus dem Abstand zum Patienten (1 m) und der beleuchteten Fläche der Brust ($30 \times 30\,\text{cm}^2$) der Raumwinkelanteil, unter dem die Röntgenröhre den Patienten „sieht", berechnet werden. Dieser ergibt sich zu $\eta_2 = 8\%$. Deswegen treffen den Brustkorb des Patienten

$$N_\gamma^* = \eta_2\,N_\gamma = 5{,}9 \times 10^{12}$$

Photonen. Von diesen Photonen werden

$$N_\gamma^* \left(1 - e^{-\mu x}\right) = 2{,}7 \times 10^{12}$$

Absorptionswahrscheinlichkeit   im Patienten absorbiert, wobei $\mu = 0{,}03\,\text{cm}^{-1}$ der Massenabsorptionskoeffizient und $x = 20\,\text{cm}$ die Tiefe des Oberkörpers ist.

Mit einer mittleren Energie von 65 keV entspricht das einer deponierten Energie von

$$E = 1{,}74 \times 10^{17}\,\text{eV} = 0{,}028\,\text{J}\ .$$

Diese Energie wird in einem Volumen von $30 \times 30 \times 20\,\text{cm}^3$ entsprechend 18 kg deponiert. Das entspricht einer Dosis von 1,55 mGy. Umgerechnet auf eine effektive Ganzkörperdosis (der Wichtungsfaktor für die Brust ist $w_i = 0{,}05$) ergibt sich eine Dosis von

$$H_{\text{eff}} = 0{,}078\,\text{mSv}$$

(der Strahlungs-Wichtungsfaktor für Röntgenstrahlung ist 1, deshalb ist hier 1 Gy = 1 Sv).

Teilkörperdosis

Ganzkörperdosis

In der medizinischen Praxis ist es unmöglich, diese Rechnungen im Einzelfall durchzuführen. Man gibt als Größen die Beschleunigungsspannung, das Produkt aus Belichtungszeit und Röhrenstrom und die im Patientenabstand gemessene gewebeäquivalente Dosis an. Moderne Röntgengeräte verwenden für eine Frontal-Thorax-Aufnahme 120 kV und 5,6 mA s. Der Patient liegt dabei in 150 cm Entfernung zum Fokus und es wird ein Bildfeld von $35 \times 43\,\text{cm}^2$ ausgeblendet. Damit erhält man eine Dosis von $0{,}4\,\text{Sv}\,\text{cm}^2$, also 0,27 mSv Brustdosis, entsprechend 13,5 µSv Ganzkörperdosis für den Patienten. Für seitliche Thorax-Aufnahmen wählt man 110 kV, 11 mA s bei gleicher Bildfläche und gleichem Abstand. Als Dosis-Flächeninformation gibt der Hersteller $0{,}6\,\text{Sv}\,\text{cm}^2$ an, was bei einer Patientenfläche von $43 \times 20\,\text{cm}^2$ zu 0,7 mSv Brustdosis bzw. 35 µSv Ganzkörperdosis führt.

Frontal-Thorax-Aufnahme

seitliche Thorax-Aufnahme

„Ich sehe nichts!"

© by Claus Grupen

Ergänzung 2

Die Röntgenverordnung regelt auch den Betrieb von Störstrahlern, in denen bei Betrieb Röntgenstrahlung erzeugt wird, ohne dass sie diesem Zweck dienen. Ein Teil der Störstrahler ist genehmigungspflichtig; zu ihnen zählen z. B. Elektronenmikroskope oder Mikrowellenklystrone.

**Elektronenmikroskope
Mikrowellenklystrone**

Auch Fernsehgeräte älterer Bauart erzeugen weiche Röntgenstrahlung. Nach den Richtlinien des Rates der Europäischen Gemeinschaft darf die Dosisleistung an jedem beliebigen Punkt im Abstand von 10 cm von der berührbaren Oberfläche des Gerätes unter normalen Betriebsbedingungen 1 µSv/h nicht überschreiten. Normale Farbfernsehgeräte unterschreiten diesen Wert deutlich, auch dadurch, dass die weiche Röntgenstrahlung in Luft gut absorbiert wird, so dass der Fernsehzuschauer mit weniger als 1/1000 des zulässigen Maximalwertes in 10 cm Abstand zu rechnen hat. Damit liegt die mittlere jährliche Dosis durch Fernsehgeräte je nach Fernsehkonsum im µSv-Bereich. Tatsächlich ist die geringe Strahlenbelastung beim Fernsehen mehr auf die Radioisotope ^{40}K und Uran mit seinen Folgeprodukten im Glas der Fernsehröhre zurückzuführen als auf die weiche Röntgenbremsstrahlung. Moderne Fernsehgeräte mit Plasmabildschirm oder LCD-Bildschirm (Liquid Crystal Display) erzeugen gar keine Röntgenstrahlung.

Fernsehgeräte

Störstrahler

Zu den Störstrahlern gehören auch ältere Monitore für Rechner. Für berufliche Tätigkeiten an Rechnern könnte im Prinzip wegen der längeren Expositionszeit und des geringeren Abstandes eine höhere jährliche Dosis erwartet werden. Jedoch sind die Displays meist gut, auch gegen niederfrequente elektromagnetische Strahlung („Elektrosmog"), abgeschirmt und stellen deshalb nur geringe Belastungen dar („Low Radiation"-Kennzeichnung). Moderne Flachbildschirme arbeiten nach einem anderen Prinzip und stellen kein Strahlungsrisiko dar.

Low Radiation Displays

Ergänzung 3

Ein Röntgenapparat wird in einem Labor mit 100 kV bei 220 mA im Mittel 600 Sekunden pro Woche betrieben. Wie dick muss die abschirmende Betonmauer sein, die einen in 5 m Entfernung vorbeiführenden Gang so weit abschirmt, dass er nicht mehr als Überwachungsbereich gilt? Die Röntgenkanone ist 30% der Betriebszeit gegen diese Wand gerichtet. Der Aufenthaltsfaktor in Gängen wird i. a. mit 25% angesetzt.

**Abschirmung
von Röntgenräumen**

Ohne Abschirmung wird die Belastung durch den Röntgenapparat in 1 m Entfernung vom Fokus mit $K = 5$ mSv/(mA min) angegeben. Die maximale Dosisleistung im Gang (untere Grenze des Überwachungsbereichs) beträgt 1 mSv/a bei dauerndem Aufenthalt.

Die Dosisleistung vor der Abschirmwand beträgt

$$\dot{D} = 5 \, \frac{mSv}{mA\,min} \times 220\,mA \times 10\, \frac{min}{Woche} \times 52\, \frac{Wochen}{Jahr}$$
$$\times 0{,}3 \times 0{,}25 \times \frac{1}{25}$$
$$= 1716 \, \frac{mSv}{a} \; .$$

Um auf 1 mSv zu kommen, muss die Strahlung um den Faktor 1716 reduziert werden.

Bei einer mittleren Röntgenenergie von ca. 70 keV und einem Massenabsorptionskoeffizienten von etwa $0{,}15/(g/cm^2)$ entsprechend $0{,}375/cm$ ($\rho_{Beton} = 2{,}5\,g/cm^3$) errechnet sich die notwendige Wandstärke aus

Absorptionskoeffizienten

$$I = I_0\, e^{-\mu x} = \frac{I_0}{1716} \; ,$$
$$e^{\mu x} = 1716 \; ;$$
$$x = \frac{1}{\mu}\, \ln\,(1716) \approx 20\,cm \; .$$

Vorschriften über die Bauartzulassung von Röntgenstrahlern und Röntgeneinrichtungen:

Ergänzung 4

a) Röntgenstrahler für Röntgenbeugung, Mikroradiographie und Röntgenspektralanalyse:
Dosisleistung in 0,5 m Abstand vom Brennfleck $\leq 25\,\mu Sv/h$ bei maximalen Betriebsbedingungen bei geschlossenem Strahlaustrittsfenster;

b) Röntgeneinrichtungen für medizinische Anwendung:
Dosisleistung in 1 m Abstand vom Brennfleck
$\leq 2{,}5\,mSv/h$ bei $U \leq 200\,kV$
$\leq 10\,mSv/h$ bei $U > 200\,kV$
bei maximalen Betriebsbedingungen bei geschlossenem Strahlaustrittsfenster;

c) Hochschutzgeräte:
0,1 m von der berührbaren Oberfläche des Schutzgehäuses bei maximalen Betriebsbedingungen: $\dot{D} \leq 25\,\mu Sv/h$;

d) Vollschutzgeräte:
$\dot{D} \leq 7{,}5\,\mu Sv/h$ unter Bedingungen wie in c);

e) Störstrahler:
$\dot{D} \leq 1\,\mu Sv/h$ unter Bedingungen wie in c);

f) Schulröntgeneinrichtungen:
$\dot{D} \leq 7{,}5\,\mu Sv/h$ unter Bedingungen wie in c).

Ergänzung 5

Dosisgrenzwerte für Organdosen:

Beruflich strahlenexponierte Personen der Kategorie A:
$$45\,\text{mSv/a} < \dot{D} \le 150\,\text{mSv/a Augenlinse,}$$
$$150\,\text{mSv/a} < \dot{D} \le 500\,\text{mSv/a Haut, Hände, Unterarme,}$$
$$\text{Füße, Knöchel.}$$

Beruflich strahlenexponierte Personen der Kategorie B:
$$15\,\text{mSv/a} < \dot{D} \le\ \ 45\,\text{mSv/a Augenlinse,}$$
$$50\,\text{mSv/a} < \dot{D} \le 150\,\text{mSv/a Haut, Hände, Unterarme,}$$
$$\text{Füße, Knöchel.}$$

Allgemeine Bevölkerung:
$$\dot{D} \le 15\,\text{mSv/a Augenlinse,}$$
$$\dot{D} \le 50\,\text{mSv/a Haut, Hände, Unterarme,}$$
$$\text{Füße, Knöchel,}$$
$$\dot{D} \le\ \ 1\,\text{mSv/a Ganzkörperdosis.}$$

Ergänzung 6

Im Jahre 2001 wurde die Gefährdung von Soldaten – insbesondere Radarmechanikern und Operateuren – durch Röntgenstrahlen bekannt. Radarstationen erzeugen natürlich Radarstrahlung. Radarstrahlung ist eine nicht ionisierende elektromagnetische Hochfrequenzstrahlung mit Frequenzen im Gigahertz-Bereich. Diese Mikrowellenstrahlung kann – ähnlich wie bei Mikrowellenherden oder im Mobilfunk-Bereich – für sich genommen, Gesundheitsschäden beim Menschen hervorrufen (,Elektrosmog', s. Kap. 15). Diese potentielle Schädigung soll aber hier nicht diskutiert werden. Bei der Erzeugung von Radarstrahlen entstehen allerdings auch unvermeidlich Röntgenstrahlen. Ein Radargerät erzeugt daher Röntgenstrahlen, ohne dass es zu diesem Zweck betrieben wird, ist also ein typischer Störstrahler.

Die Röntgenstrahlung entsteht durch die Verwendung bestimmter elektronischer Bauteile in den Radaranlagen. Je nach Typ des Radargerätes werden in Senderöhren (Klystrone und Magnetrone) Elektronen mit Spannungen von 20 bis 100 kV beschleunigt. Durch Abbremsung der Elektronen entsteht Röntgenbremsstrahlung im Energiebereich bis zur maximalen Elektronenenergie (bis maximal 20 keV bzw. 100 keV).

Über die von den Radartechnikern erhaltenen Dosen gibt es nach Aussagen von ,Medicine Worldwide' widersprüchliche Angaben. Bei vorschriftsmäßiger Abschirmung wird eine Dosisleistung an Radargeräten von 0,06 bis 0,07 mSv/h angegeben. Gelegentlich wurden die Geräte aber auch unabgeschirmt betrieben. Bei einer solchen Situation wurden Spitzenwerte von 10 mSv/h gemessen, was einem Sperrbereich entspräche. Andere Berechnungen kommen auf 120 mSv im Jahr, wobei Belastungen durch unabgeschirmte Geräte bei Wartungs- und Justierarbeiten noch nicht berücksichtigt sind.

Als zusätzliches Risiko muss außerdem die Verwendung von radiumhaltigen Leuchtstoffen auf den Sichtkonsolen der Anlagen gelten, die gegen Berührungen und Abrieb nicht ausreichend geschützt waren. Oft wurden diese Konsolen zur Erneuerung mit der Hand abgeschmirgelt oder sogar mit Schleifmaschinen abgeschliffen. Auf diese Weise könte das hochtoxische, alphastrahlende Radium inkorporiert worden sein.

Geht man davon aus, dass rund 20 000 Menschen an den Radargeräten verteilt über einen Zeitraum von 25 Jahren gearbeitet haben, und stellt man in Rechnung, dass in dieser Altersklasse in diesem Zeitraum mit etwa 100 ‚natürlichen' Krebserkrankungen mit tödlichem Ausgang zu rechnen ist, so scheinen die unter den Radartechnikern beobachteten 2000 Krebsfälle, von denen bisher etwa 200 tödlich verliefen – wie von ‚Medicine Worldwide' berichtet – ein sicheres Zeichen für strahleninduzierte Krebserkrankungen zu sein.[3]

Zusammenfassung

Die Röntgenverordnung ist von der Strahlenschutzverordnung unabhängig. Sie bezieht sich auf Röntgeneinrichtungen in denen Elektronen auf mindestens 5 keV und maximal 1 MeV beschleunigt werden. Die in der Röntgenverordnung festgelegten Grenzwerte für Arbeitsbereiche gleichen denen der Strahlenschutzverordnung.

10.2 Übungen

Röntgenstrahlung wird in der Festkörperphysik zur Bestimmung von Kristallkonstanten verwendet. Man kann mit Röntgenstrahlen jedoch nur Strukturen auflösen, die größer als die Wellenlänge der verwendeten elektromagnetischen Strahlung sind. Mit welcher Spannung muss man eine Röntgenröhre mindestens betreiben, wenn noch Strukturen von der Größenordnung $0,5\,\text{Å}$ aufgelöst werden sollen?

Übung 1

---

[3] Weitere Informationen unter Medicine Worldwide
`http://www.m-ww.de/enzyklopaedie/`
`strahlenmedizin/radarstrahlung.html`
Für diesen Hinweis bin ich Herrn Dipl. Phys. Helmut Kowalewsky dankbar.

Zur Lösung dieser Aufgabe beachten Sie, dass die maximale Energie der Photonen ($h\nu$) durch die Beschleunigungsspannung gegeben ist (eU). Die Frequenz ν hängt mit der Wellenlänge λ über $\lambda\,\nu = c$ zusammen (h – Planck'sches Wirkungsquantum, c – Lichtgeschwindigkeit).

Übung 2

Der Absorptionskoeffizient für 50 keV-Röntgenstrahlung in Aluminium ist $\mu = 0{,}3\,(\text{g/cm}^2)^{-1}$. Wie dick muss eine Aluminiumwand sein, die die Röntgenstrahlung um einen Faktor 10 000 schwächt?

Übung 3

Eine Röntgenröhre, die mit 200 kV betrieben wird, erzeuge hinter einer 20 cm dicken Betonwand noch eine Dosisleistung von 0,7 mSv/h. Durch eine zusätzliche Bleiabschirmung an der Außenwand soll die Dosisleistung auf 1 μSv/h reduziert werden.

1. Wie dick muss die zusätzliche Bleiabschirmung sein?
2. Wie dick müsste die Abschirmung sein, wenn man die Dosisleistung allein durch eine Bleiabschirmung auf 1 μSv/h reduzieren wollte?

($\mu_{\text{Beton}} = 0{,}3\,\text{cm}^{-1}$ und $\mu_{\text{Blei}} = 11\,\text{cm}^{-1}$ für die von einer mit 200 kV betriebenen Röntgenröhre erzeugte Röntgenstrahlung.)

11 Umweltradioaktivität

> *„Bisher kämpfte der Mensch gegen die Natur.*
> *Von nun an wird er gegen seine eigene Natur*
> *kämpfen. "*
>
> D. Gabor 1900–1979

Die natürliche Strahlenbelastung setzt sich aus drei Komponenten zusammen. Dabei stellen die kosmische Strahlung aus dem Weltall, die terrestrische Strahlung aus der Erdkruste und die Inkorporation von Radionukliden aus der Biosphäre jeweils Ganzkörperbestrahlungen dar. Eine gewisse Sonderrolle spielt die Inhalation des radioaktiven Edelgases Radon, das speziell eine Belastung der Lunge und der Bronchien darstellt. Zusätzlich zu diesen natürlichen Quellen treten weitere Expositionen durch die Technisierung der Umwelt auf. Die Existenz von natürlichen radioaktiven Stoffen belegt, dass Radioaktivität und Leben auf der Erde seit Urzeiten koexistieren.

Koexistenz von Leben und Radioaktivität

11.1 Kosmische Strahlung

Die Quellen der auf der Erde gemessenen hochenergetischen kosmischen Strahlung liegen fast ausschließlich in unserer Milchstraße. Die niederenergetischen Teilchen kommen ganz überwiegend von unserer Sonne. Die kosmische Strahlung besteht zum größten Teil aus Wasserstoffkernen ($\approx 85\%$) und Heliumkernen ($\approx 12\%$). Nur etwa 3% der primären Kerne sind schwerer als Helium. Es kommen allerdings alle Elemente des periodischen Systems als Teilchen der kosmischen Strahlung vor. Neben dieser baryonischen, stark wechselwirkenden Komponente der kosmischen Teilchenstrahlung gibt es in der primären Strahlung noch elektromagnetisch wechselwirkende Elektronen und Photonen sowie schwach wechselwirkende Neutrinos. Obwohl der Neutrinofluss – insbesondere von der Sonne – sehr hoch ist, spielen Neutrinos wegen ihrer geringen Wechselwirkungswahrscheinlichkeit für Strahlenschutzaspekte praktisch keine Rolle.

kosmische Strahlung

Diese primären Teilchen stoßen mit den Atomen bzw. Atomkernen der Atmosphäre zusammen und erzeugen dabei eine Vielzahl von Elementarteilchen. Wegen der hohen Energien der Primärteilchen bilden sich ganze Kaskaden von Sekundär- und Tertiärteilchen. Die am Erdboden vorherrschende Komponente besteht aus den so genannten Myonen. Das sind Teilchen, die ähnliche Eigenschaften

Myonenkomponente

Protonenkomponente
Elektronenkomponente

wie Elektronen haben mit dem Unterschied, dass sie etwa 200-mal so schwer und instabil sind. Der Fluss dieser Myonen auf Meereshöhe beträgt etwa 1 Teilchen pro cm^2 und Minute. Bild 11.1 zeigt die Protonen-, Elektronen- und Myonenanteile als Funktion der Tiefe in der Atmosphäre.

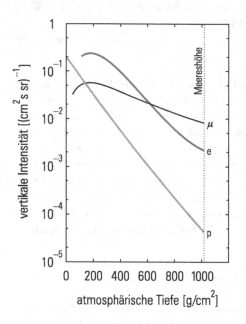

Abb. 11.1
Höhenabhängigkeit der Protonen-,
Elektronen- und Myonenflüsse in
der Atmosphäre

Der sekundäre Teilchenfluss wird relativ stark in der Atmosphäre absorbiert. Myonen sind aber sehr durchdringende Teilchen, die auch noch in großen Tiefen unter der Erdoberfläche nachgewiesen werden können.

Die Exposition des Menschen durch kosmische Strahlung in Westeuropa beträgt etwa $0,3\,\text{mSv/a}$. Sie variiert mit der geographischen Breite, weil das Erdmagnetfeld die geladene Teilchenstrahlung zu einem gewissen Grade abschirmt. Am Nordpol ist die Belastung etwas höher ($\approx 0,4\,\text{mSv/a}$) und am Äquator etwas niedriger ($\approx 0,2\,\text{mSv/a}$). Die Dosis variiert allerdings stark mit der Höhe in der Atmosphäre, weil mit zunehmender Höhe die abschirmende Wirkung der Lufthülle reduziert wird. So ist die Belastung auf dem Mt. Everest etwa $20\,\text{mSv/a}$ und auf der Zugspitze ungefähr $1,2\,\text{mSv}$ /a. In der Flughöhe normaler Passagierflugzeuge (12–14 km) beträgt die Belastung etwa $5\,\mu\text{Sv}$ pro Stunde. Für Flüge in Höhen von 20 km (z. B. Forschungsflugzeuge) läge die Dosisleistung, abhängig von der geographischen Breite, etwa um $20\,\mu\text{Sv}$ pro Stunde. Bild 11.2 zeigt die Strahlenexposition bei Flughöhen um 10 km in ihrer Abhängigkeit von der geographischen Breite.

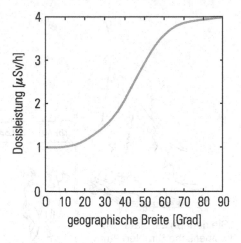

Abb. 11.2
Mittlere Dosisleistung bei Flügen
in 10 km Höhe als Funktion der
geographischen Breite

Paläomagnetische Untersuchungen an Gesteinen zeigen, dass relativ regelmäßig Umkehrungen der magnetischen Polarität der Erde stattgefunden haben. In diesen Perioden der Magnetfeldumkehr, insbesondere bei den Nulldurchgängen, in denen das Magnetfeld verschwand, war die Erde einer deutlich erhöhten Strahlenbelastung durch kosmische Strahlung ausgesetzt (Faktor 3 bis 5) ohne erkennbare negative Auswirkungen für die Entwicklung von Leben.

Die Höhenabhängigkeit der Strahlenbelastung für mittlere geographische Breiten ist in Bild 11.3 gezeigt.

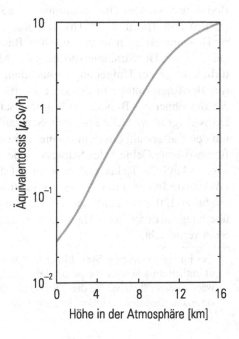

Abb. 11.3
Variation der Dosisleistung
mit der Höhe in der Atmosphäre
für mittlere geographische Breiten

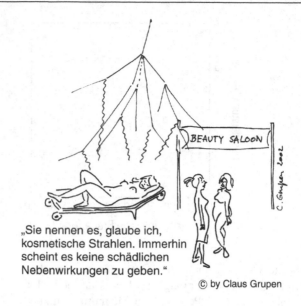

„Sie nennen es, glaube ich,
kosmetische Strahlen. Immerhin
scheint es keine schädlichen
Nebenwirkungen zu geben."

© by Claus Grupen

11.2 Terrestrische Strahlung

Die Erde enthält natürliche radioaktive Stoffe, deren Strahlung den
Menschen belastet. Die wichtigsten radioaktiven Elemente, die im
Boden und im Gestein vorkommen, sind Kalium (^{40}K), Radium
(^{226}Ra) und Thorium (^{232}Th). Die Radioisotope ^{40}K, ^{226}Ra und
^{232}Th kommen auch in den meisten Baumaterialien (Beton, Zie-
gel, ...) vor. Die Strahlenexposition des Menschen variiert nun natürlich mit seiner Umgebung, je nachdem wie groß die Konzentration der Radioisotope in der Erde ist. Eine mittlere Belastung für
die Bewohner der Bundesrepublik Deutschland ist 0,5 mSv/a. Die
Dosis zeigt aber starke regionale Schwankungen. Für die Gegend
um den Kaiserstuhl erhält man eine Jahresdosis von 1,5 mSv/a und
für bestimmte Gebiete des Schwarzwaldes (Nähe Menzenschwand)
sogar 18 mSv/a. Rekordbelastungen auf der Erde treten in Kerala
(Westküste Indiens) mit 26 mSv/a, in Brasilien (atlantische Küste)
mit bis zu 120 mSv/a und Ramsar (Iran) mit 450 mSv/a auf. Sie sind
überwiegend durch hohe Thorium-Konzentrationen (bis zu 10%) im
Sand verursacht.[1]

---

[1] Das im brasilianischen Staat Minas Gerais vorkommende Mineral Apa-
tit enthält an gewissen Orten so viel Uran und Thorium, dass die dort
wachsenden Pflanzen, die diese Stoffe aus dem Boden aufnehmen, sich
autoradiographisch abbilden, wenn man sie auf einen Film legt.

Unsere natürliche Umwelt enthält also eine Vielzahl radioaktiver Stoffe. Große Bevölkerungsgruppen leben schon über viele Generationen hinweg ohne erkennbare Nachteile in Gegenden mit einer Bodenbelastung, die um einen Faktor 100 über dem Mittelwert liegt. Die natürliche Radioaktivität war vor Jahrmillionen noch viel höher, und man kann davon ausgehen, dass sie für die Entwicklung des Lebens auf der Erde notwendig war.

Es ist interessant, darauf hinzuweisen, dass Plutonium als natürliches Isotop in der Erdkruste vorkommt. ^{239}Pu mit einer Halbwertszeit von 24 300 Jahren wird durch kosmische Strahlung durch die Reaktion

$$n + {}^{238}\text{U} \longrightarrow {}^{239}\text{U} + \gamma \qquad (11.1)$$

mit zwei nachfolgenden β^--Zerfällen über ^{239}Np ständig erzeugt:
natürliches Plutonium

$$^{239}\text{U} \xrightarrow{\beta^-} {}^{239}\text{Np} \xrightarrow{\beta^-} {}^{239}\text{Pu} \ . \qquad (11.2)$$

11.3 Inkorporation von Radionukliden

Die wichtigsten natürlichen Radionuklide, die in der Atemluft, im Trinkwasser und in Nahrungsmitteln vorkommen, sind Isotope des Wasserstoffs (Tritium: ^{3}H), Kohlenstoffs (^{14}C), Kaliums (^{40}K), Poloniums (^{210}Po), Radons (^{222}Rn), Radiums (^{226}Ra) und des Urans (^{238}U). Durch die Nahrungsaufnahme werden diese natürlichen radioaktiven Stoffe im menschlichen Körper angesammelt, so dass der Mensch selbst radioaktiv wird. Die natürliche Radioaktivität des menschlichen Körpers beträgt ca. 9000 Bq und rührt im Wesentlichen von ^{40}K und ^{14}C her. Die daraus abzuleitende mittlere radioaktive Belastung des Menschen durch inkorporierte natürliche radioaktive Stoffe beträgt etwa 0,4 mSv/a. Hinzu kommt noch die Belastung der Lunge durch das in der Atemluft enthaltene radioaktive Edelgas Radon. Bild 11.5 zeigt die Entstehung des ^{222}Rn in der Uran–Radium-Reihe und seine Freisetzung durch Erdspalten in die Atemluft.

natürliche Radionuklide in der Atemluft, im Trinkwasser, in Nahrungsmitteln

natürliche Radioaktivität des Menschen

Lungenbelastung

Abb. 11.4
Low-Level-Monitor-System mit Staubprobensammler zur Messung geringer Beta-Aktivitäten, z. B. im Rahmen von Radon-Filter-Messungen (Modell LLM 500, mab STRAHLENMESSTECHNIK)

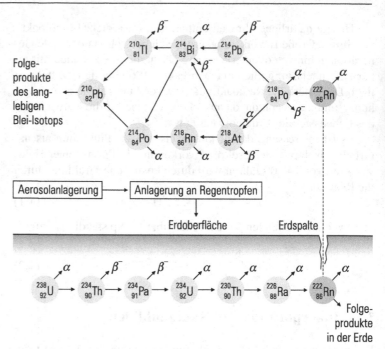

Abb. 11.5
Entstehung und Freisetzung
von ^{222}Rn

Radon-Inhalation

Rechnet man die durch Radon-Inhalation erzeugte Lungendosis auf eine äquivalente Ganzkörperdosis um, so schlägt das Radon-Isotop allein mit einer Belastung von 1,1 mSv/a zu Buche.[2] Die kanzerogene Wirkung geringer Radon-Konzentrationen ($< 200\,\mathrm{Bq/m^3}$) ist allerdings nicht erwiesen. Insgesamt erhält der Mensch durch Inkorporation natürlicher radioaktiver Stoffe aus der Umwelt damit eine radioaktive Belastung von 1,5 mSv/a.

Ebenso wie die terrestrische Strahlung unterliegt die Strahlenexposition des Menschen durch inkorporierte Radionuklide aus der Biosphäre starken lokalen Schwankungen. Allein die Radon-Belastung kann in schlecht belüfteten Häusern um einen Faktor 5 höher als die mittlere liegen. In schlecht belüfteten Minen kann die Radon-Belastung sogar auf das 100fache der mittleren Belastung ansteigen.[3]

Radon-Belastung

---

[2] Schneeproben vom Mont Blanc sind 80-mal so radioaktiv wie die anderer Berge in den Alpen. Die Granitplatten auf dem Mt. Blanc sind anders als bei anderen Bergen stark zerfurcht, so dass aus den Spalten das Edelgas Radon leicht austreten kann. Die Radon-Konzentration im Schnee ist aber trotzdem noch unbedenklich.

[3] In altägyptischen Gräbern und in Pyramiden wurden Radon-Belastungen von bis zu 6000 Bq/m^3 gefunden.

„10 000 Atomkerne zerfallen pro Sekunde in unserem
Körper, und wir machen uns Sorgen um die Benzinpreise."

© by Claus Grupen

Tabelle 11.1
Radioaktive Belastung des
Menschen aus natürlichen Quellen

Quelle	mittlere Belastung pro Jahr	Extremwerte
kosmische Strahlung	≈ 0,3 mSv	10 mSv (in großen Höhen)
terrestrische Strahlung	≈ 0,5 mSv	450 mSv (Ramsar, Iran)
Inkorporation von Radionukliden	≈ 1,5 mSv	5 mSv (bei extremen Verzehrgewohnheiten)

In der Tabelle 11.1 sind die mittleren radioaktiven Strahlenexpositionen des Menschen aus natürlichen Quellen zusammengestellt. Die mittlere natürliche Gesamtstrahlenbelastung des Menschen beträgt damit ca. 2,3 mSv pro Jahr.

Bild 11.6 zeigt die Anteile der Strahlenexposition durch die natürliche Umwelt in graphischer Form.

In der Frühzeit der geologischen Entwicklung der Erde, vor 3,5 Milliarden Jahren, war das natürliche Strahlungsniveau etwa um einen Faktor 3 bis 5 höher als heute. Es wird vermutet, dass solche Strahlungsdosen notwendig waren, um die Entwicklung von Leben auf unserem Planeten in die Wege zu leiten. Ebenso ist es wahrscheinlich, dass die natürliche Strahlenbelastung notwendig war und ist, um die Evolution voranzutreiben.

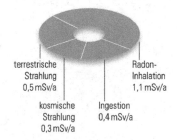

terrestrische
Strahlung
0,5 mSv/a

Radon-
Inhalation
1,1 mSv/a

kosmische
Strahlung
0,3 mSv/a

Ingestion
0,4 mSv/a

Abb. 11.6
Natürliche Strahlenbelastung
(2,3 mSv/a)

**Strahlung
als Evolutions-Motor?**

11.4 Zivilisationsbedingte Strahlenbelastung

In Naturwissenschaft und Technik werden heutzutage in vielfältiger Weise radioaktive Stoffe eingesetzt. Die Hauptbelastung für den Menschen ergibt sich jedoch durch die Anwendung von Röntgen-, **Röntgen-Diagnostik** β- und γ-Strahlung in der Medizin in Diagnostik und Therapie. Einige Beispiele sollen dies belegen. Eine Röntgenaufnahme der Lunge entspricht einer Ganzkörperbelastung von etwa 0,1 mSv. Eine Gefäßdarstellung der Arterien oder eine Aufnahme der Niere bedeuten eine Belastung von 10 mSv. Eine Einzelexposition eines Zahnes führt dagegen nur zu einer Dosis von 0,01 mSv.

nuklearmedizinische Größer können jedoch noch die Belastungen durch nuklearmedizinische Untersuchungsverfahren sein. Früher wurden Darstellungen der Schilddrüse mit dem Iodisotop ^{131}I durchgeführt. Dies führte zu einer Ganzkörperbelastung von 33 mSv. Die Verwendung von ^{131}I zur Schilddrüsen*diagnostik* wird heutzutage aber praktisch nicht mehr angewandt. Stattdessen wird üblicherweise ^{99m}Tc-Pertechnetat mit einem dignostischen Referenzwert von 75 MBq verwendet. Hierbei ergibt sich eine deutlich geringere Ganzkörperbelastung von 1 mSv. Allerdings wird das Jodisotop ^{131}I weiterhin in der Schilddrüsen*therapie* verwendet.

Leberdiagnostik Auch die früher durchgeführte Leberdiagnostik mit dem Goldisotop ^{198}Au gehört der Vergangenheit an. Stattdessen wird meistens das kurzlebige ^{99m}Tc verwendet. So ist zum Beispiel auch die häufig durchgeführte nuklearmedizinische Untersuchung der Myokardperfusionsszintigraphie mit ^{99m}Tc-Perfusionstracern zu nennen. Bei einer Aktivität von 1 GBq für die Belastungs- und Ruheuntersuchung ergibt sich eine Strahlenexposition von 7,6 mSv. Für die Untersuchungen mit der Positronen-Emissions-Tomographie wird zuneh-

Röntgen-Diagnostik und -Therapie

nuklearmedizinische Diagnostik und Therapie

Schilddrüsendiagnostik und -therapie

Leberdiagnostik

„Was los ist? Ich war gerade bei einer Jod-
Therapie!"   © C. Grupen

mend Fluordeoxyglukose mit radioaktivem ^{18}F (Halbwertszeit 110 Minuten) eingesetzt. Für onkologische Fragestellungen wird meist eine Aktivität von 400 MBq injiziert entsprechend einer Strahlenexposition von 7,6 mSv.[4]

^{18}F lässt sich durch Protonenbeschuss aus ^{18}O herstellen, gemäß

$$p + {}^{18}\text{O} \longrightarrow {}^{18}\text{F} + n \, , \qquad (11.3)$$

wobei das Sauerstoffisotop in Form von $H_2{}^{18}$O vorliegt. Wegen der relativ langen Halbwertszeit von fast zwei Stunden kann das Fluorisotop am Beschleuniger erzeugt werden und zumindest regional verteilt werden. Kurzlebigere Positronenemitter wie etwa ^{11}C ($T_{1/2} = 20$min), ^{13}N ($T_{1/2} = 10$min), ^{15}O ($T_{1/2} = 2$min) und ^{82}Rb ($T_{1/2} = 1,25$min) können nur in Krankenhäusern, die über ein Zyklotron verfügen, eingesetzt werden.

In der modernen klinischen Praxis werden also zunehmend kurzlebige Radioisotope wie etwa ^{99m}Tc (ein metastabiler Zustand von ^{99}Tc) für Diagnosezwecke eingesetzt, um die Strahlenbelastung für den Patienten zu reduzieren. Solche Radioisotope lassen sich etwa durch Neutronenbeschuss an Reaktoren gewinnen. Konkret wird ^{99m}Tc durch Zerfall von neutronenaktiviertem Molybdän erhalten (siehe Kap. 14, Ergänzung 1). In der Vergangenheit wurden auch mit so genannten „Radionuklid-Kühen" kurzlebige Isotope im Krankenhaus selbst hergestellt. So lässt sich der kurzlebige γ-Strahler ^{137}Ba durch „Abmelken" der langlebigen „Kuh" ^{137}Cs im Labor erzeugen (siehe Kap. 14, Ergänzung 1). Dieses Generatorsystem wird noch in der Technik für Kalibrationszwecke verwendet, findet jedoch in der konventionellen klinischen Praxis keine Anwendung mehr.[5]

Isotopenherstellung

Die größten Strahlenexpositionen treten aber in der Tumortherapie auf, wo man zwischen dem erwarteten therapeutischen Erfolg und dem Strahlenrisiko abwägen muss. In der Krebsbekämpfung werden Maximalwerte für einzelne Körperregionen (also nicht Ganzkörperbestrahlung) von bis zu 100 Sv (!) eingesetzt. Eine kurzzeitige Ganzkörperbestrahlung mit dieser Dosis würde mit Sicherheit zum Strahlentod führen, denn die letale Dosis für Ganzkörperbestrahlung beträgt etwa 4 Sv. Das bedeutet, dass bei einer solchen Bestrahlung mit 4 Sv die Hälfte der bestrahlten Menschen innerhalb von 30 Tagen sterben. Krebspatienten können eine Dosis von 100 Sv nur deshalb überleben, weil die Dosis lokal appliziert wird und im Allgemeinen nur ein Organ betroffen ist, nicht aber der gesamte Körper. Außerdem wird diese hohe Dosis in kleineren Fraktionen

Tumortherapie

fraktionierte Bestrahlung

---

[4] Für diese detaillierten Informationen bin ich Herrn Dr. med. Oliver Lindner, Oberarzt am Herz- und Diabeteszentrum der Universitätsklinik der Ruhr-Universität Bochum sehr dankbar.

[5] Siehe Fußnote 4

von einigen Sievert mit Pausen über ein bis zwei Tage verteilt verabreicht.

Pro-Kopf-Belastung

Die mittlere Pro-Kopf-Belastung des Menschen in der Bundesrepublik Deutschland liegt zur Zeit etwa bei 1,9 mSv/a durch Röntgendiagnostik und ca. 0,05 mSv/a durch nuklearmedizinische Methoden. Dabei ist der letztere Mittelwert etwas problematisch, weil er von wenigen sehr starken Belastungen für nur einige Personen herrührt. Neben dieser Hauptbelastung durch medizinische Techniken fallen weitere zivilisationsbedingte Dosen kaum ins Gewicht. In den sechziger Jahren gab es zum Teil beträchtliche Strahlenexpositionen durch den radioaktiven Fallout nach Kernwaffenversuchen in der Atmosphäre. Diese sind jedoch fast gänzlich abgeklungen.

radioaktiver Fallout

In der Technik werden Radioisotope in vielfältiger Weise eingesetzt. So verwendet man die Isotope Tritium (^{3}H) und Promethium (^{147}Pm) in Leuchtstoffen, den α-Strahler Americium (^{241}Am) in Ionisationsfeuermeldern älterer Bauart und Plutonium (^{238}Pu) oder Actinium (^{227}Ac), Strontium (^{90}Sr) oder Cobalt (^{60}Co) in Radionuklidbatterien. In diesen Batterien wird die bei der Absorption von Strahlung erzeugte Wärme mit Hilfe von Thermoelementen in elektrischen Strom umgesetzt. Wegen der großen Halbwertszeiten bestimmter Radioisotope ($T_{1/2}(^{238}$Pu$) = 88$ a, $T_{1/2}(^{227}$Ac$) = 22$ a, $T_{1/2}(^{90}$Sr$) = 28$ a) stellen Radionuklidbatterien wartungsfreie, langlebige Energiequellen insbesondere für die Raumfahrt dar. Sie eignen sich deshalb hervorragend für Langzeit-Raumfahrtmissionen.

Leuchtstoffe
Ionisationsfeuermelder
Radionuklidbatterien

Antistatika
Füllstandsanzeiger
Phosphatdünger

Auch für Antistatika und Füllstandsanzeiger werden radioaktive Stoffe eingesetzt. In Phosphatdüngern sind natürliche radioaktive Stoffe enthalten, wie Uran und Thorium mit ihren Folgeprodukten sowie ^{40}K. Uranverbindungen dienten früher auch zur Erzeugung von Pigmenten (mit Farbtönen gelb, rot, braun, schwarz) für die Glas- und Keramikindustrie. Die Herstellung solcher „strahlenden" Farben ist aber nicht mehr zulässig.

Kernkraftwerke

Die Belastung der Umwelt durch störungsfrei arbeitende Kernkraftwerke ist gering ($< 0,01$ mSv/a).[6] Es muss aber erwähnt werden, dass Steinkohlekraftwerke – neben der CO_2-Emission – mehr radioaktive Stoffe an die Umwelt abgeben als störungsfrei arbeitende Kernkraftwerke. Das normale Niveau der Niedrigstrahlung, das permanent von Kohlekraftwerken ausgeht, würde einen Sturm der Entrüstung auslösen, wenn vergleichbare Mengen an radioaktiven

---

[6] Es sei allerdings darauf hingewiesen, dass in der Nähe von Wiederaufbereitungsanlagen erhöhte Strahlenwerte gemessen wurden. So fand man in der Nähe der Wiederaufbereitungsanlage La Hague Bodenbelastungen von 100 Bq/m^2 an ^{137}Cs und 10 Bq/m^2 an ^{60}Co. In der Fortluftfahne dieser Anlage wurden ^{85}Kr-Aktivitätskonzentrationen von mehreren 1000 Bq/m^3 gemessen.

Füllstandsmessung

Ein mit Bleischrot halb gefülltes Reagenzglas wird von der γ-Strahlung des Radioisotops ^{226}Ra durchstrahlt. Dabei werden die γ-Quelle und der Szintillationszähler (s. Bild) jeweils auf gleicher Höhe gehalten. Das System aus Quelle und Detektor wird nun parallel zur Achse des Reagenzglases verschoben und die Zählrate im Detektor als Funktion der Höhe registriert. Wenn die Anordnung das Niveau der Füllhöhe erreicht hat, sinkt die Zählrate drastisch ab und bleibt konstant niedrig für größere Tiefen. Aus der Zählratenkurve lässt sich recht genau die Füllhöhe ablesen.

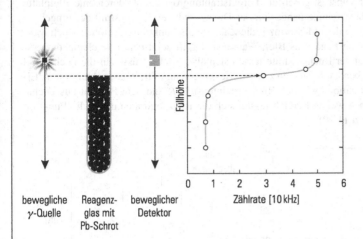

bewegliche   Reagenz-   beweglicher
γ-Quelle   glas mit   Detektor
       Pb-Schrot

Zählrate [10 kHz]

Füllhöhe

Abb. 11.8
Füllstandsmessung mit einer
^{226}Ra-Quelle

Stoffen von kerntechnischen Anlagen emittiert würden. So werden in den USA etwa 800 Tonnen Uran von den Kohlekraftwerken pro Jahr in die Luft geblasen. Der Einsatz von effektiven Filtern kann bei Kohlekraftwerken aber die Emission radioaktiver Stoffe stark reduzieren.

Die Gesamtbelastung der Menschen in der Bundesrepublik durch Verwendung radioaktiver Stoffe und ionisierender Strahlung in Forschung und Technik kann mit etwa $\leq 0,01$ mSv/a abgeschätzt werden.

Hinzu kommt für das Jahr 1986 noch die Strahlenexposition durch den Reaktorunfall in Tschernobyl. Im Folgejahr nach der Reaktorkatastrophe dürfte die mittlere Belastung für die Menschen in der Bundesrepublik höchstens etwa 0,5 mSv betragen haben. Sie rührte hauptsächlich von der Freisetzung der radioaktiven Isotope ^{131}I, ^{137}Cs, ^{134}Cs und ^{90}Sr her, die in die Nahrungskette gelangten. Die 50-Jahre-Folgedosis der Reaktorkatastrophe in Tschernobyl kann für die Bewohner der Bundesrepublik mit ≤ 4 mSv abgeschätzt werden.

Abb. 11.7
Xenon/Krypton-
Ionisationskammern für
radiometrische Dicken- und
Dichtemessung
(VacuTec Meßtechnik GmbH)

Tschernobyl

Gamma-Rückstreumessungen

Füllstandsmessungen, d. h. Absorptionsmessungen, die etwas über die Füllhöhe und das Absorbermaterial aussagen, können praktisch nur im Labor unter wohldefinierten Bedingungen durchgeführt werden. In Anwendungen in der Geologie, z. B. bei der Untersuchung von Bohrlöchern, ist man häufig an der chemischen Zusammensetzung der Bohrwände interessiert, um nach bestimmten Lagermaterialien zu suchen (z. B. Öl, Schwermetalle). Dazu eignet sich die Rückstreumethode (Bild 11.9). Eine γ-Quelle (z. B. ^{226}Ra) emittiert isotrop γ-Strahlen der Energie 186 keV. Ein Detektor registriert die von der umgebenden Materie rückgestreuten γ-Quanten. Der Detektor selbst ist gegen die Direktstrahlung der Quelle durch eine Bleiplatte abgeschirmt. Die Effektivität der Rückstreuung hängt von der Dichte und Kernladungszahl des umgebenden Materials ab. In Bild 11.9 ist neben dem Messprinzip die Zählrate als Funktion der Höhe aufgetragen. Das Höhenprofil der Rückstreurate von Lagen aus Blei, Wasser und Luft zeigt deutliche elementspezifische Unterschiede. Aus der Intensität der Rückstreurate lassen sich also Rückschlüsse auf die Dichte und Elementzusammensetzung der umgebenden Schichten ziehen. Messungen an Luft, Wasser, Aluminium, Eisen und Blei zeigen eine klare Korrelation zwischen Rückstreuintensität R und dem Produkt aus Dichte ρ und Kernladungszahl Z. Über einen weiten Bereich lassen sich die Rückstreuraten durch die Funktion $R \sim (\rho\, Z)^{0,2}$ gut beschreiben (s. Bild 11.10).

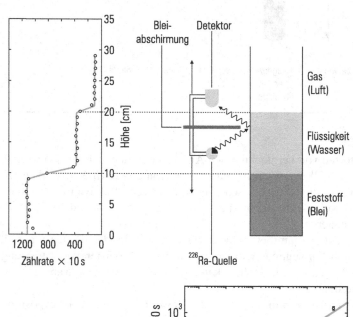

Abb. 11.9
Gamma-Rückstreumethode zur
Identifizierung der
chemisch–physikalischen
Eigenschaften von Lagerstätten

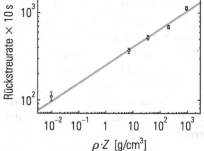

Abb. 11.10
Materialabhängigkeit der
Rückstreurate bei der
Gamma-Rückstreumethode

Messung der Radioaktivität von Zigarettenasche

Mit einem gegen die Umgebungsstrahlung abgeschirmten empfindlichen Szintillationszähler lässt sich die Radioaktivität von Zigarettenasche nachweisen. Der Szintillationszähler wird durch eine genau passende Öffnung in einem dickwandigen Bleibehälter positioniert, wo er der Strahlung der Zigarettenasche ausgesetzt ist (s. Bild). Die gemessene Radioaktivität der Zigarettenasche wird auf folgende Prozesse zurückgeführt:

- Wie jeder Boden ist auch der Boden, auf dem die Tabakpflanzen angebaut werden, radioaktiv. Normaler Boden enthält die Radioisotope ^{226}Ra, ^{232}Th und ^{40}K mit einer Konzentration von etwa 500 Bq/kg. Tabakpflanzen werden meist mit Phosphaten, die reich an ^{238}U und ^{226}Ra sind, gedüngt. Die Tabakpflanze nimmt diese Radioisotope aus dem Boden und dem Phosphatdünger durch die Wurzel auf. In der Radium-Zerfallskette treten neben dem radioaktiven Edelgas ^{222}Rn auch die relativ langlebigen Radioisotope ^{210}Pb und ^{210}Po auf. Diese radioaktiven Folgeprodukte werden zum Teil (über das gasförmige Zwischenprodukt ^{222}Rn) auch in die Luft übertragen und schlagen sich auf den Tabakblättern nieder. Der Gehalt von Radionukliden im Tabak ist – je nach Anbauort und Düngetechnik – großen Schwankungen unterworfen.
- Beim Rauchen des Tabaks werden viele Aerosole erzeugt, die die in der normalen Atemluft enthaltenen Folgeprodukte des natürlichen ^{222}Rn-Isotops anlagern (der Radioaktivitätsgehalt normaler Raumluft beträgt etwa 30 bis 50 Bq/m^3 an ^{222}Rn). Ebenso nimmt die Zigarettenasche über die Inhalation der radon- und aerosolhaltigen Atemluft Radionuklide auf. Wiederum sind es hauptsächlich die Radioisotope ^{210}Po und ^{210}Pb, die sich in der Asche finden. Diese Isotope wurden auch in den Lungen und Bronchien von Rauchern eindeutig nachgewiesen. Da das Bleiisotop ^{210}Pb mit einer Halbwertszeit von 22 Jahren über zwei β^--Zerfälle ständig den gefährlichen α-Strahler ^{210}Po nacherzeugt, ist das Lungenkrebsrisiko auch noch für Menschen, die das Rauchen aufgegeben haben, relativ hoch. Manche Experten sind sogar der Ansicht, dass die Mehrzahl aller durch Rauchen bedingten Lungen- und Bronchialkrebsfälle auf die Radioaktivität und nur in geringerem Maße auf Teer und Nikotin im Tabak zurückzuführen ist.

Eine genaue Analyse zeigt, dass neben den Radioisotopen ^{238}U, ^{226}Ra, ^{232}Th, ^{210}Pb und ^{210}Po auch ^{40}K im Tabak und der Tabakasche enthalten ist. Die spezifische Radioaktivität im Tabak und der Asche ist von Tabak- zu Tabaksorte verschieden. Als typisches Ergebnis kann für die spezifische Aktivität von Zigarettenasche ein Wert von 2 000 Bq/kg angegeben werden.

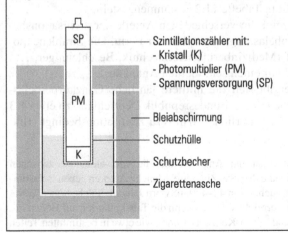

Szintillationszähler mit:
- Kristall (K)
- Photomultiplier (PM)
- Spannungsversorgung (SP)

Bleiabschirmung

Schutzhülle

Schutzbecher

Zigarettenasche

Abb. 11.11
Messung der Absolutaktivität
von Zigarettenasche mit einem
abgeschirmten Szintillationszähler

Rauchen

Zum Abschluss dieses Abschnitts sollte noch die Belastung des Menschen durch Rauchen erwähnt werden. Hierbei tritt eine relativ hohe Strahlenexposition der Bronchien durch die Aufnahme der Isotope Blei (^{210}Pb) durch die Tabakwurzel aus dem Erdboden und von Radon (^{222}Rn) durch die Tabakblätter aus der Luft auf. Beide Radioisotope zerfallen nach mehreren radioaktiven Umwandlungen in das Radionuklid Polonium (^{210}Po) und schließlich in stabiles

radioaktive Aerosole

Blei. Hinzu kommt die Affinität von aerosolgebundenen Folgeprodukten der Radon-Zerfallsreihe aus der Atemluft an Teer, mit der Folge einer unvollständigen Ausatmung dieser natürlichen Radionuklide bei Rauchern. Für die Belastung der Bronchien und Lungen von Rauchern werden in der Literatur recht unterschiedliche Werte angegeben. Sie reichen von 0,05 bis zu einigen Sv für das Bronchialepithel in 25 Raucherjahren (1 Päckchen pro Tag). Umgerechnet auf eine äquivalente Ganzkörperdosis kann dies auf eine zusätzliche Belastung für Raucher von größenordnungsmäßig 1 mSv/a führen.[7]

Polonium-Gehalt des Tabaks

Der Polonium-Gehalt des Tabaks weist jedoch große Unterschiede auf, so dass die angegebene Zahl nur den Charakter eines groben Schätzwertes hat. Unter Medizinern besteht Einigkeit darüber, dass die zusätzliche radioaktive Belastung der Lungen bei Rauchern zu

Bronchial- und Lungenkrebs

Bronchial- oder Lungenkrebs führt. Klar erwiesen ist, dass für die Raucher unter den Bergleuten im Uranbergbau eindeutig ein höheres Lungenkrebsrisiko besteht als für Nichtraucher. Hier liegt offenbar eine Potenzierung der Effekte vor. Manche Wissenschaftler vertreten deshalb auch die Meinung, dass es den Rauchern „gelingt", die schädlichen Effekte der chemischen Giftstoffe in der Zigarette mit den kanzerogenen Eigenschaften der radonbedingten Strahlenbelastung zu vereinigen.

Die gesamte mittlere zivilisationsbedingte Ganzkörperbelastung des Menschen ist in Tabelle 11.2 zusammengestellt.

Bild 11.12 zeigt die verschiedenen Anteile der zivilisationsbe-

Gesamtbelastung

dingten Strahlenbelastung in graphischer Form. Die Strahlenexposition im Beruf (Medizinberufe, Kerntechnik, Beschleuniger, ...) macht im Mittel nur einen sehr kleinen Anteil aus.

Insgesamt ergibt sich die mittlere jährliche Ganzkörperbelastung des Menschen in der Bundesrepublik Deutschland zu etwa 4,3 mSv/a (2,3 mSv/a natürlich, 2,0 mSv/a zivilisationsbedingt (Bild 11.13)).

---

[7] In der Literatur findet man Angaben über die Äquivalentdosis zwischen 5 nSv/Zigarette und 40 µSv/Zigarette. Manche Autoren geben Belastungen für starke Raucher von 40–400 mSv pro Jahr an. Solche hohen Werte können offenbar erreicht werden, wenn die Tabakpflanzen auf Böden mit hohen ^{210}Pb- und ^{210}Po-Konzentrationen wie etwa in bestimmten Teilen Brasiliens und Rhodesiens (heute Simbabwe) angebaut werden.

„Ich rauche gern"
© by Claus Grupen

Medizin, Röntgendiagnostik[8]	≈	1,9 mSv
Nuklearmedizin	≈	0,05 mSv
Naturwissenschaft und Technik	≤	0,01 mSv
Strahlenexposition im Beruf	≈	0,03 mSv
Reaktorunfall Tschernobyl (nur 1986)	≈	0,5 mSv
Summe (ohne Tschernobyl)	≈	2,0 mSv

Tabelle 11.2
Jährliche zivilisationsbedingte
Strahlenbelastung des Menschen
(Ganzkörperbestrahlung, Rauchen
nicht berücksichtigt)

Tabelle 11.3 gibt einen Überblick über typische radioaktive Belastungen.

Erstmalig wird in der Strahlenschutzverordnung anerkannt, dass Strahlenbelastungen aus natürlichen Quellen bei der Strahlenbilanz mit berücksichtigt werden müssen. Es besteht prinzipiell kein Unterschied in der biologischen Wirkung von ionisierenden Strahlen aus natürlichen und technischen Quellen.

natürliche Strahlenquellen

---

[8] Die Strahlenbelastung durch medizinische Untersuchungsmethoden ist in Deutschland höher als in anderen europäischen Ländern. Sie ist vor allem in den vergangenen Jahren drastisch gestiegen! Experten meinen, dass in Deutschland zu viel geröntgt wird. 50 Prozent aller Röntgenuntersuchungen gelten als überflüssig. Jährlich seien Tausende von Krebserkrankungen auf unnütze Röntgenuntersuchungen zurückzuführen, warnen Experten. In den USA herrscht sogar eine unverantwortliche Mode, zur Vorsorge Ganzkörper-Computer-Tomographie-Verfahren einzusetzen. Hierbei nimmt man Belastungen von 20 mSv in Kauf.

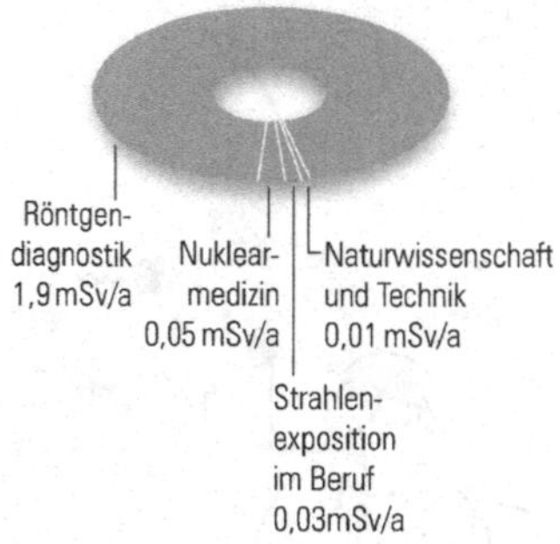

Abb. 11.12
Verschiedene Anteile
der zivilisationsbedingten
Strahlenbelastung

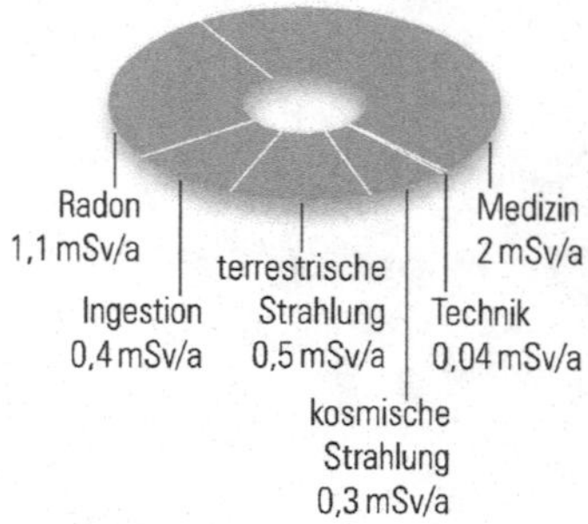

Abb. 11.13
Anteile an der gesamten mittleren
Strahlenbelastung des Menschen

Röntgen-
diagnostik   Nuklear-   └Naturwissenschaft
1,9 mSv/a   medizin   und Technik
0,05 mSv/a   0,01 mSv/a

Strahlen-
exposition
im Beruf
0,03mSv/a

Radon   Medizin
1,1 mSv/a   terrestrische   2 mSv/a
Ingestion   Strahlung   Technik
0,4 mSv/a   0,5 mSv/a   0,04 mSv/a

kosmische
Strahlung
0,3 mSv/a

Tabelle 11.3
Typische Dosisleistungen
bzw. Dosen für einige radioaktive
Belastungen (Ganzkörperdosen)

Art der Belastung	Dosis/Dosisleistung
Zahnröntgenaufnahme	10 μSv
Flug Frankfurt – New York	30 μSv
Thorax-Röntgenaufnahme	100 μSv
Grenzwert Bevölkerung durch Ableitung aus KKWs	300 μSv/a
normaler Raucher	500 μSv/a
Mammographie	500 μSv
Schilddrüsenszintigraphie	800 μSv
Grenzwert Überwachungsbereich	1 mSv/a
starker Raucher	1 mSv/a
natürliche Strahlenbelastung	2,3 mSv/a
unterer Grenzwert Kontrollbereich (Kat. A)	6 mSv/a
Positronen-Emissions-Tomographie	8 mSv
Computertomographie Brustkorb	10 mSv
Grenzwert für strahlenexponierte Personen (StrlSchV von 2001)	20 mSv/a
Grenzwert für strahlenexponierte Personen (alte StrlSchV)	50 mSv/a
Störfall-Grenzwert	50 mSv
Feuerwehreinsatz bei Personengefährdung (einmalig pro Leben)	250 mSv
maximale Lebensdosis für strahlenexponierte Personen	400 mSv
letale Dosis	4000 mSv

typische Strahlenbelastungen

Das Personal von Flugzeugen unterliegt der Strahlenschutzüberwachung (§ 103), falls die Expositionen einen Wert von 1 mSv/a übersteigen können. Diese Grenze ist bei normalen Flughöhen schon bei 200 Flugstunden erreicht. Selbstverständlich darf die Belastung keinesfalls 20 mSv/a übersteigen.

Ebenso sind Expositionen in Arbeitsfeldern mit erhöhten Radon-Konzentrationen (Bergbau) oder Bereichen, in denen mit Uran- oder Thoriumderivaten umgegangen wird (thorierte Schweißelek-

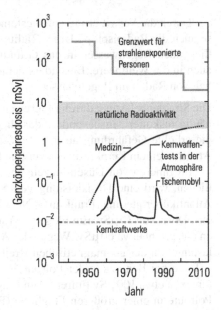

Abb. 11.14
Vergleich der natürlichen
Strahlenbelastung mit gesetzlichen
Grenzwerten und Expositionen im
Bereich der Medizin

troden, thorierte Glühstrümpfe, . . .), zu berücksichtigen. Auf keinen Fall darf eine Lebensdosis von 400 mSv überschritten werden.

Bild 11.14 zeigt die verschiedenen Anteile der Strahlenbelastung des Menschen in ihrer zeitlichen Entwicklung seit 1950. Bemerkenswert ist die starke Zunahme der Strahlenexposition durch Medizintechnik. Mit einem Grenzwert von 20 mSv/a für strahlenexponierte Personen nähert man sich auch schon der oberen Grenze der Schwankungsbreite natürlicher Radioaktivität.

11.5 Ergänzungen

Meerwasser ist durch Radon mit 0,01 Bq/l belastet, während Grundwasser Radon-Konzentrationen von 100 Bq/l aufweist. Warum?

Wie der Name schon sagt, kommt Grundwasser aus der Erdkruste. Das die Erdkruste bildende Gestein enthält in geringer Menge die Radioisotope Uran, Radium und Thorium. In den Zerfallsketten dieser Nuklide tritt das radioaktive Edelgas Radon auf, das vom Grundwasser ausgewaschen wird und so zu einer erhöhten Radon-Konzentration führt. Im Meerwasser ist die Verdünnung viel größer. Ebenso spielt die größere Entfernung des Meeresbodens von der mittleren Wassermasse eine Rolle.

Wegen des Salzgehalts ist das Meerwasser aber mit 12 Bq/l durch ^{40}K belastet, während dieses Isotop im Grundwasser nur mit einer Konzentration von 0,1 Bq/l vorkommt.

Ergänzung 1

**Radon-Belastung
von Grundwasser
und Meerwasser**

Radon im Regenwasser

Durch die Verwitterung von Gesteinen gelangen natürlicherweise auch die Radioisotope Uran, Radium und Thorium mit dem abfließenden Regenwasser in das Grundwasser und über die Flüsse auch in die Weltmeere. Besonders bemerkenswert ist der hohe Gehalt von Radon im Regenwasser.

Ergänzung 2

Strahlenbelastung durch Flugreisen

Die Strahlenbelastung durch Flugreisen wurde in der Vergangenheit häufig diskutiert. Insbesondere das fliegende Personal machte auf die erhöhte Gefährdung aufmerksam, die möglicherweise mit der Arbeit in einem Kernkraftwerk vergleichbar ist.

Im Inneren von Düsenflugzeugen, die in Höhen um 10–12 km fliegen, wird eine Dosisleistung von 5 µSv/h gemessen. Für eine Atlantiküberquerung (Frankfurt – New York, 6 Stunden) erhält man eine Dosis von 30 µSv. Ein Flug von Frankfurt nach Tokio über Indien entspricht etwa 60 µSv. Wegen der Abhängigkeit der Strahlenbelastung von der geomagnetischen Breite würde der Flug Frankfurt – Tokio bei Benutzung der Polroute (über Alaska) zu einer Belastung von etwa 100 µSv führen.[9] Ein Flug Frankfurt – Tokio über die Polroute in einer größeren Flughöhe (Belastung etwa 20 µSv/h in mittleren Breiten) führt auf etwa 400 µSv pro Flug.

Strahlenbelastung für fliegendes Personal

Daraus ergibt sich für das fliegende Personal für Flüge in Höhen von 10–12 km eine jährliche Belastung von 2,5 mSv (bei 500 Flugstunden). Damit unterliegt das fliegende Personal nach der Strahlenschutzverordnung von 2001 der Strahlenschutzüberwachung.

Ergänzung 3

Nach der Entdeckung der Radioaktivität wurden ionisierender Strahlung auch heilende Kräfte zugeschrieben. In Frankreich wurde ein radioaktives Haarwasser auf den Markt gebracht und der Hersteller warb mit der folgenden Anzeige:

radioaktives Haarwasser?

Die wundervollste Entdeckung des Jahrhunderts
Radium Lotion ‚Rezall'
Für die Konservierung des Haares,
kein Haarausfall mehr,
keine Kahlköpfigkeit mehr,
keine grauen Haare mehr!

Diese Werbung ist umso paradoxer, wenn man bedenkt, dass die Anwendung eines radioaktiven Haarwassers zu Haarausfall führen kann.

radioaktive Zahnpasta?

In Deutschland wurde mit DORAMAD für eine radioaktive, biologisch wirksame Zahnpasta geworben. Die Strahlen dieser Zahn-

---

[9] An den Polen können die geladenen Teilchen der kosmischen Strahlung, die parallel zu den Magnetfeldlinien eintreffen, viel tiefer in die Atmosphäre eindringen. Abgesehen von der erhöhten Strahlenbelastung erzeugen solare Teilchen in polaren Gegenden phantastische Polarlichter (Aurora Borealis).

creme – so der Prospekt – massieren das Zahnfleisch und erfrischen die gesamte Mundhöhle.

Selbst bis in die fünfziger Jahre wurde für diagnostische Untersuchungen des Verdauungstraktes und der Gefäße ein thoriumhaltiges Kontrastmittel (Handelsname Thorotrast ®) verwendet. Das in Thorotrast enthaltene ThO_2 wird hauptsächlich in der Leber gespeichert und führt nachweislich zu Lebertumoren und Leberzirrhosen.

Thorotrast ®

Ebenso konnte man in den fünfziger Jahren in Schuhläden die Passform neuer Schuhe mit einem Fußröntgengerät überprüfen. Auch radiumhaltige Fußstützen (Handelsname Elastosan) wurden als ein Fortschritt in der modernen Fußpflege angepriesen. Immerhin führen diese Einlagen zu einer Oberflächendosisleistung von $2,5\,\mu Sv/h$, vergleichbar mit Belastungen bei Flügen in nördlichen Breiten.

Elastosan-Fußstützen

Sogar Radium-Kompressen als ein ‚etwas anderes Heizkissen‘ wurden in der Zeit von 1920 bis 1960 angeboten. Eine Radium-Kompresse enthielt dabei mindestens $100\,\mu g\ ^{226}Ra$ entsprechend einer Aktivität von $3,7\,MBq$; also deutlich oberhalb der heutigen Freigrenze von $10\,kBq$. Die γ-Dosisleistung einer solchen Kompresse betrug selbst im Abstand von einem Meter immer noch $300\,\mu Sv/h$!

radioaktives Heizkissen

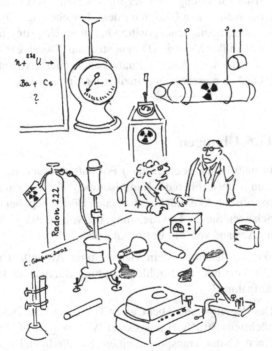

„Warum beschweren Sie sich? Seien Sie doch froh!
In Badgastein müssen Sie dafür viel Geld bezahlen.
Hier haben Sie das alles umsonst!"

© by Claus Grupen

Die Hersteller dieser Kompressen wiesen in einer Urkunde auf die garantierte Menge von mindestens 0,1 mg ^{226}Ra hin und priesen die bequeme Anwendungsweise des ‚Aktivator'-Heizkissens verbunden mit absoluter Gefahrlosigkeit. Auch die seinerzeitige Presse bescheinigte, dass bei sachgemäßer Anwendung der hochkonzentrierten Radiumpräparate eine Gefahr ausgeschlossen sei.[10]

Radon-Kuren   In diese Kategorie fallen auch Radon-Inhalations- und Radium-Trinkkuren. In den Inhalationsstollen von Badgastein herrschten Radon-Konzentrationen von 150 000 Bq/m^3. Als ein Mitarbeiter von Otto Hahn ihn einmal besorgt auf die Gefahren der Inhalation und Inkorporation von Radon und radioaktiven Stäuben in seinen Laborräumen hinwies, soll er gesagt haben: „Seien Sie doch froh; andere Menschen bezahlen viel Geld, um nach Badgastein zu fahren, und Sie bekommen das hier gratis!"

Zusammenfassung

> Die natürliche Strahlenbelastung rührt etwa zu gleichen Teilen von der kosmischen Strahlung, der Strahlung der Erde (terrestrische Strahlung) und der Inkorporation von Radionukliden aus der natürlichen Biosphäre des Menschen her. Die zivilisationsbedingte Strahlenexposition hat ihren Ursprung fast ausschließlich in der Medizin (Diagnostik und Therapie). Zwischen ionisierenden Strahlen aus natürlichen oder zivilisationsbedingten Quellen besteht kein prinzipieller Unterschied.

11.6 Übungen

Übung 1   In natürlichen geologischen Formationen und im Erdboden kommen hauptsächlich die Radioisotope ^{40}K, ^{226}Ra und ^{232}Th vor. Die spezifische Aktivität von normalen Böden liegt bei etwa 500 Bq/kg. Schätzen Sie die Dosisleistung, die von 1000 kg Erdboden ausgeht, im Abstand von 1 m Entfernung ab!

Übung 2   Wie vergleicht sich ein vierwöchiger Aufenthalt im Hochgebirge (3000 m) mit der Strahlenbelastung durch eine Röntgen-Thorax-Aufnahme?

Übung 3   Das Begleitpersonal bei Castor-Transporten ist Dosisleistungen von höchstens 30 μSv/h ausgesetzt. Wie vergleicht sich die Dosis bei einem Castor-Transport in einem 10-stündigen Einsatz mit der jährlichen Strahlenbelastung im Schwarzwald?

---

[10] Strahlenschutzpraxis Heft 2/2002, S. 54

12 Biologische Strahlenwirkung

> *„Falls Radium für die Behandlung von Krankhei-*
> *ten eingesetzt wird, so sollten wir Wissenschaftler*
> *keinen finanziellen Vorteil daraus ziehen."*
>
> M. Curie 1867–1934

Man muss von dem Grundsatz ausgehen, dass eine Strahleneinwirkung in der Regel auf ein Lebewesen nachteilig ist. Die schädigende Wirkung ionisierender Strahlung wurde schon sehr bald nach Entdeckung der Radioaktivität erkannt. Die biologische Strahlenwirkung ist eine Konsequenz des Energieübertrags der Strahlung auf Körperzellen durch Ionisation und Anregung. Dabei ist die Radioempfindlichkeit vom Gewebe direkt proportional zur Reproduktivität der Zellen (Zellteilungsrate) und umgekehrt proportional zur Differenzierung der Zellen. Je schneller die Zellteilung in einem Gewebe stattfindet, umso weniger Zeit bleibt im Mittel für die Reparatur von Schäden vor der nächsten Zellteilung. Die größte Strahlenempfindlichkeit des Menschen tritt im embryonalen Zustand auf. Selbst Dosen von 0,25 bis 0,5 Sv können zu schweren Fehlbildungen führen wenn die Organe im Entwicklungsstadium des Menschen (2. bis 6. Schwangerschaftswoche) angelegt werden. Das liegt daran, dass die „Urorgane" zu diesem Zeitpunkt lediglich aus relativ wenigen Zellen bestehen. Falls diese geschädigt werden, gibt es keine anderen intakten Zellen, die sie ersetzen könnten.

Die physikalisch–biologischen Effekte der Strahlenabsorption und -wirkung sind in Bild 12.1 im Detail dargestellt. Bild 12.2 zeigt eine grobe Klassifizierung der verschiedenen Strahlenschäden. Man teilt sie gewöhnlich in drei Kategorien ein: **physikalisch–biologische Strahlenwirkung**

- Frühschäden: Die Schäden treten unmittelbar nach der Bestrahlung auf. Ab einer Ganzkörperdosis von 0,25 Sv ist eine Veränderung des Blutbildes nachweisbar. Ab 1 Sv ist mit deutlichen Symptomen der Strahlenkrankheit zu rechnen. Die Erholung der Patienten ist aber fast sicher. Bei einer Dosis von 4 Sv ist die Überlebenschance 50%. Diese Dosis nennt man die letale Dosis. Bei 7 Sv ist die Sterblichkeit nahezu 100% (s. Bild 12.3). **Frühschäden** **Strahlenkrankheit** **letale Dosis**
Je nach Höhe der Strahlendosis treten die akuten Symptome der Strahlenkrankheit bereits wenige Stunden nach der Einwirkung der Strahlenexposition auf. Bei diesen Symptomen handelt es sich um Kopfschmerzen, Übelkeit und Erbrechen. Diese Krankheitserscheinungen können aber nach einiger Zeit zurückgehen. Nach

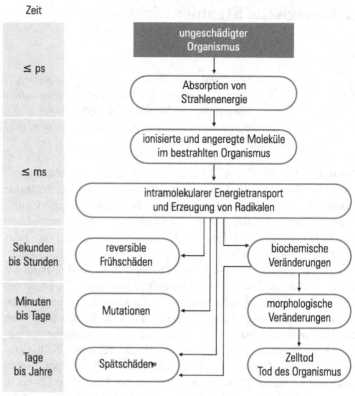

Abb. 12.1
Zeitlicher Verlauf der
physikalisch–biologischen
Wirkung absorbierter
Strahlenenergie

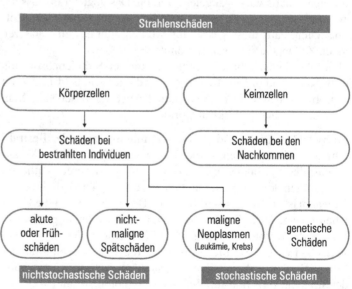

Abb. 12.2
Übersicht über die verschiedenen
Arten von Strahlenschäden

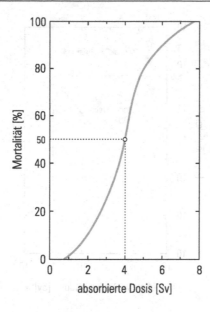

Abb. 12.3
Mortalität nach 30 Tagen als
Funktion der Ganzkörperdosis
beim Menschen

einem Zeitraum relativer Beschwerdefreiheit von mehreren Tagen
kommt es zum zweiten Stadium der Strahlenkrankheit mit Fie-
ber, Blutungen, Bluterbrechen, blutigen Stühlen sowie Haarausfall. Die Phase der Beschwerdefreiheit verkürzt sich mit der Höhe der erhaltenen Strahlendosis und kann bei hohen Expositionen
auch ganz entfallen. Übersteht der Strahlengeschädigte die achte
Woche, so kann er mit Genesung von der Strahlenkrankheit rechnen. Der Tod kann aber auch erst viele Monate später eintreten.
Da der Mensch über Reparaturmechanismen verfügt, gibt es für
Frühschäden nach Strahlenexpositionen eine Schwellendosis, unterhalb welcher keine verbleibende Schädigung beobachtet wird.
Der Wert dieser Schwellendosis hängt von der zeitlichen Verteilung der Dosis ab. Die Strahlenexposition durch natürliche Strahlung liegt sicher weit unterhalb dieser Dosis. Für stochastische
Spätschäden und genetische Schäden gibt es nach heutigem Wissen dagegen keine Schwellendosis.

Krankheitsverlauf

- Spätschäden: Typische Spätschäden sind Krebserkrankungen
nach einer Latenzzeit, die mehrere Jahrzehnte betragen kann.
Im Gegensatz zu den Frühschäden, deren Wirkung der Dosis
proportional ist, handelt es sich bei den Spätschäden um ein
stochastisches Risiko, d. h. die Wahrscheinlichkeit des Auftretens
hängt von der Dosis ab, nicht aber die Schwere der Erkrankung.
Das gesamte Krebsrisiko pro absorbierter Dosis von $10\,\text{mSv}$ beträgt etwa 5×10^{-4}. Das bedeutet, dass von $10\,000$ Personen, die
mit $10\,\text{mSv}$ bestrahlt werden, im Mittel fünf aufgrund dieser Bestrahlung an Krebs erkranken.

Spätschäden
Strahlenkrebs

stochastisches Risiko

Strahlenkrebsrisiko

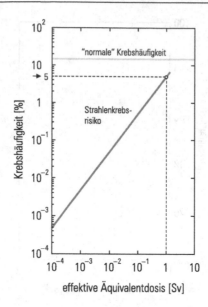

Abb. 12.4
Abhängigkeit des Strahlenrisikos
von der absorbierten
Ganzkörperdosis im Vergleich
zur „normalen" Krebshäufigkeit

Man nimmt an, dass der Zusammenhang zwischen der Krebswahrscheinlichkeit und der absorbierten Dosis linear ist (s. Bild
12.4). Bei einer quadratischen Abhängigkeit der Krebswahrscheinlichkeit von der Äquivalentdosis würde man bei der Extrapolation von Schäden, die bei hohen Dosen beobachtet wurden,
zu viel kleineren Strahlenrisiken bei niedrigen Dosen kommen.
Manche Forscher vertreten sogar die Ansicht, dass der Mensch
kein warnendes Sinnesorgan für ionisierende Strahlung hat, weil
er keines braucht, da niedrige Dosen gar kein Risiko darstellen.[1]
Zur Einordnung dieses Risikos ist es interessant, darauf hinzuweisen, dass die Wahrscheinlichkeit, einen tödlichen Unfall zu erleiden (Straßenverkehrsunfälle, häusliche Unfälle, . . .) in der Bundesrepublik 5×10^{-4} pro Jahr ist.

genetische Schäden
Mutationen

• Genetische Schäden: Strahlenabsorption in Keimzellen kann Mutationen zur Folge haben. Für die bestrahlte Person sind aufgetretene Mutationen nicht erkennbar. Sie manifestieren sich erst
in den nachfolgenden Generationen. Im genetisch signifikanten
Alter des Menschen (bis zum 35. Lebensjahr) werden durch Umweltfaktoren etwa 140 Genmutationen erzeugt. Durch eine einmalige Bestrahlung mit 10 mSv kommen etwa 2 Mutationen hin
Mutationsrate
zu; das entspricht einem Siebzigstel der natürlichen Mutationsrate.
Der gemittelte Risikofaktor für vererbbare Strahlenwirkungen,
die sich in den ersten zwei Generationen auswirken, wird mit
10^{-4} pro 10 mSv abgeschätzt.

---

[1] Zbigniew Jaworowski, Physics Today, Sept. 1999, Seite 24–29

Die Risikofaktoren für bösartige Spätschäden sind bei niedrigen Dosen (einige Milli-Sievert) so gering, dass man im Einzelfall kaum Korrelationen zwischen Erkrankung und Bestrahlung herstellen kann, da die „natürlichen" Krebs- und Mutationsraten viel höher sind. Umstritten ist zur Zeit sogar, ob niedrige Dosen (einige Milli-Sievert pro Jahr) überhaupt für den Menschen schädlich oder vielmehr sogar nützlich sind („Hormesis"). Schließlich hat sich die Menschheit ja unter einer ständigen Bestrahlung durch natürliche Radioaktivität entwickelt. Für die Zwecke des Strahlenschutzes sollte man aber davon ausgehen, dass jede zusätzliche Bestrahlung möglichst zu vermeiden ist.

Risikofaktoren

Hormesis

Es bleibt noch anzumerken, dass es chemische Stoffe gibt, die die biologische Wirkung einer Strahlenbelastung teilweise beträchtlich modifizieren können. So wirken z. B. Sauerstoff, Bromuracil und Fluoruracil sensibilisierend, d. h. sie erhöhen die Strahlenempfindlichkeit des Gewebes. Auch der Wasseranteil in der Zelle hat einen großen Einfluss auf die Strahlungsempfindlichkeit wegen der vermehrten Bildung von H_2O-Radikalen. Alle kanzerogenen Stoffe wirken ebenfalls sensibilisierend.

Sensibilisatoren
Wasseranteil

Die Strahlenwirkung wird herabgesetzt durch fraktionierte Bestrahlung. Offensichtlich wirken hier Regenerationsmechanismen, die zwischen einzelnen Bestrahlungen Strahlenschäden ausheilen. Ebenso beobachtet man eine höhere Resistenz nach einer Vorbestrahlung. Durch die Methoden der fraktionierten Bestrahlung bzw. einer Vorbestrahlung können zwar akute Strahlenschäden reduziert werden, sie verringern aber nicht das genetische und das Strahlenkrebsrisiko.

fraktionierte Bestrahlung
Regenerationsmechanismen

Analog zu sensibilisierenden Stoffen gibt es auch Strahlenschutzstoffe. So überleben z. B. Mäuse, denen vor einer Bestrahlung von 7 Sievert (letale Dosis: $\approx$ 5 Sv) 3 mg Cysteamin eingespritzt wurde, sämtlich, während diese Dosis ohne Cysteamininjektion für alle Mäuse tödlich ist.

Strahlenschutzstoffe

Auch lassen sich einmal inkorporierte radioaktive Stoffe durch Verabreichung von Medikamenten z. T. relativ schnell wieder aus dem Körper entfernen. Diese Dekorporationsmethoden beruhen

Dekorporationsmethoden

„Mir schmeckt diese radioaktiv angereicherte Nahrung.
Sie stärkt meine Immunabwehr!"

© by Claus Grupen

hauptsächlich auf einer Resorptionshemmung und einer Ausscheidungsintensivierung. Die besten Resultate für die Intensivierung
der Ausscheidung von radioaktiven Stoffen hat man mit DTPA
(Diethylentriaminpentaacetat) und EDTA (Ethylendiamintetraace-
tat) erreicht (vgl. auch Bild 9.4).

physikalische Halbwertszeit   Die Aktivität inkorporierter Stoffe nimmt in der Regel viel
schneller ab, als es der physikalischen Halbwertszeit ($T_{1/2}^{phys}$) des
inkorporierten Stoffes entspricht.

biologische Halbwertszeit   Ist $T_{1/2}^{bio}$ die biologische Halbwertszeit für einen Stoff, also die
Zeit, in der ein biologisches System auf natürlichem Wege die Hälfte
der aufgenommenen Menge eines radioaktiven Stoffes wieder ausscheidet, so errechnet sich die effektive Halbwertszeit aus den Zerfallskonstanten zu

$$\lambda_{eff} = \lambda_{phys} + \lambda_{bio} \ , \tag{12.1}$$

$$T_{1/2}^{eff} = \frac{T_{1/2}^{phys} \, T_{1/2}^{bio}}{T_{1/2}^{phys} + T_{1/2}^{bio}} \ . \tag{12.2}$$

Bild 12.5 zeigt die Abnahme des im Körper gespeicherten ^{137}Cs
($T_{1/2}^{phys} = 30$ a) beim Menschen und einigen Säugetieren. Für den
Menschen ist also die effektive Halbwertszeit von ^{137}Cs etwa 110
Tage.

Es sollte nicht unerwähnt bleiben, dass verschiedene Lebewesen
in unterschiedlicher Weise strahlenresistent sind. So liegt die letale Dosis für alle Säugetiere recht nahe beieinander (Mensch: 4 Sv;

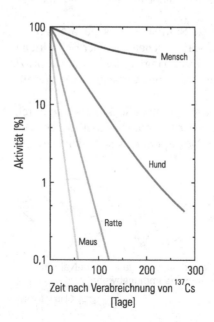

Abb. 12.5
Abnahme des im Körper
gespeicherten ^{137}Cs beim
Menschen und verschiedenen
Säugetieren

Hund: 4 Sv; Affe: 5 Sv; Kaninchen: 8 Sv; Hamster: 10 Sv). Dagegen sind Spinnen mit einer letalen Dosis von 1000 Sv und Viren
mit 2000 Sv erheblich strahlenresistenter. Die Bakterien Deinococcus Radiodurans und Micrococcus Radiophilus überleben sogar eine Dosis von 30 000 Sv aufgrund ihrer außerordentlichen Fähigkeit,
Strahlenschäden auszuheilen. Bakterien vom Typ Deinococcus Radiodurans wurden sogar in Reaktorkernen von Kernkraftwerken gefunden. Diese Bakterien bringen es fertig, mit Hilfe eines Enzym-
systems DNA-Schäden selbst dann noch zu reparieren, wenn die He-
lixstruktur der DNA schätzungsweise eine Million Brüche aufweist.
Einen denkbaren atomaren (genauer „nuklearen") Holocaust würden vermutlich nur Spinnen, Viren, Bakterien und Gräser überleben.

Strahlenempfindlichkeit

Es soll noch erwähnt werden, dass Deinococcus Radiodurans
ein wahrer Überlebenskünstler ist. Dieses Bakterium ist fähig, 500
DNA-Reparaturen gleichzeitig auszuführen. Es ist weiterhin in der
Lage, einige Inhaltsstoffe radioaktiven Abfalls chemisch aufzuspal-
ten, sodass z. B. extrem giftige hochradioaktive Verbindungen in
leichter zu entsorgende Bestandteile zerlegt werden. Wegen der hohen Strahlenresistenz und Temperaturbeständigkeit können diese
Organismen in Meteoritgesteinen lange Zeiten unter Weltraumbe-
dingungen überleben und dabei große Distanzen zurücklegen. Sie
bilden damit auch Kandidaten für den Ursprung des Lebens auf der
Erde, da die Erde diesen Bakterien günstige Entwicklungsbedingun-
gen bietet. Es ist denkbar, dass die Evolution auf unserem Planeten
auf diese Weise in Gang gesetzt wurde („Panspermie").

Deinococcus Radiodurans

Neben Strahlenschäden sind aber auch vorteilhafte Wirkungen
nach Strahlenexpositionen beobachtet worden. Mit diesem als Hormesis bekannt gewordenen Effekt wird behauptet, dass kleine Men-

Hormesis

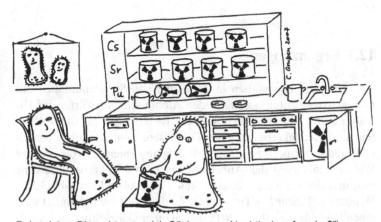

„Deino, ist es Dir recht, wenn ich Cäsium zum Nachtisch aufmache?!"

© C. Grupen

EFFEKTE VON NIEDRIGSTRAHLUNG

BERICHTE

BEWEISE

© by Claus Grupen

gen nichtnatürlicher Strahlung die Lebenszeit der Zellen verlängern können. Die Vorstellung ist die, dass eine Zelle geringfügige Schäden, wie sie von der natürlichen Radioaktivität bewirkt werden, selbst reparieren kann, und dass eine Zelle, wenn sie regelmäßig dazu angeregt wird, sich selbst zu reparieren, indem man sie einer zusätzlichen nichtnatürlichen Strahlung aussetzt, überlebensfähiger ist.

12.1 Ergänzungen

Ergänzung 1

Risikofaktor
Strahlenkrebs

An Hand von Krebsfällen in der Folge von Strahlenunfällen mit radioaktiven Stoffen oder nach den Atombombenabwürfen auf Hiroshima und Nagasaki lässt sich ein Risikofaktor für das Auftreten von Strahlenkrebs ermitteln. Diese Berechnungen gehen von einem linearen Zusammenhang zwischen absorbierter Dosis und der Wahrscheinlichkeit des Auftretens einer Strahlenkrebserkrankung aus, und der Annahme, dass es keine Schwellendosis gibt (LNT-Hypothese, Linear No-Threshold). Zu diesem Zweck definiert man einen Risikofaktor: Wenn N Personen einer Ganzkörperäquivalentdosis H ausgesetzt werden und n Personen an einer stochastischen Strahlenwirkung erkranken, ist der Risikofaktor

$$f = \frac{n}{H\,N}\ .$$

Die Risikofaktoren wurden zunächst auf der Basis von Krebserkrankungen mit verhältnismäßig kurzer Latenzzeit (Leukämie) ermittelt und mit Hilfe von Modellen auf andere bösartige Neubildungen hochgerechnet. Aussagen über die Dosis–Effekt-Beziehung zwischen Strahlendosis und Auftreten von Krebsfällen sind im Bereich niedriger und sehr niedriger Dosen allerdings auf Hypothesen angewiesen. Die so ermittelten Faktoren führten zu einem gesamten Strahlenkrebsrisiko von 1,3% pro Sievert (Kenntnisstand 1980). Aufgrund neuerer Erkenntnisse, besserer Modelle und der konservativen Annahme einer linearen Dosis–Effekt-Beziehung auch bei kleinen Dosen geht man jetzt aber von einem insgesamt höheren Risiko von etwa 5% pro Sievert aus. Die nach dem gegenwärtigen Kenntnisstand ermittelten Risikofaktoren für verschiedene Strahlenkrebserkrankungen sind in der Tabelle 12.1 dargestellt. Für Personen (Kat. A), die im Kontrollbereich arbeiten, und eine maximal zulässige Lebensdosis von 400 mSv wirklich ausschöpfen, ist das Gesamtrisiko 2%; d. h. auf 1000 Personen, die unter diesen Bedingungen arbeiten, werden zwanzig – durch ihr Berufsrisiko bedingt – an Strahlenkrebs erkranken.[2]

Dosis–Effekt-Beziehung

Berufsrisiko

Im Vergleich dazu kann die Äquivalentdosis für das Bronchialepithel eines starken Rauchers (2 Päckchen Zigaretten täglich) bis zu 5 Sv in 25 Raucher-Jahren betragen, was zu einem Lungen- oder Bronchialkrebsrisiko von größenordnungsmäßig 5% führt. Rechnet man noch die kanzerogene Wirkung von Nikotin und Teer hinzu, so gelangt man zu Lungen- oder Bronchialkrebsrisiken für starke Raucher von etwa 30%. Dieser hohe Wert wird erreicht, weil sich die Krebsrisiken durch ionisierende Strahlung und chemische Einwirkungen gegenseitig verstärken.

Lungenkrebsrisiko durch Rauchen
Bronchialkrebsrisiko durch Rauchen

Neben dem Risikofaktor werden häufig für Kohortenstudien weitere Kenngrößen definiert, die das Strahlenrisiko beschreiben.[3] Wenn R die Mortalitätsrate in einer Gruppe strahlungsexponierter Personen ist, und R_{ref} die entsprechende Mortalitätsrate in einer unbestrahlten Kontrollgruppe, so stellt

$$\delta = \frac{R}{R_{\text{ref}}}$$

---

[2] Es ist bekannt, dass Marie Curie, die wägbare Mengen von Polonium und Radium in ihrem Labor abtrennte, schließlich an Leukämie starb. Dass Otto Hahn nicht das gleiche Schicksal ereilte, war eigentlich ein Wunder. Ein amerikanischer Forscherkollege drückte das in einem Gespräch mit Otto Hahn einmal sehr drastisch aus: „Es ist eigentlich eine Unverschämtheit von Ihnen, dass Sie noch leben!"

[3] P. Jacob, W. Rühm, H.G. Paretzke; Physik Journal, 5. Jahrgang, S. 43, April 2006

Tabelle 12.1
Risikofaktoren für
strahleninduzierte
Krebserkrankungen[4]

Todesursache	Risikofaktor für 10 mSv Ganzkörperbestrahlung
Knochenmark (Leukämie)	50×10^{-6}
Knochenoberfläche	5×10^{-6}
Dickdarm	85×10^{-6}
Leber	15×10^{-6}
Lunge	85×10^{-6}
Speiseröhre	30×10^{-6}
Haut	2×10^{-6}
Magen	110×10^{-6}
Schilddrüse	8×10^{-6}
Blase	30×10^{-6}
Brust	20×10^{-6}
Eierstock	10×10^{-6}
übrige Organe und Gewebe	50×10^{-6}
gesamtes Krebsrisiko	500×10^{-6}
genetisches Risiko	100×10^{-6}

zusätzliches relatives Risiko

das relative Risiko dar ($\delta = 1$ bedeutet: es gibt kein zusätzliches Risiko). Das zusätzliche relative Risiko (excess relative risk ERR) ist definiert durch

$$\text{ERR} = \frac{R}{R_{\text{ref}}} - 1 \ .$$

Häufig wird dieses zusätzliche relative Risiko auf 1 Sv bezogen, und damit erhält man

$$\beta = \frac{\text{ERR}}{D} \ .$$

Als Beispiel bedeutet etwa $\beta = 3$ bei einer Dosis von 1 Sv

$$\beta = 3 = \frac{R}{R_{\text{ref}}} - 1 \ \rightarrow \ \frac{R}{R_{\text{ref}}} = 4 \ ,$$

**Risiko in einer
exponierten Gruppe
zusätzliches absolutes Risiko**

d. h., dass das Risiko in der exponierten Gruppe vier mal so hoch ist wie in der Referenzgruppe.

Gelegentlich wird auch das zusätzliche absolute Risiko

$$\alpha = \frac{R - R_{\text{ref}}}{D}$$

angegeben. Beobachtet man etwa 5 zusätzliche Mortalitätsfälle in einem Zeitraum entsprechend 10^3 Personenjahren bei einer Dosis

---

[4] Die relativ geringen Krebsfälle in der Folge der Tschernobyl-Katastrophe scheinen zu belegen, dass die Risikofaktoren eher pessimistisch abgeschätzt wurden.

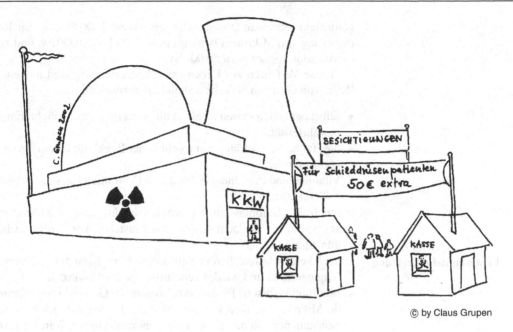

BESICHTIGUNGEN

Für Schilddrüsenpatienten 50€ extra

KKW

KASSE

KASSE

von 1 Sv, so kann man aus dieser Information ableiten, dass die Anzahl der zusätzlichen erwarteten Fälle in einer Gruppe von 100 Personen in 10 Jahren

$$R - R_{\text{ref}} = \alpha(1\,\text{Sv}) = \frac{5}{10^3\,\text{Personenjahre}} \times 100\,\text{Personen}$$

$$= \frac{5}{10\,\text{Jahre}}\,,$$

also fünf Fälle in 10 Jahren sein wird.

Weltweit werden in mehr als zwanzig Ländern Lebensmittel durch Gammastrahlung behandelt, um Mikroorganismen abzutöten und damit die Haltbarkeit zu verlängern oder sogar eine Sterilisation zu erreichen. Ebenso lässt sich durch ionisierende Strahlen die Keimung verhindern und die Reifung während langer Transporte hemmen.

Als Strahlenquellen eignen sich nur Gammastrahler, weil α- und β-Strahlen nicht über eine ausreichende Eindringtiefe verfügen. Am häufigsten werden die Isotope ^{137}Cs ($E_\gamma = 662\,\text{keV}$) und ^{60}Co ($E_{\gamma 1} = 1,17\,\text{MeV}$, $E_{\gamma 2} = 1,33\,\text{MeV}$) verwendet.

Da Mikroorganismen in der Regel eine hohe Strahlenresistenz aufweisen, müssen die Lebensmittel mit extrem hohen Dosen bestrahlt werden. Zur Verhütung der Auskeimung von Zwiebeln und

Ergänzung 2

Lebensmittelbestrahlung
Lebensmittelkonservierung
Sterilisation

Kartoffeln setzt man Dosen zwischen 10 und 1000 Sv ein. Zur Reduzierung von Mikroben benötigt man 1000 bis 10 000 Sv, und zur Sterilisation sogar bis zu 50 000 Sv.

Diese Verfahren zur Lebensmittelkonservierung sind aus einer Reihe von Gründen als sehr bedenklich anzusehen:

- selbst bei hohen Dosen ist eine völlige Keimabtötung nicht immer gewährleistet;
- die Haltbarkeitsverlängerung geht in der Regel mit einem Aromaverlust einher;
- Vitamine und Proteine werden durch Bestrahlung geschädigt und z. T. zerstört;
- durch die Gammastrahlung werden hochreaktive Radikale erzeugt, die im Verdacht stehen, das Entstehen von Krebs zu begünstigen;

Gefahren der Lebensmittelbestrahlung

- hoch keimbelastete, bereits verdorbene Ware kann durch Bestrahlung geschönt und wieder verkäuflich gemacht werden;
- bestimmte typische Fäulnisanzeichen (z. B. Geruch) produzierende Mikroorganismen können mitabgetötet werden, so dass der Konsument nicht mehr vor der bereits verdorbenen Ware gewarnt wird;
- ähnlich wie Bakterien eine Resistenz gegen Antibiotika entwickelt haben, können auch Mikroorganismen eine Strahlenresistenz entwickeln.

Man muss allerdings darauf hinweisen, dass die Lebensmittel selbst durch die Bestrahlung nicht radioaktiv werden. Um eine induzierte Radioaktivität zu erzeugen, muss die Gammaenergie in der Größenordnung der Bindungsenergie pro Nukleon sein, also Werte von mindestens 5 MeV übersteigen, die aber von den verwendeten γ-Strahlern deutlich unterschritten wird.

Strahlen-Sterilisation

Die Strahlen-Sterilisation spielt auch in der Pflege und Wartung wiederverwendbarer Geräte und Utensilien in der Gesundheitsfürsorge und klinischen Medizin eine Rolle. Hierzu muss die Strahlenresistenz von Bakterien, Pilzen, Viren und Prionen bekannt sein, damit diese Mikroorganismen durch γ-Strahlung sicher inaktiviert werden können.

Ergänzung 3

Bekämpfung der Tsetse-Fliege

Durch Sterilisation mit Gammastrahlung wurde bei der Bekämpfung der Tsetse-Fliege auf Sansibar ein Durchbruch erzielt.[5] Das Insekt, das in Afrika bei Tieren die verheerende Seuche Trypanosomose und bei Menschen die gefürchtete Schlafkrankheit überträgt, ist

---

[5] durchgeführt von der Internationalen Atomenergie-Organisation IAEO mit Sitz in Wien.

„Gestern fütterten sie mich
mit radioaktiver Diät;
heute teste ich Zigaretten!"

© by Claus Grupen

auf der zu Tansania gehörenden Insel praktisch ausgerottet. Der Erfolg wurde mit der „Sterile–Insekten-Technik" erreicht. Dabei werden Tsetse-Fliegen in großen Mengen gezüchtet und die männlichen Exemplare mit niedrigen Dosen von Gammastrahlung sterilisiert. **Sterilisation** Die fortpflanzungsunfähigen Tiere werden dann vom Flugzeug aus freigelassen. Sie paaren sich mit den wildlebenden weiblichen Insekten, die ohne Nachwuchs bleiben. Durch das Aussetzen von 8 Millionen männlicher Insekten sank der Trypanosomose-Befall von Rindern von 20% auf unter 0,1%. Dieser Erfolg wurde unter anderem auch dadurch ermöglicht, dass auf Sansibar nur eine von insgesamt 22 Spezies der Tsetse-Fliege vorkommt und dass die isolierte Lage einer Insel sich für diese Versuche besonders eignet.

Eine ganz erstaunliche Fähigkeit, die Energie ionisierender Strahlung in nutzbare Energie umzuwandeln, scheint der Pilz Cryptococcus Neoformans zu haben. Dieser Pilz wurde erst 1976 näher beschrieben. Seine besonderen Eigenschaften wurden allgemein bekannt, als man ihn im verunfallten, versiegelten Kernreaktor in Tschernobyl fand. Pilze können ganz überwiegend Strahlendosen bis zu einigen $10\,000$ Sv überleben. Cryptococcus Neoformans ist aber in der Lage – vermutlich mittels Melanin – die Energie, die in ionisierenden Strahlen steckt, in eine für seinen Organismus verwendbare Form umzuwandeln. Der Stoffwechsel des Cryptococcus Neoformans steigt unter Strahlenbelastung signifikant an. Offensichtlich bekommt diesem Pilz die erhöhte Strahlenbelastung nicht nur, sondern er weiß auch noch, daraus Vorteile zu ziehen. Ähnlich wie Pflanzen durch Photosynthese elektromagnetische Strahlung aus dem sichtbaren Spektralbereich in chemische Energie umwandeln können, ist es also denkbar, dass dieser Pilz die Energie ionisierender Strahlung aus einem höherenergetischen Spektralbereich in nutzbare Biomasse überführen kann.

Ergänzung 4

Cryptococcus Neoformans

Strahlenbelastung

Zusammenfassung

Die biologischen Wirkungen ionisierender Strahlen teilt man in
Früh- und Spätschäden ein. Bei den prompt auftretenden Frühschäden (ab einer Dosis von 250 mSv) ist die Schwere der Erkrankung der absorbierten Dosis proportional. Die Letaldosis
(50 Prozent Mortalität) liegt für den Menschen bei 4 Sievert. Bei
den nach einer langen Latenzzeit (typisch 20 Jahre) auftretenden
Spätschäden hängt die Schwere der Erkrankung nicht von der
Dosis ab, aber die Wahrscheinlichkeit des Auftretens eines solchen Spätschadens ist der Dosis proportional. Strahlenwirkungen auf die Keimzellen können zu genetischen Veränderungen
führen.

12.2 Übungen

Übung 1

^{137}Cs wird im Menschen mit einer biologischen Halbwertszeit von
111 Tagen gespeichert ($T_{1/2}^{phys} = 30$ a). Nehmen Sie an, dass unfall-
bedingt einmalig eine Menge ^{137}Cs entsprechend 4×10^6 Bq inkorporiert wird. Wie groß ist der ^{137}Cs-Gehalt des Verunfallten nach
drei Jahren?

Übung 2

In der Bauchspeicheldrüse (Masse 50 g) eines Menschen mögen
120 kBq (3,25 µCi) ^{14}C enthalten sein. Schätzen Sie ab, welcher
Bruchteil der Betastrahlen die Bauchspeicheldrüse verlässt. Wie
groß ist die Strahlenbelastung der Bauchspeicheldrüse und des um-
liegenden Gewebes?
(Die mittlere Energie der Elektronen beim ^{14}C-Zerfall ist 45 keV.
Es werde angenommen, dass das ^{14}C-Isotop gleichförmig in der
Bauchspeicheldrüse verteilt ist.)

Übung 3

Leuchtziffern (z. B. in Uhren) enthielten früher ^{226}Ra. Die Radiumlösung wurde mit Pinseln auf die Ziffern und Zeiger aufgetragen.
Die „Radiumstreicherinnen" feuchteten die Pinsel bei diesen Tätigkeiten häufig mit den Lippen an, was zu einer partiellen Inkorporation von Radium führte. Einige hatten sogar die Angewohnheit, zum
Rendezvous ihre Zähne und Lippen mit der Radiumlösung zu bema-
len, um in der Dämmerung ein romantisches Leuchten zu erzeugen.
    Schätzen Sie die 50-Jahre-Folgeäquivalentdosis für eine Ziffern-
blattmalerin nach einer einmaligen Inkorporation von 1 µg Radium
226 ab, wenn die biologische Halbwertszeit für das Radiumisotop
300 Tage beträgt.

13 Strahlenunfälle

„Obwohl ich persönlich mit den existierenden
Sprengstoffen ganz zufrieden bin, meine ich doch,
dass wir Verbesserungen nicht im Wege stehen
sollten. "

W. Churchill 1874–1965 (über die
Atombombenentwicklung 1945)

Viele Strahlenunfälle sind auf Verluste und fahrlässige Entsorgung
von Präparaten aus Medizin und Technik zurückzuführen. Die häu-
figste Ursache ist, dass ausgediente Quellen unsachgemäß „gelagert" und dann von Kindern „gefunden" werden. Tabelle 13.1 enthält eine Reihe solcher Beispiele.

Jahr	Ort	Quelle und Anwendungs- bereich	Aktivität	Todes- fälle	Bemerkung
1962	Mexiko	^{60}Co für Metall- strukturunter- suchungen	5 Ci	4	gefunden von Kindern
1963	China	^{60}Co für Saatgut- bestrahlung	10 Ci	2	gefunden von Kindern
1978	Algerien	^{192}Ir für Industrie- radiographie	25 Ci	1	versehentliche Exposition von Arbeitern
1987	Brasilien	^{137}Cs Nuklearmedizin	10 Ci	4	gefunden von Kindern

Tabelle 13.1
Strahlenunfälle mit radioaktiven
Präparaten

Strahlenunfälle in großen Industrieanlagen und nuklearmedizinischen Abteilungen von Krankenhäusern haben ihre Ursache häufig im Fehlen elementarer Sicherheitsregeln. Auch durch unzureichend ausgebildetes Personal, das sich der Strahlenrisiken nicht
bewusst ist, und durch das Nichtbefolgen existierender Sicherheitsvorschriften können leicht Unfälle entstehen.

Fehlen von Sicherheitsregeln

Nichtbefolgen von Sicherheitsvorschriften

Als Beispiel für grobes menschliches Versagen sei ein Strahlen-
unfall in einem Krankenhaus in Indiana, Pennsylvania/USA, im
Jahre 1992 genannt: Bei einer älteren Patientin wurde nach einer
Brachytherapiebestrahlung[1] vergessen, die verwendete starke
Iridium-Strahlenquelle zu entfernen. Nachdem die Patientin vier Ta-
ge später den Katheter, der die Quelle enthielt, ausgeschieden hatte,

Brachytherapie

wurde der Katheter mitsamt der Quelle von einer Krankenschwester zum Abfall geworfen. Die Patientin starb am Tag darauf, ohne dass ihr Tod in einen Zusammenhang mit der Strahlenüberdosis gebracht wurde. Während der Zeit der Abfalllagerung und während des Abfalltransports wurden über einen Zeitraum von 90 Tagen viele Personen versehentlich bestrahlt. Der Quellenverlust wurde erst entdeckt, nachdem Strahlungsmonitore bei der Entsorgungsanlage einen Alarm auslösten.

Quellenverlust

Erst in jüngster Zeit nach Beendigung des kalten Krieges wurde bekannt, wie viele Strahlenunfälle durch militärische Aktionen in der Vergangenheit aufgetreten sind. Diese umfassen Flugzeugabstürze mit nuklearen Waffen an Bord, den Untergang von nuklear angetriebenen U-Booten und den Verlust von Raketen und Satelliten, die radioaktive Stoffe an Bord hatten.

Strahlenunfälle bei militärischen Aktionen

Beim Betrieb von Kernreaktoren zur Energiegewinnung durch Kernspaltung treten gelegentlich mehr oder weniger große „Störfälle" auf. Der folgenschwerste dieser Störfälle war die Reaktorkatastrophe von Tschernobyl im Jahre 1986. Bei diesem Unfall, der die Folge eines fehlerhaft geplanten und durchgeführten elektrotechnischen Experiments an einem inhärent unsicheren Reaktor war, wurde ein großer Bruchteil des gesamten radioaktiven Inventars an die Umwelt abgegeben. Der wassergekühlte, graphitmoderierte Reaktor enthielt 150 Tonnen Uran mit einer Gesamtaktivität von $3,2 \times 10^{19}$ Bq, einschließlich der im Reaktor enthaltenen Spaltprodukte. Es ist schwer, genaue Angaben über die Freisetzungsrate bei dieser Katastrophe zu erhalten. Die gasförmigen Bestandteile (radioaktives ^{85}Kr ($3,3 \times 10^{16}$ Bq) und ^{133}Xe ($1,7 \times 10^{18}$ Bq)) wurden vollständig freigesetzt. Die Freisetzungsgrade der übrigen Spaltstoffe (Jod 131, Cäsium 137, Strontium 90, Lanthan 140, ...) können vermutlich mit bis zu 50% abgeschätzt werden. In Tabelle 13.2 ist die relative Nuklidzusammensetzung der Tschernobyl-Wolke zusammengestellt.

Reaktorkatastrophe von Tschernobyl

inhärent unsicherer Reaktor

Nuklidzusammensetzung der Tschernobyl-Wolke

Die kurzlebigen Spaltstoffe sind mittlerweile zerfallen, so dass die noch verbleibende Belastung auf die langlebigen Strahler ^{137}Cs und ^{90}Sr zurückgeführt werden kann. Diese Nuklide werden allerdings noch lange in der Biosphäre verbleiben.

^{137}Cs-Gehalt des Menschen

Bild 13.1 zeigt den durchschnittlichen ^{137}Cs-Gehalt des Menschen im Zeitraum von 1960 bis 1995. Die Cäsium-Belastung durch den Reaktorunfall in Tschernobyl erreichte fast das Niveau der Kernwaffentests in der Atmosphäre zu Beginn der sechziger Jah-

---

[1] Bei einer Brachytherapie wird die Bestrahlungsquelle in unmittelbarer Nähe des Tumors direkt im Körper des Patienten eingesetzt. Die Unterbringung kann in natürlichen Körperöffnungen (z. B. im Darm) oder in chirurgisch erzeugten erfolgen.

Nuklid	Anteil [%]	Halbwertszeit
Jod 131	36,5	8 Tage
Tellur 132	22,7	3,2 Tage
Jod 132	11,0	2,3 Stunden
Praseodym 144	10,3	17 Minuten
Ruthenium 103	4,7	39 Tage
Cäsium 137	3,7	30 Jahre
Barium 140	3,7	12,8 Tage
Strontium 90	3,7	28,5 Jahre
Cäsium 134	1,8	2 Jahre
Lanthan 140	1,6	40 Stunden
Jod 133	0,4	21 Stunden

Tabelle 13.2
Relative Nuklidzusammensetzung
der Tschernobyl-Wolke

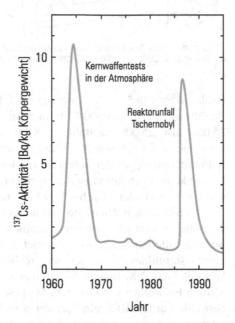

Abb. 13.1
Durchschnittlicher ^{137}Cs-Gehalt
des Menschen von 1960 bis 1995

re. Durch die oberirdischen Kernwaffentests bis 1963 wurden etwa 3 Tonnen Plutonium weltweit auf der Erde verteilt. Außerdem wurden von den freigesetzten Neutronen große Mengen von Tritium und ^{14}C in der Atmosphäre gebildet.

Nach dem Reaktorunfall in Tschernobyl gab es innerhalb der Bundesrepublik ein starkes Süd–Nord-Gefälle der Bodenbelastung, wobei im Mai 1986 die Höchstwerte in Bayern (bis $50\,\text{kBq/m}^2$ ^{137}Cs) und die niedrigsten in Schleswig-Holstein ($\approx 2\,\text{kBq/m}^2$ ^{137}Cs) beobachtet wurden.

Bodenbelastung

Als pessimistische Schätzung für die mittlere zusätzliche radioaktive Gesamtbelastung der Bevölkerung in Westeuropa kann etwa 1 mSv angegeben werden. Mit einem angenommenen Krebs-

„Zuerst die gute Nachricht: Ihre Ganzkörperszintigraphie war
ohne Befund. Und jetzt die schlechte: Sie sind jetzt radioaktiv!"

© C. Grupen

Tschernobyl-Folgen Risikofaktor von 5×10^{-5} pro 1 mSv (s. Kap. 12) ist also bei einer Bevölkerungszahl von 500 Millionen mit $500 \times 10^6 \times 5 \times 10^{-5} = 25\,000$, also 25 000 zusätzlichen Krebstoten zu rechnen, die sich über einen Zeitraum von 20–30 Jahren verteilen werden. Im Einzelfall wird man wegen der hohen „normalen" Krebsrate in der Bevölkerung keine Korrelation zwischen einem strahleninduzierten Krebs und einer „normalen" Krebserkrankung nachweisen können.

Die Situation in Russland und in der Ukraine ist allerdings viel kritischer. Schon jetzt wird eine deutliche Zunahme der Schilddrüsenkrebsfälle bei Kindern beobachtet, während die Leukämieraten keinen signifikanten Anstieg zeigen. Berücksichtigt man, dass in **Spätschäden** Weißrussland 2 Millionen Einwohner und in der Ukraine etwa 1 **durch Tschernobyl** Million Einwohner mit Dosen in der geschätzten Höhe von 20 mSv bestrahlt wurden, ist allein dort mit etwa 3 000 zusätzlichen Krebstoten zu rechnen, wenn man die neuesten Risikofaktoren (Tabelle 12.1) in Rechnung setzt. Hinzu könnten etwa 1 000 weitere Krebstote unter den Bergungstrupps und bei Personen kommen, die sich in unmittelbarer Nähe des Unglücksreaktors aufhielten. Die Höhepunkte der Erkrankungen sind vermutlich erst im Laufe der nächsten 10 Jahre zu erwarten![2]

Diese erschreckend hohen Erwartungswerte basieren auf den neuesten Risikofaktoren (5%/Sv). Die bisher in dem Gebiet der ehemaligen Sowjetunion registrierten Krebsfälle (insbesondere das Fehlen eines nennenswerten Anstiegs der Leukämieerkrankungen) scheinen allerdings anzudeuten, dass die den Beispielrechnungen

---

[2] Eine neue umfangreiche russische Studie über die Tschernobyl-Folgen findet man unter http://www.ibrae.ac.ru (2002).

zugrunde liegenden Risikofaktoren außerordentlich pessimistisch angesetzt wurden.

zu hohe Risikofaktoren?

Ein Beispiel für einen vermeidbaren Kritikalitätsunfall (vgl. Kap. 8.8) stellt das Unglück am 30. September 1999 in der Wiederaufbereitungsanlage Tokaimura in Japan dar. Drei Arbeiter der Anlage waren damit beschäftigt, eine hochangereicherte Uranlösung unerlaubterweise in Stahleimern und von Hand in einen Tank zu füllen. Üblicherweise ist das in Siede- oder Druckwasserreaktoren verwendete Uran zu 3 bis 5% mit ^{235}U angereichert. Im Rahmen des Plutonium-Erzeugungsprogramms mit schnellen Brütern in Japan wurde in diesem Fall Uran mit einem Anreicherungsgrad von 18,8% gehandhabt. Die Arbeiter füllten 16 Kilogramm einer Uranylnitratlösung in einen großvolumigen Tank. Das ist das 7fache der Kritikalitäts-Sicherheitsgrenze von 2,4 kg für diese Verbindung. Unter diesen Umständen zündet eine Kettenreaktion spontan. Die Arbeiter berichteten, bei der explosionsartig einsetzenden Kettenreaktion einen blauen Blitz gesehen zu haben (Cherenkov-Strahlung relativistischer Elektronen im umgebenden Kühlwasser?). Die Kritikalität (s. Kap. 8.8) bestand 18 Stunden lang. Sie wurde im Wesentlichen dadurch aufrechterhalten, dass der Behälter von Wasser umgeben war, dessen ursprünglicher Zweck es war, die Lösung zu kühlen. Eine fatale Nebenwirkung des Wassers bestand darin, dass es als hervorragender Moderator und Neutronenreflektor die Kettenreaktion nicht abbrechen ließ.

Tokaimura-Unfall

Kritikalität

Ein Arbeiter erhielt eine Dosis von 17 Sievert. Trotz intensiver medizinischer Behandlung (z. B. durch Bluttransfusionen) starb er 83 Tage später. Zwei weitere Arbeiter wurden mit mindestens 8 Sievert bzw. etwa 3 Sievert bestrahlt. Die sonstigen auf dem Gelände der Brennelementfabrik tätigen Kraftwerksarbeiter erhielten alle Dosen oberhalb 20 mSv, hauptsächlich durch die durchdringende Neutronenstrahlung. Insgesamt wurden einige Gramm ^{235}U gespalten mit einer Erzeugung von 10^{16} bis 10^{17} Bq an Spaltprodukten, wovon etwa 1% freigesetzt wurden.

Bei diesem Unfall wurde offenkundig, dass die Sicherheitsvorschriften in grober Weise verletzt wurden. Niemals hätte eine 7fach überkritische Menge in einen einzigen Behälter gefüllt werden dürfen, der auch noch, wie in diesem Falle, von Kühlwasser (das als Moderator und Reflektor wirkte) umgeben war. Im Nachhinein wurde festgestellt, dass in dieser Anlage die Sicherheitsvorschriften gewohnheitsmäßig missachtet wurden. Auch die Behandlung des Unfalls deutete darauf hin, dass Alarm- und Evakuierungspläne entweder nicht vorlagen oder nicht eingehalten wurden.

Sicherheitsvorschriften

13.1 Ergänzungen

Ergänzung 1

Fund von Strahlenquellen

In vielen Fällen werden Verluste radioaktiver Quellen oder versehentliche Bestrahlungen nur sehr verzögert erkannt. Bei dem in Tabelle 13.1 zuerst erwähnten Beispiel wurden fast alle Mitglieder einer Familie getötet. Ein Kind hatte eine 5 Ci starke ^{60}Co-Quelle im März 1962 auf einem Schrottplatz gefunden, mit nach Hause genommen und dort gelagert. Das 10-jährige Kind starb im April und seine Mutter im Juli, ohne dass eine strahlungsbedingte Todesursache vermutet wurde. Erst als im August ein 3-jähriges Kind der Familie starb wurde die gemeinsame Ursache der Todesfälle erkannt. Trotzdem gab es noch ein weiteres Opfer im Oktober. Nur der Vater der Familie überlebte, weil er sich im Vergleich zu den anderen Familienmitgliedern seltener im Hause aufhielt.[3]

Ergänzung 2

Verlust von Kernwaffen

Bergung von „Atom"-U-Booten

Strahlenunfälle im militärischen Bereich, besonders während des kalten Krieges, werden in der Regel geheim gehalten. Typische Beispiele hatten ihre Ursache im katastrophalen Management militärischer Einrichtungen – besonders in der ehemaligen Sowjetunion – und dem Verlust von Kernwaffen durch beide Supermächte.

Die Zahl der auf See verlorenen Kernwaffen nach Luftzwischenfällen oder Raketenfehlstarts und untergegangenen nuklear betriebenen U-Booten ist beträchtlich. Ebenfalls wurde die Atmosphäre durch plutoniumgetriebene Reaktoren von Satelliten, die beim Wiedereintritt in die Atmosphäre aufbrachen, erheblich belastet.

Durch die Geheimhaltung von nuklearen Unfällen um jeden Preis wurde offenbar auch der Tod von Mitgliedern des Bergungspersonals in Kauf genommen. Als die Sowjetunion 1961 ein nuklear betriebenes U-Boot im Atlantik verlor, versuchten russische Techniker, es behelfsmäßig wieder flott zu machen, damit es nicht von anderen Mächten geborgen wurde. Bei diesen Reparaturen wurden viele Mitglieder des Bergungstrupps hohen Strahlendosen ausgesetzt. Mindestens acht von ihnen starben aufgrund von Strahlenüberdosen.[3]

Ergänzung 3

In den vierziger Jahren wurden Radium–Beryllium-Quellen z. T. im Labor von Hand gefertigt. Eine starke Ein-Gramm-Ra–Be-Quelle kann sehr gefährlich sein, wenn sie nicht wirklich dicht ist, denn Radium zerfällt in das Edelgas Radon, das leicht entweichen kann. Eine undichte Quelle wird innerhalb weniger Stunden durch das

---

[3] Eine relativ vollständige Auflistung von Strahlenunfällen im zivilen und militärischen Bereich findet man in M. C. O'Riordan „Radiation Protection Dosimetry. Becquerel's Legacy: A Century of Radioactivity", Nuclear Technology Publishing, London 1996, aus dem auch einige dieser Beispiele entnommen sind.

austretende, ebenfalls radioaktive Radon unhandhabbar. Sie ist dann nur noch unter größerer Strahlenbelastung abzudichten.

Bei der Herstellung und Abdichtung einer solchen Quelle erhielten Mitarbeiter von E. Fermi eine γ-Dosis von etwa 2 Sv. In der Folge davon halbierte sich die Anzahl der Leukozyten bei den beteiligten Physikern. Langzeitschäden konnten aber nicht nachgewiesen werden.

Das größte nukleare Ereignis mit den stärksten Auswirkungen stellt sicherlich der Atombombenabwurf auf Hiroshima und Nagasaki dar (1945). Bei diesen in der Luft gezündeten Kernspaltbomben kamen in der Folgezeit mehr als 130 000 Menschen um. Viele Menschen wurden durch die Strahlenwirkungen für ihr ganzes Leben gezeichnet. Durch genetische Veränderungen sind auch folgende Generationen betroffen.

Ergänzung 4
Atombombenabwürfe
auf Hiroshima und Nagasaki

Zusammenfassung

> Strahlenunfälle haben ihre Ursache häufig im Fehlen oder der Nichtbeachtung elementarer Sicherheitsregeln. Daneben spielen Quellenverluste oder eine fahrlässige Entsorgung eine große Rolle. Die Dunkelziffer von Strahlenunfällen im militärischen Anlagen und bei militärischen Operationen dürfte beträchtlich sein. Der bisher größte Strahlenunfall ereignete sich 1986 an einem inhärent unsicheren Reaktor in Tschernobyl. Er wurde durch grobe Fahrlässigkeit verursacht.

13.2 Übungen

Der Risikofaktor für Leukämie beträgt 5×10^{-4} pro 100 mSv Ganzkörperbestrahlung. Schätzen Sie die Zahl der zu erwartenden Leukämiefälle in der Folge der Reaktorkatastrophe in Tschernobyl weltweit ab!

Übung 1

Nehmen Sie an, dass bei der Bestückung einer Bestrahlungsanlage für Tumorbehandlungen die einzubauende 10 Ci-^{60}Co-Quelle herunterfällt und von den Operateuren mit den bloßen Händen geborgen, und schnell installiert wird. Schätzen Sie die Dosis ab, mit der die Hände bestrahlt wurden, und geben Sie einen Schätzwert für die Ganzkörperdosen an.

Übung 2

14 Strahlungsquellen

„Man braucht nichts im Leben zu fürchten, man muss nur alles verstehen."

Marie Curie

Man könnte annehmen, dass allein Radioisotope reichhaltige Quellen für die verschiedenen Strahlungsarten sind. Durch die fortschreitende Entwicklung in der physikalischen Grundlagenforschung und deren technischen Anwendungen sind aber zahlreiche Möglichkeiten geschaffen worden, nahezu alle hinreichend langlebigen Elementarteilchen und Photonen in Form von Strahlungsquellen zur Verfügung zu stellen. Dabei lässt sich ein Energiebereich von ultrakalten Teilchen ($\ll 25\,\mathrm{meV}$) bis zu Energien von TeV abdecken. Nimmt man die kosmische Strahlung noch hinzu, dann stehen auch noch Teilchen und Photonen oberhalb von $1\,\mathrm{TeV}$ zur Verfügung, wenn auch in geringer Intensität. Im Folgenden sollen die Hauptquellen zur Erzeugung ionisierender Strahlung beschrieben werden. Kernspalt- und Fusions-Kraftwerke als Quellen von Neutronen und Elektron-Antineutrinos werden in einem separaten Kapitel dargestellt.

14.1 Teilchenstrahlen

Beschleuniger Alle geladenen Teilchen können in Beschleunigern auf hohe Energien beschleunigt und gespeichert werden. Die meisten Beschleuniger sind kreisförmige Anlagen, in denen die zu beschleunigenden Teilchen in einem Vakuumstrahlrohr durch magnetische Dipolfelder „auf Kurs" gehalten werden. Die Beschleunigung erfolgt durch hochfrequente elektromagnetische Wechselfelder in so genannten Kavitäten, die von Senderöhren („Klystronen") gespeist werden. Zur Strahlenfokussierung werden Quadrupolmagnete und magnetische Korrekturlinsen verwendet. Bild 14.1 gibt einen graphischen Überblick über die Standardausrüstung eines Kreisbeschleunigers. Das magnetische Führungsfeld muss synchron mit dem steigenden Impuls der Teilchen während des Beschleunigungsvorgangs erhöht werden („Synchrotron"), damit die Teilchen auf einer stabilen Bahn in dem feststehenden Strahlrohr gehalten werden können.

Synchrotron

Typischerweise werden Protonen, Antiprotonen, Elektronen und Positronen in solchen Synchrotronanlagen auf Energien bis zu 100

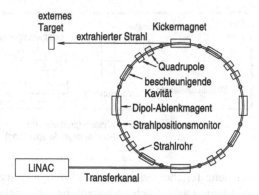

externes
Target
Kickermagnet
extrahierter Strahl
Quadrupole
beschleunigende
Kavität
Dipol-Ablenkmagent
Strahlpositionsmonitor
Strahlrohr
LINAC
Transferkanal

Abb. 14.1
Synchrotron-Beschleuniger

GeV (e^+, e^-) bzw. 7 TeV (p) beschleunigt. Durch Extrahieren der beschleunigten Teilchen kann auf einem externen Target eine Vielzahl von Sekundärteilchen erzeugt und auch wieder gespeichert werden. In der Elementarteilchenphysik werden für diese Zwecke hauptsächlich Pionen-, Kaonen-, Myonen- und Neutrinostrahlen erzeugt. Strahlen negativer Pionen werden auch in der Medizin zur Tumorbehandlung eingesetzt. Schwere Ionen, die ebenso in Kreisbeschleunigern auf hohe Energien gebracht werden können, sind ebenfalls ein hervorragendes Mittel zur Tumorbehandlung im Rahmen der Hadronen- und Schwerionentherapie.

Hadronentherapie

Schwerionentherapie

Obwohl Pionen, Kaonen und Myonen relativ kurzlebig sind ($\tau_\pi^0 = 26\,\text{ns}$, $\tau_K^0 = 12\,\text{ns}$, $\tau_\mu^0 = 2{,}2\,\mu\text{s}$), können sie trotzdem bei hoher Energie und der damit verbundenen Zeitdilatation als Sekundärstrahlung Verwendung finden. Myonen können sogar in Kreisbeschleunigern gespeichert werden. Bei Energien von etwa 10 GeV sind die Lebensdauern von geladenen Pionen, Kaonen und Myonen schon

$$\tau_\pi = \gamma\tau_\pi^0 = \frac{E}{m_\pi c^2}\tau_\pi^0 \approx 1{,}9\,\mu\text{s} , \qquad (14.1)$$

$$\tau_K = \gamma\tau_K^0 \approx 240\,\text{ns} , \qquad (14.2)$$

$$\tau_\mu = \gamma\tau_\mu^0 \approx 210\,\mu\text{s} , \qquad (14.3)$$

wobei γ der Lorentz-Faktor ist. Myonen dieser Energie können damit einen Weg von etwa 60 km zurücklegen, bevor sie zerfallen.

Als Injektor für Kreisbeschleuniger stehen Linearbeschleuniger zur Verfügung. Bild 14.2 zeigt die Hauptkomponenten eines solchen Linearbeschleunigers, wie er auch häufig in der Medizin eingesetzt wird. In Linearbeschleunigern können Teilchen (meist Elektronen und Positronen) auf Energien bis 1 TeV beschleunigt werden.

Linearbeschleuniger

Bei hohen Energien ist es ohnehin sinnvoller – zumindest für Elektronen – Linearbeschleuniger zu verwenden. Eine Kreisbewegung stellt ja eine beschleunigte Bewegung dar, und beschleunigte

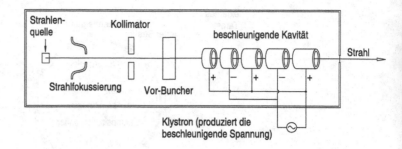

Abb. 14.2
Linearbeschleuniger

Synchrotronstrahlung

geladene Teilchen erleiden einen Energieverlust durch Synchrotronstrahlung. Die zeitliche Abstrahlung eines geladenen Teilchens der Energie E in einem Synchrotron mit Krümmungsradius r ist

$$\frac{\mathrm{d}W}{\mathrm{d}t} \approx \left(\frac{E}{m_0 c^2}\right)^4 \frac{1}{r^2} \, , \tag{14.4}$$

Kreisbeschleuniger

wobei m_0 die Ruhmasse ist. Wegen der Kleinheit der Elektronenmasse im Vergleich zur Protonenmasse ($m_e/m_p \approx 1/2000$) wird der Energieverlust von Elektronen bei Kreisbeschleunigern bei hohen Energien beträchtlich. So war der Energieverlust von 100 GeV-Elektronen im großen Elektron–Positron-Speicherring LEP am CERN (Umfang 27 km, Krümmungsradien $r = 3100$ m) pro Umlauf

$$W \sim \frac{\mathrm{d}W}{\mathrm{d}t} 2\pi r = C \frac{E^4}{r} \, , \tag{14.5}$$

$$W = 8{,}85 \times 10^{-5}\,\mathrm{GeV}^{-3}\,\mathrm{m}\, \frac{(100\,\mathrm{GeV})^4}{3100\,\mathrm{m}} \tag{14.6}$$

$$= 2{,}85\,\mathrm{GeV} \, , \tag{14.7}$$

Linearbeschleuniger

sodass Elektronenbeschleuniger mit hohen Energien eigentlich nur als Linearbeschleuniger denkbar sind. Wegen der hohen Protonenmasse stellt der Synchrotronstrahlungsverlust für diese Teilchen noch keine Energieeinschränkung dar.

Die Erzeugung von Synchrotronstrahlung bei Elektronenbeschleunigern stellt sicher für Elementarteilchenphysiker einen Nachteil dar, andererseits stellt sie eine qualitativ hochwertige,

Photonenstrahlen
Wiggler-Magnete

brillante Quelle von Photonenstrahlen mit Energien bis in den Röntgenbereich dar. Durch spezielle Magnetstrukturen (Wiggler-Magnete für intensive inkohärente und breitbandige Photonenstrah-

Undulatoren

len, Undulatoren für kohärente Strahlen) lassen sich hoch intensive Röntgenstrahlen, etwa zur Strukturuntersuchung in der Festkörperphysik oder Biologie erzeugen. Mit Hilfe von Elektronenstrahlen lassen sich auch Photonenstrahlen im Hochenergiebereich bereitstellen. Elektronen hoher Energie erzeugen an einem Target (z. B.

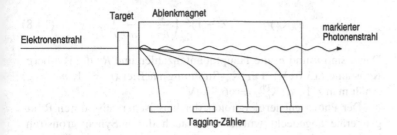

Abb. 14.3
Tagging-System

Blei oder Wolfram) Bremsstrahlung. Misst man den Elektronenimpuls vor und nach der Wechselwirkung, so erhält man die Photonenenergie als Energiedifferenz des einlaufenden und auslaufenden Elektrons. Ein solches Tagging-System zur Markierung von Photonenenergien ist in Bild 14.3 skizziert.

Auf diese Weise lässt sich zwar pro Ereignis die Photonenenergie markieren, insgesamt besteht aber der Strahl aus einer Überlagerung von Photonen mit verschiedenen Energien, die insgesamt ein kontinuierliches Bremsspektrum bilden.

kontinuierliches Bremsspektrum

Neben den Photonenstrahlen als Sekundärstrahlen von Beschleunigern sollen noch die Neutrinostrahlen erwähnt werden. Neutrinostrahlen spielen in der Überprüfung des Standardmodells der Elementarteilchen eine große Rolle. Da der Wirkungsquerschnitt von Neutrinos (ν) außerordentlich klein ist, müssen intensive Neutrinostrahlen erzeugt werden, damit statistisch signifikante Wechselwirkungsraten erreicht werden. In der Regel verwendet man Myonneutrinos für diese Untersuchungen, wobei diese Neutrinos in Pion- oder Myon-Zerfällen erzeugt werden ($\pi^+ \rightarrow \mu^+ + \nu_\mu$, $\pi^- \rightarrow \mu^- + \bar{\nu}_\mu$). In geplanten so genannten „Neutrinofabriken" werden die Neutrinoflüsse so hoch sein, dass sogar Strahlenschutzaspekte eine Rolle spielen.

Neutrinostrahlen

Neutrinofabriken

14.2 Photonenquellen

Als klassische Photonenquelle gilt die Röntgenröhre, in der diese energiereiche elektromagnetische Strahlung auch entdeckt wurde (s. Kap. 10, Röntgenverordnung). Mit typischen Röntgengeräten lassen sich Photonen mit Energien bis zu einigen hundert keV erzeugen. Das Röntgenspektrum ist kontinuierlich (Elektronenbremsspektrum). Es ist von diskreten Röntgenlinien überlagert, die charakteristisch für das verwendete Anodenmaterial sind. Die Energien charakteristischer Röntgenstrahlung lassen sich nach dem Moseleyschen Gesetz bestimmen:

Röntgenröhre

Röntgenspektrum

charakteristische Röntgenstrahlung

Moseleysches Gesetz

$$E(K_\alpha) = Ry\,(Z - 1)^2\,\left(\frac{1}{n^2} - \frac{1}{m^2}\right)\ .\qquad (14.8)$$

Rydberg-Konstante

Dabei sind n und m die Hauptquantenzahlen und Ry die Rydberg-Konstante ($13{,}6\,\text{eV}$). Für K_α-Strahlung an Blei ($n = 1$, $m = 2$) erhält man z. B. $E(K_\alpha^{Pb}) = 66{,}9\,\text{keV}$.

Der Photonenenergiebereich, der klassischerweise durch Röntgengengeräte abgedeckt wurde, wird auch durch Synchrotronstrahlungsquellen erreicht. Dabei ist allerdings der Photonenfluss von **Synchrotronstrahlungs-** Synchrotronstrahlungsquellen um viele Größenordnungen höher.

quellen

Das Synchrotronspektrum ist genau wie das Elektronenspektrum kontinuierlich. Wegen der hohen Intensität lassen sich aber durch Monochromatoren immer noch intensive monoenergetische Photonenstrahlen erzeugen.

Solche monochromatischen Röntgenstrahlen aus Synchrotronanlagen werden u. a. in der nicht-invasiven Koronarangiographie zur Diagnostik eingesetzt. Die Herzkranzgefäße werden dabei mit Jod als Kontrastmittel markiert. Es werden zwei Röntgenbilder, einmal unterhalb und einmal oberhalb der K-Absorptionskante des Jod (siehe Bild 4.12), aufgenommen und anschließend im Rechner subtrahiert. Dabei wird die Absorption im umgebenden Gewebe unterdückt und ein kontrastreiches Bild der Blutgefäße erzielt („Zwei-Energie-Technik" oder „K-Kanten-Subtraktionstechnik"). Bild 14.4 zeigt ein Subtraktionsbild der menschlichen Aorta und benachbarter Koronararterien nach einer Injektion mit stabilem Jod.[1]

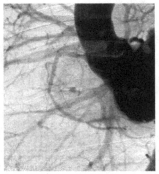

Abb. 14.4
Subtraktionsbild der menschlichen Aorta und benachbarter Koronararterien nach einer Injektion mit stabilem Jod

Annihilationen

In den schon erwähnten Tagging-Systemen lassen sich hochenergetische Photonen (GeV-Bereich) nach dem Röntgenprinzip herstellen. Ebenso sind Zerfälle neutraler Pionen ($\pi^0 \rightarrow \gamma + \gamma$) oder Annihilationen von Elektronen und Positronen ($e^+ + e^- \rightarrow \gamma + \gamma$) Quellen von energiereichen Photonen. Der Vollständigkeit halber sollen noch die Zerfälle instabiler Kerne erwähnt werden, die durch γ-Emission in den Grundzustand übergehen. Dabei werden Photonen mit Energien bis zu einigen MeV erzeugt. In der Folge von Kernumwandlungen treten auch Anregungen in der Elektronenhülle auf, die zu charakteristischer Röntgenstrahlung führen.

Schließlich sei noch die thermische Röntgenstrahlung heißer Plasmen erwähnt. In einem Fusionsreaktor mit Temperaturen von

---

[1] St. Fiedler, Synchrotron Radiation Angiography: Dead Ends and perspectives; http://www.lightsource.ca/bioimaging/Saskatoon_2004_sf.pdf und H. Elleaume, S. Fiedler, F. Estève, B. Bertrand, A. M. Charvet, P. Berkvens, G. Berruyer, T. Brochard, G. Le Duc, C. Nemoz, M. Renier, P. Suortti, W. Thomlinson and J. F. Le Bas, First Human Transvenous Coronary Angiography at the European Synchrotron Radiation Facility, Phys. Med. Biol. 45 (2000) L39–L43.

200 Millionen Grad liegt die thermische Strahlung bei Energien von
$E_X = kT = 8{,}617 \times 10^{-5}\,\text{eV}\,\text{K}^{-1} \times T = 17\,\text{keV}$.

In Elektron–Photon-Wechselwirkungen können energiereiche
Elektronen durch den inversen Compton-Effekt Photonen hoher
Energie erzeugen. Dieser Prozess spielt in der Röntgen- und Gamma-Astronomie eine wichtige Rolle. **inverser Compton-Effekt**

14.3 Neutronenquellen

Neutronen werden überwiegend durch starke Wechselwirkungen erzeugt. In Spallationsneutronenquellen werden durch energiereiche **Spallationsneutronenquellen**
Hadronen (meist Protonen) in Reaktionen an schweren Kernen zahlreiche Neutronen erzeugt. Hierbei können pro Reaktion 30 Neutronen durch die Kernzertrümmerung freigesetzt werden. Die Spallationsneutronen werden in einem weiten Energiebereich erzeugt und
können idealerweise zu Transmutationen verwendet werden. In sol **Transmutationen**
chen Transmutationen können langlebige Spaltprodukte aus Kernspaltprozessen durch Neutronenbeschuss in kurzlebige oder gar stabile Isotope umgewandelt werden. Dieses Verfahren – wenn es denn
großtechnisch verwendet würde – könnte eine attraktive Alternative zur Zwischen- und Endlagerung radioaktiver Abfälle darstel **Zwischen- und Endlagerung**
len. In dedizierten Neutronengeneratoren können einzelne Neutronen durch Beschuss von bestimmten Targets mit Protonen, Deuteronen oder Alphateilchen generiert werden. Auf diese Weise erhält
man Neutronen im MeV-Bereich.

Ebenso lassen sich Neutronen in photonuklearen Wechselwirkungen erzeugen, wie etwa

$$\gamma + d \;\longrightarrow\; p + n \;,$$
$$\gamma + {}^{9}\text{Be} \;\longrightarrow\; {}^{8}\text{Be} + n \;.$$

Ein klassisches Verfahren ist die Neutronenproduktion in (α, n)-Reaktionen. α-strahlende Radioisotope werden mit einem Beryllium- **Radium–Beryllium-Quellen**
Isotop vermischt. Die α-Strahlen erzeugen am ${}^{9}\text{Be}$ nach der Reaktion

$$\alpha + {}^{9}\text{Be} \;\longrightarrow\; {}^{12}\text{C} + n \qquad (14.9)$$

Neutronen im Bereich um 5 MeV. Als α-Strahler kommen Radium
(${}^{226}\text{Ra}$), Americium (${}^{241}\text{Am}$), Plutonium (${}^{239}\text{Pu}$), Polonium (${}^{210}\text{Po}$)
oder Curium (${}^{242}\text{Cm}$, ${}^{244}\text{Cm}$) in Frage. Die Neutronenausbeute für **Neutronenausbeute**
diese (α, n)-Reaktionen liegt etwa bei 10^{-4} pro α-Teilchen.

In Kernspaltreaktoren werden hochradioaktive Spaltprodukte er **hochradioaktive**
zeugt. Da die Spaltstoffe, z. B. ${}^{235}\text{U}$, relativ neutronenreich sind, **Spaltprodukte**

haben die Spaltprodukte zu viele Neutronen. Der Neutronenüberschuss kann durch prompte und verzögerte Neutronen abgebaut werden. Durch sukzessive β^--Zerfälle streben die Spaltprodukte dann einen möglichst stabilen Endzustand an. Ebenso sind Kernfusionskraftwerke eine Quelle von Neutronen. In der Sonne werden global vier Protonen zu Helium verschmolzen. In Fusionskraftwerken (s. Kap. 16, Kernreaktoren) sollen Deuterium und Tritium zu Helium fusioniert werden:

Kernfusion

$$d + t \longrightarrow {}^4\text{He} + n \ . \tag{14.10}$$

Dabei wird ein energiereiches Neutron erzeugt ($E_n = 14,1$ MeV), das die Hoffnung zunichte macht, dass Fusionskraftwerke vom Strahlenschutzpunkt vollständig „sauber" sind. Diese Neutronen lassen sich schlecht abschirmen. Sie aktivieren die Baumaterialien des Fusionsreaktors und erzeugen damit radioaktive Isotope, sodass auch von einem Fusionsreaktor eine potentielle Strahlengefahr ausgeht, wenn auch Fusionsreaktoren nicht unkontrolliert „durchgehen" können. Die kinetische Energie der Neutronen ist allerdings die Basis für die Energieerzeugung in Fusionsreaktoren.

Schließlich soll erwähnt werden, dass unter extremen Bedingungen – wie sie bei einer Supernovaexplosion vorkommen – Drücke in einem Wasserstoffplasma so hoch werden können, dass Elektronen **Deleptonisationsprozess** in die Protonen hineingequetscht werden. In diesem Deleptonisationsprozess

$$p + e^- \longrightarrow n + \nu_e \tag{14.11}$$

werden Neutronen erzeugt. Wegen der mittleren Lebensdauer von 886 s zerfallen aber die Neutronen – selbst bei hohen Energien – auf dem Weg von der Quelle zur Erde, wenn sie denn nicht in einem Neutronenstern gebunden werden.

14.4 Kosmische Strahlenquellen

Aufgrund der Strahlenschutzverordnung von 2001 unterliegt auch das fliegende Personal der Strahlenschutzüberwachung (StrlSchV Kap. 4: Kosmische Strahlung, §103). Strahlenschutzrelevante Daten zur kosmischen Strahlung wurden schon im Kap. 11 über Umweltradioaktivität zusammengefasst. Hier soll lediglich das Potential kosmischer Strahlung als Quelle von Teilchenstrahlung für Messzwecke und Kalibrationen Erwähnung finden. Die primäre kosmi**primäre und sekundäre** sche Strahlung besteht zu 85% aus Protonen mit einem Anteil von **kosmische Strahlung** 12% α-Teilchen und etwa 3% schweren Kernen ($Z \geq 3$). Durch Wechselwirkung der primären Strahlung mit den Atomkernen der atmosphärischen Luft initiieren die primären Kerne Kaskaden von Sekundär- und Tertiärteilchen. Dabei werden überwiegend Pionen und Kaonen erzeugt. Diese Mesonen[2] unterliegen den konkurrierenden Prozessen von Wechselwirkung und Zerfall. Während die weiche Komponente der kosmischen Strahlung bestehend aus Elektronen, Positronen und Photonen (aus dem π^0-Zerfall) in der Atmosphäre relativ schnell absorbiert wird, dringen die Zerfallsprodukte der geladenen Pionen und Kaonen, also die Myonen und Neutrinos, bis auf die Erdoberfläche vor. 80% der geladenen kosmischen Strahlung auf Meereshöhe besteht aus Myonen, die sich hauptsächlich über einen Energiebereich von etwa 1 GeV bis 1 TeV verteilen. Wegen ihrer geringen Wechselwirkungswahrscheinlichkeit spielen die kosmischen Neutrinos für den Strahlenschutz keine Rolle. Der omnidirektionale Myonenfluss auf Meereshöhe durch eine horizontale Fläche beträgt etwa 1 Teilchen pro cm^2 und Minute, entsprechend einem Fluss für nahe vertikale Richtungen pro Raumwinkel und Fläche von

omnidirektionaler Myonenfluss

$$\phi(\mu^{\pm}) = 8 \times 10^{-3}\,\mathrm{cm}^{-2}\,\mathrm{s}^{-1}\,\mathrm{sr}^{-1} \ . \qquad (14.12)$$

Wegen des geringen Energieverlustes ($\approx 2\,\mathrm{MeV}/(\mathrm{g/cm}^2)$) können Myonen auch noch in großen Tiefen unter der Erde nachgewiesen werden.

Im Strahlenschutzbereich führen die kosmischen Myonen neben der terrestrischen Radioaktivität zu einer Nullrate in allen Strahlenschutzmessgeräten. Ein Kontaminationsmonitor mit einer horizontalen Messfläche von $15 \times 10\,\mathrm{cm}^2$ registriert eine Nullrate von ≈ 150 Teilchen pro Minute allein aufgrund der kosmischen Myonen. Dieser Messbefund ist aber nicht nur ein Nachteil, denn er stellt gleichzeitig einen strahlerunabhängigen Funktionstest von Messgeräten dar. Für Messungen an radioaktiven Substanzen ist in jedem Fall diese Nullrate zu berücksichtigen. Wegen der hohen Durchdringungsfähigkeit der Myonen eignen sie sich ebenfalls sehr gut zu Koinzidenzmessungen und zur Bestimmung des Ansprechvermögens von Detektoren für geladene Teilchen. In einer Koinzidenzanordnung aus drei übereinander liegenden Zählern (sie-

Funktionstest von Messgeräten

Koinzidenzanordnung

---

[2] Pionen und Kaonen gehören als Mesonen zur Gruppe der stark wechselwirkenden Teilchen („Hadronen'). Diese Hadronen umfassen die Baryonen und Mesonen. Baryonen sind im Wesentlichen Kernbausteine, wie Protonen und Neutronen und deren Anregungen. Baryonen sind im naiven Quarkmodell aus drei Quarks aufgebaut, z. B. ist das Proton ein *uud*-Zustand, bestehend aus zwei up-Quarks (elektrische Ladung $+2/3$ des Betrages der Elementarladung) und einem down-Quark (elektrische Ladung $-1/3$ des Betrages der Elementarladung). Mesonen dagegen sind Verbindungen aus einem Quark und einem Antiquark. So ist das positiv geladene Pion (π^+) ein $u\bar{d}$-Zustand.

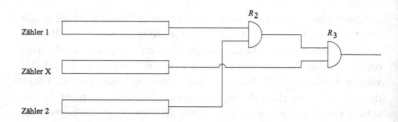

Abb. 14.5
Koinzidenzanordnung zur
Bestimmung des
Ansprechvermögens eines
Detektors

he Bild 14.5) sei die Zählrate in den drei Zählern N_1, N_2 und N_X. Wenn die wahre Teilchendurchgangsrate N ist und die Zähler 1 und 2 ein Ansprechvermögen von ε_1 und ε_2 haben, ist die Zweifachkoinzidenzzählrate

$$R_2 = \varepsilon_1\varepsilon_2 N \; . \tag{14.13}$$

Die Dreifachkoinzidenzzählrate mit dem Zähler X, dessen Ansprechvermögen bestimmt werden soll, ist dann

$$R_3 = \varepsilon_1\varepsilon_2\varepsilon_X N \; . \tag{14.14}$$

Effizienztest   Damit liefert das Zählratenverhältnis

$$\frac{R_3}{R_2} = \varepsilon_X \tag{14.15}$$

das unbekannte Ansprechvermögen des Zählers X.

14.5 Ergänzungen

Ergänzung 1

In der Medizin werden häufig bestimmte Radionuklide zur Diagnose und Therapie benötigt. Kurzlebige Radionuklide, die aus strahlentherapeutischen und praktischen Gründen bevorzugt werden, müssen vor Ort hergestellt werden. So wird inzwischen das ^{131}I-Isotop wegen der relativ langen Halbwertszeit von 8 Tagen immer mehr durch ^{99m}Tc ersetzt. Die Halbwertszeit von ^{99m}Tc beträgt 6 Stunden und erlaubt damit eine ambulante Schilddrüsendiagnose. ^{99m}Tc

Schilddrüsendiagnose   wird aus ^{99}Mo durch β^--Zerfall erzeugt. Zu etwa 86% wird das metastabile Niveau von ^{99m}Tc durch einen β^--Zerfall erreicht, das durch γ-Emission (140 keV) in den Grundzustand des ^{99}Tc zerfällt. ^{99}Tc zerfällt danach mit einer Halbwertszeit von 214 000 Jahren in das stabile ^{99}Ru-Isotop. Wegen der langen Halbwertszeit des

Technetium-Generator   Grundzustandes ^{99}Tc kann dieser quasi als stabil angesehen werden. Bild 14.6 zeigt das vereinfachte Zerfallsschema des Molybdän–Technetium-Generators. In Bild 14.7 ist der prinzipielle Aufbau einer Radionuklid-Kuh zur Produktion von ^{99m}Tc skizziert.

Ergänzung 2

Kurzlebige Radionuklide können auch aus langlebigen Isotopen „gemolken" werden. So bevölkert das langlebige Radioisotop ^{137}Cs (Halbwertszeit 30,2 Jahre) durch einen Betazerfall den

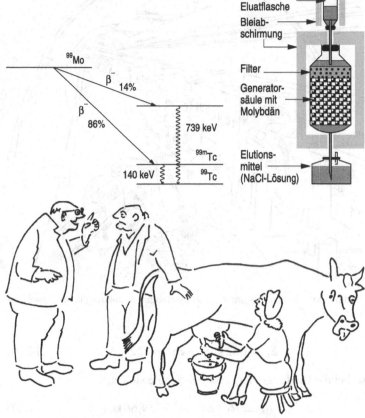

„Dies ist unsere Radionuklid-Kuh. Wir füttern sie mit ^{99}Mo und melken dann das kurzlebige ^{99m}Tc-Isotop für den klinischen Gebrauch ab!"

Abb. 14.6
Vereinfachtes Zerfallsschema des Molybdän–Technetium-Generators

Abb. 14.7
Durch ein geeignetes Laufmittel (Elutionsmittel, z. B. physiologische Kochsalzlösung), werden die Zerfallsprodukte des im Reaktor erzeugten ^{99}Mo (Halbwertszeit 2,8 Tage) nahezu vollständig ausgespült. Das Technetiumisotop steht dann für die radioaktive Markierung von geeigneten Tracern im unteren Laufmittelbehälter zur Verfügung

metastabilen Zustand von ^{137}Ba mit einer Wahrscheinlichkeit von 94,4%. ^{137m}Ba kann schon nach kurzer Zeit mit ausreichender Ausbeute erhalten werden. ^{137m}Ba zerfällt mit einer Halbwertszeit von 2,55 min durch γ-Emission mit einer Energie von 662 keV in den Grundzustand von ^{137}Ba. Dieser ^{137}Cs–^{137}Ba-Generator findet allerdings in der konventionellen klinischen Nuklearmedizin keine Anwendung mehr, die γ-Strahlung des ^{137m}Ba wird aber häufig als Kalibrierstrahlung im praktischen Strahlenschutz verwendet. Die Kernanregungsenergie kann jedoch auch direkt auf Hüllenelektronen übertragen werden, sodass diese Quelle auch monoenergetische Konversionselektronen emittiert. Die K-Konversionswahrscheinlichkeit beträgt 7,7% und führt zu Elektronenenergien von

„Radionuklid-Kuh"

Kalibrierstrahlung

„Radioisotope für die Nuklearmedizin werden als Abfallprodukt am Beschleuniger erzeugt."

$$E_e = 662\,\mathrm{keV} - B_\mathrm{K} = 622\,\mathrm{keV} \ , \qquad (14.16)$$

wobei die Bindungsenergie der K-Schale sich zu

$$B_\mathrm{K} = Ry\,(Z - 1)^2 = 39{,}66\,\mathrm{keV} \qquad (14.17)$$

errechnet.

Ergänzung 3
Radionuklidbatterien

Radionuklidbatterien stellen eine Energieversorgung über einen langen Zeitraum sicher. Sie werden eingesetzt, wenn eine langlebige Energieversorgung benötigt wird und ein Aufladen schwierig oder unmöglich ist, also z. B. bei Raumfahrtmissionen. Radionuklidbatterien arbeiten auch bei extremen äußeren Bedingungen (hohe/niedrige Temperaturen). Das Wirkungsprinzip ist die Erzeugung elektrischer Energie aus radioaktiven Zerfällen. Es gibt verschiedene Arten der Umwandlung der Zerfallsenergie in elektrische Ener-

Konversionsprinzipien
gie, z. B.

- direkte Ladungssammlung,
- indirekte Sammlung über Szintillationsprozesse,
- thermoelektrische Energiegeneration.

Eine normale Lithium-Ionenbatterie, wie sie in vielen Haushaltsgeräten eingebaut wird, hat einen Energiegehalt von etwa $0{,}3\,\mathrm{mW\,h}$. Dagegen hat eine Radionuklidbatterie auf der Basis von ^{210}Po einen

Isotop	$\langle E \rangle$ [keV]	$T_{1/2}$ [a]	spezifische Leistung [W/g]	Strahlenart
^{63}Ni	17	100	0,0067	β^-
^{3}H	5,7	12,3	0,33	β^-
^{90}Sr/^{90}Y	200/930	29	0,98	β^-
^{210}Po	5300	0,38	140	α
^{238}Pu	5500	88	0,56	α
^{244}Cm	5810	18	2,8	α

Tabelle 14.1
Tabelle gängiger Isotope für Radionuklidbatterien

Energiegehalt von 3 W h. Tabelle 14.1 gibt einen Überblick über Radioisotope, die sich für Radionuklidbatterien anbieten.

In der direkten Konversionsmethode wird die Ladung auf einem kugelförmigen Kondensator, der die Quelle symmetrisch umgibt, gesammelt. Dadurch kann man Spannungen $U = Q/C$ von 10 bis 100 kV erhalten. Eine 3 Ci-^{238}Pu-Quelle, wie sie beispielsweise bis Mitte der siebziger Jahre für Herzschrittmacher verwendet wurde, erzeugt eine Leistung von einigen mW bei einer Strahlenbelastung von 1 mSv/a für den Patienten. Vom Strahlenschutzstandpunkt ist es wichtig, solche Quellen, z. B. beim Ableben des Patienten, ordnungsgemäß zu entsorgen.

Konversionsmethoden

Für viele NASA-Missionen werden ebenfalls ^{238}Pu-Radionuklidbatterien verwendet. Hier wird die elektrische Energie durch den thermoelektrischen Effekt erzeugt (RTG: Radioisotope Thermoelectric Generator). Die α-Teilchen, die beim ^{238}Pu-Zerfall emittiert werden, erzeugen letztlich Wärme, die thermoelektrisch umgewandelt wird. Eine typische ^{238}Pu-Batterie wiegt etwa 3 kg und enthält 100 kCi an Aktivität. Sie liefert eine Leistung von 300 W bei einer Lebensdauer von über 20 Jahren. Bei Raketenstarts mit solchen hochradioaktiven Geräten ist es von großer Bedeutung, die Risiken einer atmosphärischen Verseuchung zu beherrschen, falls der Raketenstart misslingt und die Rakete in der Erdatmosphäre explodiert. Bei solchen Unfällen könnte ein großer Bereich der Erde radioaktiv kontaminiert werden.

RTG: Radioisotope Thermoelectric Generator

Mit betavoltaischen Mikrobatterien lässt sich in einem Siliziumzähler – wie in photovoltaischen Anlagen – ein kontinuierlicher Strom erzeugen. Allerdings ist die Konversionseffizienz lediglich etwa 1%. Bessere Ausbeuten lassen sich erzielen, wenn man die Elektronen von einem Betastrahler in einem Szintillationszähler in Licht umwandelt, und dieses Szintillationslicht in einer normalen Photozelle weiterverarbeitet, dessen Photostrom dann zur Energieversorgung zur Verfügung steht.

betavoltaische Mikrobatterien

„Die Radionuklidbatterie versorgt den Kühlschrank nicht nur mit Strom, sondern sorgt gleichzeitig für Keimfreiheit."   © C. Grupen

Zusammenfassung

Es ist möglich, für radiologische Anwendungen eine Vielzahl von Teilchensorten bereitzustellen. Lineare und zirkulare Beschleuniger liefern nahezu jede Art von geladenen Teilchen. Selbst instabile Elementarteilchen können entweder als Sekundärteilchen oder gar als nachbeschleunigte Teilchen verfügbar gemacht werden. Photonen hingegen werden in der Regel auf indirekte Art erzeugt. In Röntgenröhren liefert die Bremsstrahlung Photonen mit einstellbarer Energie. Synchrotronstrahlungsquellen stellen hochintensive Photonenstrahlen bis in den Röntgenbereich bereit. Der MeV-Bereich lässt sich durch γ-Strahlung von Radioisotopen abdecken. Ebenso wie Photonen werden auch Neutronen erst in Wechselwirkungen erzeugt. Dabei haben Ra–Be-Quellen die größte Anwendung.

Höchste Energien liefert die omnipräsente kosmische Strahlung, die sich u. a. für Kalibrationen und Nullratenmessungen sinnvoll verwenden lässt. Hadronenstrahlen (Protonen und Schwerionen (z. B. ^{12}C)) lassen sich vielversprechend in der Protonen- bzw. Schwerionentherapie von Tumoren einsetzen.

14.6 Übungen

Neutronen können durch (α, n)-Reaktionen an ^{9}Be erzeugt werden.   **Übung 1**
Neutronen aus ^{226}Ra-Zerfällen haben Energien von etwa 5 MeV.
Der mittlere Energieverlust von α-Teilchen dieser Energie ist etwa
1,37 MeV/(mg/cm^2). Wie groß ist die Neutronenausbeute an einem dicken Berylliumtarget, wenn der (α, n)-Wirkungsquerschnitt
3×10^{-25} cm^2 beträgt?

Ein Low-Level-Zähler zur Messung der ^{14}C-Aktivität eines al-   **Übung 2**
ten Holzes wird zwischen zwei Szintillationszählern (Fläche je
100 cm^2, Abstand 50 cm) positioniert. Eine Koinzidenz der beiden
Szintillationszähler, die den Durchgang eines kosmischen Myons si-
gnalisiert, wird als Veto auf den Low-Level-Zählerausgang geschal-
tet. Wie groß ist die dadurch bedingte Totzeit, wenn die Signalbreite
der Koinzidenzeinrichtung 100 μs beträgt und die Low-Level-Mes-
sung 24 Stunden dauert?

Der Neutronenfluss wird – genau wie der Photonenfluss – in Mate-   **Übung 3**
rial exponentiell abgeschwächt:

$$I(x) = I_0\, e^{-\mu x} \ ,$$

wobei $\mu = N\,\sigma$ und N die Anzahl der Targetatome pro cm^3 und σ
der Absorptionswirkungsquerschnitt ist. Die Einheit von μ ist cm^{-1}.
Der Massenabsorptionskoeffizient wird analog zu Photonen als

$$\mu^*\,(\mathrm{cm}^2/\mathrm{g}) = \frac{\mu}{\rho}$$

definiert. Bei Neutronenwechselwirkungen in Gewebe erfolgt der
Energieübertrag hauptsächlich auf freie Protonen. Der Wirkungsquerschnitt für 5 MeV-Neutronen in Gewebe ist $\sigma \approx 1 \times 10^{-24}$ cm^2.
Wie groß ist die Äquivalenzdosis bei einem Neutronenfluss von
10^6/cm^2?

15 Nicht-ionisierende Strahlung

„Zweifelsfrei verstanden haben wir beim Funk nur die thermische Wirkung, und nur auf dieser Basis können wir derzeit Grenzwerte festlegen. Es gibt darüber hinaus Hinweise auf krebsfördernde Wirkungen und Störungen an der Zellmembran."

Jürgen Bernhardt (ICNIRP-Vorsitzender)

Die Strahlenschutzverordnung bezieht sich auf ionisierende Strahlung, wie α-, β-, γ-Strahlung und auf Neutronen. Die Röntgenverordnung regelt den Umgang mit Röntgenstrahlung. γ-Strahlung und Röntgenstrahlung gehören aber zur übergeordneten Kategorie der **elektromagnetische Strahlung**. Sie unterscheiden sich von Licht im sichtbaren Spektralbereich oder von Mikrowellenstrahlung nur durch ihre Energie bzw. Frequenz oder Wellenlänge. Es stellt sich also auf ganz natürliche Weise die Frage, ob und inwieweit auch elektromagnetische Strahlung anderer Frequenzen für den Menschen schädlich ist.

Energie und Frequenz hängen auf einfache Weise nach der von Max Planck gefundenen Beziehung

$$E = h\nu \tag{15.1}$$

zusammen, wobei ν die Frequenz in Hertz bzw. s^{-1} und $h = 6{,}62 \times 10^{-34}\,\mathrm{W\,s^2}$ das Plancksche Wirkungsquantum darstellt. Die Frequenz ist wiederum mit der Wellenlänge λ durch

$$\nu\,\lambda = c \tag{15.2}$$

verknüpft, wobei c die Vakuumlichtgeschwindigkeit ist.

Je nach Frequenz oder Energie hat die elektromagnetische Strahlung aber ganz unterschiedliche Wirkungen. In Tabelle 15.1 und in Bild 15.1 ist eine Übersicht über die Bezeichnung der Strahlenarten für die verschiedenen Frequenzbereiche gegeben.

Die Übergänge zwischen den einzelnen Bereichen sind dabei fließend. Zur Ionisation von Atomen im menschlichen Gewebe benötigt man Energien von etwa $30\,\mathrm{eV}$. Deshalb bezeichnet man Strahlung mit Frequenzen von $\leq 10^{16}\,\mathrm{Hz}$ als nicht-ionisierend. Neben der Charakterisierung durch Frequenz, Wellenlänge und Energie kann man eine elektromagnetische Welle aber auch durch die ihnen zugeordneten elektromagnetischen Felder kennzeichnen. Eine solche Welle kann durch die Ausbreitungsrichtung und die zu ihr transversalen elektrischen und magnetischen Felder beschrieben werden.

Bezeichnung	Frequenz $\nu[s^{-1}]$	Wellenlänge $\lambda[m]$	Energie [eV]
technischer Wechselstrom	≈ 50	$\approx 6 \times 10^6$	$\approx 2 \times 10^{-13}$
Langwelle	$\approx 6 \times 10^4$	≈ 5000	$\approx 2{,}5 \times 10^{-10}$
Kurzwelle	$\approx 3 \times 10^6$	≈ 100	$\approx 1 \times 10^{-8}$
UKW	$\approx 10^8$	≈ 3	$\approx 4 \times 10^{-7}$
Mobilfunk	$\approx 3 \times 10^9$	$\approx 0{,}10$	$\approx 1 \times 10^{-5}$
Mikrowellen	$\approx 6 \times 10^9$	$\approx 0{,}05$	$\approx 2 \times 10^{-5}$
Radar	$\approx 3 \times 10^{10}$	$\approx 0{,}01$	$\approx 1 \times 10^{-4}$
Infrarot	$\approx 10^{12}$	$\approx 3 \times 10^{-4}$	$\approx 4 \times 10^{-3}$
sichtbares Licht	$\approx 6 \times 10^{14}$	$\approx 5 \times 10^{-7}$	≈ 3
UV-Strahlung	$\geq 1{,}5 \times 10^{15}$	$\leq 2 \times 10^{-7}$	≥ 6
Röntgenstrahlung	$\geq 2 \times 10^{17}$	$\leq 1 \times 10^{-9}$	$\geq 10^3$
γ-Strahlung	$\geq 2 \times 10^{20}$	$\leq 1 \times 10^{-12}$	$\geq 10^6$

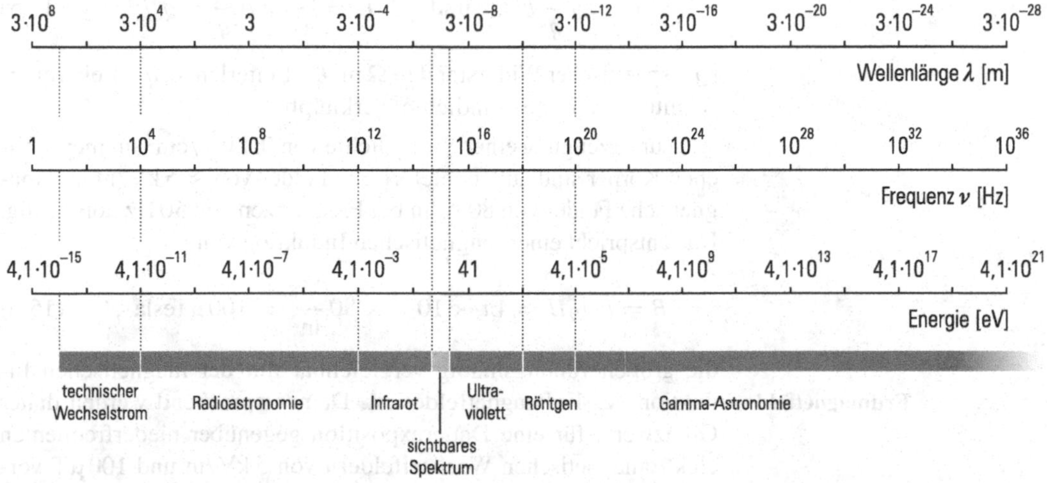

Tabelle 15.1
Bezeichnung elektromagnetischer Strahlung für verschiedene Frequenzbereiche

Abb. 15.1
Spektrum der elektromagnetischen Strahlung

Dabei stehen die elektrischen und magnetischen Feldvektoren senkrecht aufeinander.

Die elektrische Feldstärke E wird in V/m gemessen, die magnetische Feldstärke H in A/m, und die magnetische Induktion B in Tesla (1 Tesla $= \frac{1\,\mathrm{V\,s}}{\mathrm{m}^2}$). Dabei hängt die magnetische Induktion B mit der magnetischen Feldstärke durch

elektrische Feldstärke
magnetische Feldstärke
magnetische Induktion

$$B = \mu\mu_0 H \qquad (15.3)$$

zusammen, wobei μ und μ_0 die relative und absolute Permeabilität darstellen ($\mu_0 = 4\pi \times 10^{-7}\,\mathrm{N/A}^2$),

$$[B] = [\mu_0]\,[H] = \frac{N}{A^2}\,\frac{A}{m} = \frac{Nm}{A\,m^2} = \frac{VA\,s}{A\,m^2} = \frac{V\,s}{m^2}\ . \qquad (15.4)$$

Elektrische Felder in leitfähigen Substanzen führen zu Strömen, wobei die Stromdichten (in Ampère/cm^2) für eine mögliche Schädigung maßgeblich sind.

Nervenleitung
Elektrokardiogramm
Elektroenzephalogramm

Im menschlichen Körper kommen aber schon natürliche Ströme etwa für die Nervenleitung vor. Die Herzaktivität kann mit einem Elektrokardiogramm (EKG), diejenige des Gehirns mit einem Elektroenzephalogramm (EEG) gemessen werden. Die dazugehörigen natürlichen Stromdichten liegen im Bereich zwischen $0{,}1\,\mu A/cm^2$ bis $1\,\mu A/cm^2$. Dabei handelt es sich um niederfrequente Felder. Grenzwerte für zusätzliche, technologisch bedingte niederfrequente Belastungen müssen sich an diesen natürlichen Stromdichten orientieren.

Stromdichte

Die Stromdichte ist nach dem ohmschen Gesetz mit der elektrischen Spannung und Feldstärke gemäß

$$U = \varrho\,\frac{\ell}{q}\,I \qquad \text{und} \qquad E = \frac{U}{\ell} = \varrho\,\frac{I}{q} = \varrho\,j \qquad (15.5)$$

(ϱ – spezifischer Widerstand in $\Omega\,m$, ℓ – Leiterlänge, q – Leiterquerschnitt, $\frac{I}{q} = j$ = Stromdichte) verknüpft.

Zur Erzeugung einer Stromdichte von $0{,}1\,\mu A/cm^2$ im menschlichen Körper sind äußere elektrische Felder von $\approx 5\,kV/m$ und magnetische Felder von $80\,A/m$ bei Frequenzen von $50\,Hz$ notwendig. Das entspricht einer magnetischen Induktion von

$$B = \mu\mu_0 H = 4\pi \times 10^{-7} \times 80\,\frac{V\,s}{m^2} = 100\,\mu\text{Tesla}\ , \qquad (15.6)$$

Erdmagnetfeld

die größenordnungsmäßig vergleichbar mit der magnetischen Induktion des Erdmagnetfeldes ist. Dementsprechend werden daher Grenzwerte für eine Dauerexposition gegenüber niederfrequenten elektromagnetischen Wechselfeldern von $5\,kV/m$ und $100\,\mu T$ vorgeschlagen.

Reizwirkungen an Nerven
und Muskelzellen

Während bei niedrigen Frequenzen die elektromagnetischen Felder Reizwirkungen an Nerven und Muskelzellen bewirken, ist hochfrequente Strahlung ($\gg 50\,kHz$) durch ihre Wärmewirkung nach der Absorption der Strahlung charakterisiert. Daher ist es für diesen Frequenzbereich sinnvoll, die auf die Masseneinheit bezogene Strahlungsleistung zu betrachten. Für eine Ganzkörperexposition wird ein Grenzwert von $\approx 0{,}1\,W/kg$ empfohlen. Für Teilkörperbereiche (Kopf und Rumpf $2\,W/kg$, Extremitäten $4\,W/kg$) werden höhere Werte toleriert.[1]

Wärmewirkung
hochfrequenter Strahlung

---

[1] `www.arbeitssicherheit.de`, ICNIRP – International Commission for Non-Ionizing Radiation Protection

Im Mobilfunkbereich werden Spitzenleistungen von bis zu 2 Watt erreicht. Allerdings ist die Wirkung gepulster Mikrowellenstrahlung noch nicht hinreichend erforscht. Die Strahlenschutzgrenzwerte basieren auf der Annahme, dass die Mikrowellenstrahlung allein zur Erwärmung des Gewebes führt. Hierbei sind insbesondere das Gehirn und die Augen betroffen, wobei zu berücksichtigen ist, dass die Wärme vom menschlichen Körper nur relativ schlecht abgeführt werden kann. Die Strahlungsleistungen sind vom Gesetzgeber pro Fläche limitiert. Einige EU-Strahlenschutzrichtwerte sind in folgender Tabelle zusammengestellt:

Mobilfunkbereich gepulste Mikrowellenstrahlung

Strahlenschutzrichtwerte

Strahler	Frequenzbereich	maximal zulässige Flächenleistung
UKW	88–108 MHz	$2\,\text{W}/\text{m}^2$
VHF	174–216 MHz	$2\,\text{W}/\text{m}^2$
UHF	470–890 MHz	$2\text{–}4\,\text{W}/\text{m}^2$
D-Netz	890–960 MHz	$4{,}5\,\text{W}/\text{m}^2$
E-Netz	1710–1880 MHz	$9\,\text{W}/\text{m}^2$
UMTS	$\approx 2\,\text{GHz}$	$10\,\text{W}/\text{m}^2$
Mikrowellen-Kochgeräte	2,45 GHz	$10\,\text{W}/\text{m}^2$

Zum Vergleich: Die Strahlungsleistung der Sonne im sichtbaren Bereich am Rande der Atmosphäre beträgt etwa $1400\,\text{W}/\text{m}^2$. Je nach Wetterlage wird diese Strahlungsleistung in der Atmosphäre reduziert. Bei bewölktem Himmel misst man am Erdboden davon noch etwa $100\,\text{W}/\text{m}^2$.

Im UV-Bereich tritt die schädigende Wirkung für die Haut besonders offenkundig hervor. Im Spektralbereich zwischen 315 und 400 nm wird als Grenzwert für die Augen $10\,\text{W}/\text{m}^2$ gefordert, entsprechend einer Flächen-Energiedichte von $10\,\text{kJ}/\text{m}^2$ bei 1000 s Expositionszeit. Bei einer solaren Strahlungsleistung von $300\,\text{W}/\text{m}^2$ und einer angenommenen Expositionszeit von 1000 Sekunden und einer exponierten Hautoberfläche von $0{,}5\,\text{m}^2$ erhält man eine absorbierte Energie von

solare UV-Strahlung

$$E = \frac{300\,\text{W}}{\text{m}^2} \times 0{,}5\,\text{m}^2 \times 1000\,\text{s} = 150\,\text{kJ} \,, \qquad (15.7)$$

die bei empfindlichen Hauttypen schon zu einer Hautrötung führt, da die Strahlung in geringen Tiefen absorbiert und in Wärme umgewandelt wird.

Hautrötung

15.1 Ergänzungen

Ergänzung 1

Strahlenkrebs
ultraviolette Strahlung

Auch nicht-ionisierende Strahlung kann Strahlenkrebs erzeugen. Ein Beispiel dafür ist die ultraviolette Strahlung, von der auch ein Teil im Sonnenspektrum vorkommt. Man teilt das UV-Spektrum in drei Teilbereiche ein:

- UVA   Wellenlänge 400–315 nm   Energie 3,1–3,9 eV
- UVB   Wellenlänge 315–280 nm   Energie 3,9–4,4 eV
- UVC   Wellenlänge 280–100 nm   Energie 4,4–12,4 eV

Bräunung der Haut

Pigmentierung

Niederenergetische UV-Strahlung macht sich hauptsächlich durch ihre Wärmewirkung bemerkbar. UVA-Strahlung führt zur Bräunung der Haut, wobei die maximale Wirkung bei 340 nm erfolgt. Der Schwellenwert für die Pigmentierung liegt bei etwa $10\,W\,s/cm^2$. Zu große Dosen von UVA und besonders UVB führen zum Sonnenbrand. Ein Sonnenbrand ist nicht allein auf eine thermische Schädigung zurückzuführen. Durch die UV-Bestrahlung laufen in der Haut photochemische Reaktionen ab, die bei hohen Intensitäten zur Freisetzung von Zellgiften führen können.

Die UVC-Strahlung ist jedoch schon so energiereich, dass Quanteneffekte auftreten. Je nach absorbierter Energie können Rotations- oder Schwingungsniveaus von Elektronen angeregt werden. Bei hohen Energien treten dann sogar Ionisationsprozesse auf. Dabei hängt die erforderliche Ionisationsenergie von der Art der Atome ab. Die biologisch relevanten Atome wie Kohlenstoff, Sauerstoff und Stickstoff werden allerdings erst bei Wellenlängen unterhalb 100 nm ionisiert. Neben Ionisationen können auch Molekülbindungen aufgebrochen werden. Diese Prozesse führen dazu, dass die Atome und Moleküle in einen reaktionsfreudigen Zustand versetzt werden.

Rasenbleiche

In früheren Zeiten wurde dies bei der Rasenbleiche ausgenutzt. Durch die UV-Strahlung der Sonne wird aus Wasser und dem Sauerstoff der Luft Wasserstoffperoxid gebildet. Das Peroxid bewirkt

Abb. 15.2
Relative Empfindlichkeit der Haut
für UV-Bestrahlung im
Wellenlängenbereich von 280 nm
bis 320 nm ($\approx$ UVB) (Canadian
Center for Occupational Health
and Safety)

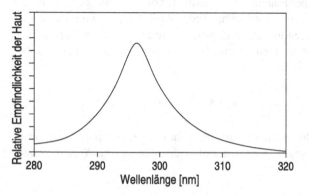

dann eine Zerstörung der in der Wäsche eingelagerten Farbstoffe und somit ein Bleichen der Stoffe. Bei vielen Kunststoffen kommt es durch Einwirkung von UV-Strahlung auch zu einer Versprödung.

Neben Bräunung und Sonnenbrand (Erythem) können auch Hornhautentzündungen (Keratitis) und Linsentrübungen (Katarakt) sowie Spätschäden, die von der integrierten Strahlendosis abhängen, auftreten. Dabei handelt es sich bei letzterem hauptsächlich um Hautkrebserkrankungen (vorwiegend maligne Melanome) die sich erst nach einer gewissen Verzögerungszeit zeigen. Schon aufgrund von übermäßiger UVB-Strahlung kann es zur Bildung von Krebsvorstufen, den so genannten solaren Keratosen, und der Entstehung von hellem Hautkrebs kommen. Bei rechtzeitiger Erkennung sind diese Tumore aber gut behandelbar, während intensive hochfrequente UV-Strahlung die Entstehung von schwarzem Hautkrebs begünstigt. Hier ist ganz besonders eine gute Früherkennung wichtig, da maligne Melanome zur raschen Metastasierung neigen.

Sonnenbrand
Hornhautentzündungen
Linsentrübungen

Hautkrebserkrankungen

Diese negativen Wirkungen, die hauptsächlich der UVC-Strahlung zugeschrieben werden, lassen sich aber auch zu einem Vorteil ausnutzen. Mit intensiver UVC-Bestrahlung können Mikroorganismen und Bakterien abgetötet werden. Damit eignet sich diese Strahlung zur Desinfektion mit der Möglichkeit zur Behandlung von transparenten Medien wie Wasser und Luft, wie es z. B. in Schwimmbädern Anwendung findet.

Desinfektion

Schwellenwerte für die Augen bezüglich Hornhautentzündungen und Linsentrübungen liegen um $5\,\mathrm{W\,s/cm^2}$ bei Wellenlängen von 315 nm. Grenzwerte für UV-Ganzkörper-Bestrahlungen sind ebenso wie für mögliche Augenentzündungen stark wellenlängenabhängig. Für die bräunende Wirkung der UVA-Strahlung beträgt der Grenzwert etwa $10^4\,\mathrm{W\,s/m^2}$ pro 8-Stunden-Tag. Für die „giftige" UVC-Strahlung (bei 280 nm) ist der Grenzwert mit $30\,\mathrm{W\,s/m^2}$ pro Tag schon viel niedriger. Diese Energieflächendosen entsprechen Bestrahlungsstärken im jeweiligen Wellenbereich von 0,35 $\mathrm{W/m^2}$ (für 315 nm) und $1\,\mathrm{mW/m^2}$ (für 280 nm).

Eine besondere Bedeutung haben Schutzvorschriften für LASER (= Light Amplification by Stimulated Emission of Radiation).[2] Die Gefährdung durch Laser kommt durch die enorme Leistungsdichte zustande. Ein Laserstrahl ist vom Erzeugungsmechanismus her stark kollimiert. Neben Vermessungsarbeiten und Verwendung in laseroptischen Experimenten können mit Lasern Löcher gebrannt, Gewebe und Material geschnitten und sogar Wasserstoffplasmen zur Fusion gebracht werden. Die Grenzwerte für Laser zeigen eine komplizierte Zeit- und Wellenlängenabhängigkeit. Durch Laser-

Ergänzung 2
LASER
enorme Leistungsdichte

---

[2] Leitfaden „Nichtionisierende Strahlung": Laserstrahlung, Fachverband für Strahlenschutz, FS-AK-NIR (2004)

strahlen sind insbesondere die Augen gefährdet. Neuerdings wurden Laser-Pointer, die im Grünen emittieren (532 nm), mit Leistungen von < 5 mW populär. Im Gegensatz zum ‚roten' Laser-Pointer mit Leistungen unterhalb 1 mW gehört der ‚grüne' Laser schon zur Gefahrenklasse 3 (siehe unten). Ein kommerzieller Zeigestock-Laser

Laser-Pointer   („Laser-Pointer") emittiert meist im Wellenlängenbereich um 630–680 nm (rot), hat eine Ausgangsleistung von < 1 mW und einen Strahlquerschnitt von etwa 2×2 mm^2. Das führt schon zu Bestrahlungsstärken von < 25 mW/cm^2, entsprechend einer Bestrahlung von 250 J/m^2 bei einer Sekunde Expositionszeit.

Besondere Vorsicht ist bei Lasern im Impulsbetrieb geboten. Zur

Femtosekundenlaser   Zeit gibt es Femtosekundenlaser, die Laserpulse von 10^{-15} s Länge erzeugen.

Wegen der Vielzahl von Anwendungen und Laservarianten wer-

Gefahrenklassen   den Laser nach ihrem Gefahrenpotential in vier Klassen eingeteilt:[3]

Klasse 1: Absolut sichere Geräte, die eine Überschreitung der zulässigen Grenzwerte grundsätzlich unmöglich machen.

Klasse 2: Laser niedriger Strahlungsleistung im optischen Bereich. Für Dauerstrichlaser beträgt die Leistungsgrenze 1 mW. Zu dieser Gefahrenklasse gehören ‚rote' Laser-Pointer.

Klasse 3: Optische Laser mit Leistungen > 1 mW. Ein direktes Blicken in den Laserstrahl ist gefährlich. Diffuse Reflexe unfokussierter Laser dieser Klasse sind jedoch ungefährlich.

Hochleistungslaser   Klasse 4: Hochleistungslaser, für die auch diffuse Reflexe gefährlich sind.

Dauerstrichlaser   Grenzwerte für Dauerstrichlaser im Mikrometerbereich (> 1400 nm) sind 100 mW/cm^2, bei Nanosekundenimpulsdauern $< 10^{10}$ mW/cm^2. Im sichtbaren Bereich gelten Grenzwerte von 1 mW/cm^2 (Dauerstrich) bzw. 5×10^5 mW/cm^2 für Nanosekundenimpulse.

Wissenschaftler und Techniker, die mit Lasern arbeiten, müs-

Laserschutzbrillen   sen Laserschutzbrillen tragen, die für den jeweiligen Wellenlängenbereich geeignet sind. Diese Brillen absorbieren Laserstrahlen zuverlässig, haben aber offenkundigerweise bei Justagearbeiten den Nachteil, dass man den Laserstrahl nicht mehr sehen kann.

Ergänzung 3   Besondere Bedeutung haben mögliche Gefahren durch die Benut-

Handys   zung von Handys erfahren. Mobilfunkantennen arbeiten bei hohen

Mobilfunkantennen   Frequenzen (900 MHz im D-Netz, 1800 MHz im E-Netz, 2 GHz bei UMTS (Universal Mobile Telecommunications System)). Die Leistung wird nicht kontinuierlich abgestrahlt, sondern ist mit 217 Hz gepulst. Die Photonenenergien liegen im Bereich von 5 µeV, also weit unterhalb von Werten, die zum Aufbrechen von Molekülverbindungen oder gar Ionisationen führen können. Deshalb hat die

---

[3] S. Fußnote 2 auf Seite 219.

ICNIRP (International Commission on Non-Ionizing Radiation Protection) den Grenzwert allein auf Grund der Wirkung der Mobilfunkstrahlung, die im Kopf in Wärme umgewandelt wird, festgelegt. Der Grenzwert liegt bei 2 W/kg, dem so genannten SAR-Wert (Spezifische Absorptionsrate), der die biologische Wirksamkeit der Strahlung beurteilt. Bei einer Expositionsdauer von 30 Minuten entspricht dieser einer Energiedeposition von 3600 J/kg. Hieran sieht man auch, um wieviel empfindlicher menschliches Gewebe auf ionisierende Strahlen reagiert.

Wärmewirkung
SAR-Wert

Durch entsprechende bauliche Maßnahmen (Flächenantenne anstatt Stummel- oder Helixantenne, metallische Folie zwischen Kopf und Antenne) oder schaltungstechnische Verbesserungen (Optimierung der Abstrahlcharakteristik durch entsprechende Steuerelektronik) lassen sich die tatsächlichen Strahlungswerte absenken. Ideal sind Handys mit Freisprecheinrichtung. Zu bemerken ist noch, dass Kinder gegenüber Mobilfunkstrahlung wegen des sich noch entwickelnden Nervensystems empfindlicher sind.

Flächenantenne
Helixantenne

Ob die Einschränkung von Mobilfunkstrahlung allein aufgrund der Wärmewirkung sinnvoll und richtig ist, ist gegenwärtig umstritten. Es gibt aber keine belastbaren Hinweise, dass andere Elektrosmogeffekte zu Gesundheitsschäden führen können, obwohl bekannt ist, dass elektromagnetische Felder Wirkungen auf Nervenleitungen und Zellmembranen ausüben können. Für bestimmte Frequenzen könnte es auch zu Resonanzeffekten kommen. Bei UMTS-Frequenzen (2 GHz) ist die Resonanzlänge in der Größenordnung der Kopfdimension ($\lambda = 15$ cm). Allerdings ist die Eindringtiefe in den Körper bei diesen hohen Frequenzen nur wenige cm.[4]

---

[4] Hochfrequente elektromagnetische Strahlung wird in Materie exponentiell nach der Beziehung

$$I = I_0\, e^{-x/\delta} \tag{15.8}$$

„Seit ich im Winter mit dem Handy telefoniere, habe ich keine kalten Ohren mehr." © C. Grupen

Wärmewirkung
UMTS-Frequenzen

geschwächt, wobei δ eine charakteristische Eindringtiefe (‚Skin-Tiefe') darstellt.

δ hängt mit den Eigenschaften der Materie wie

$$\delta = \sqrt{\frac{2\varrho}{\omega\mu_0}} \tag{15.9}$$

zusammen, wobei ϱ der spezifische Widerstand, ω die Kreisfrequenz ($2\pi \times$ Frequenz) und μ_0 die magnetische Permeabilität ($4\pi \times 10^{-7}$ N/A^2) sind. Für Gewebe erhält man typische Eindringtiefen von etwa 3 cm bei einer Frequenz von 2 GHz.

Zusammenfassung

Nicht-ionisierende Strahlung unterscheidet sich zunächst prinzipiell nicht von der kurzwelligen Röntgen- und Gammastrahlung. Für Frequenzen unterhalb von 10^{16} Hertz ist diese Strahlung jedoch nicht ionisierend. Trotzdem werden biologische Vorgänge im menschlichen Körper auch von nicht-ionisierender Strahlung beeinflusst. Niederfrequente Strahlung (technischer Wechselstrom, 50 Hz) wirkt auf Menschen über elektrische und magnetische Felder. Hochfrequente Strahlung (GHz-Bereich) hat eine Erwärmung des Gewebes zur Folge. Licht im ultravioletten Spektralbereich kann wegen der geringen Eindringtiefe zur Verbrennung der Haut und zu Hautkrebs führen. Besondere Vorsicht ist bei stark kollimierter Laserstrahlung geboten, die durch eine hohe Leistungsdichte gekennzeichnet ist.

15.2 Übungen

Übung 1

Zeigen Sie, dass ein äußeres Wechselfeld ($\approx 50\,\text{Hz}$) von $5\,\text{kV/m}$ notwendig ist, um im menschlichen Körper eine Stromdichte von $\approx 0,1\,\mu\text{A/cm}^2$ zu erzeugen.

Übung 2

Schätzen Sie die elektrische und magnetische Feldstärke unter einer Hochspannungsleitung (220 kV, 1000 A Volllast, Masthöhe 30 m) ab.

Übung 3

Niederspannungs-Halogenlampen erzeugen kräftige und großflächige Magnetfelder. Vergleichen Sie das Magnetfeld einer 12 V-Leitung, die eine Halogenlampe von 100 W versorgt, in 1 m Abstand mit dem einer entsprechenden, konventionellen Glühlampe, die bei 220 Volt betrieben wird.

16 Kernenergie und Kernkraftwerke

Nun möchte ich annehmen, dass die Wirkungen der radioaktiven Strahlen, die durch die Reaktoren in Luft und Wasser kommen, nicht erheblich größer sein werden als die Wirkungen des Straßenverkehrs.

Carl Friedrich von Weizsäcker

In Kernkraftwerken wird Masse in Energie nach der berühmten Gleichung $E = mc^2$ umgewandelt. Allerdings lässt sich Masse nur in Annihilationsprozessen komplett in Energie verwandeln, z. B. bei der Elektron–Positron-Zerstrahlung in zwei Photonen, **Annihilationsprozesse**

$$e^+ e^- \longrightarrow \gamma + \gamma , \qquad (16.1)$$

oder in der Proton–Antiproton-Annihilation. Antimaterie im Universum scheint aber ausgesprochen selten zu sein. Die Erzeugung von Antimaterie im Labor ist zwar möglich, allerdings sehr energieaufwendig. Man müsste sehr viel mehr Energie in dieses Verfahren hineinstecken, als man jemals hoffen könnte, aus der Annihilation wieder zurückzugewinnen. Deshalb muss man sich zur Zeit mit Spaltreaktoren zufrieden geben, bei denen nur ein verhältnismäßig kleiner Teil der Masse in Energie umgewandelt werden kann. Solche Reaktoren profitieren davon, dass die Spaltprodukte aufgrund ihrer großen Bindungsenergien einen Massendefekt gegenüber dem **Massendefekt** Ausgangsmaterial (meist Uran) aufweisen. **Antimaterie**

Kernenergie lässt sich aber nicht nur durch Kernspaltung sondern auch durch Kernfusion gewinnen. In beiden Fällen nutzt man den Verlauf der Bindungsenergie pro Nukleon als Funktion der **Bindungsenergie** Kernmasse aus. Die Bindungsenergie von Uran beträgt etwa 7,5 **pro Nukleon** MeV/Nukleon, diejenige der Spaltprodukte etwa 8,5 MeV/Nukleon. Weil die Spaltprodukte stärker gebunden sind, besitzen sie eine kleinere Masse pro Kernbaustein. Bei der Spaltung eines Urankerns wird also ein Massenäquivalent von 1 MeV/Nukleon freigesetzt. Diese Energie tritt als kinetische Energie der Spaltprodukte (84,5%), **Spaltprodukte** kinetische Energie der prompten Spaltneutronen (2,5%), Energie der prompten und verzögerten γ-Quanten (5%), kinetische Energien der Elektronen (2,5%) und schließlich der Energie von Elektron-Antineutrinos (5,5%) auf.

Der Wirkungsgrad der Masse–Energie-Umwandlung beträgt damit

$$\eta = \frac{\Delta E / \text{Nukleon}}{m_{\text{Nukleon}}} \approx 1\text{‰} . \qquad (16.2)$$

Bei der Kernspaltung werden hochradioaktive und langlebige Spaltprodukte erzeugt. Die Spaltung erfolgt am besten am relativ seltenen Uranisotop ^{235}U, das in natürlichem Uran nur mit einer Häufigkeit von 0,7% vorkommt. Natururan (99,3% ^{238}U, 0,7% ^{235}U) muss
deshalb angereichert werden, um wirtschaftlich spaltbar zu sein. Die
Wiederaufbereitung   Wiederaufbereitung abgebrannter Brennstäbe und ihr Transport stellen Sicherheitsrisiken dar.

Im Gegensatz zu Spaltreaktoren gewinnt man bei der reinen
Wasserstofffusion   Wasserstofffusion zu Helium 6,6 MeV pro Nukleon, entsprechend
einem Wirkungsgrad von 7‰. Im Gegensatz zur stellaren Fusion
$(4p \rightarrow {}^4\text{He} + 2e^+ + 2\nu_e)$ nutzt man in irdischen Fusionsreakto-
Deuterium–Tritium-Fusion   ren die Deuterium–Tritium-Fusion $(d + t \rightarrow {}^4\text{He} + n)$[1] mit einem
Wirkungsgrad von nur etwa 3‰. Die Strahlenrisiken bei Fusions-
reaktoren werden geringer eingeschätzt, da das Fusionsprodukt, die
Asche der Verbrennung, ungefährliches Helium ist. Allerdings wer-
Neutronenaktivierung   den durch die Neutronenaktivierung radioaktive Isotope im Reak-
torkern und seiner Abschirmung erzeugt.

16.1 Kernspaltreaktoren

Das am meisten verwendete Spaltisotop ist ^{235}U. Es wird durch Beschuss mit langsamen Neutronen gespalten, z. B.

$$n + {}^{235}\text{U} \longrightarrow {}^{236}\text{U}^* \longrightarrow {}^{141}\text{I}^* + {}^{95}\text{Y}^* \;. \tag{16.3}$$

Die erzeugten radioaktiven Spaltprodukte zerfallen zum Teil durch
Emission von Neutronen und/oder sukzessive β^--Zerfälle. Beim
Zerfall des Jod- und Yttrium-Isotops des Beispiels werden etwa die
Neutronen erzeugt, die weitere Spaltreaktionen induzieren. Durch
Neutroneneinfang-   Materialien mit einem hohen Neutroneneinfangwirkungsquerschnitt
wirkungsquerschnitt   (Steuerstäbe) lässt sich die Neutronenausbeute regulieren und somit
Steuerstäbe   ein sicherer Reaktorbetrieb bei konstanter Leistung gewährleisten.

Die Spaltausbeuten für Spaltung mit thermischen und mit schnellen Neutronen an ^{235}U sind in Bild 16.1 gegenübergestellt.

Der Wirkungsquerschnitt für Spaltung ist besonders effektiv für
langsame Neutronen. Er kann durch ein $1/v$-Gesetz parametrisiert
werden (v – Geschwindigkeit der Neutronen). Da die bei der Spaltung erzeugten Neutronen in der Regel energiereich sind (typisch einige MeV), müssen sie moderiert werden, um sie zu thermalisieren,
d. h. auf einen Energiebereich entsprechend thermischer Energien
abzubremsen. Der Spaltquerschnitt thermischer Neutronen ($E_n = kT \approx 25$ meV) für ^{235}U ist mit $\sigma_f \approx 700$ barn (1 barn $= 10^{-24}$ cm^2)

---

[1] Deuterium: $^2_1\text{H} = d$, Tritium: $^3_1\text{H} = t$

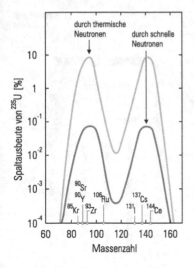

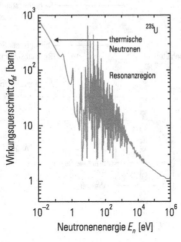

Abb. 16.1
Spaltausbeute von ^{235}U durch
schnelle und thermische Neutronen

Abb. 16.2
Wirkungsquerschnitt für
neutroneninduzierte Spaltung von
^{235}U als Funktion der
Neutronenenergie

viel größer als der schneller Neutronen ($\sigma_f(1\,\mathrm{MeV}) \approx 1$ barn). Der Verlauf der Spaltwirkungsquerschnitte für ^{235}U ist in Bild 16.2 als Funktion der Neutronenenergie dargestellt. **Spaltwirkungsquerschnitt**

Die Moderation schneller Neutronen erfolgt am besten durch leichte Stoffe, weil in der Wechselwirkung von Neutronen mit leichten Atomkernen relativ viel Energie übertragen werden kann. Wasser (H_2O) eignet sich sehr gut zur Moderation und kann gleichzeitig als Kühlmittel verwendet werden. Damit wird ein bedeutsamer Sicherheitsaspekt erfüllt, denn falls das Kühlwasser aufgrund einer Leistungsexkursion verdampft, werden die schnellen Spaltneutronen kaum noch moderiert und die Kettenreaktion dadurch stark eingeschränkt oder sogar unterbrochen. Bei Verwendung eines getrennten, inhärent unsicheren Kühlmittel- und Moderatorkonzepts, z. B. Wasser als Kühlmittel und Graphit als Moderator, kann der Reaktor jedoch außer Kontrolle geraten, wenn das Kühlmittel verdampft, und damit die Kühlung unterbrochen wird, aber der Graphitmoderator die Spaltneutronen weiterhin thermalisiert und damit die Kettenreaktion aufrechterhält (s. Tschernobyl-Katastrophe, Kap. 13). **Moderation von Neutronen**

Sicherheitsaspekt

Wassergekühlte und wassermoderierte Reaktoren stellen damit ein weitgehend sicheres Reaktorkonzept dar, wie es auch durch den Naturreaktor Oklo in Gabun demonstriert wurde, siehe Abschn. 8.8 und Ergänzung 2 in diesem Kapitel. **Naturreaktor Oklo**

Der prinzipielle Aufbau eines wassergekühlten und -moderierten Reaktors einschließlich eines Sicherheitskonzeptes geht aus Bild 16.3 hervor.

Man unterscheidet Siedewasserreaktoren (Bild 16.4) und Druckwasserreaktoren (Bild 16.5). In beiden Fällen wird letztlich die erzeugte Wärme verwendet, um Wasser zu verdampfen und mit dem **Siedewasserreaktor** **Druckwasserreaktor**

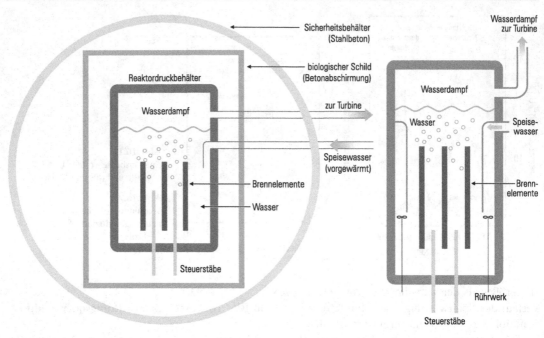

Abb. 16.3
Arbeitsprinzip eines
wassergekühlten und -moderierten
Spaltreaktors (links oben)

Abb. 16.4
Arbeitsprinzip eines
Siedewasserreaktors

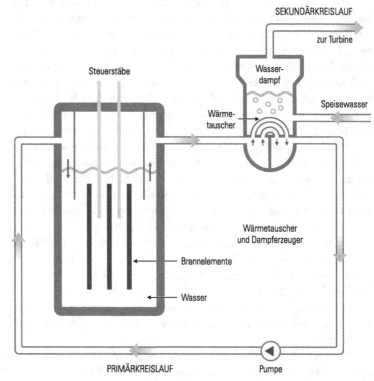

Abb. 16.5
Arbeitsprinzip eines
Druckwasserreaktors

„Seit Einführung der Kernenergie ist die Artenvielfalt deutlich gestiegen."

© C. Grupen

heißen Wasserdampf über eine Turbine einen Generator zu betreiben. Beim Siedewasserreaktor wird der Wasserdampf aus dem Primärkreislauf zum Antrieb der Turbine verwendet. Damit ist nicht völlig auszuschließen, dass kontaminiertes Wasser direkt vom Reaktor über die Turbinen in das Maschinenhaus gelangen kann. **Primärkreislauf**

Um dieses Problem zu umgehen, kann die primäre Energie über einen Wärmetauscher an einen Sekundärwasserkreislauf übertragen werden, dessen Wasserdampf dann die Turbine treibt. Für die Kraftwerkssicherheit sind Druckwasserreaktoren deshalb viel vorteilhafter, wenn auch die Konstruktion eines Sekundärkreislaufs aufwendiger und teurer ist. Ein zusätzlicher Sicherheitsaspekt des Druckwasserreaktors ist dadurch gegeben, dass die Steuerstäbe oberhalb der Brennelemente angeordnet werden können, was im Siedewasserreaktor aus konstruktionstechnischen Gründen nicht möglich ist. In Siedewasserreaktoren müssen im Notfall die Regelstäbe entgegen der Schwerkraft nach oben in den Reaktorkern gefahren werden, während sie im Druckwasserreaktor mit der Schwerkraft nach unten fallen könnten. **Sekundärwasserkreislauf** **Brennelemente**

Der komplette prinzipielle Aufbau eines Druckwasserreaktors ist in Bild 16.6 dargestellt. Bild 16.7 zeigt einen Blick auf den Kern eines Reaktors, in dem die Brennstäbe klar erkennbar sind.

Es könnte sein, dass der Hochtemperaturreaktor, auch Kugelhaufenreaktor genannt, aufgrund seines guten Sicherheitskonzeptes der Reaktortyp der Zukunft sein wird. Hochtemperaturreaktoren sind durch sparsamen Uranverbrauch und hohe Betriebstemperaturen (ca. 1000 Grad Celsius) im Vergleich zu Druckwasser- oder Siedewasserreaktoren (ca. 300 Grad Celsius) gekennzeichnet. Hoch- **Hochtemperaturreaktor (Kugelhaufenreaktor)**

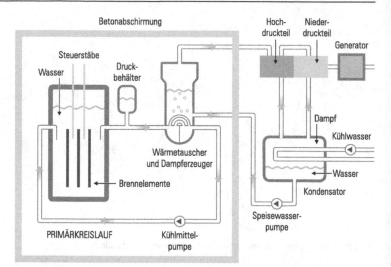

Abb. 16.6
Vollständiger prinzipieller Aufbau
eines Druckwasserreaktors

Abb. 16.7
Bild von Brennelementen im Kern
eines Spaltreaktors. Bildnachweis:
Wikimedia Commons, Ecole
Polytechnique Fédérale de
Lausanne

Graphit-Moderation
Helium-Kühlung

Graphitkugeln

temperaturreaktoren verwenden Graphit als Moderator und Helium als Kühlmittel. Als primärer Spaltstoff dient hochangereichertes ^{235}U. Neben diesem Uranisotop enthalten die Brennelemente ^{232}Th, das als Brutstoff für das spaltbare ^{233}U dient.

Das Spaltmaterial ist als keramisches Oxid in Graphitkugeln eingeschlossen, die ebenfalls das Thoriumisotop enthalten. Dabei ist der Spaltstoff in Form kleiner Kügelchen homogen in die Graphitmatrix eingebettet. Die Kugeln selbst sind etwa tennisballgroß und aufgrund ihrer α-Aktivität handwarm. Der eigentliche Reaktor ist ein Gefäß, das mit einigen hunderttausend Kugeln angefüllt ist. Die Spaltneutronen erbrüten gleichzeitig ein weiteres leicht spaltbares Uranisotop durch Neutronenanlagerung an das Thoriumisotop

^{232}Th gemäß folgender Reaktionen:

$$^{232}\text{Th} + n \ \longrightarrow \ ^{233}\text{Th} + \gamma \qquad (16.4)$$

mit nachfolgenden Betazerfällen

$$^{233}\text{Th} \ \longrightarrow \ ^{233}\text{Pa} + e^- + \bar{\nu}_e \ \ (T_{1/2} = 22{,}3\,\text{min}) \ , \qquad (16.5)$$

$$^{233}\text{Pa} \ \longrightarrow \ ^{233}\text{U} + e^- + \bar{\nu}_e \ \ (T_{1/2} = 27{,}0\,\text{d}) \ . \qquad (16.6)$$

Verbrauchte Kugeln lassen sich aus dem Reaktorvolumen leicht entnehmen und neue problemlos von oben nachfüllen, sodass das Brennmaterial praktisch kontinuierlich ausgetauscht werden kann.

Als Kühlmittel eignet sich hervorragend Heliumgas. Helium mit **Helium-Kühlung** seiner doppelt-magischen Kernkonfiguration lagert praktisch keine Neutronen an und wird deshalb auch nicht aktiviert. Das heiße Helium bringt Wasser zum Verdampfen, und der Wasserdampf treibt wiederum eine Turbine. Wegen der hohen Betriebstemperaturen von etwa 1000 Grad Celsius wird ein guter thermodynamischer Wirkungsgrad erzielt. Es ist sogar die direkte Einspeisung des heißen Heliums in die Turbine denkbar.

Das Bild 16.8 zeigt das Arbeitsprinzip eines Kugelhaufenreaktors.

Hochtemperaturreaktoren weisen einen negativen Reaktionsko- **negativer** effizienten auf, d. h. eine Temperaturerhöhung im Reaktor führt **Reaktionskoeffizient** zu einer Verringerung der Reaktivität. Das wiederum bewirkt eine Selbststabilisierung. Dieser Effekt ist dadurch begründet, dass sich aufgrund der zunehmenden Temperatur die Brennstoffkugeln ther- **abnehmende** misch ausdehnen und damit die Brennstoffdichte reduziert wird. Die **Brennstoffdichte**

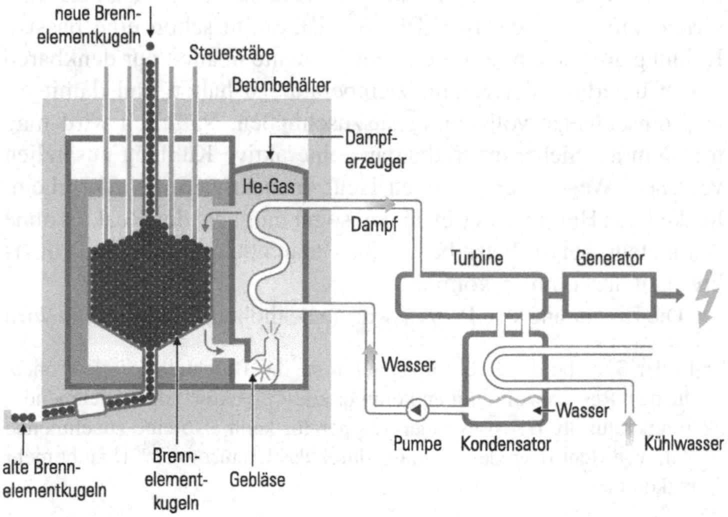

Abb. 16.8
Prinzip eines Kugelhaufenreaktors

Kugeln sind nun so dimensioniert, dass dadurch die Kritikalität erniedrigt wird, und daher die Reaktionsrate zurückgeht. Durch die nun unterkritischen Kugeln verringert sich also die Energieerzeugungsrate, und es stellt sich eine maximale Betriebstemperatur ein. Physikalisch gesehen führt die Temperaturerhöhung zu einer Dopplerverbreiterung der Resonanzabsorptionslinien der Brennstoffiso-

Neutronenanlagerung an ^{238}U

tope. Damit können auch ^{238}U-Atomkerne Neutronen anlagern, die dann für die Spaltung von ^{235}U fehlen.[2] Außerdem nimmt der Wir-kungsquerschnitt für neutroneninduzierte Reaktionen mit der Ge-

abnehmender Wirkungsquerschnitt

schwindigkeit wie $1/v$ ab. Eine Temperaturerhöhung steigert aber die thermische Energie der Neutronen, und wegen $v \sim \sqrt{E}$ auch deren Geschwindigkeit, und damit wird der Reaktionswirkungsquerschnitt kleiner. Es sind also diese drei Effekte, die zur Selbststabilisierung beitragen. Bei ‚normalen‘ Reaktoren greifen diese Argumente nicht, weil eine Kernschmelze schon vor Erreichen der begrenzenden Betriebstemperaturen eintreten kann, da die Schmelztemperatur von Uran bei 1132,2°C (1405,3 K) liegt.

Die keramischen Graphitkugeln halten Temperaturen von 2000 Grad Celsius stand. Da die maximalen Betriebstemperaturen wegen des negativen Reaktionskoeffizienten bei 1600 Grad Celsius lie-

keine Kernschmelze

gen, kann also keine Kernschmelze eintreten. Außerdem wird die Verwendung von neutronenabsorbierenden Kontrollstäben zur Re-

Selbststabilisierung

gelung der Betriebstemperatur wegen der Selbststabilisierung überflüssig. Stattdessen kann die Temperatur durch die Durchflussrate des Kühlmittels reguliert werden. Zur Sicherheit wird man aber für das Herunterfahren des Reaktors auf neutronenabsorbierende Regelstäbe nicht verzichten.

Da die Kernleistungsdichte bei Hochtemperaturreaktoren (um $6\,\mathrm{MW/m^3}$) deutlich kleiner als bei Siedewasser- oder Druckwasserreaktoren (typisch $100\,\mathrm{MW/m^3}$) ist, sollte schon eine passive

passive Kühlung

Kühlung ausreichen, um die Brennelemente in allen nur denkbaren Fällen unterhalb der Schmelztemperatur zu halten und damit eine Kernschmelze vollständig auszuschließen. Natürlich wird man trotzdem als Sicherungsredundanz eine aktive Kühlung zusätzlich vorsehen. Wegen der geringen Neutronenaktivierungswahrscheinlichkeit von Helium ist es eventuell sogar möglich, den Reaktor ohne Wärmetauscher zu betreiben, sodass man allein mit einem Primärkreislauf auskommen könnte.

Prozesswärme

Die Erzeugung von Prozesswärme bei hohen Temperaturen wird

---

[2] In der Sprache der Reaktorbauer nimmt der Bruchteil der Neutronen, die dem Resonanzeinfang entkommen (der ‚p-Faktor‘) mit zunehmender Temperatur ab. Bei steigender Temperatur kann also eine zunehmende Zahl von Neutronen dem Einfang durch das Uranisotop ^{238}U nicht mehr entkommen.

ebenfalls als Vorteil angesehen.

Länder wie Japan, China und Südafrika werden diesen Reaktortyp in den nächsten Jahren einsetzen. China hat bekanntgegeben, bis zum Jahr 2020 dreißig Kernreaktoren dieses Typs errichten zu wollen.

Da bei Hochtemperaturreaktoren wegen der inhärenten Sicherheit kein Druckbehälter erforderlich ist, lassen sich auch solche Reaktoren in kleineren Einheiten bauen. **inhärente Sicherheit**

Ein Nachteil könnte darin bestehen, dass relative hohe Anreicherungsgrade (bis 97%) von ^{235}U notwendig sind. Damit ist das Spaltmaterial auch waffentauglich.

16.2 Fusionsreaktoren

Mit Fusionsreaktoren würde man das Sonnenfeuer auf die Erde holen können. Die Wasserstofffusion ist die Energiequelle der Sterne. Der Hauptverbrennungsmechanismus in Sternen von der Größe der Sonne basiert auf folgenden Reaktionen:[3]

Fusionsreaktor
Sonnenfeuer
Energiequelle der Sterne
pp-**Zyklus**

$$p + p \longrightarrow d + e^+ + \nu_e \, , \qquad (16.7)$$

$$p + d \longrightarrow {}^3\mathrm{He} + \gamma \, , \qquad (16.8)$$

$${}^3\mathrm{He} + {}^3\mathrm{He} \longrightarrow {}^4\mathrm{He} + 2p \, . \qquad (16.9)$$

Daneben tritt noch mit geringerer Häufigkeit der folgende Prozess auf:

$${}^3\mathrm{He} + {}^4\mathrm{He} \longrightarrow {}^7\mathrm{Be} + \gamma \, . \qquad (16.10)$$

^{7}Be kann entweder durch einen Elektroneneinfang in ^{7}Li übergehen,

$${}^7\mathrm{Be} + e^- \longrightarrow {}^7\mathrm{Li} + \nu_e \, , \qquad (16.11)$$

oder eines der zahlreichen Protonen einfangen,

$${}^7\mathrm{Be} + p \longrightarrow {}^8\mathrm{B} + \gamma \, . \qquad (16.12)$$

^{8}B ist instabil und zerfällt unter Positronenemission, **Bor-Zerfall**

$${}^8\mathrm{B} \longrightarrow {}^8\mathrm{Be} + e^+ + \nu_e \, , \qquad (16.13)$$

wobei ^{8}Be sofort in zwei α-Teilchen zerfällt. Ebenso geht ^{7}Li durch Protonenanlagerung in Helium über,

$${}^7\mathrm{Li} + p \longrightarrow {}^4\mathrm{He} + {}^4\mathrm{He} \, . \qquad (16.14)$$

---

[3] Bei massereichen Sternen kommt ebenfalls der Bethe–Weizsäcker-Zyklus (CNO-Zyklus) zum Tragen.

Bedingungen der Wasserstofffusion

Die Wasserstofffusion erfordert drei wesentliche Bedingungen:

- hohe Temperaturen,
- hohe Plasmadichten und
- lange Einschlusszeit des Plasmas.[4]

Hohe Temperaturen sind erforderlich, um die Reaktionspartner gegen die elektromagnetische Coulombabstoßung einander näherzubringen. Trotzdem müssen die Protonen bzw. Deuteronen noch den Coulombwall des jeweils anderen Reaktionspartners durchtunneln.

Tunnelwahrscheinlichkeit

Die Tunnelwahrscheinlichkeit steigt aber mit der Energie der an der Reaktion beteiligten Teilchen, d. h. mit der Temperatur. Hohe Plasmadichten und lange Einschlusszeiten sind im Sterneninneren gegeben.

Deuterium–Tritium-Fusion

Für Fusionsreaktoren auf der Erde ist die Reaktion

$$d + t \;\longrightarrow\; {}^4\text{He} + n \tag{16.15}$$

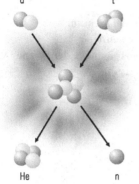

am geeignetsten (s. Bild 16.9). Diese Wechselwirkung erlaubt das Tunneln von Deuterium und Tritium bereits bei relativ großen Abständen im Vergleich zu anderen Fusionsprozessen.

In diesem Fusionsprozess wird zunächst der instabile Compoundkern ${}^5\text{He}$ gebildet, der in ${}^4\text{He}$ und ein Neutron zerplatzt. Dabei erhält das α-Teilchen eine Energie von 3,5 MeV und das Neutron sogar 14,1 MeV. Das α-Teilchen hat eine sehr kurze Reichweite und deponiert seine Energie in unmittelbarer Umgebung und heizt damit das Plasma auf. Falls die Heizung durch α-Teilchen den Verlust durch die Energieleckrate des Plasmas übersteigt, kann damit eine selbsterhaltende Fusion aufrechterhalten werden. Das Neutron entkommt dagegen aufgrund seiner fehlenden Ladung.

Abb. 16.9
Prinzip der Deuterium–Tritium-Fusionsreaktion

selbsterhaltende Fusion

Deuterium- und Tritium-Gewinnung

Deuterium kann durch Elektrolyse aus Meerwasser extrahiert werden und ist daher unerschöpflich. Tritium wird mit Hilfe von Neutronen aus Lithium erbrütet,

$$n + {}^6\text{Li} \;\longrightarrow\; {}^4\text{He} + {}^3\text{H} \;. \tag{16.16}$$

Wird das Reaktionsplasma mit Lithium ummantelt, so können die in der (d, t)-Fusion entstehenden Neutronen weitere Tritonen erbrüten.

Es wurden zwei recht unterschiedliche Methoden verfolgt, den Fusionsprozess in kontrollierter Form auf der Erde nachzuahmen.

Fusion durch Trägheitseinschluss

Die Fusion durch Trägheitseinschluss wird überwiegend in den USA verfolgt, während die Fusion mit Hilfe eines magnetischen Einschlusses hauptsächlich in Europa vorangetrieben wird. Im Ver-

Laserfusion

fahren der Fusion durch Trägheitseinschluss, auch Laserfusion ge-

---

[4] Ein Plasma ist ein ionisiertes Gas; im Fall von Fusionsreaktoren sind die Atome vollständig ionisiert.

nannt, werden kleine Hohlkugeln (z. B. aus Plastik) mit gleichen Teilen Deuterium und Tritium bei hohem Druck gefüllt und auf kryogenische Temperaturen (d. h. Temperaturen, bei denen Edelgase flüssig werden) abgekühlt. Dabei friert das D–T-Gemisch als dünne, feste Beschichtung an der inneren Kapselwand aus. Diese Kapseln werden in eine Targetkammer injiziert, wo sie von intensiven Laser- oder Schwerionenstrahlen bombardiert werden. Durch die hohe Energiedeposition durch den Laserpuls verdampft zunächst die Kapselhülle und expandiert rasch nach außen. Dabei entsteht ein nach innen gerichteter hoher Druck, der die dünne D–T-Schicht nach innen beschleunigt. Das im Inneren der Kapsel verbliebene Rest-D–T-Gas wird von der nach innen strömenden D–T-Komponente zusammengepresst, wobei kurzzeitig Temperaturen von über 10^8 K entstehen, die ausreichen, um eine Fusion zu zünden. Die dabei entstehende Fusionswelle erreicht die restliche D–T-Komponente und bringt sie auch zur Fusion.

Schwerionenstrahlen
Laserpuls

Es ist möglich, Laserstrahlen hoher Intensität zu erzeugen. Bild 16.10 zeigt eine Batterie von Hochleistungslasern, die zur Laserfusion eingesetzt werden.

Hochleistungslaser

Die Reaktionsprodukte der Fusion können allerdings die optischen Systeme zur Strahlführung der Laser beschädigen. Dieser Nachteil könnte durch Schwerionen überwunden werden, deren Strahlen sich magnetisch – und damit weniger anfällig – fokussieren ließen.

Fokussierbarkeit
von Schwerionen

Ein Fusionsreaktor, der auf der Trägheitsfusion basiert, ist eine starke Quelle von Neutronen. Wegen der geringen Wechselwirkung der Neutronen aufgrund ihrer fehlenden Ladung deponieren sie ihre Energie in z. T. großen Abständen von der Brennkammer. Durch

Abb. 16.10
Riesige Hochleistungslaser mit Leistungen im Terawatt-Bereich sind erforderlich, um eine Wasserstofffusion zu ermöglichen. Das Photo zeigt einige der Laser, die in der National Fusion Facility, USA, verwendet werden (Quelle: Lawrence Livermore National Laboratory). Die Dimensionen der Laser werden an der Größe des Technikers im mittleren Gang erkennbar

Neutronenaktivierung

**Hohlraumstrahlung
im Röntgenbereich**

die Neutronenabsorption werden unausweichlich radioaktive Isotope gebildet. Durch sorgfältige Auswahl der verwendeten Materialien mit geringen Neutronenaktivierungswirkungsquerschnitten und kurzen Abklingzeiten lässt sich der radioaktive Abfall beschränken.

Das brennende Plasma (Temperaturen $\approx 10^8$ K) emittiert natürlich eine charakteristische Hohlraumstrahlung, die bei diesen Temperaturen im Röntgenbereich liegt,

$$kT = 1{,}38 \times 10^{-23}\,\text{J/K} \times 10^8\,\text{K}\, \frac{1}{1{,}6 \times 10^{-19}\,\text{J/eV}} = 8{,}6\,\text{keV} \ .$$

(16.17)

Einerseits geht durch diese thermische Röntgenstrahlung ein Teil der Reaktionsenergie verloren (etwa 10 bis 15%), andererseits wechselwirken diese Röntgenphotonen heftig mit den Materialien der Reaktionskammer. Dabei kann Material von den Kammerwänden ablatiert, d. h. abgelöst werden, das die Targetkammer stark verunreinigt. Durch Neutronenbestrahlung werden die Reaktormaterialien ebenfalls verspröden.

Insgesamt wird erwartet, dass die Umweltbelastungen durch radioaktive Abfälle aus Fusionskraftwerken deutlich geringer ausfallen als es bei Spaltreaktoren der Fall ist.

**Injektion
von Wasserstoff-D–T-Pellets**

Die Energieerzeugung in einem Fusionsreaktor nach dem Prinzip des Trägheitseinschlusses wird durch eine hohe Wiederholfrequenz der Injektion von Wasserstoff-D–T-Pellets erreicht (Bild 16.11).

Den prinzipiellen Aufbau eines Fusionsreaktors nach der Methode des Trägheitseinschlusses zeigt Bild 16.12.

In einem Fusionsreaktor nach dem Tokamak-Prinzip wird ein Hochtemperaturplasma erzeugt, das durch magnetischen Einschluss

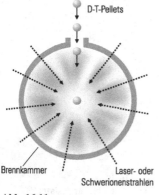

Abb. 16.11
Arbeitsprinzip eines
Fusionsreaktors durch Laserfusion
nach der Methode des
Trägheitseinschlusses

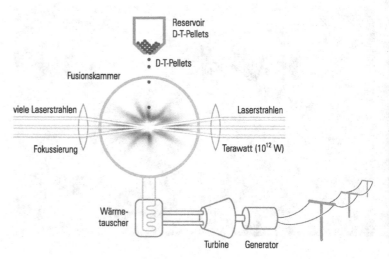

Abb. 16.12
Prinzipieller Aufbau eines
Fusionsreaktors nach der Methode
des Trägheitseinschlusses

über längere Zeit (einige Sekunden) brennen kann. Für dieses Verfahren werden Temperaturen von 100 bis 200 Millionen Kelvin, Einschlusszeiten von 1 bis 2 Sekunden und Plasmadichten (Teilchendichten) von $2\text{--}3 \times 10^{20}\,\text{m}^{-3}$ benötigt.

Energieverluste aus dem Plasma erfolgen hauptsächlich durch Strahlung. Da die Abstrahlung proportional zur Oberfläche ansteigt, der Energiegehalt aber vom Volumen abhängt, steigt die Einschlusszeit drastisch mit zunehmender Größe des Plasmas. (Das Verhältnis von Oberfläche zu Volumen (kugelförmig angenommen) variiert wie $1/r$ mit dem Radius des Plasmas, d. h. bei kleinen Radien sind die Verluste am größten.) Der Plasmaeinschluss wird durch eine raffinierte Anordnung von Magnetfeldern erreicht: Das Plasma soll sich in einem geschlossenen Torus bewegen. Um die geladenen Teilchen im Torus einzuschließen, wird ein toroidales Magnetfeld erzeugt, das bewirkt, dass sich die Plasmateilchen auf Spiralbahnen im Torus bewegen. Weiterhin führt ein zusätzliches polares Magnetfeld dazu, dass sich das Plasma einschnürt und von den Wänden des Torus ferngehalten wird (s. Bild 16.13).

Das Plasma kann auf verschiedene Weisen geheizt werden, wobei meist alle der folgenden Methoden Verwendung finden (s. Bild 16.14).

- Durch einen starken Transformator, dessen Primärwicklung mit hohem Strom beschickt wird, wird im Plasma, das als Sekundärseite wirkt, ebenfalls ein hoher Strom induziert (ohmsche Plasmaheizung).
- Deuterium- und Tritium-Ionen werden in einem Linearbeschleuniger auf Energien von typisch 150 keV/Nukleon beschleunigt. Um durch das toroidale Magnetfeld hindurchtreten zu können, müssen sie aber durch Elektroneneinfang neutralisiert werden, bevor sie injiziert werden (Neutralteilchenheizung).
- Ebenso kann elektromagnetische Strahlung das Plasma aufheizen, wenn die Frequenz der Strahlung so abgestimmt ist, dass die Strahlung resonanzartig von den gespeicherten geladenen Teilchen des Plasmas absorbiert werden kann.
- Schließlich werden einige der Reaktionsprodukte der Fusion, nämlich die erzeugten α-Teilchen, wegen ihrer kurzen Reichweite im Plasma abgebremst und führen somit zu einer weiteren Aufheizung.

Die bei der Fusion erzeugten Neutronen relativ hoher Energie entweichen aus dem brennenden Plasma. Ihre Energie, die durch Neutroneneinfang gewonnen werden kann, ist die Basis für die Energieerzeugung von Fusionsreaktoren.

Bild 16.15 zeigt ein Photo der Brennkammer des JET-Reaktors nach dem Tokamak-Prinzip.

Tokamak-Prinzip

Fusion durch magnetischen Einschluss

Plasmaeinschluss

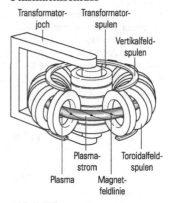

Abb. 16.13
Arbeitsprinzip eines Tokamak-Reaktors

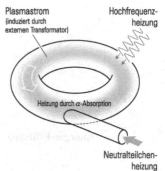

Abb. 16.14
Plasmaheizungsmethoden in einem Tokamak-Fusionsreaktor

Neutroneneinfang

Energieerzeugung des Fusionsreaktors

Joint European Torus

Abb. 16.15
Photo des Innenlebens des Joint
European Torus. Die Dimensionen
des Fusionsreaktors lassen sich an
der Größe des Technikers
abschätzen. Bildnachweis: JET
Culham, England

ITER

Das Folgeprojekt des JET-Fusionsreaktors wird der Internationale Thermonukleare Experimentalreaktor ITER sein. ITER ist ein europäisch–amerikanisch–japanisch–russisches Fusionsprojekt mit dem Ziel nachzuweisen, dass es technisch möglich ist, mit der Fusion wirtschaftlich Energie zu gewinnen.

Energiegewinn

10 g Deuterium (kann aus 500 l Wasser gewonnen werden) und 15 g Tritium (aus 30 g Lithium zu erzeugen) enthalten jeweils etwa 3×10^{24} Atomkerne. Pro Fusionsprozess wird ein Neutron mit 14,1 MeV nutzbarer Energie erzeugt. Wenn dieser Energiegewinn zur Erzeugung von Strom umgewandelt werden kann, erhält man eine Energie von

$$\Delta E = 3 \times 10^{24} \times 14{,}1 \, \text{MeV} = 6{,}77 \times 10^{12} \, \text{J} = 1{,}88 \times 10^{6} \, \text{kW h} \; , \tag{16.18}$$

eine Energie, die ausreicht, den Energiebedarf einer Person lebenslänglich abzudecken. Das Zahlenbeispiel dieser Energieerzeugung zeigt, dass die Effizienz η der Umwandlung von Masse in Energie gemäß

Energie-Effizienz

$$mc^2 \, \eta = 6{,}77 \times 10^{12} \, \text{J} \tag{16.19}$$

$$\eta = \frac{6{,}77 \times 10^{12} \, \text{J}}{25 \times 10^{-3} \, \text{kg} \times \left(3 \times 10^{8} \, \frac{\text{m}}{\text{s}}\right)^2} \approx 3\text{‰} \tag{16.20}$$

beträgt.

neutronenaktiviertes Reaktormaterial

Abgesehen von neutronenaktiviertem Reaktormaterial treten bei Fusionsreaktoren keine weiteren Umweltbelastungen auf. Neben der Abfallarmut könnte ein künftiger Fusionsreaktor auch eine größere Betriebssicherheit als Vorteil für sich verbuchen: Anders als

Betriebssicherheit

beim Spaltreaktor ist im Fusionsreaktor ein GAU, wie wir ihn in Tschernobyl erlebt haben, ausgeschlossen. Wenn die Bedingungen für die Verschmelzung von Wasserstoffkernen nicht mehr gegeben sind, geht der Reaktor einfach aus. Es ist nicht möglich, auch nicht durch Einwirkung von außen, den Fusionsreaktor außer Kontrolle zu bringen.

Man könte einwenden, dass es ja schließlich Wasserstoffbom- **Wasserstoffbomben** ben, die nach dem Fusionsprinzip arbeiten, schon gegeben hat. Allerdings hat eine Fusionsbombe, eine Wasserstoffbombe, einen Zünder. Dieser Zünder besteht aus einer normalen Kernspaltbombe. Es **Kernspaltbombe** werden also zunächst unterkritische Mengen von Uran oder Plutonium durch eine konventionelle Implosion zusammengebracht, die dann als Kernspaltbombe explodieren und damit die Bedingungen erzeugen, unter denen eine Kernfusion erfolgen kann. Erst eine normale Atombombe, wie man sie jetzt bezeichnen würde, ermöglicht also die Zündung einer Wasserstoffbombe. Da in einem Fusionskraftwerk keine Kernspaltreaktionen ausgelöst werden, kann also ein Fusionskraftwerk niemals ein Äquivalent zu einem größten anzunehmenden Unfall wie bei einem Kernspaltreaktor, einen GAU, **GAU?** erleiden.

Auch eine Kernspaltbombe, die vielleicht in terroristischer Absicht auf einen Fusionsreaktor geworfen wird, könnte keinen GAU anrichten, denn die Spaltenergie müsste schon in einem relativ kleinen Volumen freigesetzt werden, ohne dass das Plasma dabei zerfällt. Eine normale Atombombe – wenn sie denn überhaupt in das brennende Plasma vordringen könnte – würde aber die Bedingungen zur Aufrechterhaltung des Plasmas durch die Explosion, die auf das Plasma zunächst verdünnend wirkt, sofort zerstören. Auch bereits kleinste Mengen eindringender Luft würden das brennende Plasma sofort zum Erlöschen bringen. Eindringende Luft ist zwar für den normalen Reaktorbetrieb unbedingt zu verhindern. Andererseits erhöht diese Empfindlichkeit die Sicherheit eines Fusionskraftwerkes

„In diesem Versuchsreaktor untersuchen wir die Möglichkeiten der kalten Fusion!"
© C. Grupen

und verhindert ein ,Durchbrennen' des Reaktors in kritischen Unfallsituationen.

Das ist also das stärkste Plus eines Fusionsreaktors: dass man wirklich das Sonnenfeuer auf die Erde holen kann, unter Vermeidung der Risiken, die bisher mit der Erzeugung von Kernenergie durch Spaltvorgänge verbunden sind.

16.3 Ergänzungen

Ergänzung 1
erster Nuklearreaktor
Enrico Fermi

Am 2. Dezember 1942 wurde der erste Nuklearreaktor kritisch. Enrico Fermi hatte mit seinen Kollegen einen graphitmoderierten Reaktor mit Uranoxid als Brennmaterial unter der Tribüne des Squash Courts auf dem Gelände des Sportstadions der Universität Chicago erfolgreich in Betrieb genommen (s. Bild 16.16).

Dieser erste Reaktor wurde als Uran–Graphit-Matrix aufgebaut, in dem Uranblöcke und hochreine Graphitquader in Form eines kubischen Gitters angeordnet wurden. Der Reaktor war als Experiment zur Demonstration einer selbsthaltenden Kettenreaktion konzipiert. Es gab keine Kühlung.

selbsthaltende Kettenreaktion

Bevor der Block in Chicago aufgebaut und in Betrieb genommen wurde, wurden dreißig unterkritische Reaktoren getestet, um die Neutronenausbeute zu messen und die kritische Masse für einen Reaktor mit selbsthaltender Kettenreaktion zu bestimmen. Der Reaktor hatte ein dreifaches Sicherungssystem durch Kontrollstäbe und weitere Einrichtungen, die den Neutronenfluss regeln sollten. Es gab ein automatisches System aus Cadmium-Regelstäben und einen Notsicherheitsregelstab. Dieser handbetriebene Regelstab war an einem Seil befestigt, das von einem Physiker gehalten wurde. Das Seil konnte einfach losgelassen oder mit einer Axt durchschlagen werden, wenn dies im Notfall erforderlich sein sollte, z. B. wenn

Notsicherheitsregelstab

Abb. 16.16
Zeichnung des historischen Reaktors in Chicago, an dem die erste kontrollierte, sich selbst erhaltende Kettenreaktion demonstriert wurde. Bildnachweis: Argonne National Laboratory

das automatische Abschaltsystem nicht funktionieren sollte. Außerdem stand eine Mannschaft bereit, den Reaktor im Notfall mit einer Cadmium-Salz-Lösung zu fluten, falls sowohl das automatische Abschaltsystem als auch das handbetriebene Regelsystem versagen würde.

Der Reaktor wurde angefahren, indem die Cadmium-Regelstäbe aus dem Reaktor langsam herausgezogen wurden. Dabei wurde der Neutronenfluss als Funktion der Position der Regelstäbe gemessen. Als die Neutronenrate exponentiell anwuchs war klar, dass im Reaktor eine sich selbst erhaltende Kettenreaktion ablief. Damit wurde zum erstenmal die Möglichkeit einer kontrollierten Kettenreaktion in einem Uranreaktor erfolgreich demonstriert. **kontrollierte Kettenreaktion**

Cadmium-Regelstäbe

In Oklo, Gabun in Westafrika ist vor etwa 1,7 Milliarden Jahren ein Naturreaktor in Betrieb gegangen und hat über einige Millionen Jahre mit Unterbrechungen Energie erzeugt. 1970 hatten französische Wissenschaftler in einer Mine in Oklo ein ungewöhnliches Isotopenverhältnis von $^{235}U/^{238}U$ gefunden. Auf der Erde, in Meteoriten und im Mondgestein kommt – wie auch im gesamten solaren System – das Uranisotop ^{238}U mit einer Häufigkeit von 99,3% und dasjenige von ^{235}U mit einer Häufigkeit von 0,7% vor. Andere Uranisotope (^{233}U, ^{234}U) sind dagegen äußerst selten. Das gegenwärtige Isotopenverhältnis $r = \frac{N(^{235}U)}{N(^{238}U)}$ ist konsistent mit der Annahme, dass bei der Entstehung unseres Sonnensystems diese beiden Uranisotope ursprünglich gleichhäufig waren und sich im Laufe der Zeit wegen der unterschiedlichen Halbwertszeiten ($T_{1/2}(^{238}U) = 4,5 \times 10^9$ a, $T_{1/2}(^{235}U) = 7,1 \times 10^8$ a) gegen den jetzigen Wert entwickelt haben.

Ergänzung 2
Oklo, Gabun
Naturreaktor

Erstaunlicherweise fand man in der Oklo-Mine eine Isotopenhäufigkeit von ^{235}U von nur 0,35%. Vergleichbare Werte von ^{235}U findet man auch in abgebrannten Brennelementen moderner Kernreaktoren. Die in Oklo gefundene Isotopenhäufigkeit anderer Elemente entsprach auch derjenigen in Kernkraftwerken, sodass sich die Annahme einer natürlichen Kettenreaktion und Kernspaltung in Oklo aufdrängte. Rechnet man die gegenwärtige globale ^{235}U-Häufigkeit auf den Zeitpunkt des Oklo-Reaktors zurück, so kommt man zu einer ^{235}U-Konzentration von etwa 3%.

Isotopenhäufigkeit

Isotopenanomalie

Das Gestein der Oklo-Mine ist sehr rissig und porös und damit für Regenwasser durchlässig (s. a. Bild 16.17). Regenwasser, das in das uranhaltige Mineral dringt, ist ein idealer Moderator für Neutronen. Durch spontane Spaltprozesse oder auch durch kosmische Strahlung sind immer einige Neutronen vorhanden, die Kernspaltungen induzieren können. Die bei der Kernspaltung entstehenden Neutronen werden nun durch das Regenwasser moderiert und leiten eine Kettenreaktion ein und erhalten sie für einen Weile aufrecht.

Regenwasser
Moderator für Neutronen

Kettenreaktion

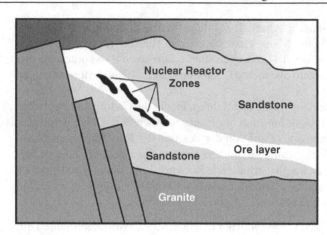

Abb. 16.17
Darstellung der uranhaltigen
Minerale, die im Oklo-Reaktor
durch die umgebende geologische
Formation über lange Zeit in einer
festen Position gehalten wurden.
Bildnachweis: U.S. Department of
Energy, Office of Civilian
Radioactive Waste Management,
Yucca Mountain Project

Die dabei erzeugte Energie bringt das Wasser zum Verdampfen und unterbricht damit die Kettenreaktion. Erst wenn wieder neues Wasser in das Gestein eindringt oder das verdampfte Wasser wieder kondensiert, kam die Kettenreaktion wieder in Gang. Neben diesem natürlichen Phasenübergang des Wassers wurde der Naturreaktor sicher auch durch die Regen- und Trockenzeiten in Westafrika in seinem Betrieb moduliert. Man vermutet, dass der Oklo-Reaktor

thermische Leistungen thermische Leistungen bis zu 100 kW erreichte und dabei mehrere Tonnen Uran spaltete und eine größere Menge an Plutonium erbrütete. Der Oklo-Reaktor ging vermutlich aus, als die Häufigkeit des ^{235}U eine gewisse kritische Grenze unterschritt.

Die Naturreaktor-Spaltprodukte und erbrüteten Transurane (z. B. ^{244}Pu, $T_{1/2} = 8,26 \times 10^7$ a) haben sich nur wenige Meter vom Erzeugungsort fortbewegt. Sie blieben lokal auf den Entstehungsort beschränkt und wurden auch nicht von Grundwasser verteilt oder fortgespült. Damit wurde in einem 1,7 Milliarden Jahren dauernden Experiment, das im Labor nicht wiederholt werden kann, demons-

natürliches Endlager triert, dass gewisse geologische Formationen als natürliches Endlager geeignet sind.

Ergänzung 3 Nach Abschaltung eines Kernreaktors wird immer noch ein signifikanter Anteil an Energie in Form von Beta- und Gammastrahlung freigesetzt. Diese Strahlung resultiert aus dem radioaktiven Zerfall der bei der Spaltung erzeugten hochradioaktiven Spaltprodukte. Es

Nachwärme ist deshalb wichtig, die Kühlung aufrechtzuerhalten, auch nachdem der Reaktor abgeschaltet wurde. Unmittelbar nach dem Abschalten eines Reaktors fällt noch etwa 7 bis 10% der Nennleistung in Form von Energie aus radioaktiven Zerfällen an. Diese Aktivität reduziert sich zwar schnell, weil viele Spaltprodukte recht kurzlebig sind, die Kühlung sollte aber noch einige Stunden nach dem Abschalten des Reaktors aufrechterhalten werden. Im anderen Fall könnte die Temperatur des Reaktors unkontrolliert ansteigen und sogar zur Kernschmelze führen.

Genau das ist bei Harrisburg im Three-Mile-Island-Reaktor 1979 passiert. Nach einer automatischen Reaktorschnellabschaltung wurden aufgrund einer Fehlinterpretation des Reaktorzustandes auch die Kühlwasserpumpen versehentlich abgeschaltet. Da die Zerfallswärme nun nicht mehr abgeführt werden konnte, überhitzten sich die Brennelemente und schmolzen. In Folge dieses Unfalls gelangten hochradioaktive Spaltprodukte in den Primärkreislauf. Weiterhin wurden gasförmige Spaltprodukte (z. B. $\approx$ 40 PBq an ^{133}Xe) direkt in die Atmosphäre freigesetzt. Glücklicherweise wurde der geschmolzene Reaktorkern durch das primäre Containment-System im Reaktorbehälter zurückgehalten, sodass die Belastung für die Umwelt letztlich gering war.

Harrisburg
Three-Mile-Island-Reaktor
Reaktorschnellabschaltung

Containment-System

Zusammenfassung

> Die von Hahn und Straßmann 1938 entdeckte und von Meitner und Frisch physikalisch erklärte Uranspaltung hat zur militärischen und zivilen Nutzung der Kernkraft geführt. Die Umwandlung von Masse in Energie gelingt aber nicht nur bei der Spaltung schwerer Elemente sondern auch bei der Fusion von Wasserstoff zu Helium, dem Energieerzeugungsmechanismus, der auch die Sterne zum Leuchten bringt. Sowohl für die Kernspaltung als auch für die Fusion gibt es verschiedene Realisierungsmöglichkeiten. Während bei Spaltreaktoren wassergekühlte und wassermoderierte Reaktoren ein hohes Maß an Sicherheit garantieren, befindet sich die Verwirklichung eines Fusionsreaktors noch im Forschungsstadium. Langfristig wird sich das Energieproblem der Menschen möglicherweise durch die ‚natürliche' Energiegewinnung mit Hilfe der Kernfusion lösen lassen.

16.4 Übungen

Bei einem Siedewasserreaktor wurde versehentlich nach dem Herunterfahren des Reaktors auch die Kühlung ausgeschaltet. 10% der Reaktornennleistung (1 GW) fallen als Nachwärme an. Etwa 70% davon werden innerhalb von typischerweise 200 Sekunden freigesetzt. Um wieviel erhöht sich die Temperatur des Reaktorkerns (50 Tonnen Uran)? Die spezifische Wärme von Uran bei 25°C beträgt 116 J/(kg K).

Übung 1

Nachwärme

Windige Alternative

© by Luis Murchetz

Übung 2

Man nimmt an, dass der Oklo-Reaktor intermittierend über etwa 10^6 Jahre Spitzenleistungen von bis zu 100 kW erbrachte. Welche Masse an ^{235}U wurde gespalten, wenn man von einer mittleren Leistung von 50 kW über einen Zeitraum von einer halben Million Jahren ausgeht?

Übung 3

Die gegenwärtige Isotopenhäufigkeit von ^{235}U im Oklo-Reaktor beträgt etwa 0,35%. Wie alt wäre dieses Uranlager, wenn man diese Häufigkeit allein auf den normalen radioaktiven Zerfall zurückführen würde? Man kann annehmen, dass die Uranisotope ^{235}U und ^{238}U ursprünglich, d. h. bei der Bildung des Sonnensystems und der Erde, gleichhäufig waren.

Übung 4

Strahlendosisleistung nach einem Nuklearunfall

Die Strahlendosisleistung nach einem Nuklearunfall oder einer Kernwaffenexplosion nimmt mit der Zeit gemäß

$$\dot{D}(t) = \dot{D}(t_0) \left(\frac{t}{t_0} \right)^{-\alpha}$$

mit $\alpha = 1{,}2$ ab, wobei $\dot{D}(t_0)$ die Dosisleistung zur Zeit t_0 ist. Sei $\dot{D}(t_0 = 6\,\text{h}) = 10\,\text{mSv/h}$. Wie groß ist
a) die Dosisleistung einen Tag später;
b) die Dosis, die man erhält, wenn man sich im Zeitraum $t_1 = 30\,\text{h}$ bis $t_2 = 40\,\text{h}$ im Gefahrenbereich aufhält?

17 Lösungen der Übungsaufgaben

17.1 Lösungen zu Kapitel 2

Übung 1

$$
\begin{aligned}
\text{Dosis} &= \frac{\text{absorbierte Energie}}{\text{Masseneinheit}} \\
&= \frac{\text{Aktivität} \times \text{Energie pro Bq} \times \text{Zeit}}{\text{Masse}} \\
&= \frac{10^9\,\text{Bq} \times 1{,}5 \times 10^6\,\text{eV} \times 1{,}602 \times 10^{-19}\,\text{J/eV} \times 86\,400\,\text{s}}{10\,\text{kg}} \\
&= 2{,}08\,\text{J/kg} = 2{,}08\,\text{Gy} \ .
\end{aligned}
$$

Hier ist für die Energie, neben der Einheit Joule, das Elektronenvolt (eV) verwendet worden: $1\,\text{eV} = 1{,}602 \times 10^{-19}\,\text{J}$ (s. auch Fußnote 1, S. 21).

Der Zerfall im Körper des Angestellten setzt sich aus zwei Komponenten zusammen. Die Gesamt-Zerfallskonstante λ_{eff} ist **Übung 2**

$$
\lambda_{\text{eff}} = \lambda_{\text{phys}} + \lambda_{\text{bio}} \ .
$$

Wegen $\lambda = \frac{1}{\tau} = \frac{\ln 2}{T_{1/2}}$ folgt

$$
T_{1/2}^{\text{eff}} = \frac{T_{\text{phys}}\, T_{\text{bio}}}{T_{\text{phys}} + T_{\text{bio}}} = 79{,}4\,\text{d} \ .
$$

Mit $\dot{D} = \dot{D}_0\, e^{-\lambda t}$ und $\dot{D}/\dot{D}_0 = 0{,}1$ folgt[1]

$$
t = \frac{1}{\lambda} \ln\left(\frac{\dot{D}_0}{\dot{D}}\right) = \frac{T_{1/2}^{\text{eff}}}{\ln 2} \ln\left(\frac{\dot{D}_0}{\dot{D}}\right) = 263{,}8\,\text{d} \ .
$$

Eine mathematisch etwas schwierigere Rechnung erlaubt, die Dosis festzustellen, die der Angestellte in diesem Zeitraum aufgenommen hat:

---

[1] Die Notation $\dot{D}_0$ beschreibt die Dosisleistung zur Zeit $t = 0$. Sie stellt nicht die zeitliche Ableitung einer konstanten Dosis D_0 dar (die ja gleich Null wäre).

$$D_{\text{Ges}} = \int_0^{263,8\,\text{d}} \dot{D}_0\, e^{-\lambda t}\, dt$$

$$= \dot{D}_0 \left(-\frac{1}{\lambda}\right) e^{-\lambda t}\Bigg|_0^{263,8\,\text{d}}$$

$$= \frac{\dot{D}_0}{\lambda} \left[1 - e^{-\lambda \times 263,8\,\text{d}}\right] \ .$$

Mit

$$\lambda = \frac{1}{\tau} = \frac{\ln 2}{T_{1/2}^{\text{eff}}} = 8,7 \times 10^{-3}\,\text{d}^{-1}$$

folgt ($1\,\mu\text{Sv/h} = 24\,\mu\text{Sv/d}$)

$$D_{\text{Ges}} = \frac{24\,\mu\text{Sv/d}}{\lambda}[1 - 0,1] = 2,47\,\text{mSv} \ .$$

Die 50-Jahre-Folgeäquivalentdosis $D_{50} = \int_0^{50\,\text{a}} \dot{D}(t)\, dt$ ergäbe sich zu

$$D_{50} = \int_0^{50\,\text{a}} \dot{D}_0\, e^{-\lambda t} dt = \frac{\dot{D}_0}{\lambda} \left[1 - e^{-\lambda \times 50\,\text{a}}\right]$$

$$\approx \frac{\dot{D}_0}{\lambda} = 2,75\,\text{mSv} \ .$$

Übung 3

In einem Abstand von 2 m sind die Elektronen vom ^{60}Co-Zerfall bereits absorbiert (vgl. Bild 3.4 und Bild 4.4). Es kann sich also nur um eine Gamma-Dosis handeln. Die Gamma-Dosiskonstante für ^{60}Co ist $\Gamma_\gamma = 3,41 \times 10^{-13}\,\frac{\text{Sv}\,\text{m}^2}{\text{Bq}\,\text{h}}$. Anhand der Beziehung

$$\dot{H} = \Gamma_\gamma\, \frac{A}{r^2}$$

folgt

$$A = \frac{r^2}{\Gamma_\gamma}\, \dot{H} = \frac{(2\,\text{m})^2\,\text{Bq}\,\text{h} \times 10^{-4}\,\text{Sv}}{3,41 \times 10^{-13}\,\text{Sv}\,\text{m}^2\,\text{h}} = 1,17\,\text{GBq} \ .$$

Übung 4

Die Lösung dieser Aufgabe lässt sich auf zwei Arten erhalten. Nach einer Halbwertszeit ist die Aktivität auf die Hälfte abgeklungen, nach zwei Tagen, entsprechend $48/6 = 8$ Halbwertszeiten ist die Aktivität um den Faktor 2^8 gesunken. Deshalb strahlt der Patient nach zwei Tagen noch mit

$$A(48\,\text{h}) = A_0 \times 2^{-8} = 10^7\,\text{Bq}/2^8 = 39\,\text{kBq} \ .$$

Gleichermaßen kann die Aktivität durch

$$A = A_0 \, e^{-t/\tau}$$

dargestellt werden. Wegen

$$\tau = \frac{T_{1/2}}{\ln 2} = 8,66 \, \text{h}$$

ergibt sich ebenso

$$A(48 \, \text{h}) = A_0 \, e^{-\frac{48 \times \ln 2}{T_{1/2}}} = 39 \, \text{kBq} \ .$$

17.2 Lösungen zu Kapitel 3

Durch die elektrostatische Abstoßung der positiven Protonen re-   **Übung 1**
duziert sich die Bindungsenergie je mehr Protonen im Kern sind.
Die elektrisch neutralen Neutronen spüren keine elektrostatischen
Kräfte und bewirken deshalb keine Minderung der Kernbindung. In
einem Kern mit relativem Protonenüberschuss oder sogar gleicher
Protonen- und Neutronenzahl besteht also die Tendenz, ein oder
mehrere Protonen in Neutronen zu verwandeln, um dem Atomkern
größere Stabilität zu verleihen.

Durch den Zusammenhang zwischen der Kernladungszahl Z und   **Übung 2**
der Massenzahl A entstehen bei der Kernspaltung fast immer Kerne mit relativ hohem Neutronenüberschuss. Aus kernphysikalischen
Gründen ist die Spaltung meist asymmetrisch, so dass etwa bei der
Spaltung von ^{235}U mit Neutronen die hochangeregten Kerne ^{141}I
und ^{95}Y gebildet werden. Der Abbau des Neutronenüberschusses
kann durch die Emission von Neutronen oder die Umwandlung von
Neutronen in Protonen durch β^--Zerfälle erfolgen, z. B.

$$
\begin{aligned}
^{141}\text{I}^* &\longrightarrow \ ^{140}\text{I} + n \\
&\hookrightarrow \ ^{140}\text{Xe} + e^- + \bar{\nu}_e \\
&\qquad \hookrightarrow \ ^{139}\text{Xe} + n \\
&\qquad\quad \hookrightarrow \ ^{139}\text{Cs} + e^- + \bar{\nu}_e \\
&\qquad\qquad \hookrightarrow \ ^{139}\text{Ba} + e^- + \bar{\nu}_e \\
&\qquad\qquad\quad \hookrightarrow \ ^{139}\text{La} + e^- + \bar{\nu}_e \ .
\end{aligned}
$$

^{139}La ist das stabile Endprodukt, hier sind Protonen- und Neutronenzahl ausgewogen.

Übung 3   Ein 100 keV-Elektron hat in Gewebe eine Reichweite von etwa 0,2 mm (s. Bild 4.4). Seine Anfangsgeschwindigkeit errechnet sich aus (bei dieser Energie kann man noch klassisch rechnen)

$$E_{\text{kin}} = \frac{1}{2} m_e \, v^2$$

zu

$$v = \sqrt{\frac{2\,E_{\text{kin}}}{m_e}} = \sqrt{\frac{2 \times 100\,\text{keV}}{511\,\text{keV}}}\, c \approx 1{,}9 \times 10^8 \, \frac{\text{m}}{\text{s}} \ .$$

c ist die Vakuumlichtgeschwindigkeit. Damit lässt sich die Laufzeit t aus

$$s = \frac{1}{2} a \, t^2$$

und $\quad v = a \, t$

$$\text{zu} \quad t = \frac{2\,s}{v} = 2{,}1 \times 10^{-12}\,\text{s} = 2{,}1\,\text{ps}$$

abschätzen.

Übung 4   a) Die kinetischen Energien ergeben sich aus:

$$E_{\text{kin}}^{\text{Tennisball}} = \frac{1}{2} m v^2$$

$$= \frac{1}{2} \times 0{,}06\,\text{kg} \times \left(200\,\text{km/h} \times \frac{1000\,\text{m/km}}{3600\,\text{s/h}} \right)^2$$

$$= 92{,}6 \, \frac{\text{kg}\,\text{m}^2}{\text{s}^2} = 92{,}6\,\text{Joule} \ ,$$

$$E_{\text{kin}}^{\alpha} = 5 \times 10^6\,\text{eV} \times 1{,}602 \times 10^{-19}\,\text{J/eV}$$

$$= 8 \times 10^{-13}\,\text{Joule} \ ,$$

$$E_{\text{kin}}^{\text{Tennisball}} / E_{\text{kin}}^{\alpha} = 1{,}16 \times 10^{14} \ .$$

b) Die Energiedichte ρ_E ist die Energie pro Volumen:

$$\rho_E^{\text{Tennisball}} = \frac{1}{2} m v^2 / \frac{4}{3} \pi r_{\text{T}}^3 = 6{,}4 \times 10^5\,\text{J/m}^3 \ ,$$

$$\rho_E^{\alpha} = 5\,\text{MeV} / \frac{4}{3} \pi r_{\alpha}^3 = 4{,}7 \times 10^{31}\,\text{J/m}^3 \ .$$

Die Energiedichte im α-Teilchen ist also um einen riesigen Faktor größer als im Tennisball.

Übung 5   1 Tonne ^{235}U enthält

$$N_{\text{A}} \times \frac{10^3\,\text{kg}}{0{,}235\,\text{kg}} = 2{,}56 \times 10^{27}\,\text{Kerne}$$

(N_{A} – Avogadro-Zahl; 1 mol ^{235}U entspricht 235 g).

Massenverlust Δm:

$$\Delta m = \frac{2{,}56 \times 10^{27}\ \text{Kerne} \times 235\ \text{MeV/Kern} \times 1{,}6 \times 10^{-13}\ \text{J/MeV}}{c^2}$$
$$\approx 1\ \text{kg}\ .$$

Bei einer vollständigen Spaltung von einer Tonne ^{235}U entsteht also ein Massendefekt von etwa 1 kg. Der Wirkungsgrad der Massenumwandlung ist damit von der Größenordnung 1‰.

17.3 Lösungen zu Kapitel 4

Die Halb-(Zehntel-)wertsdicke ist diejenige Dicke, die die Gamma-Intensität auf die Hälfte (ein Zehntel) abschwächt. Mit **Übung 1**

$$I = I_0\, e^{-\mu x}$$

wird

$$x = \frac{1}{\mu}\, \ln\left(\frac{I_0}{I}\right)\ ,$$

$$x_{1/2} = \frac{1}{\mu}\, \ln\left(\frac{I_0}{I_0/2}\right) = 5{,}8\ \text{cm}\ ,$$

$$x_{1/10} = \frac{1}{\mu}\, \ln\left(\frac{I_0}{I_0/10}\right) = 19{,}2\ \text{cm}\ .$$

Da die Photonen der ^{60}Co-γ-Strahlung in Luft kaum absorbiert wer- **Übung 2** den, ist das $1/r^2$-Gesetz für Photonen eine gute Näherung:

$$\dot{D}_\gamma(1\ \text{m}) = \dot{D}_\gamma(5\ \text{cm})\left(\frac{5}{100}\right)^2 = 12{,}5\,\frac{\mu\text{Sv}}{\text{h}}\ .$$

Wegen der Absorption der Elektronen in Luft ($E_{\text{max}} = 310\ \text{keV}$) kommen (fast) keine Elektronen im Abstand von 1 m mehr an, also ist näherungsweise

$$\dot{D}_\beta(1\ \text{m}) = 0\ .$$

Die Abschätzung des Effektes der Elektronen über deren Reichweite stellt aber nur eine Näherung dar. Aufgrund der kontinuierlichen Energieverteilung der Elektronen bei Beta-Strahlung und der Tatsache, dass bereits kleine Schichtdicken die zahlreichen niederenergetischen Elektronen absorbieren, lässt sich das Absorptionsverhalten auch für Elektronen durch ein exponentielles Absorptionsgesetz approximieren:

$$I_\beta(x) = I_\beta(0)\, e^{-\kappa x} \;,$$

κ ist dabei der lineare Absorptionskoeffizient. Für die im Strahlenschutz typischen Elektronenenergien ($0,1\,\mathrm{MeV} \le E_\beta \le 3,5\,\mathrm{MeV}$) kann κ durch die empirische Beziehung

$$\kappa = \frac{15}{E_{\beta_{\mathrm{max}}}^{1,5}}$$

genähert werden ($E_{\beta_{\mathrm{max}}}$ in MeV und κ in $(\mathrm{g/cm^2})^{-1}$).

Das Exponentialgesetz für die Absorption von Elektronen aus kontinuierlichen Beta-Spektren ist aber nur für geringe Schichtdicken anwendbar. Für Absorberschichten, die von der Größenordnung der Reichweite der Elektronen mit maximaler Energie sind, versagt allerdings das Exponentialgesetz; es liefert dort viel zu große Beta-Intensitäten. In unserem Beispiel erhält man für die Betadosisleistung in 5 cm Abstand unter Berücksichtigung der Absorption in Luft ($E_{\beta_{\mathrm{max}}} = 0,31\,\mathrm{MeV}$ für $^{60}\mathrm{Co}$):

$$\dot{D}_\beta(5\,\mathrm{cm}) = \Gamma_\beta\, \frac{A}{r^2}\, \frac{I_\beta(5\,\mathrm{cm})}{I_\beta(0\,\mathrm{cm})}$$

$$= 388\, \frac{\mathrm{mSv}}{\mathrm{h}}\, e^{-\rho_{\mathrm{Luft}}\,\kappa \times 5\,\mathrm{cm}} = 222\, \frac{\mathrm{mSv}}{\mathrm{h}} \;.$$

Für 1 m Abstand wird die Näherung schon problematisch. Man erhält

$$\dot{D}_\beta(1\,\mathrm{m}) \le 388\, \frac{\mathrm{mSv}}{\mathrm{h}} \times \left(\frac{5\,\mathrm{cm}}{100\,\mathrm{cm}}\right)^2 \times \frac{I_\beta(1\,\mathrm{m})}{I_\beta(0\,\mathrm{cm})} = 0,013\, \frac{\mu\mathrm{Sv}}{\mathrm{h}} \;.$$

Hier wurde das $\le$-Zeichen verwendet, weil das Exponentialgesetz die Dosisleistung bei größeren Abständen überschätzt.

Übung 3   Es gilt

$$I = I_0\, e^{-\mu x \rho} \quad \mathrm{mit} \quad \mu = 0,07\, (\mathrm{g/cm^2})^{-1}$$

und

$$x = 1\,\mathrm{m} \mathrel{\widehat{=}} 100\,\mathrm{g/cm^2} \;.$$

Aus

$$\frac{I_0}{I} = e^{\mu x \rho}$$

folgt ein Abschwächungsfaktor von 1097.

17.4 Lösungen zu Kapitel 5

Die registrierte Ladung ΔQ hängt mit der Spannungsänderung ΔU **Übung 1**
über die Kondensatorgleichung zusammen:

$$\Delta Q = C \, \Delta U$$
$$= 7 \times 10^{-12}\,\mathrm{F} \times 30\,\mathrm{V} = 210 \times 10^{-12}\,\mathrm{Coulomb} \;.$$

Die Masse der Luft beträgt

$$m = \rho_\mathrm{L}\, V = 3{,}225 \times 10^{-3}\,\mathrm{g} \;.$$

Damit ist die Ionendosis

$$I = \frac{\Delta Q}{m} = 6{,}5 \times 10^{-8}\,\frac{\mathrm{C}}{\mathrm{g}}$$
$$= 6{,}5 \times 10^{-5}\,\frac{\mathrm{C}}{\mathrm{kg}} \;.$$

Wegen $1\,\mathrm{R} = 2{,}58 \times 10^{-4}\,\mathrm{C/kg}$ entspricht dies einer Dosis von $0{,}25$ Röntgen bzw. wegen $1\,\mathrm{R} = 8{,}8\,\mathrm{mGy}$

$$D = 2{,}2\,\mathrm{mGy} \;.$$

Die wahre totzeitkorrigierte Rate im Abstand $d_1 = 10\,\mathrm{cm}$ ist   **Übung 2**

$$R_1^* = \frac{R_1}{1 - \tau\, R_1} \;.$$

Wegen des Abstandsgesetzes ($\sim 1/r^2$) ist in $d_2 = 30\,\mathrm{cm}$ die wahre Zählrate R_2^*

$$R_2^* = \left(\frac{d_1}{d_2}\right)^2 R_1^* \;;$$

und wegen $R_2^* = R_2/(1 - \tau\, R_2)$ erhält man die Gleichung

$$\left(\frac{d_1}{d_2}\right)^2 \frac{R_1}{1 - \tau\, R_1} = \frac{R_2}{1 - \tau\, R_2} \;.$$

Löst man nach τ auf, erhält man

$$\tau = \frac{\left(\frac{d_2}{d_1}\right)^2 R_2 - R_1}{\left[\left(\frac{d_2}{d_1}\right)^2 - 1\right] R_1 R_2} = 10\,\mu\mathrm{s} \;.$$

Übung 3   Raumwinkelfaktor

$$f_1 = \frac{\pi \left(\frac{d}{2}\right)^2}{4\pi r^2} = 5{,}625 \times 10^{-5} \; ;$$

Ansprechvermögen

$$f_2 = 0{,}08 \; ;$$

Aktivität

$$A = \frac{(\text{Zählrate} - \text{Nullrate})/60}{f_1 \, f_2} = 1{,}1 \times 10^7 \, \text{Bq}$$
$$= 300 \, \mu\text{Ci} \; .$$

Übung 4   Nach einmaligem Wischen ist bei einer Anfangskontamination N die Restaktivität $N(1 - \varepsilon)$; nach dem dritten Dekontaminationsvorgang $N(1 - \varepsilon)^3$. Daher ist

$$N = \frac{512 \, \text{Bq/cm}^2}{(1 - \varepsilon)^3} = 1000 \, \text{Bq/cm}^2 \; .$$

Der dritte Dekontaminationsvorgang entnimmt eine Flächenaktivität von

$$N(1 - \varepsilon)^2 \, \varepsilon = 128 \, \text{Bq/cm}^2 \; .$$

17.5 Lösungen zu Kapitel 6

Übung 1 $1 \, \text{m}^3$ bodennahe Luft enthält eine Aktivität von $1{,}1 \, \text{Bq}$. In $1 \, \text{m}^3$ Luft sind aber nur $1{,}1 \, \text{ppm}$ entsprechend $1{,}1 \times 10^{-6}$ Anteile von Krypton enthalten. Also entspricht $1 \, \text{m}^3$ Krypton der Aktivität $10^6 \, \text{Bq}$. Damit ist die Freigrenze mit einer Menge von $0{,}01 \, \text{m}^3 = 10 \, \text{l}$ ausgeschöpft.

Ein anderer, mehr formaler Zugang zu dieser Aufgabe wird aus folgender Rechnung deutlich: ^{85}Kr hat eine Halbwertszeit von $10{,}4 \, \text{a}$. Also ist die Zerfallskonstante

$$\lambda = \frac{1}{\tau} = \frac{\ln 2}{T_{1/2}} = 2{,}11 \times 10^{-9} \, \text{s}^{-1} \; .$$

Da die Aktivität des in $1 \, \text{m}^3$ Luft enthaltenen ^{85}Kr $1{,}1 \, \text{Bq}$ beträgt, erhält man die Anzahl der Krypton-85-Kerne in $1 \, \text{m}^3$ Luft aus

$$A = \lambda \, N$$

zu

$$N = \frac{A}{\lambda} = 5{,}2 \times 10^8 \; .$$

1,1 ppm Krypton, entsprechend $1,1\,cm^3$ in $1\,m^3$ Luft, führen bei einer Dichte von $\rho = 3,75\,g/l$ auf eine Kryptonmenge von $4,125\,mg$. Dies entspricht $\frac{4,125\times10^{-3}}{85} = 4,85 \times 10^{-5}\,mol \cong 2,9 \times 10^{19}$ Kernen. (1 mol entspricht $6,022\times10^{23}$ Atomen, Avogadro-Zahl.) Damit ergibt sich die Isotopenhäufigkeit des ^{85}Kr zu

$$\frac{5,2 \times 10^8}{2,9 \times 10^{19}} = 1,78 \times 10^{-11} .$$

Nach der Freigrenze sind $10^4\,Bq\ ^{85}$Kr zulässig, entsprechend $5,2 \times 10^8 \times \frac{10^4}{1,1} = 4,73 \times 10^{12}$ Kernen. Rechnet man die erhaltene Isotopenhäufigkeit ein, so erhält man

$$\frac{4,73 \times 10^{12}}{1,78 \times 10^{-11}} = 2,66 \times 10^{23}\ \text{Krypton-Atome}$$

$$\cong 0,441\,mol \cong 37,5\,g \cong 10\ \text{Liter} .$$

Die Aktivität eines Stoffes ergibt sich aus **Übung 2**

$$N = N_0\,e^{-\lambda t} = N_0\,e^{-t/\tau}$$

$$\text{zu} \quad A = -\frac{dN}{dt} = \lambda N = \frac{N}{\tau} .$$

Für ein Isotopengemisch ist die Gesamtaktivität

$$A_{Gesamt} = A_1(^{238}U) + A_2(^{235}U) + A_2(^{235}U)$$
$$= \frac{N_1}{\tau_1} + \frac{N_2}{\tau_2} + \frac{N_3}{\tau_3}$$
$$= N \left\{ \frac{0,992\,75 \ln 2}{T_{1/2}(^{238}U)} + \frac{0,007\,195 \ln 2}{T_{1/2}(^{235}U)} + \frac{0,000\,055 \ln 2}{T_{1/2}(^{234}U)} \right\}$$
$$= N \{1,53 + 0,0712 + 1,59\} \times 10^{-10}\,a^{-1} .$$

Damit erhält man

$$N = \frac{A_{Gesamt}}{3,19 \times 10^{-10}}\,Bq\,a = 3,135 \times 10^{13}\,Bq\,a$$

$$= 9,886 \times 10^{20}\,Bq\,s = 9,886 \times 10^{20}\ \text{Kerne} .$$

Da die Atommasse praktisch vollständig im Atomkern konzentriert ist und 1 mol Uran $6,022 \times 10^{23}$ Atome enthält, stellen $9,886 \times 10^{20}$ Kerne etwa $1,64 \times 10^{-3}$ mol dar.

1 mol Natururan sind aber

$$(238\times0,992\,75+235\times0,007\,195+234\times5,5\times10^{-5})\,g = 237,98\,g.$$

Daher ergibt sich der Urananteil des Klumpens zu

$$M_{\text{Uranklumpen}} = 0,390\,\text{g} \ .$$

Da die Dichte von Uran mit $\rho_U = 18,95\,\text{g/cm}^3$ recht groß ist, handelt es sich also nur um ein Uranvolumen von $0,0206\,\text{cm}^3 = 20,6\,\text{mm}^3$!

Übung 3

Die maximale Dosis für Personen der Kategorie A im Kontrollbereich ist 20 mSv/a. Durch eine Ganzkörperbestrahlung mit 12 mSv und eine Leberbestrahlung mit 40 mSv ergibt sich eine effektive Ganzkörperdosis von

$$H_{\text{eff}} = (12 + 0,05 \times 40)\,\text{mSv} = 14\,\text{mSv} \ ,$$

wobei 0,05 der Wichtungsfaktor für die Leber ist. An Ganzkörperbestrahlung wäre also noch eine Dosis von maximal

$$H_{\text{max}} - 14\,\text{mSv} = 6\,\text{mSv}$$

möglich.

Wenn diese Dosis ausschließlich als Lungendosis anfiele, wären noch maximal

$$\frac{6\,\text{mSv}}{0,12} = 50\,\text{mSv}$$

zugelassen.

17.6 Lösungen zu Kapitel 7

Übung 1

Bei 40 Stunden pro Woche und 52 Wochen im Jahr (Urlaub nicht gerechnet) ergibt sich eine Aufenthaltsdauer von 2080 Stunden. Der Gesetzgeber legt aber den Aufenthalt auf 2000 Stunden pro Jahr fest. Somit ergibt sich eine Jahresdosis von 8 mSv. Bei dem Raum handelt es sich also um einen Kontrollbereich und die Person zählt zur Kategorie A (Dosisbereich $6\,\text{mSv/a} < \dot{D} \leq 20\,\text{mSv/a}$).

Übung 2

Die Gesamtaktivität errechnet sich zu

$$A_{\text{Gesamt}} = 100\,\text{Bq/m}^3 \times 4000\,\text{m}^3 = 4 \times 10^5\,\text{Bq} \ .$$

Daraus ergibt sich die ursprüngliche Aktivitätskonzentration im Reaktorkern zu

$$A_0 = \frac{4 \times 10^5\,\text{Bq}}{500\,\text{m}^3} = 800\,\text{Bq/m}^3 \ .$$

Für die Aktivität gilt   **Übung 3**

$$A = \lambda N = \frac{1}{\tau} N = \frac{\ln 2}{T_{1/2}} N \ ,$$

entsprechend

$$N = \frac{A\, T_{1/2}}{\ln 2} = 1{,}9 \times 10^{12}\ \text{Cobaltkernen}$$

und $m = N\, m_{Co} = 0{,}2\,\text{ng}$. Eine so geringe Menge an Cobalt ist mit chemischen Methoden kaum nachweisbar.

17.7 Lösungen zu Kapitel 8

Um als dicht zu gelten, darf die Aktivität unmittelbar am Strahler   **Übung 1**
bei einem Wischtest 200 Bq nicht überschreiten. Die Messung liefert
jedoch einen größeren Wert,

$$\frac{20\ \text{Impulse pro Sekunde}}{0{,}8 \times 0{,}1} = 250\,\text{Bq} \ .$$

Der Strahler gilt also als nicht mehr dicht.

Die Aktivität pro cm^2 beträgt   **Übung 2**

$$\frac{\text{Aktivität}}{\text{cm}^2} = \frac{R - R_0}{F\, \eta_1\, \eta_2} = 550\ \frac{\text{Bq}}{\text{cm}^2} \ .$$

Strahlungsleistung   **Übung 3**

$$S = 10^{17}\,\text{Bq} \times 10\,\text{MeV} = 10^{24}\,\text{eV/s} = 160\,\text{kJ/s} \ ;$$

Temperaturerhöhung

$$\begin{aligned}
\Delta T &= \frac{\text{Wärmezufuhr}}{m\, c} \\
&= \frac{160\,\text{kJ/s} \times 86\,400\,\text{s/d} \times 1\,\text{d}}{120\,000\,\text{kg} \times 0{,}452\,\text{kJ/(kg K)}} \\
&= 255\,\text{K} \ .
\end{aligned}$$

Die Temperaturerhöhung von 255 Grad führt zu einer Endtemperatur von 275 °C.

Entsprechend den in Kap. 8.12 dargestellten Regeln liegt die Dosis-   **Übung 4**
leistung an der Außenfläche für II–Gelb-Transportgüter im Bereich

$$5\,\mu\text{Sv/h} \le \dot{D} \le 0{,}5\,\text{mSv/h} \ .$$

Die Transportkennzahl $t = 0{,}3$ besagt, dass $\dot{D}(1\,\text{m}) = 0{,}3\,\text{mrem/h}$ beträgt, entsprechend $\dot{D}(1\,\text{m}) = 3\,\mu\text{Sv/h}$.

17.8 Lösungen zu Kapitel 9

Übung 1   Es ist

$$\dot{D} \sim \frac{1}{r^2} \;;$$

damit folgt

$$\frac{\dot{D}(x)}{\dot{D}(100\,\text{m})} = \frac{(100\,\text{m})^2}{x^2} = \frac{25\,\mu\text{Sv/h}}{1\,\mu\text{Sv/h}} \;.$$

Daraus erhält man

$$x = 20\,\text{m} \;.$$

Übung 2   Wenn man den Zerfall des radioaktiven Urans im Filter vernachlässigt, erhält man für die Aktivität

$$A = m\,\kappa\,\eta\,t = 40{,}32\,\text{MBq} \;.$$

Falls der Zerfall des langlebigen Uranisotops ($T_{1/2} = 4{,}5 \times 10^9$ a, Zerfallskonstante $\lambda = \frac{\ln 2}{T_{1/2}} = 1{,}76 \times 10^{-14}\,\text{h}^{-1}$) berücksichtigt wird, ist die Lösung der Aufgabe mathematisch anspruchsvoller. Es ist dann die folgende Differentialgleichung für die zeitabhängige Aktivität zu lösen:

$$\frac{\mathrm{d}A}{\mathrm{d}t} = m\,\kappa\,\eta - \lambda\,A$$

mit dem Ergebnis[2]

$$A = \frac{m\,\kappa\,\eta}{\lambda}\left(1 - \mathrm{e}^{-\lambda t}\right) \;.$$

Wegen $\lambda t \ll 1$ und $A = \frac{m\,\kappa\,\eta}{\lambda}(1 - (1 - \lambda t + \cdots)) \approx m\,\kappa\,\eta\,t$ ändert sich an dem numerischen Ergebnis von oben aber praktisch nichts.

Übung 3   Wegen

$$\dot{H} = \Gamma_\gamma\,\frac{A}{r^2}$$

und (s. Tabelle 2.3)

$$\Gamma_\gamma(^{60}\text{Co}) = 3{,}41 \times 10^{-13}\,\frac{\text{Sv}\,\text{m}^2}{\text{Bq}\,\text{h}}$$

gilt

$$r \leq \sqrt{\frac{\Gamma_\gamma\,A}{\dot{H}}} = 1{,}85\,\text{m} \;.$$

_____

[2] vgl. Ergänzung 2, Kap. 8

Wenn man davon ausgeht, dass die Quelle auf den Boden gefallen ist und das Messgerät in 1 m Höhe getragen wird, erfasst man am Boden einen Bereich von $\sqrt{1,85^2 - 1}\, \text{m} = 1,55\,\text{m}$ im Radius. Es reicht also schon aus, nach der Quelle in Messorten mit etwa 3 m Abstand zu suchen.

17.9 Lösungen zu Kapitel 10

Die Spannung muss so gewählt werden, dass die kürzeste Wellen-   **Übung 1**
länge $\lambda_{min} \leq 0,5\,\text{Å}$ ist. Wegen

$$e\,U = h\nu = \frac{h\,c}{\lambda_{min}}$$

(ν – Frequenz, h – Planck'sches Wirkungsquantum) wird

$$U \geq \frac{h\,c}{\lambda_{min}\,e} = 24\,816\,\text{V} \approx 25\,\text{kV}\;.$$

Es ist   **Übung 2**

$$I = I_0\,e^{-\mu x} \Rightarrow e^{\mu x} = \frac{I_0}{I}\;.$$

Damit wird

$$x = \frac{1}{\mu}\,\ln\left(\frac{I_0}{I}\right) = 30{,}7\,\frac{\text{g}}{\text{cm}^2}\;,$$

also

$$x^* = \frac{x}{\rho_{Al}} = 11{,}4\,\text{cm}\;.$$

1.) $\dot{D}(\text{Beton} + \text{Blei}) = \dot{D}(\text{Beton})\,e^{-\mu_{Pb}\,x}\;.$ **Übung 3**
Damit wird dann

$$e^{\mu_{Pb}\,x} = \frac{\dot{D}(\text{Beton})}{\dot{D}(\text{Beton} + \text{Blei})}\;.$$

Daraus ergibt sich
$$x = 0{,}59\,\text{cm}\;.$$

2.) Zunächst muss die Dosisleistung ohne jede Abschirmung berechnet werden:

$$\dot{D}(\text{ohne Abschirmung}) = \dot{D}_0 = \dot{D}(20\,\text{cm Beton}) \times e^{\mu_{Beton}\,y}\;,$$

wenn $y = 20\,\text{cm}$ die Dicke der Betonschicht ist, erhält man

$$\dot{D}_0 = 282\,\text{mSv/h}\;.$$

Damit wird für eine Abschirmung nur aus Blei:

$$\dot{D}(x \text{ cm Pb}) = \dot{D}_0 \, e^{-\mu_{Pb} x} = 1 \, \mu\text{Sv/h} \ ,$$

$$e^{\mu_{Pb} x} = \frac{282}{10^{-3}} = 2{,}82 \times 10^5$$

und damit (s. o.)

$$x = 1{,}14 \, \text{cm} \ .$$

17.10 Lösungen zu Kapitel 11

Übung 1

In einem Meter Entfernung zählt praktisch nur die γ-Aktivität, da alle α-Teilchen (meist schon im Erdboden selbst) und auch die β-Teilchen größtenteils absorbiert sind. Setzt man also eine γ-Aktivität von 500 Bq/kg an und schätzt die γ-Dosisleistungskonstante für das Nuklidgemisch mit $10^{-13} \, \frac{\text{Sv m}^2}{\text{Bq h}}$ ab,[3] so führen diese Annahmen zu einer Dosisleistung von

$$\dot{H} = 10^{-13} \, \frac{\text{Sv m}^2}{\text{Bq h}} \times 500 \, \text{Bq/kg} \times 1 \, \text{m}^{-2}$$

$$= 5 \times 10^{-11} \, \frac{\text{Sv}}{\text{h kg}} \ .$$

Nimmt man an, dass der Mensch von einer Tonne Erdboden bestrahlt wird, so führt das auf 5×10^{-8} Sv/h und zu einer Jahresdosis von etwa 0,5 mSv.

Übung 2

Mit modernen Röntgengeräten belastet man den Patienten mit einer effektiven Ganzkörperdosis von 0,1 mSv. Bei einem Aufenthalt in einer Höhe von 3000 m in mittleren geographischen Breiten ist die Dosisleistung durch kosmische Strahlung 0,1 µSv/h entsprechend 67 µSv in vier Wochen. Zählt man die Belastung durch terrestrische Strahlung noch hinzu (etwa 40 µSv in vier Wochen) so kommt man auf eine Gesamtdosis, die der Belastung durch eine Röntgen-Thorax-Aufnahme entspricht. Es muss allerdings erwähnt werden, dass Röntgenröhren älterer Bauart zu höheren Dosen führen und dass die Zeitspanne der Bestrahlung bei Röntgenaufnahmen sehr viel kleiner, die Dosisleistung also sehr viel größer ist.

---

[3] Normaler Boden enthält hauptsächlich die Radioisotope ^{40}K, ^{226}Ra und ^{232}Th, wobei ^{40}K meist dominiert. Gemittelt über diese drei Isotope ergibt sich etwa die verwendete γ-Dosisleistungskonstante.

$$D(\text{Castor}) = 30\,\mu\text{Sv/h} \times 10\,\text{h} = 0{,}3\,\text{mSv} \ , \qquad \textbf{Übung 3}$$
$$\overline{D}(\text{Schwarzwald}) \approx 5\,\text{mSv/a} \ .$$

Damit beträgt die Castor-Dosis bei einem einmaligen Transport etwa 6% der jährlichen Strahlendosis im Schwarzwald und 1,5% der zulässigen Jahresdosis für Personen, die im Kontrollbereich arbeiten und der Kategorie A angehören.

17.11 Lösungen zu Kapitel 12

Die effektive Halbwertszeit für ^{137}Cs im Menschen ist   **Übung 1**

$$T_{1/2}^{\text{eff}} = \frac{T_{1/2}^{\text{phys}}\, T_{1/2}^{\text{bio}}}{T_{1/2}^{\text{phys}} + T_{1/2}^{\text{bio}}} = 109{,}9\,\text{Tage} \ .$$

Den Restgehalt des ^{137}Cs nach drei Jahren kann man auf zwei Arten berechnen:

a) der Zeitraum von drei Jahren entspricht $\frac{3 \times 365}{109{,}9} = 9{,}9636$ Halbwertszeiten:

$$\text{Aktivität}(3\,\text{a}) = 4 \times 10^6 \times 2^{-9{,}9636} = 4\,006\,\text{Bq} \ ;$$

b) andererseits folgt aus dem Aktivitätsverlauf

$$\text{Aktivität}(3\,\text{a}) = 4 \times 10^6 \times e^{-3\,\text{a} \times \ln 2 / T_{1/2}^{\text{eff}}} = 4\,006\,\text{Bq} \ .$$

Wir nehmen die Form der Bauchspeicheldrüse als sphärisch an. Für   **Übung 2**
eine angenommene Dichte von $\rho = 1\,\text{g/cm}^3$ ergibt sich der Radius der Bauchspeicheldrüse aus

$$50\,\text{cm}^3 = \frac{4}{3}\,\pi\,r^3$$

zu $r = 2{,}29$ cm. Aus Bild 4.4 lässt sich die Reichweite von 45 keV-Elektronen zu $R = 5 \times 10^{-3}$ cm durch Extrapolation ablesen. Nur diejenigen Elektronen in der Kugelschale zwischen r und $r - R$ können entkommen. Ihr Bruchteil ergibt sich aus dem Volumenverhältnis

$$f = \frac{\Delta V}{V} = \frac{\frac{4}{3}\,\pi\,\left(r^3 - (r - R)^3\right)}{\frac{4}{3}\,\pi\,r^3} = 1 - \frac{1}{r^3}\,(r - R)^3 \approx \frac{3\,R}{r} \ ,$$

($R \ll r$) zu $f = 6{,}55 \times 10^{-3}$.

Von diesen Elektronen wird aber die Hälfte nach innen emittiert. Es entkommen also nur $f/2 \approx 0{,}33\%$. Die Aktivität von 3,25 µCi lässt sich umrechnen auf 120 kBq. Mit einer mittleren Betaenergie von 45 keV werden also $E = 5,4 \times 10^9$ eV pro Sekunde im Körper deponiert. Das entspricht

$$\langle E \rangle = 8,7 \times 10^{-10} \, \text{J/s} \ .$$

Davon werden 0,33% außerhalb der Bauchspeicheldrüse und 99,67% innerhalb deponiert. Damit wird die Dosisleistung in der Bauchspeicheldrüse

$$\dot{D}_1 = \frac{8,7 \times 10^{-10} \times 0,9967 \, \text{J/s}}{50 \times 10^{-3} \, \text{kg}} = 1,73 \times 10^{-8} \, \frac{\text{Sv}}{\text{s}}$$
$$= 62,4 \, \mu\text{Sv/h} \ .$$

Für das Gewebe außerhalb ist das Volumen der Kugelschale mit Radien zwischen r und $r + \frac{R}{2}$ maßgeblich (die Elektronen „starten" im Mittel bei $r - \frac{R}{2}$ mit einer Reichweite R),

$$\dot{D}_2 = \frac{8,7 \times 10^{-10} \, \text{J/s} \times f/2}{\frac{4}{3} \pi \left[\left(r + \frac{R}{2} \right)^3 - r^3 \right] \rho}$$
$$= 8,7 \times 10^{-10} \, \text{J/s} \times \frac{3R/2r}{\frac{4}{3} \pi \left[r^3 \left(1 + \frac{R}{2r} \right)^3 - r^3 \right] \rho}$$
$$= 8,7 \times 10^{-10} \, \text{J/s} \times \frac{3R/2r}{\frac{4}{3} \pi \, r^3 \, \frac{3R}{2r} \, \rho}$$
$$= \frac{8,7 \times 10^{-10} \, \text{J/s}}{\frac{4}{3} \pi \, r^3 \, \rho}$$
$$= 1,73 \times 10^{-8} \, \text{Sv/s} = 62,4 \, \mu\text{Sv/h} \ .$$

Man hätte auch ohne zu rechnen auf dieses Ergebnis aus dem Wert von $\dot{D}_1$ schließen können, da sich die Dosisleistung auf die Masseneinheit bezieht. Zwar wird nur ein geringer Bruchteil der Energie außerhalb der Bauchspeicheldrüse deponiert, aber das Volumen des betroffenen Gewebes ist auch entsprechend kleiner.

Übung 3* ^{226}Ra hat eine physikalische Halbwertszeit von 1600 Jahren. Also ist die effektive Halbwertszeit

$$T_{1/2}^{\text{eff}} = \frac{T_{1/2}^{\text{phys}} \, T_{1/2}^{\text{bio}}}{T_{1/2}^{\text{phys}} + T_{1/2}^{\text{bio}}} = 299,8 \, \text{Tage} \ ;$$

sie wird also von der biologischen Halbwertszeit dominiert.

---

* Die Lösung dieser Übung ist mathematisch anspruchsvoll.

Die alte Aktivitätseinheit 1 Curie war als Aktivität von $1\,\mathrm{g}\,^{226}\mathrm{Ra}$ definiert. Der inkorporierten Menge von $1\,\mu\mathrm{g}\,^{226}\mathrm{Ra}$ entsprechen also

$$A_0 = 3{,}7 \times 10^{10}\,\frac{\mathrm{Bq}}{\mathrm{g}} \times 1 \times 10^{-6}\,\mathrm{g} = 3{,}7 \times 10^4\,\mathrm{Bq}\ .$$

In der Radiumzerfallskette bis zum Bleiisotop $^{208}\mathrm{Pb}$ werden insgesamt etwa 33 MeV an α-Strahlung, 3 MeV an β-Strahlung und 1,5 MeV an γ-Strahlung freigesetzt. Unter Berücksichtigung der hohen relativen biologischen Wirksamkeit von α-Teilchen (Faktor 20) ergibt sich die gewichtete Energiedeposition zu etwa 665 MeV-Äquivalent pro $1\,\mathrm{Bq}\,^{226}\mathrm{Ra}$.

Die momentane Dosisleistung ist

$$\dot{H} = \frac{A\,W}{m}$$

mit A – Aktivität, W – freigesetzte Energie pro Bq und m – Körpergewicht

$$\dot{H} = A_0\,\frac{W}{m}\,\exp\left\{-\frac{\ln 2}{T_{1/2}^{\mathrm{eff}}}\,t\right\}\ .$$

Die 50-Jahre-Folgeäquivalentdosis ergibt sich daraus zu

$$\begin{aligned}
H_{50} &= \int_0^{50\,\mathrm{a}} \dot{H}(t)\,\mathrm{d}t \\
&= -\frac{A_0\,W}{m}\,\frac{T_{1/2}^{\mathrm{eff}}}{\ln 2}\,\exp\left\{-\left((\ln 2)/T_{1/2}^{\mathrm{eff}}\right)t\right\}\Big|_0^{50\,\mathrm{a}} \\
&= \frac{A_0\,W\,T_{1/2}^{\mathrm{eff}}}{m\,\ln 2}\left(1 - \exp\left\{-\frac{\ln 2}{T_{1/2}^{\mathrm{eff}}} \times 50\,\mathrm{a}\right\}\right)\ .
\end{aligned}$$

Mit $A_0 = 3{,}7 \times 10^4\,\mathrm{Bq}$ und $W = 665\,\mathrm{MeV} = 665 \times 1{,}6 \times 10^{-13}\,\mathrm{J} = 1{,}064 \times 10^{-10}\,\mathrm{J}$ sowie $T_{1/2}^{\mathrm{eff}} = 299{,}8\,\mathrm{d} \times 86\,400\,\mathrm{s/d} = 2{,}59 \times 10^7\,\mathrm{s}$ und $m = 50\,\mathrm{kg}$ wird

$$H_{50} = 2{,}94 \times \left(1 - 5 \times 10^{-19}\right)\,\mathrm{Sv} = 2{,}94\,\mathrm{Sv}\ .$$

Natürlich waren Lippen und Zunge bei diesen Tätigkeiten am stärksten belastet, so dass die Radiumstreicherinnen häufig an Lippen- und Zungenkrebs erkrankten und schließlich an den resultierenden Strahlenschäden starben. Es wird sogar berichtet, dass ihre Leichen im Dunkel des Leichenschauhauses noch leuchteten, was vermutlich nicht ganz der Wahrheit entspricht.

17.12 Lösungen zu Kapitel 13

Übung 1

Eine solche Abschätzung ist mit großen Unsicherheiten verbunden.[4] Das liegt auch darin begründet, dass die Höhe der Strahlungsexpositionen nicht gemessen wurde, nicht einmal bei den Aufräumarbeitern („Liquidatoren") – wegen des erstaunlichen Fehlens geeigneter Strahlungsdetektoren. Die erhaltenen Strahlungsdosen wurden vielmehr nachträglich anhand der Symptome der Strahlenkrankheit und durch Bestimmungen der Chromosomenaberrationen in Blutproben der Betroffenen abgeschätzt. Insbesondere ist auch zu beachten, dass die Strahlenempfindlichkeit von Kindern viel höher ist als die von Erwachsenen. Das hat seinen Grund darin, dass in der Wachstumsphase durch die erhöhte Zellteilungsrate Strahlenschäden im Körper von Heranwachsenden vervielfältigt werden.

Weiter ist zu beachten, dass sich die Tschernobyl-Wolke über die gesamte nördliche Erdhalbkugel ausgebreitet hat. Für die Abschätzung teilen wir die nördliche Hemisphäre in fünf Bereiche ein. Für die erhöhte Strahlenempfindlichkeit von Kindern veranschlagen wir einen Faktor fünf.

Tabelle 17.1
Exemplarische Abschätzung möglicher Leukämie-Raten unter Zugrundelegung der angegebenen Dosen und neuen Risikofaktoren nach Tabelle 12.1[5]

Bereich	Zahl der Bewohner	mittlere geschätzte Dosis	erwartete Leukämiefälle
Tschernobyl; Aufräumarbeiter	700 000	0,1 Sv	350
Weißrussland und Ukraine;			
Kinder	600 000	20 mSv	300
Erwachsene	2,4 Mio.	20 mSv	240
Restrussland;			
Kinder	60 Mio.	5 mSv	7500
Erwachsene	240 Mio.	5 mSv	6000
Westeuropa;			
Kinder	100 Mio.	1 mSv	2500
Erwachsene	400 Mio.	1 mSv	2000
USA, Japan, China, …			
Kinder	680 Mio.	0,1 mSv	1700
Erwachsene	2 700 Mio.	0,1 mSv	1350

---

[4] Für Hinweise zu den tatsächlich beobachteten Leukämie- und Schilddrüsenkrebsfällen in Russland und der Ukraine bin ich Herrn Dipl. Phys. Helmut Kowalewsky, Berlin, dankbar.

[5] Unter Verwendung von Informationen aus dem Bericht von L. A. Iljin: Atomnaja Energija, Band 92, Heft 2, 2002

Aufgrund dieser sehr groben, pauschalen Schätzung würden sich weltweit insgesamt ca. 12 000 Leukämiefälle bei Kindern und fast ebenso viele Erkrankungen bei Erwachsenen ergeben. Tatsächlich wird zum gegenwärtigen Zeitpunkt kein signifikanter Anstieg der Leukämieraten festgestellt. Dagegen stieg die Schilddrüsenkrebsrate im vom Unfall betroffenen Gebiet bei Kindern im Zeitraum 1986 bis 1994 deutlich an.

Die in der Tabelle angegebenen relativ hohen Werte, zusammen mit dem tatsächlich geringen Anstieg der beobachteten Leukämie-Fälle (zum Zeitpunkt 2008), könnte darauf hindeuten, dass entweder die angenommenen Dosen oder Risikofaktoren zu hoch abgeschätzt wurden.

Die Dosiskonstanten für die β- und γ-Strahlung von ^{60}Co sind **Übung 2**

$$\Gamma_\beta = 2{,}62 \times 10^{-11} \times \frac{\text{Sv} \, \text{m}^2}{\text{Bq} \, \text{h}} \, ,$$

$$\Gamma_\gamma = 3{,}41 \times 10^{-13} \times \frac{\text{Sv} \, \text{m}^2}{\text{Bq} \, \text{h}} \, .$$

Für die Bestrahlung der Hände dominiert die β-Dosis. Nehmen wir einen mittleren Abstand von 10 cm und eine tatsächliche Handhabungszeit der Quelle mit den Händen von 60 Sekunden an, so führt dies auf eine Teilkörperdosis von

$$H_\beta = \Gamma_\beta \, \frac{A}{r^2} \, \Delta t = 2{,}62 \times 10^{-11} \times \frac{3{,}7 \times 10^{11}}{0{,}1^2} \times \frac{1}{60} \, \text{Sv}$$

$$= 16{,}1 \, \text{Sv} \, .$$

Die Ganzkörperdosis hingegen wird im Wesentlichen von der γ-Strahlung des ^{60}Co bestimmt. Für einen mittleren Abstand von 0,5 m und eine Bestrahlungsdauer von 5 Minuten errechnet sich die Ganzkörperdosis zu

$$H_\gamma = \Gamma_\gamma \, \frac{A}{r^2} \, \Delta t = 42 \, \text{mSv} \, .$$

Tatsächlich ist ein ähnlicher Vorfall 1981 in Saintes, Frankreich, einem Team von erfahrenen Technikern passiert. Sie hätten die starke Quelle niemals mit den Händen aufheben und handhaben dürfen! Wegen der starken Strahlenschäden an den Händen mussten zwei Technikern jeweils beide Hände amputiert werden. Bei einem dritten wurde die Amputation von drei Fingern notwendig.

17.13 Lösungen zu Kapitel 14

Übung 1

Einem mittleren Energieverlust von $1,37\,\mathrm{MeV}/(\mathrm{mg/cm}^2)$ entspricht eine Reichweite von

$$\lambda = \frac{5\,\mathrm{MeV}}{1,37\,\mathrm{MeV}/(\mathrm{mg/cm}^2)} = 3,65\,\mathrm{mg/cm}^2 \ .$$

Nur diese Wegstrecke ist für die Neutronenproduktion relevant. Die Neutronenproduktionsrate ergibt sich dann zu

$$\phi[\lambda^{-1}] = \frac{N_{\mathrm{A}}[\mathrm{mol}^{-1}]}{A}\,\sigma\,\lambda$$

$$= \frac{6,022 \times 10^{23}}{9} \times 3 \times 10^{-25} \times 3,65 \times 10^{-3} = 7,3 \times 10^{-5} \ .$$

Nach dieser Rechnung werden also 73 Neutronen pro eine Million α-Teilchen gebildet.

Übung 2

Das Raumwinkelflächenprodukt der Koinzidenzanordnung kann genähert werden durch

$$\Omega A = \frac{F_1\,F_2}{d^2} = \frac{100 \times 100\,\mathrm{cm}^4}{(50\,\mathrm{cm})^2} = 4\,\mathrm{cm}^2\,\mathrm{sr} \ .$$

Der Fluss kosmischer Myonen ist

$$\phi = 1,3 \times 10^{-2}\,\mathrm{cm}^{-2}\,\mathrm{s}^{-1}\,\mathrm{sr}^{-1} \ ,$$

also $\phi\,\Omega A = 0,052\,\mathrm{s}^{-1}$ entsprechend $4493/\mathrm{d}$. Mit einer Signalbreite von $100\,\mu\mathrm{s}$ folgt daraus für die gesamte Totzeit

$$\tau = 4493 \times 10^{-4}\,\mathrm{s} \approx 0,45\,\mathrm{s}$$

entsprechend einem vernachlässigbar kleinen Bruchteil von $5,2 \times 10^{-6}$ der gesamten Messzeit.

Übung 3

Gewebe besteht überwiegend aus Wasser. Mit 1 mol Wasser (18 g H_2O) erhält man damit $N = N_{\mathrm{A}} \times 2\,\mathrm{g}/(18\,\mathrm{g/mol}) = 6,69 \cdot 10^{22}$ „quasifreie" Protonen pro Gramm (N_{A}: Avogadrozahl). Die mittlere freie Weglänge von 5 MeV-Neutronen in Gewebe ist $\lambda = \frac{1}{N\sigma} \approx 15\,\mathrm{cm}$; d. h. ein solches Neutron wechselwirkt im Mittel nur einmal im Körper. Je nach Streuwinkel wird bei (n, p)-Reaktionen eine Energie zwischen 0 und 5 MeV übertragen, im Mittel also die halbe Neutronenenergie. Diese Energie wird in einem Volumenelement von $15\,\mathrm{cm} \times 1\,\mathrm{cm}$ deponiert. Damit wird die Energiedosis

$$D(\mathrm{J/kg}) = \frac{N\,\sigma\,\Delta E\,d\,\rho}{m} \ .$$

Da die „Targetdicke" $d = 15\,\text{cm}$ ist, die Dichte des Gewebes $\rho = 1\,\text{g/cm}^3$ beträgt und das pro cm^2 bestrahlte Gewebe eine Masse von $15\,\text{g}$ hat, folgt für die Dosis pro Neutron

$$D(\text{Gy}) = \frac{1}{15 \times 10^{-3}\,\text{kg}} \times 6{,}69 \times 10^{22}\,\frac{1}{\text{g}} \times 10^{-24}\,\text{cm}^2$$

$$\times 2{,}5\,\text{MeV} \times 1{,}602 \times 10^{-13}\,\frac{\text{J}}{\text{MeV}} \times 15\,\frac{\text{g}}{\text{cm}^2}$$

$$= 2{,}68 \times 10^{-11}\,\text{Gy}\ .$$

Bei einem Neutronenfluss von $10^6/\text{cm}^2$ und einem Strahlungswichtungsfaktor von 5 für 5 MeV-Neutronen erhält man

$$H(\text{Sv}) = D(\text{Gy}) \times 10^6 \times 5\,\frac{\text{Sv}}{\text{Gy}} = 134\,\mu\text{Sv}\ .$$

17.14 Lösungen zu Kapitel 15

Nach der Maxwellschen Theorie hängen Stromdichte j, Magnetfeld **Übung 1**
H und elektrisches Feld in einem schlecht leitenden Medium gemäß

$$\text{rot}\,\boldsymbol{H} = \boldsymbol{j} + \boldsymbol{j}_\text{V}\ , \quad \boldsymbol{j}_\text{V} = \varepsilon\,\varepsilon_0\,\frac{\partial \boldsymbol{E}}{\partial t}$$

($\varepsilon, \varepsilon_0$ – relative und absolute Dielektrizitätskonstante) zusammen. Die äußeren Ströme können aber vernachlässigt werden, womit nur die Verschiebungsstromdichte $\boldsymbol{j}_\text{V}$ relevante Beiträge liefert. In einer Periode (50 Hz, entsprechend 20 ms) ändert sich das elektrische Feld entsprechend einer Sinusfunktion ($\boldsymbol{E} = \boldsymbol{E}_0 \sin \omega t$). Von $E = 0$ bis zum ersten Maximum benötigt es dafür 5 ms.

Mit $\varepsilon_0 = 8{,}85 \cdot 10^{-12}\,\text{F/m}$ und $\varepsilon(\text{Wasser}) = 81$ als gewebeähnlichem Dielektrikum erhält man für die Stromdichte

$$j_\text{V} = 81 \times 8{,}85 \times 10^{-12}\,\frac{\text{F}}{\text{m}} \times 5 \times 10^3\,\frac{\text{V}}{\text{m}} \times \frac{1}{5 \times 10^{-3}\,\text{s}}$$

$$= 7{,}2 \times 10^{-4}\,\frac{\text{A s}}{\text{V m}} \times \frac{\text{V}}{\text{m s}} = 7{,}2 \cdot 10^{-4}\,\frac{\text{A}}{\text{m}^2}$$

$$= 7{,}2 \times 10^{-8}\,\frac{\text{A}}{\text{cm}^2} \approx 0{,}1\,\mu\text{A/cm}^2\ .$$

Das elektrische Feld einer Leitung gegenüber der als flach angenommenen Erde kann dort sehr gut durch   **Übung 2**

$$E = \frac{2}{\ln(2h/r_\text{D})}\,\frac{U}{h}$$

angenähert werden: Das elektrische Feld eines freien Drahtes variiert mit dem Drahtabstand wie $1/r$, das Potential ergibt sich aus dessen Integration von der Drahtoberfläche (Radius $r_D \ll h$, Höhe h des Drahtes über dem Erdboden) bis effektiv zur doppelten Höhe h (wegen der Spiegelladung, Spannung Null am Erdboden; die Spiegelladung verursacht auch den Faktor 2 im Zähler). Mit einem angenommenen Drahtradius von $r_D = 1\,\text{cm}$ erhält man

$$E = \frac{2}{\ln(2 \times 30\,\text{m}/1\,\text{cm})} \times \frac{220 \times 10^3\,\text{V}}{30\,\text{m}} = \frac{2}{8,7} \times 7,3\,\text{kV/m}$$
$$\approx 1,7\,\text{kV/m} \ .$$

Der in Deutschland zulässige Grenzwert liegt bei $20\,\text{kV/m}$.
    Die Magnetfeldstärke erhält man aus

$$\oint \boldsymbol{H} \cdot \mathrm{d}\boldsymbol{s} = I$$

zu

$$H = \frac{I}{2\pi r} = \frac{10^3\,\text{A}}{2\pi \times 30\,\text{m}} = 5,3\,\text{A/m}$$

entsprechend

$$B = \mu\mu_0 H = 4\pi \times 10^{-7}\,\frac{\text{N}}{\text{A}^2} \times 5,3\,\frac{\text{A}}{\text{m}} = 6,7 \times 10^{-6}\,\frac{\text{V s}}{\text{m}^2} = 6,7\,\mu\text{T} \ .$$

Übung 3

$$\oint \boldsymbol{H} \cdot \mathrm{d}\boldsymbol{s} = \int \boldsymbol{j} \cdot \mathrm{d}\boldsymbol{A} \ \Rightarrow \ H = \frac{I}{2\pi r} \ ,$$

$$P = 100\,\text{W} = U\,I \ ,$$

$$I = \frac{P}{U} = \begin{cases} 8,33\,\text{A} & \text{, Halogenlampe} \\ 0,455\,\text{A} & \text{, 220 V-Lampe} \end{cases} ,$$

$$\Rightarrow \quad H = \begin{cases} 1,33\,\text{A/m} = 1,67\,\mu\text{T} & \text{, Halogenlampe} \\ 0,072\,\text{A/m} = 90,5\,\text{nT} & \text{, 220 V-Lampe} \end{cases} .$$

17.15 Lösungen zu Kapitel 16

Übung 1

$$\Delta T = \frac{Q}{c \cdot m} = \frac{0,1 \times 10^9\,\text{W} \times 0,7 \times 200\,\text{s}}{0,116 \times 10^3\,\text{J/(kg K)} \times 50 \times 10^3\,\text{kg}} = 2414\,\text{K} \ .$$

Das bedeutet, dass das Wasser komplett verdampft und auch der Reaktorkern schmilzt (Schmelztemperatur von Uran $1132,2\,°\text{C}$).

Energiegewinn $\Delta E = 50\,\mathrm{kW} \times 5 \times 10^5\,\mathrm{a} = 7{,}884 \times 10^{17}\,\mathrm{J} =$ **Übung 2**
$4{,}92 \times 10^{36}\,\mathrm{eV}$. Pro Spaltprozess werden etwa $200\,\mathrm{MeV}$ frei. Damit folgt für die Anzahl der Spaltprozesse

$$N = 2{,}46 \times 10^{28} \ .$$

Mit der Masse eines ^{235}U-Kerns von $m = 235 \times 1{,}66 \times 10^{-27}\,\mathrm{kg} = 3{,}90 \times 10^{-25}\,\mathrm{kg}$ ergibt sich die Masse des gespaltenen ^{235}U zu

$$M = m\,N = 9597\,\mathrm{kg} \approx 9{,}6\,\text{Tonnen} \ .$$

Übung 3

$$N(^{238}\mathrm{U}) = N_0(^{238}\mathrm{U})\,\exp(-\lambda_1\,t) \ ,$$

$$N(^{235}\mathrm{U}) = N_0(^{235}\mathrm{U})\,\exp(-\lambda_2\,t) \ ;$$

$$N_0(^{235}\mathrm{U}) = N_0(^{238}\mathrm{U}), \ N(^{238}\mathrm{U}) = 0{,}9965, \ N(^{235}\mathrm{U}) = 0{,}0035 \ ;$$

$$r = \frac{N(^{238}\mathrm{U})}{N(^{235}\mathrm{U})} = \exp((\lambda_2 - \lambda_1)\,t) \ ;$$

$$t = \frac{1}{\lambda_2 - \lambda_1}\,\ln r \ ;$$

$$\lambda_2(^{235}\mathrm{U}) = 3{,}08 \times 10^{-17}\,\mathrm{s}^{-1}, \quad \lambda_1(^{238}\mathrm{U}) = 4{,}87 \times 10^{-18}\,\mathrm{s}^{-1} \ ;$$

$$t = 2{,}18 \times 10^{17}\,\mathrm{s} \approx 6{,}9 \times 10^9\,\mathrm{a} \ .$$

Damit wäre dieses Lager älter als das Sonnensystem, d. h. ein Teil des ^{235}U musste durch Spaltprozesse umgewandelt worden sein.

a) $\dot{D}(t = 30\,\mathrm{h}) = \dot{D}(t_0) \cdot (\frac{30}{6})^{-1{,}2} = 1{,}45\,\mathrm{mSv/h}$. **Übung 4**
b) $D(t = 30\,\mathrm{h}\text{--}40\,\mathrm{h}) = \int_{t_1}^{t_2} \dot{D}(t)\,\mathrm{d}t$
$= \dot{D}(t_0)\,\frac{1}{t_0^{-\alpha}}\,(t_1^{-0{,}2} - t_2^{-0{,}2}) \times 5 = 12{,}16\,\mathrm{mSv}$.

Formelsammlung

Aktivität	1 Becquerel (Bq) = 1 Zerfall pro Sekunde 1 Curie (Ci) = $3{,}7 \times 10^{10}$ Bq 1 Bq = 27×10^{-12} Ci = 27 pCi
Energiedosis	(oder einfach **Dosis**) D (Gy), 1 Gy = 1 J/kg
Äquivalentdosis	H (Sv), $H = w_R\, D$ w_R – Strahlungs-Wichtungsfaktor (s. Tabelle 2.1)
Ionendosis	$I = 1\,\mathrm{C/kg}$ 1 Röntgen (R) = $2{,}58 \times 10^{-4}\,\mathrm{C/kg} \cong 8{,}8\,\mathrm{mGy}$
Dosis	$D = \Gamma\, \dfrac{A}{r^2}\, t$ (bei einer punktförmigen Quelle) Γ – Dosiskonstante in Einheiten von Sv m^2/(Bq h) A – Aktivität in Bq; t – Zeit in Stunden (h); r – Abstand in Metern (m)
Dosisleistung	$\dot{D} = \Gamma\, \dfrac{A}{r^2}$ (bei einer punktförmigen Quelle)
Zerfallsgesetz	$N = N_0\, \mathrm{e}^{-\lambda t}$ λ – Zerfallskonstante in s^{-1}; $\lambda = \ln 2/T_{1/2} = \frac{1}{\tau}$ $T_{1/2}$ – Halbwertszeit τ – Lebensdauer
effektive Halbwertszeit	$T_{1/2}^{\mathrm{eff}} = \dfrac{T_{1/2}^{\mathrm{phys}}\, T_{1/2}^{\mathrm{bio}}}{T_{1/2}^{\mathrm{phys}} + T_{1/2}^{\mathrm{bio}}}$ $T_{1/2}^{\mathrm{phys}}$ – physikalische Halbwertszeit $T_{1/2}^{\mathrm{bio}}$ – biologische Halbwertszeit
effektive Äquivalent-Ganzkörperdosis	$E = H_{\mathrm{eff}} = \displaystyle\sum_T w_T \sum_R w_R D_{T,R}$ w_T – Gewebe-Wichtungsfaktor (s. Tabelle 2.2) w_R – Strahlungs-Wichtungsfaktor (s. Tabelle 2.1) Es ist über die betroffenen Strahlungsfelder R und Gewebe T zu summieren.

$k = \frac{\Delta E}{\Delta m}$ **Kerma**

ΔE – Summe der kinetischen Anfangsenergien aller geladenen Teil-
chen, die in einem Volumenelement durch indirekt ionisierende
Strahlung freigesetzt werden
$\Delta m = \rho \, \Delta V$ – Massenelement (ρ – Dichte)

$I = I_0 \, e^{-\mu x}$ **Abschwächungsgesetz**
                                                                                  für γ-Strahlung
μ – Massenabschwächungskoeffizient

$I = I_0 \, e^{-\mu_a x}$ **Absorptionsgesetz**
                                                                                  für γ-Strahlung
μ_a – Massenabsorptionskoeffizient

$N = N_0 \, e^{-\kappa x}$ **empirisches**
$\kappa = 15/E_{\beta_{max}}^{1,5}$ ($E_{\beta_{max}}$ in MeV, κ in $(g/cm^2)^{-1}$)   **Absorptionsgesetz**
                                                                                  für β-Strahlung

$R[g/cm^2] = 0{,}526 \times E_{kin}[MeV] - 0{,}095$ **empirische Reichweite**
                                                                                  von Elektronen

$A = \dfrac{\text{gemessene Aktivität} - \text{Nullrate}}{\text{Nachweiswahrscheinlichkeit}}$ **Aktivitätsbestimmung**

$\sum\limits_i \dfrac{A_i}{A_i^{max}} \le 1$ **Freigrenzen bei mehreren**
                                                                                  verwendeten Präparaten

A_i – Aktivität des Stoffes i
A_i^{max} – Freigrenze des Stoffes i

$x_{1/2} = \dfrac{\ln 2}{\mu}$ **Halbwertsdicke**

$x_{1/10} = \dfrac{\ln 10}{\mu}$ **Zehntelwertsdicke**

$N_{wahr} = \frac{N}{1 - N\tau}$ **Totzeitkorrektur**

N – gemessene Zählrate
τ – Totzeit

$f(N, \mu) = \frac{\mu^N e^{-\mu}}{N!}$ **Poisson-Verteilung**

μ – Mittelwert, $\mu = \frac{1}{k} \sum\limits_{i=1}^{k} N_i$

$f(N, \mu) = \frac{1}{\sqrt{2\pi}\sigma} \exp\left(-\frac{(N-\mu)^2}{2\sigma^2}\right)$ **Gauß-Verteilung**

σ – Standardabweichung

18 Klausur zum Grundkurs Strahlenschutz

18.1 Klausuraufgaben

Hilfsmittel: Taschenrechner

Aufgabe 1

Wie groß ist der Dosisgrenzwert für die effektive Dosis (Ganzkörperdosis) pro Kalenderjahr für beruflich strahlenexponierte Personen (über 18 Jahre) der Kategorie A?

1. $50\,mGy$
2. $20\,mSv$
3. $5\,rem$
4. $3{,}7 \times 10^{10}\,Bq$

○ nur (1.) ist richtig
○ nur (2.) ist richtig
○ nur (1.) und (4.) sind richtig
○ nur (2.) und (3.) sind richtig
○ nur (4.) ist richtig

Aufgabe 2

Wodurch ist der Sperrbereich definiert?

1. mögliche effektive Dosis $> 50\,mSv/a$
2. mögliche Ortsdosisleistung $> 3\,mSv/h$
3. maximale Aktivität $> 3{,}7 \times 10^{13}\,Bq$
4. mögliche Ortsdosisleistung $> 3\,mGy/h$

○ nur (1.) und (2.) sind richtig
○ nur (2.) ist richtig
○ nur (1.) und (4.) sind richtig
○ nur (3.) ist richtig

Wie schirmt man am besten 5 MeV-γ-Strahlen ab? **Aufgabe 3**

1. mit Blei
2. mit Aluminium
3. mit Plastik
4. mit einem Sandwich aus Plastik und Blei (erst Plastik, dann Blei)
5. mit einem Sandwich aus Plastik und Blei (erst Blei, dann Plastik)

○ nur (1.) ist richtig
○ nur (2.) ist richtig
○ nur (3.) ist richtig
○ nur (4.) ist richtig
○ nur (5.) ist richtig
○ alle sind falsch

Die Schwächung von γ-Strahlung kann durch folgende Prozesse geschehen: **Aufgabe 4**

1. Bremsstrahlung, d. h. Abbremsung eines γ-Quants im Feld eines Atomkerns
2. Paarbildung
3. Compton-Streuung
4. Photoeffekt

○ nur (2.) ist richtig
○ nur (4.) ist richtig
○ nur (1.), (2.) und (4.) sind richtig
○ nur (2.), (3.) und (4.) sind richtig
○ nur (3.) ist richtig
○ alle sind richtig

Wodurch können geeignet sensibilisierte Filme geschwärzt werden? **Aufgabe 5**

1. Infrarotes Licht
2. Ultraschall
3. β-Strahlen

○ nur (1.) ist richtig
○ nur (1.) und (2.) sind richtig
○ nur (1.) und (3.) sind richtig
○ nur (2.) und (3.) sind richtig
○ nur (3.) ist richtig
○ alle sind richtig

Aufgabe 6*

Die Abhängigkeit der Anzahl N der noch nicht zerfallenen Kerne eines Radionuklids wird durch ein Exponentialgesetz beschrieben. Wie sieht die Kurve für die Anzahl M der insgesamt zerfallenen Kerne aus (alle Skalen sind linear geteilt)?

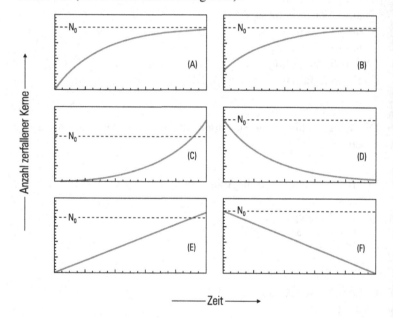

Abb. 18.1
„Möglichkeiten" der Anzahl zerfallener Kerne M als Funktion der Zeit t

○ (A) ist richtig
○ (B) ist richtig
○ (C) ist richtig
○ (D) ist richtig
○ (E) ist richtig
○ (F) ist richtig

* Diese Aufgaben wurden – zum Teil mit geringer Änderung – aus den Original-Prüfungsfragen „GK1 Physik für Mediziner", Edition Medizin, VCH Verlagsgesellschaft, Weinheim übernommen (mit freundlicher Genehmigung des Verlages Chapman & Hall GmbH).

Zwischen Zerfallskonstante λ $\left(N = N_0\, e^{-\lambda t}\right)$, mittlerer Lebensdauer τ und Halbwertszeit $T_{1/2}$ besteht folgender Zusammenhang

Aufgabe 7

1. $T_{1/2} = \tau \times \ln 2$ ◯
2. $\lambda\, T_{1/2} = 1$ ◯
3. $T_{1/2} = \ln \tau$ ◯
4. $\lambda\, \tau = T_{1/2}$ ◯
5. $\lambda\, \tau = 1$ ◯

Die Halbwertszeit des Radionuklids ^{42}K beträgt 12 Stunden. Nach welcher Zeit ist die Aktivität von ursprünglich 1 mCi auf 1 µCi abgesunken?

Aufgabe 8

1. nach 24 Stunden ◯
2. nach 48 Stunden ◯
3. nach 120 Stunden ◯
4. nach 10 Tagen ◯
5. nach 20 Tagen ◯

Die in einer Röntgenröhre mit 100 kV Anodenspannung erzeugten Photonen unterscheiden sich von denen einer Röhre mit 50 kV Anodenspannung durch die

Aufgabe 9

1. Maximalenergie
2. maximale Geschwindigkeit
3. maximale Frequenz
4. minimale Wellenlänge

◯ nur (1.) und (2.) sind richtig
◯ nur (1.) und (3.) sind richtig
◯ nur (1.), (3.) und (4.) sind richtig
◯ nur (2.), (3.) und (4.) sind richtig
◯ alle sind richtig

Welches der folgenden Diagramme (s. Bild 18.2) gibt die spektrale Verteilung der Bremsstrahlung einer Röntgenröhre am besten wieder (alle Skalen sind linear geteilt, P – spektrale Strahlungsleistung, λ – Wellenlänge)?

Aufgabe 10*

---

[1] Diese Aufgaben wurden – zum Teil mit geringer Änderung – aus den Original-Prüfungsfragen „GK1 Physik für Mediziner", Edition Medizin, VCH Verlagsgesellschaft, Weinheim übernommen (mit freundlicher Genehmigung des Verlages Chapman & Hall GmbH).

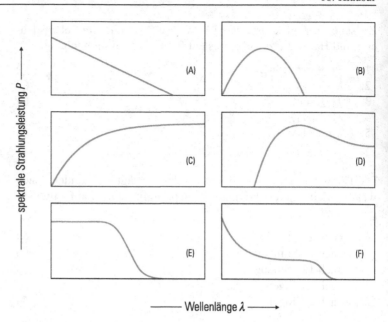

Abb. 18.2
„Möglichkeiten" für das Spektrum
einer Röntgenröhre

Aufgabe 11*

Die mit einem Zählrohr gemessene Absorption von γ-Strahlung von ^{60}Co durch Aluminium möge den auf dem halblogarithmischen Papier gezeichneten Verlauf (Bild 18.3) haben (unterste graue Gerade). Die bei der Messung ursprünglich vorhandene konstante Untergrundrate von 500 Impulsen/min wurde bereits abgezogen. Welchen Verlauf hatte die nicht korrigierte Impulsrate?

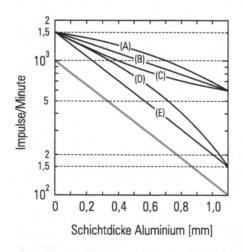

Abb. 18.3
Absorption von Röntgenstrahlen
durch Al auf halblogarithmischem
Papier

An einer Röntgenanlage (Strahlengang in Luft, Absorption in Luft vernachlässigbar) wird in 50 cm Fokusabstand eine Energiedosisleistung von 4 Gy/min gemessen. In welchem Fokusabstand würde sich unter Annahme eines punktförmigen Röntgenfokus die Energiedosisleistung 1 Gy/min ergeben?

Aufgabe 12

1. 12,5 cm   ○
2. 25 cm   ○
3. 100 cm   ○
4. 200 cm   ○
5. 2500 cm   ○

18.2 Lösung der Klausur

Aufgabe 1 Nur (2.) ist richtig.

Aufgabe 2 Nur (2.) ist richtig.

Aufgabe 3 Nur (1.) ist richtig: Blei hat den größeren Abschwächungskoeffizienten.

Aufgabe 4 Nur (2.), (3.) und (4.) sind richtig; Bremsstrahlung kann nur durch geladene Teilchen entstehen.

Aufgabe 5 Nur (1.) und (3.) sind richtig.

Aufgabe 6 Nur (A) ist richtig; für die Anzahl der noch vorhandenen Kerne gilt

$$N = N_0\,\mathrm{e}^{-\lambda t}\ ,$$

die Anzahl der zerfallenen Kerne erhält man aus

$$M = N_0 - N = N_0\left(1 - \mathrm{e}^{-\lambda t}\right)\ .$$

Aufgabe 7 Nur (1.) und (5.) sind richtig.

Aufgabe 8 Nur (3.) ist richtig.

Aufgabe 9 Nur (1.), (3.) und (4.) sind richtig.

Aufgabe 10 Nur (D) ist richtig, die Grenzwellenlänge (minimale Wellenlänge) ergibt sich aus

$$e\,U = h\,\nu = \frac{h\,c}{\lambda}\quad\text{zu}\quad \lambda = \frac{h\,c}{e\,U}$$

(h – Planck'sches Wirkungsquantum, U – Beschleunigungsspannung, ν – Frequenz, λ – Wellenlänge).

Aufgabe 11 Nur (C) ist richtig.

Aufgabe 12 Nur (3.) ist richtig.

19 Glossar Strahlenschutz

„Eine gute Bezeichnung hat eine Feinheit und Suggestivität, die sie gelegentlich fast wie einen lebendigen Lehrer erscheinen lässt."

B. Russell 1872–1970

Infolge des Reaktorbetriebes bewirkte Umwandlung von Kernbrennstoffen.

Abbrand

In kerntechnischen Anlagen, in Wissenschaft und Technik und hauptsächlich in der Medizin können feste, flüssige und gasförmige radioaktive Abfälle auftreten. Sie werden in schwach-, mittel- und hochaktive Abfälle eingeteilt.

Abfälle, radioaktive

Kurzlebige Radionuklide werden so lange in Behältern gelagert, bis die darin enthaltenen Radionuklide hinreichend abgeklungen sind und sie damit einfacher entsorgt werden können.

Abklingmethode

Abgabe radioaktiver Stoffe über die Luft oder über Abwasser.

Ableitung

Die Steigung einer mathematischen Funktion $f(x)$ kann durch den Differenzenquotienten $\Delta f / \Delta x$ dargestellt werden. Für nicht-lineare und insbesondere schnell veränderliche Funktionen müssen die Intervalle Δf und Δx infinitesimal klein gemacht werden. Die so definierte Steigung df/dx heißt Ableitung der Funktion $f(x)$ nach x.

Ableitung (Differentiation)

Die Photonenintensität wird in Materie exponentiell geschwächt, $I = I_0 e^{-\mu x}$, wenn I_0 die Anfangsintensität und I die Intensität der Photonen mit der ursprünglichen Energie nach der Schichtdicke x ist. μ heißt Massenabschwächungskoeffizient und berücksichtigt den Photoeffekt, den Compton-Effekt und die Paarerzeugung.

Abschwächungskoeffizient für Photonen

Material zur Abschirmung ionisierender Strahlen. Röntgen- und Gammastrahlung werden am besten durch Materialien mit hoher Ordnungszahl (z. B. Blei, Wolfram) abgeschirmt. Neutronen können durch Absorber aus leichten, wasserstoffhaltigen Substanzen wie Paraffin oder Wasser gestoppt oder in Bor oder Cadmium eingefangen werden. Alphastrahlen werden bereits durch dünne Folien absorbiert. Gegen Betastrahlen schützt man sich durch leichte Materialien (1 cm Aluminium oder 2 cm Kunststoff), um Bremsstrahlungserzeugung zu vermeiden.

Absorber

Die Photonenintensität wird in Materie exponentiell absorbiert, $I = I_0 e^{-\mu_a x}$, wenn I_0 die Anfangsintensität und I die Intensität der Photonen nach der Schichtdicke x ist. μ_a heißt Massenabsorptionskoeffizient und berücksichtigt die Prozesse Photoeffekt, Compton-Absorption und Paarerzeugung.

Absorptionskoeffizient für Photonen

Abstandsgesetz	Besagt, dass die Strahlendosis pro Flächeneinheit mit dem Quadrat der Entfernung zur Strahlenquelle abnimmt.
Äquivalentdosis (H)	Absorbierte Energie von 1 Joule pro Kilogramm gewichtet mit dem Strahlungs-Wichtungsfaktor. Die Einheit der Äquivalentdosis ist 1 Sievert (1 Sv); 1 Sv = 100 rem.
Äquivalentdosis, effektive (H_{eff} oder E)	Eine über verschiedene Körperteile gewichtete Dosis, die die Strahlenempfindlichkeit der bestrahlten Organe berücksichtigt. $H_{\text{eff}} = \sum_T w_T H_T$, wobei H_T die einzelnen Organdosen und w_T die Gewebe-Wichtungsfaktoren darstellen.
Aerosolfilter	Zurückhaltung von radioaktiven Schwebeteilchen in der Abluft von Kernkraftwerken durch spezielle Filter.
Ärztliche Überwachung	Eine ärztliche Überwachung ist erforderlich, wenn beruflich strahlenexponierte Personen der Kategorie A in einem Kontrollbereich tätig werden oder beruflich strahlenexponierte Personen der Kategorie B mit offenen radioaktiven Stoffen umgehen.
Äußere Strahlenbelastung	Strahlenbelastung durch die natürliche Umweltradioaktivität (kosmische Strahlung, terrestrische Strahlung) oder die äußere Bestrahlung durch radioaktive Stoffe aus der Technisierung der Umwelt (Kernkraftwerke, Nuklearmedizin, . . .).
Aktivierung	Vorgang, durch den ein Material durch Beschuss mit Neutronen oder Protonen radioaktiv wird. Gamma- und Betastrahlen haben äußerst geringe Aktivierungsquerschnitte.
Aktivierungsanalyse	Methode, die es gestattet, geringste Spuren bestimmter Elemente anhand der nach ihrer Aktivierung ausgesandten Gammastrahlung zu identifizieren. Die Aktivierung erfolgt meist durch Neutronen (Neutronenaktivierungsanalyse).
Aktivität	Anzahl der Kernumwandlungen pro Sekunde. Die Einheit der Aktivität ist das Becquerel. 1 Bq = 1 Zerfall/s. Die alte Einheit der Aktivität war das Curie; 1 Curie entspricht der Aktivität von 1 g Radium. 1 Ci = $3{,}7 \times 10^{10}$ Bq, 1 Bq = 27 pCi.
Aktivität, spezifische	Aktivität pro Masseneinheit
Aktivitätskonzentration	Aktivität pro Volumeneinheit
ALARA-Prinzip	Beim Betrieb strahlenerzeugender Anlagen und beim Umgang mit radioaktiven Stoffen muss die Strahlenexposition des Menschen „as low as reasonably achievable" gehalten werden. In der Strahlenschutzverordnung von 2001 wird sogar ein Minimierungsgebot ausgesprochen. Danach soll die Strahlenbelastung so gering wie möglich gehalten werden. Man muss allerdings beachten, dass es nicht sehr sinnvoll sein kann, die Strahlenbelastung weit unter das Niveau der natürlichen Strahlenbelastung zu drücken.

Der Albedofaktor für Neutronen- oder Gammastrahlung gibt das Verhältnis **Albedofaktor**
der Teilchenströme der von einem Reflektor zurückgestreuten Teilchen und
den in den Reflektor eintretenden Teilchen an. Die Albedofaktoren hängen
von der Strahlart (n oder γ), der Energie und vom Reflektormaterial ab.
Typische Neutronenalbedos liegen bei 80% während γ-Albedos viel kleiner
sind ($\approx 1\%$).

Emission eines Heliumkernes aus einem schweren Kern. Die Kernmasse **Alpha-Zerfall**
ändert sich dabei um 4 Einheiten, die Kernladungszahl um 2 Einheiten, z. B.
$^{238}_{92}\text{U} \rightarrow {}^{234}_{90}\text{Th} + \alpha$.

Atom- oder Kernzustand mit einer höheren Energie als der Grundzustand. **Angeregter Zustand**
Die Überschussenergie wird nach einer für das Nuklid charakteristischen
Zeit (Kernlebensdauer) in Form von Gammastrahlung abgegeben, z. B.
$^{60}_{28}\text{Ni}^{**} \rightarrow {}^{60}_{28}\text{Ni}^* + \gamma \rightarrow {}^{60}_{28}\text{Ni} + \gamma + \gamma$. Der Stern bezeichnet einen ange-
regten Kernzustand. Ni** ist doppelt angeregt.

Röntgenuntersuchung des Herzens und der Herzkranzgefäße mit einem **Angiographie**
Kontrastmittel (meist Jod).

Ein Prozess, in dem ein Elektron (e^-) und ein Positron (e^+) in zwei (oder **Annihilation**
drei) Photonen zerstrahlt ($e^+e^- \rightarrow \gamma\gamma$). Die Annihilationsstrahlung wird
in der Positronen-Emissions-Tomographie (PET) zu Diagnosezwecken aus-
genutzt.

Verfahren, die natürliche Isotopenzusammensetzung eines Stoffes so zu ver- **Anreicherung**
ändern, dass der Anteil leicht spaltbarer Isotope vergrößert wird.

Wahrscheinlichkeit, dass ionisierende Strahlung in einem Teilchendetektor **Ansprechwahrscheinlichkeit**
registriert wird. Geladene Teilchen werden mit 100% Wahrscheinlichkeit
in fast allen Nachweisgeräten „gesehen". Gammaquanten werden in einem
Geiger–Müller-Zählrohr mit etwa 1% und Neutronen in bestimmten Szintillatoren mit etwa 10% Wahrscheinlichkeit registriert.

Zu jedem geladenen Teilchen (z. B. e^-) gibt es ein Teilchen entgegenge- **Antimaterie**
setzter Ladung (e^+) mit sonst gleichen Eigenschaften.

Außergewöhnliche Strahlenexpositionen und Grenzwertüberschreitungen **Anzeigepflicht**
sind der zuständigen Behörde anzuzeigen. Der Besitz von und der Umgang
mit radioaktiven Stoffen und Aktivitäten oberhalb der Freigrenze muss genehmigt werden.

Speicherung von tritiumhaltigem Wasser in geologischen Formationen, die **Aquifer-Speicher**
nicht mit dem Grundwasser in Verbindung stehen.

Das kleinste Teilchen eines Elementes. Es besteht aus einem Atomkern und **Atom**
einer Zahl von Elektronen in der Atomhülle, die der Zahl der Protonen
im Kern entspricht. Typische Atomgrößen liegen im Bereich von 10^{-10} m.
Atome sind elektrisch neutral.

Atombombe
Kernspaltbombe, in der spaltbares Material (z. B. ^{235}U oder ^{239}Pu) plötzlich zu einer überkritischen Masse vereinigt wird und eine explosionsartige Kettenreaktion in Gang kommt.

Atomgesetz
Das Atomgesetz regelt die friedliche Verwendung der Kernenergie und den Schutz gegen ihre Gefahren. In der Neufassung des Atomgesetzes von 2001 – nach dem Ausstieg aus der Kernenergie – beschränkt sich die Regelung hauptsächlich auf die Beförderung und den Umgang mit Kernbrennstoffen.

Atomkern
Der positiv geladene Kern eines Atoms. Der Kern besteht aus Z Protonen und N Neutronen. Die Massenzahl des Kernes ist $A = Z + N$. Der Atomkern wird durch die starke Wechselwirkung zusammengehalten, die stärker als die abstoßende elektromagnetische Kraft zwischen den positiv geladenen Protonen ist. Typische Atomkerndurchmesser liegen im Bereich von einigen 10^{-15} m.

Auger-Effekt
In der Folge der Photoionisation eines Atoms kann die Anregung der Hülle durch Emission von Röntgenfluoreszenzphotonen in einen energetisch günstigeren Zustand übergehen, aber die Anregungsenergie eines Elektrons kann auch direkt auf ein weiter außen liegendes Hüllenelektron übertragen werden, welches dadurch den Atomverband verlassen kann. Dieses freigesetzte Elektron nennt man Auger-Elektron.

Becquerel
Einheit der Aktivität; ein Becquerel ist diejenige Aktivität eines radioaktiven Strahlers, bei dem ein Zerfall pro Sekunde stattfindet. 1 Bq = 27 pCi, 1 Ci = 3,7 × 10^{10} Bq.

Beruflich strahlenexponierte Person
Für beruflich strahlenexponierte Personen und Personen im Überwachungsbereich werden Jahreshöchstdosen in der Strahlenschutzverordnung festgelegt; z. B. beträgt die maximale Ganzkörperdosis für Personen der Kategorie A im Kontrollbereich 20 mSv pro Jahr.

Beschleuniger
Eine Maschine, die man verwendet, um Teilchen auf hohe Geschwindigkeiten oder hohe kinetische Energien zu beschleunigen (z. B. LINAC). Elektronen-Linearbeschleuniger und Ionenbeschleuniger werden in der Tumorbehandlung eingesetzt.

Bestrahlungseinrichtungen
Geräte, die eingebaute radioaktive Quellen abschirmen und für eine bestimmte einstellbare Zeit die Strahlung freigeben. Die Aktivität der Quellen kann den Wert von 2 × 10^{13} Bq überschreiten. Zu den Bestrahlungseinrichtungen gehören ebenfalls Beschleuniger (Elektronen- und Ionenbeschleuniger) sowie Röntgeneinrichtungen.

Betastrahlung (β^+, β^-)
Elektronenemission aus dem Atomkern, bei der sich ein Neutron in ein Proton verwandelt ($n \rightarrow p + e^- + \bar{\nu}_e$). In diesem Dreikörperzerfall teilt sich sie Zerfallsenergie auf das Proton (p), Elektron (e^-) und das Elektron-Antineutrino ($\bar{\nu}_e$) auf. Daher ist das Energiespektrum der Elektronen kontinuierlich bis zu einer maximalen Energie, die normalerweise nuklidspezifisch angegeben wird. Die wahrscheinlichste Energie ist etwa ein Drittel der Maximalenergie. Zur Betastrahlung zählt auch die Positronenemission ($p \rightarrow n + e^+ + \nu_e$).

Das Betatron ist ein Gerät zur Beschleunigung von Elektronen auf kreisför- **Betatron**
miger Bahn mit veränderlichem Magnetfeld.

Umwandlung eines Atomkerns in einen anderen mit einer um ± 1 verän- **Betazerfall**
derten Kernladung. Hierzu zählen der β^--Zerfall, der β^+-Zerfall und der
Elektroneneinfang ($p + e^- \rightarrow n + \nu_e$).

Beschreibt den Energieverlust geladener Teilchen durch Ionisation und An- **Bethe–Bloch-Formel**
regung beim Durchgang durch Materie.

Diese Formel beschreibt die Kernbindungsenergie im Rahmen des Tröpf- **Bethe–Weizsäcker-Formel**
chenmodells. Die Bindungsenergie beträgt etwa 7–8 MeV pro Nukleon.

Die Energiedosis (in Gray gemessen) wird hinsichtlich ihrer Strahlenwir- **Bewertungsfaktoren**
kung durch Faktoren bewertet, die auf das Strahlungsfeld (α, β, γ, n-Strah-
len; Strahlungs-Wichtungsfaktor w_R) und das bestrahlte Gewebe bzw. Organ (Gewebe-Wichtungsfaktor w_T) Rücksicht nehmen. Die so bewertete
Dosis wird in Sievert gemessen. Die biologische Wirkung einer Strahlendosis hängt weiter von der Energiedosisleistung und einer möglichen Fraktionierung der Strahlendosis ab.

Siehe Kernbindungsenergie. **Bindungsenergie**

Zeitliches Verhalten eines radioaktiven Stoffes im Organismus. **Biokinetik**

Durch Neutronenbestrahlung kann das im menschlichen Blut enthaltene **Blutaktivierung**
^{23}Na in radioaktives ^{24}Na umgewandelt werden. Die ^{24}Na-Aktivität des
Blutes lässt eine Dosisbestimmung zu, für den Fall, dass die bestrahlte Per-
son kein Dosimeter getragen hat (Havariedosimetrie).

Ganzkörperzähler bestehend aus einem oder mehreren Szintillatoren zur **Bodycounter**
Bestimmung der gesamten von einem menschlichen Körper emittierten
Gammastrahlung. Ganzkörperzähler müssen gegen die Umgebungsstrahlung abgeschirmt werden. Als Abschirmmaterial eignet sich etwa Stahl, der
noch vor den ersten Kernwaffentests in der Atmosphäre gewonnen wurde
(vor 1945). Alle später erzeugten Stähle sind mehr oder weniger kontaminiert und damit für gute Abschirmmaßnahmen ungeeignet.

Emission elektromagnetischer Strahlung durch Ablenkung eines geladenen **Bremsstrahlung**
Teilchens (meist eines Elektrons) im Coulomb-Feld eines Atomkerns. Der
Energieverlust durch Bremsstrahlung ist proportional zu Z^2 und wächst li-
near mit der Teilchenenergie.

Das lineare Bremsvermögen eines Materials für ein geladenes Teilchen ist **Bremsvermögen**
durch das Verhältnis aus der Energiedeposition pro durchlaufene Wegstrecke gegeben. Die Energiedeposition kann durch Ionisation und Anregung
und/oder durch Bremsstrahlung erfolgen.

Brennelemente	Wesentliche Bestandteile eines Kernreaktors, meist aus Uran 235. Sie bilden den sogenannten Reaktorkern.
Brüter	Reaktoren, in denen neben der Erzeugung elektrischer Energie auch Transurane durch sukzessive Neutronenanlagerung entstehen. Ein für Militärs interessantes Brutelement ist etwa das waffentaugliche Plutonium.
^{14}C-Methode	Datierungsverfahren archäologischer Funde durch Messung der ^{14}C-Aktivität. In lebenden Objekten ist das Isotopenverhältnis ^{14}C/^{12}C durch die Kohlenstoffaufnahme (von Pflanzen und durch pflanzliche Ernährung bei Tieren) konstant. Der Kohlenstoff in lebender Biomasse hat eine spezifische Aktivität von etwa 50 Bq pro kg. Mit dem Absterben des Lebewesens wird sich dieses Verhältnis durch radioaktiven Zerfall des ^{14}C verschieben. Siehe auch Datierungsmethode.
Cäsium 137	Bekanntes Radioisotop, das bei Kernspaltprozessen entsteht. ^{137}Cs ist ein Beta- und Gammastrahler mit einer Halbwertszeit von 30 Jahren.
Chelatbildner	Chemische Stoffe, die eine Ausscheidungsintensivierung bewirken. Chelatbildner werden nach unfallbedingten Inkorporationen eingesetzt, z. B. Ethylendiamintetraacetat (EDTA).
Chemische Dosimetrie	Strahleninduzierte Reaktionen in Flüssigkeiten, Festkörpern oder Gasen mit bekannter Ausbeute bilden die Basis für chemische Dosimetrie.
Cherenkov-Effekt	Cherenkov-Strahlung tritt auf, wenn die Geschwindigkeit eines geladenen Teilchens in einem Medium mit Brechungsindex n größer als die Lichtgeschwindigkeit c/n in dem Medium ist. Die Cherenkov-Strahlung von Elektronen ist verantwortlich für die Blaufärbung des Wassers in einem wassermoderierten und wassergekühlten Reaktor („Swimming-Pool-Reaktor").
Cherenkov-Zähler	Teilchendetektor, der den Cherenkov-Effekt ausnutzt.
Chromosom	Bestandteil des Zellkerns. Chromosomen bilden spiralig gewundene Strukturen, die aus zwei aneinander gereihten Eiweißkörpern bestehen. Chromosomen enthalten die Erbfaktoren (Gene).
Cobalt 60	Die beiden Gammaquanten (1,17 MeV, 1,33 MeV), die in der Folge des Zerfalls von ^{60}Co in ^{60}Ni entstehen, werden in der Strahlentherapie zur Tumorbehandlung eingesetzt.
Compton-Effekt	Streuung von energiereichen Photonen an freien Elektronen. Die Streuung an Atomelektronen kann als reiner Compton-Effekt angesehen werden, wenn die Bindungsenergie gegenüber der Energie des einfallenden Photons klein ist.
Compton-Kante	Die Compton-Kante im Gammaspektrum kommt durch die maximal mögliche Energieübertragung eines Photons auf ein freies Elektron zustande.

Röntgenologisches Verfahren zur Herstellung von Querschnittsbildern des Körpers.

Computertomographie

Technische Barriere durch einen Sicherheitsbehälter gegen das Austreten radioaktiver Stoffe aus Kernreaktoren, z. B. bei Unfällen oder Störfällen.

Containment

Ein Curie ist die Menge eines radioaktiven Strahlers, in der $3,7 \times 10^{10}$ Zerfälle pro Sekunde stattfinden. Ein Curie des Isotops Radium 226 entspricht genau einem Gramm Radium.

Curie (Ci)

Lebende biologische Organismen weisen ein bestimmtes Verhältnis von ^{14}C zu ^{12}C auf. Stirbt der Organismus, so hört die Aufnahme von ^{14}C aus der Biosphäre auf und der Radiokohlenstoff beginnt mit einer Halbwertszeit von 5730 Jahren zu zerfallen. Prüft man die Beta-Aktivität abgestorbener biologischer Organismen und vergleicht sie mit der von frischem Material, so lässt sich ihr Alter feststellen (s. ^{14}C-Methode). Für geologische und kosmologische Datierungen eignen sich besonders die primordialen Radioisotope ^{40}K, ^{232}Th und ^{238}U mit ihren großen Halbwertszeiten von über einer Milliarde Jahren.

Datierungsmethode

Beim Umgang mit radioaktiven Stoffen muss Vorsorge (z. B. in Form einer Haftpflichtversicherung) zur Deckung unfallbedingter Schäden gegenüber Dritten getroffen werden.

Deckungsvorsorge

Beseitigung oder Verminderung einer Kontamination.

Dekontamination

Entfernung radioaktiver Stoffe aus dem Körper durch Ausscheidungsintensivierung oder Erbrechen.

Dekorporierung

Prozess der Neutronenbildung durch Verschmelzung von Protonen und Elektronen bei hohen Dichten und Drücken in Neutronensternen.

Deleptonisation

Bei der Wechselwirkung geladener Teilchen mit Materie werden unter anderem Elektronen aus dem Atomverband losgerissen, also durch Stoßionisation erzeugt. Wird auf diese Elektronen ein nennenswerter Energiebetrag übertragen (im $\geq$ keV-Bereich), so heißen diese Elektronen Deltaelektronen oder auch knock-on Elektronen.

Deltastrahlen

Isotop des Wasserstoffs. Der Deuterium-Kern enthält neben dem Proton noch ein Neutron („schwerer Wasserstoff").

Deuterium

Geplanter Hauptfusionsmechanismus der Energieerzeugung in Fusionsreaktoren; die Fusion führt zum Helium.

Deuterium–Tritium-Fusion

Kern des Deuterium-Atoms.

Deuteron

Siehe Ableitung.

Differentiation

Diffusionsnebelkammer	Siehe Nebelkammer.
Dosimeter	Gerät zur Messung der empfangenen Dosis.
Dosis (D)	Die Energiedosis ist die pro Masse übertragene Energie. Die Einheit der Dosis ist $1\,\mathrm{J/kg} = 1\,\mathrm{Gray} = 100\,\mathrm{rad}$.
Dosis–Effekt-Kurve	Für Zwecke der gesetzlichen Regelungen im Strahlenschutz nimmt man an, dass ein linearer Zusammenhang zwischen empfangener Dosis und biologischer Wirkung besteht.
Dosiskonstante	Die Äquivalentdosisleistung $\dot{H}$, die man von einem punktförmigen Strahler erhält, hängt von der Aktivität A und dem Abstand r wie $\dot{H} = \Gamma\,A/r^2$ ab. Der Wert der Dosiskonstanten Γ ist nuklidspezifisch und ist auch unterschiedlich für Beta- und Gammastrahler.
Dosisleistung	Absorbierte Dosis pro Zeiteinheit. Übliche Einheiten für die Energiedosisleistung sind etwa μGy/h oder mGy/h. Die Äquivalentdosisleistung wird in μSv/h bzw. mSv/h angegeben.
Dosisleistungswarner	Strahlenmessgerät, das ein Warnsignal liefert, wenn eine eingestellte Dosisleistung überschritten wird.
Dosiswarner	Strahlenmessgerät, das ein Warnsignal liefert, wenn eine eingestellte Dosis überschritten wird.
Druckwasserreaktor	Bei diesem Reaktortyp dient normales Wasser oder auch schweres Wasser als Moderator *und* Kühlmittel. Das Wasser wird in einem geschlossenen Kreislauf durch den Reaktor und durch einen Wärmeaustauscher gepumpt und steht unter so hohem Druck, dass es nicht sieden kann.
Durchflusszählrohre	Alpha- und Betastrahler haben eine geringe Reichweite. Zur Aktivitätsbestimmung werden solche Strahler (z. B. bei der ^{14}C-Methode) in ein im Proportionalbereich arbeitendes Zählrohr gebracht, das z. B. mit Methan im Durchfluss betrieben wird.
Elektromagnetische Wechselwirkungen	Die Wechselwirkung von Teilchen aufgrund ihrer elektrischen Ladung. Dieser Wechselwirkungstypus schließt auch die magnetischen Wechselwirkungen ein.
Elektron (e)	Das leichteste elektrisch geladene Teilchen. Infolgedessen ist es absolut stabil, weil es keine leichteren elektrisch geladenen Teilchen gibt, in die es zerfallen könnte. Das Elektron ist das häufigste Lepton mit der elektrischen Ladung -1 in Einheiten der Elementarladung.
Elektroneneinfang	Wechselwirkung eines Elektrons aus der Atomhülle mit dem Atomkern. Ein Proton fängt ein atomares Elektron unter Bildung eines Neutrons und eines Elektronneutrinos ein ($p + e^- \rightarrow n + \nu_e$), s. auch K-Einfang.

Maßeinheit sowohl für die Energie als auch für die Masse von Teilchen. Ein eV ist die Energie, die ein Elektron (oder allgemein: ein einfach geladenes Teilchen) aufnimmt, wenn es eine elektrische Spannungsdifferenz von einem Volt durchfliegt. Typische Energien von α-, β- und γ-Strahlung liegen im MeV-Bereich. Röntgenstrahlung liegt im 10–100 keV-Bereich.
Elektronenvolt (eV)

Im Standardmodell der Elementarteilchen werden elektromagnetische und schwache Wechselwirkungen vereinheitlicht. Man gebraucht dafür den Terminus elektroschwache Wechselwirkungen, um beide einzuschließen. In den erweiterten Begriff des Standardmodells wird auch die Quantenchromodynamik, also die Theorie der starken Wechselwirkung, mit eingeschlossen.
Elektroschwache Wechselwirkung

Umgangssprachlicher Begriff für künstliche elektrische und magnetische Felder sowie elektromagnetische Wellen in der Umwelt.
Elektrosmog

Elektrische Ladung eines Protons $q = 1,6 \times 10^{-19}$ C. Die elektrische Ladung eines Elektrons ist $q_e = -q$.
Elementarladung

Siehe Exhalation.
Emanation

Lagerung von nicht mehr nutzbaren Spaltstoffen in einer Art und Weise, dass sie auch langfristig keine Gefahren für Mensch und Umwelt bilden.
Endlagerung

Der Energieabsorptionskoeffizient eines Stoffes für Photonen der Energie E ist $\mu_{en} = \mu_a(1 - G)$, wobei μ_a der Massenabsorptionskoeffizient ist und G der relative Anteil der Energie der im Photoprozess erzeugten geladenen Teilchen ist, der in dem Stoff in Bremsstrahlung umgesetzt wird.
Energieabsorptionskoeffizient

Verhältnis der Messunschärfe ΔE zur Energie der einfallenden Strahlung E in einem Detektor.
Energieauflösung

Maß der im Körper absorbierten Energie pro Masseneinheit. Die Einheit der Energiedosis ist 1 Gray (Gy) = 1 Joule/1 kg. 1 Gy = 100 rad.
Energiedosis (D)

Absorbierte Energie pro Massen- und Zeiteinheit. Übliche Energiedosisleistungen sind µGy/h oder mGy/h.
Energiedosisleistung

Zeitintegral der Energieflussdichte gemessen in J/m^2.
Energiefluenz

Summe der Teilchenenergien, die pro Zeiteinheit eine Flächeneinheit durchsetzen.
Energieflussdichte

Energieverlust geladener Teilchen durch Ionisation und Anregung durchstrahlter Materie oder durch Erzeugung von Bremsstrahlung.
Energieverlust

Abgabe radioaktiver Stoffe an ein Zwischenlager oder Endlager.
Entsorgung

Epithermische Neutronen	Neutronen im Energiebereich zwischen 1 eV und 1 keV.

Ermächtigter Arzt Die zuständige Behörde ermächtigt Ärzte zur Durchführung arbeitsmedizinischer Vorsorgemaßnahmen. Die Ermächtigung darf einem Arzt nur erteilt werden, wenn er über die erforderliche Fachkunde im Strahlenschutz verfügt.

Erythem Hautrötung infolge einer kurzzeitigen Einwirkung einer größeren Dosis von β- oder γ-Strahlung oder auch durch ultraviolette Strahlung.

Exhalation Ausdünstung radioaktiver Stoffe (z. B. Radon) aus Gesteinen und Baustoffen.

Exponentialfunktion Exponentialfunktionen e^x treten immer dann auf, wenn die Veränderung einer Größe der Größe selbst proportional ist. Beispiele für Exponentialfunktionen sind der radioaktive Zerfall, die Absorption von γ-Strahlung in Materie und der Kapitalzuwachs durch Zinseszins. Die Umkehrfunktion von e^x ist der natürliche Logarithmus $\ln x$.

Expositionsdosis Verhältnis der durch Röntgenstrahlung erzeugten Ladungsmenge dQ pro Masseneinheit dm_L in Luft. Die Einheit der Expositionsdosis (oder Ionendosis) ist das Röntgen R. $1\,\text{R} = 2{,}58 \times 10^{-4}\,\text{C/kg}$. Umgerechnet auf eine Energiedosis entspricht $1\,\text{R} \approx 0{,}88\,\text{rad} = 8{,}8\,\text{mGy}$.

Expositionspfad Weg der radioaktiven Stoffe von der Ableitung einer kerntechnischen Anlage über einen Ausbreitungs- oder Transportvorgang bis zu einer Strahlenexposition des Menschen.

Fallout Radioaktive Stoffe in der Biosphäre in der Folge von Kernwaffentests oder -einsatz in der Atmosphäre, die sich auf dem Erdboden niederschlagen.

Fenster-Zählrohr Zählrohr mit einem dünnen Eintrittsfenster (z. B. aus Glimmer), das niederenergetischer Röntgenstrahlung oder Elektronen gestattet, ins Zählvolumen zu gelangen.

Fermi-Diagramm Auch Kurie-Diagramm. Betaspektren sind Dreikörperzerfälle. Sie führen deshalb zu kontinuierlichen Elektronenspektren. Trägt man die Wurzel aus der Zählrate, dividiert durch das Impulsquadrat, als Funktion der Elektronenenergie auf, so ergibt sich nach einer Fermi-Korrektur bei erlaubten Zerfällen eine Gerade, aus der leicht die Kernübergangsenergie bestimmt werden kann.

Filmdosimeter Röntgenfilm zur dokumentenechten Messung von Energiedosen.

Fission Siehe Kernspaltung.

Fliegendes Personal Die effektive Dosis durch kosmische Strahlung muss für das fliegende Personal ermittelt werden, falls sie 1 mSv/a überschreiten kann.

Zeitintegral der Flussdichte, gemessen in m^{-2}.   **Fluenz**

Organisches, szintillierendes Medium in flüssiger Form. Flüssigkeitsszintil-   **Flüssigkeitsszintillator**
latoren haben die angenehme Eigenschaft, dass ihre Form dem jeweiligen
Verwendungszweck in idealer Weise angepasst werden kann. Außerdem
können sie einfach ausgetauscht werden, wenn sie durch Strahleneinwirkung gealtert sind.

Teilchenidentifikationsdetektor, der ausnutzt, dass Teilchen unterschiedli-   **Flugzeitzähler**
cher Masse bei gleichem Impuls verschieden schnell sind.

In einer angeregten Atomhülle (z. B. als Folge des Photoeffektes) kann die   **Fluoreszenz-Röntgenstrahlung**
Energiedifferenz der Bindungsenergien verschiedener Schalen in Form von
Röntgenstrahlung freigesetzt werden. Diese Strahlung heißt charakteristi-
sche oder Fluoreszenz-Röntgenstrahlung.

Teilchenfluss pro Flächen- und Zeiteinheit ($m^{-2}\,s^{-1}$).   **Flussdichte**

Äquivalentdosis, die ein Organ als Folge der Inkorporation von Radionukli-   **Folgeäquivalentdosis**
den erhält.

Äquivalentdosis, die ein Organ als Folge einer einmaligen Inkorporation   **50-Jahre-Folgeäquivalentdosis**
innerhalb eines Zeitraumes von 50 Jahren erhält.

Aufbrechung eines schweren Kerns in eine Zahl leichterer Kerne in einer   **Fragmentation**
Kollision.

Aufgrund von körpereigenen Reparaturmechanismen können höhere Strah-   **Fraktionierung**
lungsdosen vertragen werden, wenn sie nicht auf einmal, sondern in kurz-
en zeitlichen Abständen (fraktioniert) appliziert werden. Bei der Tumorbehandlung durch fraktionierte Bestrahlung nützt man die Tatsache aus, dass
gesundes Gewebe sich schneller erholt als krankes Gewebe.

Verwaltungsakt, der die Entlassung radioaktiver Stoffe aus dem Regelungs-   **Freigabe**
bereich des Atomgesetzes bewirkt. Die Voraussetzungen für die Freigabe
werden in § 29 der Strahlenschutzverordnung geregelt.

In der Strahlenschutzverordnung werden Freigrenzen für die Aktivität ein-   **Freigrenze**
zelner Radionuklide festgelegt. Überschreitet die Aktivität eines radioaktiven Stoffes die Freigrenze, so muss sein Besitz genehmigt werden. Bei
hohen Aktivitäten bedarf es auch einer Umgangsgenehmigung.

Frühschäden sind Strahlenschäden in der Folge kurzzeitiger Bestrahlung   **Frühschäden**
mit hohen Energiedosen (z. B. Hautrötungen, Haarausfall). Die Schwere
des Schadens ist proportional zur empfangenen Dosis.

Ionisationskammer mit der Möglichkeit, die Dosis direkt abzulesen.   **Füllhalterdosimeter**

Fusion durch Trägheitseinschlusss	Einschluss von festem Tritium und Deuterium in eine Kapsel, die von allen Seiten mit sehr starken, gepulsten Lasern oder Schwerionen bestrahlt wird.
Fusionsreaktor	Kernreaktor, in dem die Wasserstofffusion zur Energieerzeugung genutzt wird.
Fußmonitor	In ein Fußpodest eingebauter Großflächenzähler zur Messung einer möglichen Kontamination der Füße/Schuhe.
FWHM	Kennzeichnende Größe für die Energieauflösung eines Detektors (full width at half maximum = volle Halbwertsbreite).
Gammaquant	Energiequant elektromagnetischer Strahlung im MeV-Bereich.
Gammaradiographie	Zerstörungsfreie Materialprüfung von Werkstoffen durch Absorptionsmessungen mit Gammastrahlen.
Gammastrahlung	Hochenergetische Strahlung, die von angeregten Atomkernen ausgesandt wird. Die Energien der Gammaquanten liegen im Bereich 0,1 MeV bis 10 MeV. Kurzwellige elektromagnetische Strahlung, die nicht im Atomkern, sondern in der Elektronenhülle entsteht, heißt Röntgenstrahlung. Deren Energie liegt zwischen 1 keV und 100 keV. γ-Strahlung ist sehr durchdringend. Sie kann am besten mit Materialien hoher Kernladungszahl (z. B. Blei, Wolfram) abgeschirmt werden.
Ganzkörperdosis	Mittelwert der Äquivalentdosis über Kopf, Rumpf, Arme und Beine als Folge einer als homogen angesehenen Bestrahlung des ganzen Körpers.
Gauß-Verteilung (Normalverteilung)	Die symmetrische Verteilung einer kontinuierlich verteilten Zufallsvariablen. Für große Mittelwerte geht die Poisson-Verteilung in eine Gauß-Verteilung über.
Gefahrengruppe	Klassifizierung von Gefahrenbereichen, in denen mit radioaktiven Stoffen umgegangen wird. Je nach Gefahrengruppe ist im Brandfall von Feuerwehrleuten eine entsprechende Sonderausrüstung zu tragen.
Gefahrenklasse für Laser	Kennzeichnung von Lasern je nach Ausgangsleistung und Betriebsmodus (Impulsbetrieb oder Dauerstrich).
Geiger–Müller-Zähler	Strahlungsdetektor, der geladene Teilchen und γ-Strahlung aufgrund deren Ionisation in einem zylindrischen Volumen über Gasverstärkung registriert. Das Ausgangssignal ist unabhängig vom Energieverlust des Teilchens im Detektor.
Genetische Effekte durch Bestrahlung	Siehe Mutation.
Germanium-Kristall	Halbleiterdetektor, der sich besonders gut zur Messung und Identifizierung γ-strahlender Radionuklide eignet.

Kennzeichnung für einen Stoff, dessen absorbierende Eigenschaften mit denen eines biologischen Gewebes übereinstimmen. **Gewebeähnlich**

Dieser Faktor bewertet die Strahlenempfindlichkeit von Geweben oder Organen. **Gewebe-Wichtungsfaktor**

Ist in einer radioaktiven Zerfallsreihe die Halbwertszeit des Ausgangsnuklids $T_{1/2}$ größer als die Halbwertszeiten der Folgeprodukte, so stellt sich nach einer Zeit $t \gg T_{1/2}$ ein radioaktives Gleichgewicht der Aktivitätsverhältnisse der in der Zerfallskette vorkommenden Radionuklide ein. **Gleichgewicht, radioaktives**

Dosis an den Geschlechtsorganen, Keimdrüsendosis. **Gonadendosis**

Bei diesem Reaktortyp dient Graphit als Moderator und in der Regel Wasser als Kühlmittel. Bei Kühlmittelverlust kann ein solcher Reaktortyp leicht überkritisch werden und zu einer Kernschmelze führen. (Der Unglücksreaktor in Tschernobyl, RBMK-1000, war graphitmoderiert und wassergekühlt.) **Graphitreaktor**

Die physikalische Energieabsorption von 1 Joule pro Kilogramm. Ein Gray ist gleich 100 rad (radiation absorbed dose). Das Gray oder rad ist ein Maß für die von der Strahlung auf einen Stoff übertragene Energie. Ein rad ist gleich 100 erg pro Gramm. **Gray (Gy)**

In der alten Strahlenschutzverordnung werden Grenzwerte für die Jahresaktivitätszufuhr durch Inhalation und Ingestion für einzelne Radionuklide festgelegt. Die Strahlenschutzverordnung von 2001 soll durch eine entspechende Richtlinie ergänzt werden. **Grenzwerte**

Aufgrund des in Haaren enthaltenen Schwefels ist nach einer Neutronenbestrahlung eine Dosisbestimmung über die Neutronenaktivierung gemäß $n + {}^{32}\text{S} \rightarrow p + {}^{32}\text{P}$ und die Aktivitätsbestimmung des radioaktiven Phosphors 32 möglich. **Haaraktivierung**

Messung ionisierender Strahlung durch den Mechanismus der Elektron–Loch-Paarerzeugung in Halbleitern (meist Germanium oder Silizium). **Halbleiterzähler**

Elementarteilchen, die der starken Wechselwirkung unterliegen. **Hadronen**

Tumorbestrahlung mit Protonen oder schweren Ionen unter optimaler Schonung des gesunden Gewebes. **Hadronentherapie**

Die Materialstärke, die zur Reduzierung einer Teilchenstrahlung auf die Hälfte des Anfangswertes notwendig ist, heißt Halbwertsdicke. Wenn μ der Massenabschwächungskoeffizient für γ-Strahlung ist, so ergibt sich die Halbwertsdicke $x_{1/2}$ zu $x_{1/2} = \ln 2/\mu$. Für 1 MeV-γ-Strahlung ist $x_{1/2} = 1,23\,\text{cm}$ in Blei. Für 1 MeV-Elektronen ist $x_{1/2} = 1,1\,\text{mm}$ in Aluminium. **Halbwertsdicke**

Halbwertszeit	Zeit, die verstreicht, bis die Hälfte der Kerne eines Radioisotops zerfallen ist. Der Zerfall folgt dem Gesetz $N = N_0 e^{-t/\tau} = N_0 e^{-\lambda t}$. Die Halbwertszeit $T_{1/2}$ hängt mit der Lebensdauer τ gemäß $T_{1/2} = \tau \times \ln 2$ und der Zerfallskonstanten λ wie $T_{1/2} = \ln 2/\lambda$ zusammen.

Halbwertszeit, biologische ($T_{1/2}^{bio}$) Die Zeit, in der ein biologisches System auf natürlichem Wege die Hälfte der aufgenommenen Menge eines radioaktiven Stoffes wieder ausscheidet.

Halbwertszeit, effektive Ist $T_{1/2}^{phys}$ die physikalische und $T_{1/2}^{bio}$ die biologische Halbwertszeit, so ist die effektive Halbwertszeit die Zeit, in der die Menge eines Radionuklids in einem biologischen System auf die Hälfte abnimmt $T_{1/2}^{eff} = T_{1/2}^{phys} T_{1/2}^{bio} / \left(T_{1/2}^{phys} + T_{1/2}^{bio} \right)$. Z. B. beträgt die effektive Halbwertszeit für ^{137}Cs im Menschen 110 Tage ($T_{1/2}^{phys} = 30$ a, $T_{1/2}^{bio} = 111$ d).

Handy Mobilfunktelefon.

Havariedosimetrie Die Ermittlung von Körperdosen nach Strahlenunfällen ist durch Aktivierung körpereigener Stoffe (z. B. ^{23}Na, ^{32}S) und Messung ihrer Aktivität möglich.

Heilquellen Heilwässer für Bade-, Trink- und Inhalationskuren können als wirksame Aktivität α-Strahler enthalten. Der therapeutische Nutzen solcher Kuren ist umstritten.

Hochtemperaturreaktor Durch den Einsatz keramischer Werkstoffe im Reaktorkern kann im Hochtemperaturreaktor ein hohes Niveau der nutzbaren Wärme (um 1000 Grad Celsius) erreicht werden. Wärmetauscher in Hochtemperaturreaktoren arbeiten mit Heliumgas anstatt Wasser (wie beim Leichtwasserreaktor). Hochtemperaturreaktoren sind vom physikalischen und technischen Standpunkt inhärent sicher. Sie können auch in keineren Einheiten (100 MW) gebaut werden.

Höhenstrahlung Siehe kosmische Strahlung.

Hormesis Neben Strahlenschäden sind auch vorteilhafte Wirkungen nach Strahlenexpositionen beobachtet worden (z. B. Wachstumssteigerungen bei Pflanzen und Ertragssteigerungen bei Saatgut; Strahlenhormesis).

ICRP Die International Commission on Radiological Protection gibt Empfehlungen heraus, die von den Gesetzgebern in Gesetze oder Verordnungen umgesetzt werden können.

Indikatoren Chemische Stoffe lassen sich durch Einbau von radioaktiven Atomen markieren. Damit lassen sich biologische Prozesse im Einzelnen in ihrem Ablauf verfolgen. Diese Radioindikatoren werden auch Tracer genannt.

Ingestion Aufnahme radioaktiver Stoffe in den menschlichen Körper über die Nahrungsaufnahme oder Flüssigkeitszufuhr.

Aufnahme radioaktiver Stoffe in den menschlichen Körper über Einatmung (auch Hautatmung). **Inhalation**

Aufnahme radioaktiver Stoffe in den menschlichen Körper durch Einatmung (Inhalation), Nahrungsaufnahme (Ingestion) oder über Wunden. **Inkorporation**

Ein angeregter Kern kann mit einem gebundenen atomaren Elektron direkt in Wechselwirkung treten und seine Anregungsenergie strahlungslos auf dieses Elektron übertragen, so dass es das Atom verlässt. Dieses Elektron heißt Konversionselektron. **Innere Konversion**

Die natürliche menschliche Körperradioaktivität beträgt etwa 9000 Bq. Sie wird hauptsächlich bedingt durch das Kohlenstoffisotop ^{14}C (3800 Bq) und das Kaliumisotop ^{40}K (4200 Bq). **Innere Strahlenbelastung**

Streuung eines energiereichen Elektrons an einem energiearmen Photon mit Energie- und Impulsübertrag vom Elektron auf das Photon. **Inverser Compton-Effekt**

Elektrisch geladenes atomares oder molekulares Teilchen, das durch Abspaltung oder Anlagerung von Elektronen entsteht (z. B. Na$^+$, Cl$^-$). **Ion**

Die durch ionisierende Strahlung erzeugte Ladungsmenge von 1 Coulomb pro Kilogramm. Die Dosis 1 Röntgen entspricht einer Ionendosis von $2{,}58 \times 10^{-4}$ C/kg Luft. **Ionendosis (I)**

Absorbierte Ionendosis pro Zeit. Die Einheit der Ionendosisleistung ist Ampere pro Kilogramm. **Ionendosisleistung**

Loslösung von atomaren Elektronen durch Photonen oder geladene Teilchen. Entsprechend Photoionisation und Stoßionisation. **Ionisation**

Zur Messung der Luftionisierung enthält der Ionisationsfeuermelder eine geringe Menge eines α-strahlenden Radionuklids. Rauchentwicklung verändert die Leitfähigkeit im Feuermelder. Aus der gemessenen Leitfähigkeit kann deshalb ein Alarm abgeleitet werden. Ionisationsfeuermelder enthalten meist ^{241}Am oder ^{226}Ra. Die zur Zeit gängisten Brandmelder sind neuerdings optische Rauchmelder. Sie messen das Streulicht einer Leuchtdiode an Rauchpartikeln mit Hilfe einer Photodiode. **Ionisationsfeuermelder**

Nachweisgerät für ionisierende Strahlen, das auf der ionisierenden Wirkung von α-, β- und γ-Strahlen beruht. In diesem Teilchendetektor wird die erzeugte Ionisation in einem elektrischen Feld eingesammelt. **Ionisationskammer**

Strahlung radioaktiver Substanzen, die direkt oder indirekt Ionen erzeugt. **Ionisierende Strahlung**

Kerne gleichen Gewichts, also Kerne, bei denen die Summe aus Protonen- und Neutronenzahl konstant ist. **Isobare**

Isomere	Nuklide mit fester Protonen- und Neutronenzahl aber unterschiedlicher Anregungszustände (z. B. ^{99}Tc und ^{99m}Tc).
Isotone	Kerne mit konstanter Neutronenzahl.
Isotope	Kerne gleicher Ladung, die das gleiche chemische Element darstellen, jedoch unterschiedliche Masse haben. Das chemische Element wird durch die Protonenzahl charakterisiert. Isotope sind also Kerne fester Protonenzahl, wobei aber die Neutronenzahl variiert.
Isotopenbatterie	Siehe Radioisotopengenerator.
ITER	Internationaler Thermonuklearer Experimenteller Reaktor Europas zur Demonstration der Energieerzeugung durch Kernfusion nach dem Tokamak-Prinzip.
Jahresaktivitätszufuhr	Die Strahlenschutzverordnung setzt Grenzwerte für die maximal zulässige Jahresaktivitätszufuhr durch Inhalation und Ingestion fest, die aus den Aktivitätskonzentrationen für Luft und Wasser aus Strahlenschutzbereichen abgeleitet werden können. Die Jahresaktivitätszufuhrgrenzwerte (JAZ-Werte) der alten Strahlenschutzverordnung sollen in einer Richtlinie als Ergänzung zur Strahlenschutzverordnung von 2001 neu festgelegt werden.
JET	Joint European Torus: Prototyp eines Fusionsreaktors nach dem Tokamak-Prinzip.
Jod-Inkorporation	Radiojod (z. B. ^{131}I) lagert sich überwiegend in der Schilddrüse ab. Es kann zu diagnostischen und therapeutischen Zwecken bei Schilddrüsenerkrankungen eingesetzt werden. In der Folge von kerntechnischen Unfällen kann eine Radiojodinkorporation durch rechtzeitige Verabreichung von Jodtabletten (mit stabilem Jod) vermieden werden.
K-Einfang	Einfang eines Elektrons aus der K-Schale durch ein Proton im Atomkern ($p+e^- \rightarrow n+\nu_e$) mit nachfolgender Emission von charakteristischer Röntgenstrahlung oder Auger-Elektronen oder γ-Strahlung, wenn der Tochterkern in einem angeregten Zustand erreicht wird.
Kalzinieren	Austreiben flüchtiger Stoffe aus flüssigen radioaktiven Abfällen durch Erhitzen.
Kalibrierstrahlung	Strahlung aus Eichpräparaten mit definierter Intensität und Energie; z. B. Gammastrahlung der Energie 662 keV aus einer Cäsium-137-Quelle.
Katarakt	Siehe Linsentrübung.
Kennzeichnungspflicht	Räume, in denen mit radioaktiven Stoffen umgegangen wird, Anlagen zur Erzeugung ionisierender Strahlen, Kontroll- und Sperrbereiche sind zu kennzeichnen.

Kerma („kinetic energy released in matter" oder „kinetic energy released per unit mass") ist der Quotient aus den kinetischen Anfangsenergien aller geladenen Teilchen, die in einem Volumenelement durch indirekt ionisierende Teilchen (γ-Strahlen, Neutronen) freigesetzt werden und der Masse der Materie in diesem Volumenelement.

Kerma

Ein Gebilde von Neutronen und Protonen, das den Kern eines Atoms darstellt.

Kern

Die Kernbindungsenergie ist diejenige Energie, die man aufwenden muss, um einen Atomkern in seine Bestandteile zu zerlegen. Die Bindungsenergie pro Nukleon beträgt im Mittel etwa 7 bis 8 MeV.

Kernbindungsenergie

Teilchendetektor, in dem die Spuren geladener Teilchen in einer Silberbromid-Emulsion durch photographische Entwicklung sichtbar gemacht werden.

Kernemulsion

Gammastrahlen werden resonanzartig durch einen Kern absorbiert, wenn deren Energie exakt einer Anregungsenergie des Kerns entspricht.

Kernfluoreszenz (Resonanzabsorption)

Fusion von leichten Elementen zu schwereren Elementen. In einem Fusionsreaktor werden z. B. Protonen über Deuterium zu Helium verschmolzen. Die Sonne ist ein Fusionsreaktor.

Kernfusion

Kernreaktion, in der durch ein Photon aus dem Targetkern ein Nukleon (meist Neutron) herausgelöst wird.

Kernphotoeffekt

Anordnung, in der eine sich von selbst erhaltende Kettenreaktion von Kernspaltungen aufrechterhalten und kontrolliert werden kann.

Kernreaktor

Explosionsartige Kernspaltung durch Zusammenführung zweier unterkritischer Mengen spaltbarer Materialien (z. B. Uran 235 oder Plutoniumisotope) mit Hilfe einer mechanisch erzeugten Implosion.

Kernspaltbombe

Spaltung des Kerns in zwei große Bruchstücke. Die Spaltung ist in der Regel asymmetrisch. Sie kann spontan oder durch Kernreaktionen induziert erfolgen.

Kernspaltung

Bei einer Kernspaltung treten 2 bis 3 Spaltneutronen auf. Zur Aufrechterhaltung einer Kettenreaktion muss im Mittel mindestens eines dieser Neutronen eine weitere Spaltung induzieren. In einem Kernreaktor wird die Kettenreaktion durch einen Neutronenvermehrungsfaktor von Eins gesteuert. In einer Kernspaltbombe („Atombombe") verläuft die Kettenreaktion unkontrolliert.

Kettenreaktion

Die Klein–Nishina-Formel gibt den differentiellen Streuquerschnitt für die Compton-Streuung von Photonen an freien Elektronen an.

Klein–Nishina-Formel

Klinische Dosimetrie   Dosimetrie in der Strahlentherapie zur Überwachung der applizierten Strahlendosen.

Knochensucher   Einige Radionuklide (z. B. ^{90}Sr) werden bei Inkorporationen bevorzugt im Knochengewebe eingebaut.

Knock-on-Elektronen   Siehe Deltastrahlen.

Körperdosis   Sammelbegriff für effektive Dosis und Teilkörperdosis. Die Körperdosis ist die Summe aus äußerer und innerer Bestrahlung für einen gegebenen Bezugszeitraum.

Kollektivdosis   Produkt aus dem Mittelwert $\langle H \rangle$ der effektiven Dosen in einer Bevölkerungsgruppe und der Zahl der Personen dieser Gruppe.

Kontamination   Durch radioaktive Substanzen verursachte Verunreinigung.

Kontrollbereich   Bereich, in dem Personen (Kategorie A) eine Ganzkörperdosis von mehr als 6 mSv/a erhalten können. Die maximal zulässige Ganzkörperdosis ist 20 mSv/a. Grenzwerte für Teilkörperdosen im Kontrollbereich sind in der Strahlenschutzverordnung geregelt (§ 36). Für Personen der Kategorie B, die im Kontrollbereich tätig werden, ist die Maximaldosis 6 mSv/a.

Konversionselektronen   Nach einem K-Einfang kann die Anregungsenergie des Kernes *direkt* auf ein Hüllenelektronen übertragen werden, das den Atomverband dann als Konversionselektron verlässt.

Konversionskoeffizient   Verhältnis der Zahl der emittierten Konversionselektronen zur Gesamtzahl der Übergänge eines angeregten Kerns nach einem K-Einfang ($\eta = N_{\text{Konversionen}}/(N_{\text{Konversionen}} + N_{\text{Photonenemissionen}})$).

Kosmische Strahlung   Solare, galaktische und extragalaktische Teilchenstrahlung (baryonische Komponente: 85% Protonen, 12% α-Teilchen, 3% schwere Kerne), die durch Wechselwirkungen in der Atmosphäre die sekundäre kosmische Strahlung erzeugt (80% Myonen, 20% Elektronen auf Meereshöhe). Daneben gibt es noch primäre wie auch sekundäre Elektronen, Photonen und zusätzlich Neutrinos, die allerdings für Strahlenschutzaspekte praktisch keine Rolle spielen.

Krebsbildung   Durch stochastische Prozesse („Zellkerntreffer") können ionisierende Strahlen einen Strahlenkrebs induzieren. Die Latenzzeiten für Krebsbildung können lang sein ($\approx$ 20 Jahre, s. Spätschäden).

Kreisbeschleuniger   Typ eines Teilchenbeschleunigers, in dem durch Magnete geführte Teilchen dieselben Beschleunigungsstrecken mehrfach durchlaufen, um so zu hohen Energien beschleunigt zu werden (siehe auch Synchrotron, Zyklotron).

Wenn ein Reaktor mit zeitlich konstanter Leistung betrieben werden soll, so muss der Neutronenvermehrungsfaktor gleich 1 sein. Man bezeichnet den Reaktor dann als kritisch. **Kritikalität**

Menge eines spaltbaren Materials, von der ab der Neutronenvermehrungsfaktor ≥ 1 wird und damit eine selbsterhaltende Kettenreaktion in Gang kommt. **Kritische Masse**

Organ, das durch ein bestimmtes Radionuklid am stärksten belastet wird (z. B. die Schilddrüse für ^{131}Jod). **Kritisches Organ**

Siehe Hochtemperaturreaktor. **Kugelhaufenreaktor**

Siehe Fermi-Diagramm. **Kurie-Diagramm**

Unsymmetrische Wahrscheinlichkeitsverteilung. Sie beschreibt etwa die Verteilung des Energieverlustes von geladenen Teilchen beim Durchgang durch Materie. **Landau-Verteilung**

Kernfusion mit Hilfe gepulster Laser sehr hoher Leistung. **Laserfusion**

Diodenlaser geringer Größe und Ausgangsleistung für Vorträge und Präsentationen („Zeigestocklaser"). **Laser-Pointer**

Zeit, die zwischen einer Bestrahlung und dem Ausbruch eines Strahlenkrebses verstreicht. Die Latenzzeit für Leukämie (15–20 Jahre) ist kürzer als für andere Krebserkrankungen (25–30 Jahre). **Latenzzeit**

Die bis zu einem Lebensalter von N Jahren aufgenommene Äquivalentdosis darf höchstens $(N - 18) \times 20\,\mathrm{mSv}$ betragen. Hierbei ist 18 Jahre das Mindestalter für Arbeiten im Kontrollbereich. Sie darf allerdings niemals 400 mSv pro Leben überschreiten. **Lebensalterdosis**

Zeitangabe für die Dauer, in der eine Anzahl von Atomkernen auf $1/e$ ihres Anfangswertes abgesunken ist. Die Lebensdauer τ ist gleich der reziproken Zerfallskonstanten $\tau = 1/\lambda$ und hängt mit der Halbwertszeit wie $\tau = T_{1/2}/\ln 2$ zusammen. **Lebensdauer**

Die Strahlenkonservierung (Sterilisation) beruht auf der Eigenschaft ionisierender Strahlen, Bakterien oder Sporen abzutöten oder Enzyme zu zerstören. Durch die Lebensmittelbestrahlung werden die bestrahlten Substanzen *nicht* radioaktiv. Lebensmittelbestrahlung ist in Deutschland verboten. **Lebensmittelbestrahlung**

Leichtes Teilchen mit halbzahligem Drehimpuls. Zu der Gruppe der Leptonen zählen das Elektron (e^-), das Myon (μ^-), das Tauon (τ^-) und die zugehörigen Neutrinos einschließlich der Antiteilchen. **Lepton**

LET	Das lineare Energieübertragungsvermögen (LET) ist die durch ionisierende Strahlung pro Wegstrecke deponierte Energie. Hierbei werden allerdings nur Energieübertragungsprozesse gezählt, deren Energieübertrag kleiner als ein vorgegebener Schnittparameter ist.
Letaldosis	Die mittlere Letaldosis LD_{50}^{30} entspricht einer Mortalitätsrate von 50% innerhalb von 30 Tagen ohne ärztliche Behandlung. Die Letaldosis für den Menschen liegt bei 4 Sv.
Leukämie	Der Risikofaktor für strahleninduzierte Leukämie bei Ganzkörperbestrahlung ist 5×10^{-4} pro 100 mSv.
LINAC	Eine Abkürzung für einen linearen Beschleuniger (linear accelerator). Ein LINAC hat keine magnetische Ablenkung. Linearbeschleuniger werden auch in der Nuklearmedizin zur Tumorbestrahlung eingesetzt.
Linsentrübung	Trübung der Augenlinse unter dem Einfluss ionisierender Strahlung oder nicht-ionisierender hochfrequenter elektromagnetischer Strahlung (Katarakt).
LNT-Hypothese	Hypothese, dass der Risikofaktor für stochastische Strahlenschäden linear von der Dosis abhängt und es keine Schwellendosis gibt („Linear No-Threshold").
Logarithmus (natürlicher)	Siehe auch Exponentialfunktion. Ist $e^x = a$, so heißt x der natürliche Logarithmus von a: $x = \ln a$. Natürliche Logarithmen beschreiben viele Zusammenhänge in der Biologie und Physik. So ist eine Sinnesempfindung immer proportional zum Logarithmus des Reizes. Durch Logarithmieren werden viele Rechnungen auf einfachere Rechnungsarten zurückgeführt, was das Rechnen – insbesondere mit großen Zahlen – beträchtlich erleichtert.
Mammographie	Untersuchung der weiblichen Brust mit Hilfe von Röntgenstrahlen. Je nach Technik der Registrierung liegt die dabei erhaltene Gewebedosis zwischen 2 und 7 mSv (der Gewebe-Wichtungsfaktor für die Brust ist 0,05).
Massenabschwächungs-koeffizient	Siehe Abschwächungskoeffizient.
Massenabsorptionskoeffizient	Siehe Absorptionskoeffizient.
Massendefekt	Unterschied zwischen der tatsächlichen Masse eines Isotops und seiner Masse als Summe der beteiligten Protonen- und Neutronenmassen.
mA s-Produkt	Produkt von Röhrenstrom (mA) und Belichtungszeit (s) bei Röntgenaufnahmen. Das mA s-Produkt ist ein wichtiger Faktor für den Kontrast von Röntgenaufnahmen.
Maxwell–Boltzmann-Verteilung	Energie- oder Geschwindigkeitsverteilung, die die Verteilungsfunktion von Teilchen, Atomen oder Molekülen im thermischen Gleichgewicht bei einer Temperatur T beschreibt.

Besonders ausgebildeter Naturwissenschaftler mit der erforderlichen Fach-   **Medizinphysik-Experte**
kunde im Strahlenschutz.

Angeregter Kernzustand mit einer relativ langen Lebensdauer.   **Metastabiler Zustand**

Siehe Durchflusszählrohre.   **Methandurchflusszähler**

Sammelbezeichnung für den Betrieb von beweglichen Funkgeräten. Die Si-   **Mobilfunk**
gnalübertragung erfolgt in der Regel im D-, E-, oder UMTS-Frequenzbe-
reich (1 bis 2 GHz).

Bei thermischen Neutronenenergien ist der Spaltquerschnitt besonders groß.   **Moderation**
Die bei der Kernspaltung emittierten Neutronen haben jedoch wesentlich
höhere Energien. Deshalb enthalten Reaktoren außer dem Brennstoff noch
einen Moderator, dessen Aufgabe es ist, die Neutronen möglichst schnell
auf thermische Energien abzubremsen. Als Moderator verwendet man Wasser oder Graphit (s. Neutronenbremsung).

Elastische Elektron–Elektron-Streuung.   **Møller-Streuung**

Rückstoßfreie Emission bzw. Absorption von Kernfluoreszenz-Photonen.   **Mößbauer-Effekt**

Die Frequenz einer atomaren Röntgenstrahlung ist proportional zu $(Z-1)^2$,   **Moseley-Gesetz**
wobei Z die Ordnungszahl des Atoms ist.

Durch Strahlenabsorption kann es zu einer sprunghaften Änderung der   **Mutation**
Chromosomen einer Keimzelle kommen. Mutierte Keimzellen zeigen einen
rezessiven Erbgang. Für das bestrahlte Individuum sind aufgetretene Mutationen nicht erkennbar.

Instabiles Elementarteilchen, das durch Zerfall von Pionen, z. B. in der kos-   **Myon (μ)**
mischen Strahlung, entsteht. Die Lebensdauer des Myons ist 2,2 μs.

Ein abgeschalteter Kernreaktor erzeugt auch noch Wärme, die von der rest-   **Nachwärme**
lichen Radioaktivität und von weiteren Spaltungen herrührt.

Siehe Ansprechwahrscheinlichkeit.   **Nachweiswahrscheinlichkeit**

Umfasst Boden, Wasser, Luft, Klima, Tiere und Pflanzen.   **Naturhaushalt**

Eine hohe Konzentration von Uranisotopen im Gestein kann bei günstigen   **Naturreaktor**
äußeren Verhältnissen (Wasser) zu einer natürlichen Kernspaltung führen;
siehe Oklo.

In einem übersättigten Gas–Dampf-Gemisch bilden sich Nebelspuren ent-   **Nebelkammer**
lang der Bahnen geladener Teilchen. Als Kondensationskeime wirken dabei
die von geladenen Teilchen erzeugten Ionen. Der Zustand der Übersättigung
wird durch Expansion („Expansionsnebelkammer") oder durch einen Tem-
peraturgradienten („Diffusionsnebelkammer") erzeugt.

Neutralteilchenheizung	Heizung eines Fusionsplasmas durch Einschuss von Neutralteilchen (z. B. Neutronen oder Tritium- und Deuteriumatome).
Neutrino	Ein Lepton ohne elektrische Ladung. Zu jedem geladenen Lepton (Elektron, Myon, Tauon) gibt es ein eigenes Neutrino (ν_e, ν_μ, ν_τ). Elektron-Neutrinos (ν_e, $\bar{\nu}_e$) werden beim β-Zerfall emittiert.
Neutron	Neutraler Kernbaustein. Freie Neutronen sind instabil und zerfallen gemäß $n \to p + e^- + \bar{\nu}_e$ mit einer Lebensdauer von etwa 15 Minuten.
Neutronen, epithermische	Mittelschnelle Neutronen mit Energien im eV-Bereich.
Neutronen, schnelle	Spaltneutronen haben meist Energien von mehr als 0,1 MeV.
Neutronen, thermische	Neutronen im thermischen Gleichgewicht mit der Umgebung. Neutronen der Temperatur 300 Kelvin haben eine Energie von 25 meV = (1/40) eV.
Neutronenaktivierung	Aktivierung von Materialien durch Neutronenbeschuss; Neutronenaktivierung kann ein Problem bei Fusionsreaktoren darstellen.
Neutronenbremsung	Neutronen werden am besten mit Substanzen mit kleiner Massenzahl gebremst (z. B. H_2O, D_2O, Be, Graphit, Paraffin).
Neutroneneinfang	Bestimmte Materialien besitzen große Wirkungsquerschnitte für Neutronenabsorption. Aus solchen Stoffen werden Regelstäbe in Kernreaktoren hergestellt (z. B. Cadmium).
Neutronenfluenz	Zeitintegrierter Neutronenfluss, also Zahl der Neutronen pro cm^2.
Neutronenfluss	Die Zahl der Neutronen pro cm^2 und Sekunde.
Neutronenquelle	Radium–Beryllium-Quelle. α-Teilchen aus dem Radium-Zerfall erzeugen beim Auftreffen auf Beryllium Neutronen gemäß $\alpha + {}^9_4\text{Be} \to {}^{12}_6\text{C} + n$.
Neutronenvermehrungsfaktor	Die Anzahl von Neutronen aus einer Spaltung, die für eine neue Spaltung in der nächsten Generation zur Verfügung stehen. Für einen Kernreaktor mit konstanter Leistung muss dieser Neutronenvermehrungsfaktor $k = 1$ sein.
Neutronenzählrohr	Bortrifluorid-Zählrohre, in denen einfallende Neutronen am Bor ($n + {}^{10}_5\text{B} \to \alpha + {}^7_3\text{Li}$) leicht nachweisbare geladene Teilchen erzeugen.
NIR	Nicht-ionisierende elektromagnetische Strahlung (non-ionizing radiation).
Notstandssituation	Radiologische Situation als Folge eines Strahlenunfalls oder Störfalls, die zu Dosisüberschreitungen für die normale Bevölkerung führen kann.
Nukleare Sicherheitsklasse	Kennzeichnet nukleare Versandstücke je nach potentieller Gefährdung.

In der klinischen Diagnostik werden bei nuklearmedizinischen Untersuchungen den Patienten radioaktiv markierte Verbindungen (Radio- oder Nuklearpharmaka) oral oder durch Injektion verabreicht. Nuklearpharmaka werden ebenfalls in der Therapie eingesetzt. **Nuklearpharmaka**

Gemeinsame Bezeichnung für Proton und Neutron. **Nukleon**

Atomart, die durch ihre Protonen- und Neutronenzahl und ihren Energiezustand charakterisiert ist; radioaktive Nuklide heißen Radionuklide. **Nuklid**

Enthält alle wichtigen Informationen über Radionuklide (Zerfallsart, Zerfallsenergie, Halbwertszeit, Isotopenhäufigkeit, …). **Nuklidkarte**

Jeder Detektor zeigt eine Zählrate an, auch wenn er keinem radioaktivem Stoff ausgesetzt ist. Diese Nullrate rührt von der Umgebungsstrahlung her (kosmische und terrestrische Strahlung) und ist bei Aktivitätsbestimmungen zu berücksichtigen. **Nulleffekt**

In der Therapie von Tumorerkrankungen werden Radionuklide zur Zerstörung von Krebszellen eingesetzt. Gleichzeitig wirken ionisierende Strahlen kanzerogen. Beim Einsatz von Radionukliden in der Medizin muss der therapeutische Nutzen das Strahlenrisiko deutlich übersteigen. **Nutzen–Risiko-Abschätzung**

Der Umgang mit offenen radioaktiven Stoffen unterliegt stärkeren Einschränkungen als der mit umschlossenen Quellen. **Offene Radioaktive Stoffe**

Naturreaktor in Gabun, Afrika. Aufgrund einer Isotopenanomalie im Gestein wurde dieser Reaktor entdeckt, in dem über eine Million Jahre natürliche Kernspaltprozesse abliefen. **Oklo**

Bestimmte Radionuklide werden in einzelnen Organen besonders stark angereichert (z. B. ^{131}I in der Schilddrüse, ^{90}Sr im Knochen). Die betreffenden Organe heißen kritische Organe in Bezug auf das vorliegende Radionuklid. **Organ, kritisches**

Eine Messung der Ortsdosis erlaubt eine Schätzung der Äquivalentdosis für Weichteilgewebe. **Ortsdosis**

Ortsdosis dividiert durch die Zeit, in der die Dosis erzeugt wird. **Ortsdosisleistung**

Erzeugung von Elektron–Positron-Paaren durch γ-Strahlung im Coulomb-Feld von Kernen. **Paarerzeugung**

Siehe Annihilation. **Paarvernichtung**

Kleine Partikel mit hoher Aktivität wurden im Fallout von Kernwaffentests festgestellt. Sie werden „heiße Teilchen" oder „heiße Partikel" genannt. **Partikel, heiße**

Partikeltherapie	Siehe Hadronentherapie.
Pendelbestrahlung	Tumorbestrahlungstechnik, bei der die Bestrahlungsquelle so bewegt wird, dass das gesunde Gewebe des Patienten nur kurzzeitig und mit einer möglichst geringen Energiedosis belastet wird.
Personen, beruflich strahlenexponierte	Personen, die bei ihrer Berufsausübung in die durch die Strahlenschutzverordnung definierten Kategorien und Grenzwerte fallen.
Personendosimeter	Dosimeter zur Feststellung der Personendosis.
Personendosis	Äquivalentdosis für Weichteilgewebe gemessen an einer für die Strahlenexposition repräsentativen Stelle der Körperoberfläche.
PET	Positronen-Emissions-Tomographie. Bildgebendes Verfahren in der Nuklearmedizin, das die Zerstrahlung von Positronen mit Elektronen in zwei antikollineare Gammaquanten ausnutzt.
Phosphatdünger	Phosphatdünger enthält die Radionuklide ^{226}Ra, ^{232}Th und ^{40}K. Allein die Kaliumaktivität kann 40 kBq/kg betragen.
Phosphatglas-Dosimeter	Silberphosphatglas emittiert bei UV-Bestrahlung eine orangefarbene Fluoreszenzstrahlung, deren Intensität proportional zur absorbierten Energiedosis ist. Durch die UV-Bestrahlung wird das Phosphatglas-Dosimeter nicht gelöscht.
Photoeffekt	Loslösung atomarer Elektronen durch Röntgen- oder γ-Strahlung.
Photon	Energiequant elektromagnetischer Strahlung.
Photopeak	Vollenergieabsorptionspeak von Röntgen- und Gammastrahlung in einem Detektor. Der Vollabsorptionspeak wird meist durch einen Photoeffekt erzeugt. Er kann aber auch durch Compton-Streuung und simultane Photoabsorption des comptongestreuten Photons zustande kommen.
Pion (π)	Instabiles Teilchen mit einer Lebensdauer von 26 ns (für geladene Pionen).
Plasma	Ionisiertes Gas, das einen hohen Anteil freier Ladungsträger (Ionen und/oder Elektronen) enthält.
Plasmaheizung	Kann durch induzierte Ströme, Hochfrequenzheizung oder Einschuss von Neutralteilchen erfolgen.
Plastikdetektor	Teilchendetektor, in dem die Spuren geladener Teilchen durch Anätzen des im Detektormaterial erzeugten, lokalen Materialschadens sichtbar gemacht werden.
Plastikszintillatoren	Polymerisierte, organische szintillierende Substanzen.

Stabiler Arbeitsbereich eines Zählrohrs. **Plateau**

Die Verteilung einer diskreten Zufallsvariablen. **Poisson-Verteilung**

Antiteilchen des Elektrons. **Positron (e^+)**

Vor der Vernichtung kann ein Elektron–Positron-Paar zu einem atomähn- **Positronium**
lichen Gebilde werden, das im Grundzustand den Bahndrehimpuls 0 und
den Gesamtspin 0 oder 1 hat, je nachdem, ob die Spins der beteiligten Teilchen antiparallel oder parallel sind. Das Spin-0-Positronium zerfällt in zwei
Gammaquanten, das Spin-1-Positronium in drei.

Radioaktive Quellen. **Präparate**

Falls bei Bergungsarbeiten die Luft hohe Konzentrationen radioaktiver Gase **Pressluftatmer**
und Dämpfe enthält, kann eine Atemluftversorgung durch Fremdluft erforderlich sein. Pressluftatmer mit einem Volumen, das für 40 bis 50 Minuten
ausreicht, wiegen etwa 16 kg.

Die primäre kosmische Strahlung ist die aus dem Weltraum auf unsere Erde **Primäre Kosmische Strahlung**
einfallende Teilchenstrahlung. Die baryonische Komponente besteht haupt-
sächlich aus Protonen und α-Teilchen, aber es kommen auch Elemente bis
hinauf zum Uran in der primären kosmischen Strahlung vor. Daneben treten
noch Elektronen, Photonen und Neutrinos in der kosmischen Strahlung auf.

Teilchendetektor, in dem der Ort eines Teilchendurchgangs durch eine Lage **Proportionalkammer**
von Anodendrähten gemessen wird. Im Strahlenschutz dienen Proportional-
kammern etwa zur Messung flächenhafter Kontaminationen.

Teilchendetektor, in dem die von einem Teilchen erzeugte Ionisation pro- **Proportionalzähler**
portional gasverstärkt und in einem elektrischen Feld abgesaugt wird.

Positiv geladener Kernbaustein. **Proton**

Hauptfusionsmechanismus der Energiegewinnung in der Sonne und den **Proton–Proton-Fusion**
meisten Sternen; die Fusion führt zum Helium.

Strahlentherapie für die Behandlung von gut lokalisierten, tiefliegenden Tu- **Protonentherapie**
moren mit Protonenstrahlen. Mit Hilfe eines präzisen Strahlführungssys-
tems können Krebstumore im Inneren des Körpers zielgenau bestrahlt werden. Aufgrund des speziellen Ionisationsverhaltens (Bragg-Peak) deponieren die Protonen ihre größte Dosis im Tumorvolumen. Das umliegende gesunde Gewebe wird dabei optimal geschont.

Das Standardgas aus 90% Argon und 10% Methan (meist als Prüfgas be- **Prüfgas**
zeichnet) wird häufig als Füllgas für Proportionalzählrohre verwendet.

Qualitätsfaktor	Begriff aus der alten StrlSchV: Qualitätsfaktoren bewerten den Effekt einer physikalischen Energiedeposition. Sie hängen nur von der Strahlenart und der Strahlenenergie ab. Der Qualitätsfaktor ist 1 für Röntgen-, γ- und β-Strahlung. Er kann für Neutronen, α-Teilchen und Spaltfragmente Werte von 20 annehmen. In der Strahlenschutzverordnung von 2001 wird der Begriff des Qualitätsfaktors durch den des Strahlungs-Wichtungsfaktors ersetzt.
Quant	Ein Quant ist die kleinste diskrete Menge irgendeiner physikalischen Größe. Das Planck'sche Wirkungsquantum ist die kleinste Größe einer physikalischen Wirkung. Die Elementarladung ist die kleinste Ladung von frei beobachtbaren Teilchen.
Quellenstärke	Präparatstärke in Bq (früher in Ci).
rad (roentgen absorbed dose)	Energiedosis gemessen in 100 erg pro Gramm; 1 rad = 10 mGy.
Radioaktives Gleichgewicht	Im radioaktiven Gleichgewicht werden von einer bestimmten Kernart je Zeiteinheit ebenso viele Kerne neu gebildet wie im gleichen Zeitraum zerfallen.
Radioindikator (Tracer)	Radioaktive Indikatoren sind durch ihre charakteristische Strahlung nachweisbare, spurenweise Beimischungen von Radionukliden zu gewöhnlichen chemischen Verbindungen des in der Regel gleichen Elementes (s. auch Indikatoren).
Radioisotopengenerator (RTG)	Auch Isotopenbatterie oder Atombatterie genannt; ein RTG erzeugt elektrische Energie aus dem Zerfall von Radioisotopen.
Radiologische Notstandssituation	Situation, die nach einem Strahlenunfall eine Unterrichtung der Bevölkerung über die geltenden Verhaltensmaßregeln und zu ergreifenden Gesundheitsschutzmaßnahmen erfordert. Siehe auch Störfall (und Anlage XIII StrlSchV).
Radionuklid	Radionuklide sind radioaktive Isotope natürlicher oder künstlicher Kernarten, die durch Bestrahlung mit Neutronen oder Abtrennung von Spaltprodukten aus einem Kernreaktor gewonnen werden können.
Radionuklidbatterie	Siehe Radioisotopengenerator.
Radiopharmaka	Siehe Nuklearpharmaka.
Radium–Beryllium-Quelle	Siehe Neutronenquelle.
Radon	Die Isotope ^{220}Rn und ^{222}Rn stellen mit 1,1 mSv/a den größten Teil der natürlichen Strahlenbelastung dar.

Durch Inhalation von Radon und seinen α-strahlenden Folgeprodukten und bei Rauchern unterdrückter Exhalation dieser Stoffe wird das Lungen- und Bronchialkrebsrisiko deutlich erhöht.

Rauchen

Streuung von Photonen aus dem sichtbaren Spektralbereich an atomaren Elektronen. Der Wirkungsquerschnitt für Rayleigh-Streuung ist proportional zur vierten Potenz der Frequenz. Das Himmelsblau ist eine Folge der Rayleigh-Streuung. Rayleigh-Streuung ist elastisch, d. h. die Energie der Photonen wird bei dem Streuvorgang nicht geändert.

Rayleigh-Streuung

Stoff, der infolge seines hohen Absorptionsquerschnittes für Neutronen die Wirkung eines Reaktors herabsetzt.

Reaktorgift

Verhindert, dass zu viele Neutronen aus einem Kernspaltreaktor austreten und so für weitere Spaltungen verloren gehen. Als Reflektormaterial sind Wasser, Graphit oder Beryllium geeignet.

Reflektor

Regelstäbe bestehen aus einem Material, das Neutronen absorbiert, z. B. Cadmium. Durch Herausziehen oder Hineinschieben in den Reaktorkern kann der Neutronenvermehrungsfaktor beeinflusst werden.

Regelstab

α-Strahlen haben eine äußerst geringe Reichweite (3,5 cm in Luft, $\approx 0,1$ mm in Kunststoff). Die Reichweite von β-Strahlen entspricht maximal 5 mm in Aluminium. γ-Strahlen werden nur exponentiell geschwächt und lassen sich auch durch mehrere cm Blei nicht vollständig abschirmen.

Reichweite

Die relative biologische Wirksamkeit ist je nach Strahlenart und Strahlenenergie verschieden, da außer der insgesamt absorbierten Energie pro Kilogramm auch die Ionisationsdichte entlang der einzelnen Teilchenspuren eine Rolle spielt. Der RBW-Faktor ist definiert als das Verhältnis der Energiedosis einer γ-Strahlung, die eine bestimmte biologische Wirkung erzeugt, zu der Energiedosis der betreffenden Strahlung, die die gleiche biologische Wirkung hervorruft. Im Gegensatz zum Strahlungs-Wichtungsfaktor ist der RBW-Faktor von der betrachteten biologischen Wirkung und der Höhe der Dosisleistung abhängig.

Relative Biologische Wirksamkeit (RBW-Faktor)

Äquivalentdosis gemessen in 100 erg pro Gramm, wobei die Energieabsorption mit dem Strahlungs-Wichtungsfaktor multipliziert wird; 1 rem = 10 mSv.

rem (roentgen equivalent man)

Beschreibt das zeitliche Verhalten eines inkorporierten radioaktiven Stoffes im Organismus („Zurückhaltung").

Retention

Werden N Personen mit einer Äquivalentdosis H bestrahlt, so ist die Anzahl der an einer stochastischen Strahlenwirkung (z. B. Leukämie) erkrankenden Personen $n = f N H$; f ist der Risikofaktor.

Risikofaktor

Röntgen (R)	Ein Röntgen ist die Intensität von Röntgen- oder Gammastrahlung, die in $1\,cm^3$ Luft bei Normaldruck je eine elektrostatische Ladungseinheit an Ionen und Elektronen erzeugt. Für Luft gilt: $1\,R = 0,88\,rad = 8,8\,mGy$.
Röntgendiagnostik	Medizinische Diagnostik mit Röntgenstrahlung.
Röntgenpass	Vom Patienten freiwillig geführtes Dokument, das Angaben über den Zeitpunkt einer Röntgenuntersuchung, die untersuchte Körperregion, die verabreichte Dosis, die Art der Untersuchung und den untersuchenden Arzt enthält.
Röntgenstrahlung	Energiereiche elektromagnetische Strahlung, die bei Elektronenübergängen in inneren Schalen von Atomen emittiert wird (Energiebereich $< 100\,keV$), oder bei der Abbremsung von Elektronen im Kernfeld entsteht (Bremsstrahlung).
Röntgenverordnung	Regelt den Umgang mit Geräten zur Erzeugung von Röntgenstrahlung. Die in der Röntgenverordnung festgelegten Grenzwerte entsprechen denen der Strahlenschutzverordnung.
Rückstreupeak	Der Rückstreupeak in einem Detektor kommt dadurch zustande, dass ein Photon in der Umhüllung des Detektors comptonrückgestreut wird und das rückgestreute Photon im Detektor über Photoeffekt nachgewiesen wird.
Ruhenergie	Das Energieäquivalent der Masse eines Teilchens gemäß $E = mc^2$. Die Ruhenergie eines Elektrons beträgt $511\,keV$, die eines Protons $938\,MeV$.
SAR-Wert	Abkürzung für Spezifische Absorptionsrate. Der SAR-Wert ist ein Maß für die Absorption von elektromagnetischen Feldern und Strahlungen in biologischem Gewebe.
Schneller Brüter	Reaktor, bei dem Transurane mit Hilfe der Wechselwirkung von schnellen Neutronen erbrütet werden. Dieser Reaktortyp verspricht den höchsten Brutgewinn, ist aber technisch schwierig handhabbar.
Schwellendosis	Dosis, unterhalb der keine direkten Strahlenschäden auftreten. Man sollte davon ausgehen, dass es bezüglich stochastischer Strahlenwirkungen durch ionisierende Strahlen keine Schwellendosis gibt. Für Frühschäden scheint es dagegen eine Schwellendosis zu geben, deren Wert sicher deutlich über dem der natürlichen Strahlenexposition liegt.
Schwerionentherapie	Siehe Hadronentherapie.
Sekundäre Kosmische Strahlung	Die sekundäre kosmische Strahlung ist ein komplexes Gemisch aus Elementarteilchen, die durch Wechselwirkung der primären kosmischen Strahlung mit den Atomkernen der Atmosphäre entsteht. Auf Meereshöhe besteht die sekundäre kosmische Strahlung zu 80% aus Myonen und 20% aus Elektronen.

Bei energiearmen β-Strahlern kann bereits ein beträchtlicher Teil der Elektronen in der Quelle selbst absorbiert werden.

Selbstabsorption

Die Strahlenwirkung eines biologischen Systems kann durch bestimmte Stoffe verstärkt werden. So sind etwa Sauerstoff, Bromuracil, Fluoruracil strahlensensibilisierend; auch der Wassergehalt ist für die Strahlenempfindlichkeit relevant. Kanzerogene Stoffe wirken in der Regel ebenfalls sensibilisierend.

Sensibilisator

Reaktor mit Wasser als Kühlmittel *und* Moderator. Im Gegensatz zum Druckwasserreaktor wird jedoch der Dampf direkt im Reaktor erzeugt. Mit diesem Dampf kann ohne Wärmeaustauscher die Turbine betrieben werden. Bei einer solchen Konstruktion verwendet man nur leichtes Wasser als Moderator, da die Verluste bei schwerem Wasser zu teuer würden.

Siedewasserreaktor

Äquivalentdosis in Joule pro Kilogramm. Die Äquivalentdosis erhält man aus der in Gray gemessenen Energiedosis durch Multiplikation mit dem Strahlungs-Wichtungsfaktor w_R. 1 Sv = 100 rem.

Sievert (Sv)

Struktur im Gammaspektrum eines monoenergetischen Strahlers, die dadurch zustande kommt, dass im Laufe der Registrierung ein Positron erzeugt wird, das mit einem Targetelektron in zwei Photonen zerstrahlt, wovon eines aus dem Detektor entkommt.

Single-Escape-Peak

Biologische Strahlenwirkungen, die sich in Änderungen der Struktur und Funktion von bestrahlten Organen bemerkbar machen.

Somatische Strahlenwirkung

Strahlenschäden, die nach einer meist langen Latenzzeit auftreten.

Spätschäden

Kernumwandlung durch hochenergetische Teilchen, bei denen – im Gegensatz zur Kernspaltung – eine größere Anzahl von Kernbruchstücken sowie α-Teilchen und Nukleonen auftreten.

Spallation

Anlage zur Erzeugung intensiver Neutronenflüsse durch Beschuss eines Targets mit einem hochenergetischen Protonenstrahl.

Spallationsneutronenquelle

Bei einer spontanen oder induzierten Spaltung eines schweren Elements entstehen in der Regel hochradioaktive Bruchstücke (Spaltprodukte).

Spaltprodukte

Eine in der Regel aus Magneten und Detektoren bestehende Nachweisapparatur, mit der die bei einem Streuprozess erzeugten Teilchen in bestimmten Raumwinkeln registriert und impulsmäßig vermessen werden.

Spektrometer

Die Bildung von Spermien ist stark strahlungsempfindlich.

Spermiogenese

Strahlenschutzbereich, in dem Ortsdosisleistungen von > 3 mSv/h auftreten können.

Sperrbereich

Spin	Eigendrehimpuls quantisiert in Einheiten von $\hbar$, wobei $\hbar = h/(2\pi)$ und h das Planck'sche Wirkungsquantum ist.
Spontanspaltung	Spontanspaltung ist die von selbst erfolgende Spaltung schwerer Atomkerne. Sie ist meist mit extrem langen Halbwertszeiten verknüpft (außer bei superschweren Elementen, z. B. ^{258}Fm).
Stabdosimeter	Siehe Füllhalterdosimeter.
Starke Wechselwirkung	Kurzreichweitige Wechselwirkung, die Quarks, Antiquarks und Gluonen in Nukleonen und Hadronen bindet. Die Nukleonen werden durch die Restwechselwirkung dieser starken Kräfte in Kernen gebunden.
Statistik	Die bei einem radioaktiven Zerfall auftretenden Zählraten pro Zeit unterliegen der Poisson-Statistik. Die Standardabweichung (ein Maß für die Breite) einer Poisson-Verteilung ist gleich der Wurzel aus dem Mittelwert.
Stellarator	Torusförmige Kammer zum magnetischen Einschluss eines heißen Wasserstoffplasmas. Im Stellarator wird der Plasmaeinschluss allein durch eine geschickte Anordnung von Magnetfeldspulen erreicht.
Sterilisation	Siehe Lebensmittelbestrahlung.
Sterilität	Eine Strahlenexposition kann eine (eventuell vorübergehende) Unfruchtbarkeit herbeiführen.
Stochastische Strahlenschäden	Spätschäden, bei denen die Schwere der Erkrankung unabhängig von der Dosis, aber die Wahrscheinlichkeit des Auftretens proportional zur Dosis ist.
Störfall	Ereignis, bei dessen Eintreten der Betrieb einer Anlage aus sicherheitstechnischen Gründen nicht fortgeführt werden kann; s. Störfallplanungsgrenzwert.
Störfallplanungsgrenzwert	Die sicherheitstechnische Auslegung eines Kernkraftwerks muss so beschaffen sein, dass bei einem Störfall im ungünstigsten Fall die Umgebung mit höchstens 50 mSv belastet wird.
Störstrahler	Geräte, die Röntgenstrahlung erzeugen, ohne dass sie zu diesem Zweck betrieben werden (z. B. Fernsehgerät alter Bauart).
Strahlen, ionisierende	Photonen- oder Teilchenstrahlungen, die in der Lage sind, direkt oder indirekt zu ionisieren.
Strahlenbelastung	Die Strahlenbelastung durch die natürliche Umweltradioaktivität beträgt etwa 2–3 mSv/a. Die Strahlenbelastung durch die Technisierung der Umwelt liegt bei etwa 2 mSv/a.

Einwirkung ionisierender Strahlung auf den menschlichen Körper.   **Strahlenexposition**

Trübung der Augenlinsen durch Strahlenexposition der Augen.   **Strahlenkatarakt**

Akute Erkrankung nach erhöhter Strahlenexposition ($\geq 0,5$ Sv). Symptome   **Strahlenkrankheit, akute**
der Strahlenkrankheit sind Übelkeit, Erbrechen, Haarausfall, Blutungen. Ab
1 Sv treten auch Todesfälle auf.

Krebserkrankungen können durch ionisierende Strahlung, aber auch durch   **Strahlenkrebs**
hochfrequente nicht-ionisierende elektromagnetische Strahlung ausgelöst
werden.

Siehe Risikofaktor.   **Strahlenrisiko**

Werden eingeteilt in Früh- und Spätschäden.   **Strahlenschäden**

Aufgrund einer Strahlenschutzanweisung überträgt der Strahlenschutzver-   **Strahlenschutzbeauftragter**
antwortliche die Aufgaben zur Einhaltung der Strahlenschutzgrundsätze
(festgelegt in der Strahlenschutzverordnung) auf den Strahlenschutzbeauftragten.

Bereiche, in denen erhöhte Strahlenexpositionen auftreten, werden in Sperr-   **Strahlenschutzbereich**
bereich, Kontrollbereich und Überwachungsbereich aufgeteilt.

Beim Betrieb strahlenerzeugender Anlagen und beim Umgang mit radioak-   **Strahlenschutzgrundsätze**
tiven Stoffen muss die Strahlenexposition für den Menschen so niedrig wie
irgendwie vertretbar gehalten werden (ALARA-Prinzip). In der Strahlenschutzverordnung von 2001 wird sogar ein Minimierungsgebot gefordert.
Danach soll die Strahlenbelastung so gering wie möglich gehalten werden.

Siehe Filmdosimeter.   **Strahlenschutzplakette**

Im Strahlenschutzregister sind die ermittelten Dosiswerte strahlenexponier-   **Strahlenschutzregister**
ter Personen einzutragen. Die gespeicherten personenbezogenen Daten sind
95 Jahre nach der Geburt der betroffenen Person zu löschen.

Substanzen, die die Strahlenempfindlichkeit herabsetzen. Z. B. senkt Cys-   **Strahlenschutzstoffe**
teamin verabreicht *vor* einer Strahlenexposition die Strahlenempfindlichkeit
beträchtlich.

Verantwortlicher Leiter einer Einrichtung, in der mit radioaktiven Stoffen   **Strahlenschutzverantwortlicher**
oder Geräten zur Erzeugung ionisierender Strahlung umgegangen wird. Der
Strahlenschutzverantwortliche muss nicht über die Fachkunde im Strahlenschutz verfügen.

Regelt den Umgang mit radioaktiven Stoffen und strahlenerzeugenden An-   **Strahlenschutzverordnung**
lagen.

Strahlentherapie	Behandlung von Erkrankungen (z. B. Tumoren) durch nuklearmedizinische Verfahren (Bestrahlung).
Strahlenunfall (radiologische Notstandssituation)	Ereignisablauf, der für eine oder mehrere Personen, z. B. in einer kerntechnischen Anlage, eine effektive Dosis von mehr als 50 mSv zur Folge haben kann.
Strahlungsgürtel	Siehe van-Allen-Gürtel.
Strahlungs-Wichtungsfaktor	Wichtungsfaktor, der die biologische Wirksamkeit von ionisierender Strahlung bei der Umrechnung von der Dosis D in die Äquivalentdosis H leistet (früher Qualitätsfaktor genannt).
Subatomares Teilchen	Irgendein Teilchen, das klein ist im Vergleich zur Größe eines Atoms (z. B. Proton, Elektron, Pion).
Synchrotron	Das Synchrotron beschleunigt geladene Teilchen auf einer Kreisbahn von konstantem Radius, wobei die Stärke des magnetischen Führungsfeldes proportional mit dem Teilchenimpuls anwächst.
Synchrotronstrahlung	Eine intensive, laserähnlich gebündelte und extrem breitbandige elektromagnetische Strahlung, die in Ringbeschleunigern von Elektronen oder Positronen in den Ablenkmagneten oder in Wigglern/Undulatoren emittiert wird.
Synchrotronstrahlungsquelle	Zirkularer Elektronenbeschleuniger, in dem die Elektronen durch spezielle Magnetfeldstrukturen (Wiggler, Undulatoren) zur Emission von intensiver Synchrotronstrahlung veranlasst werden.
Szintigramm	Bildgebendes Verfahren zur Darstellung von Organen durch Radionuklide. Die von den Radionukliden ausgehenden Gammastrahlen werden in einem Szintillationszähler registriert. Szintigramme werden in der medizinischen Diagnostik zur Erkennung von Funktionsstörungen von Organen aufgenommen.
Szintillationszähler	Teilchendetektor, der auf der Basis der Messung des Energieverlustes geladener Teilchen durch Elektronenanregung basiert. Beim Übergang der angeregten Elektronen in den Grundzustand wird Licht emittiert, das die Grundlage der Messung darstellt.
Taschendosimeter	Siehe Füllhalterdosimeter und direkt ablesbare Dosimeter.
Technetium-Generator	Ein Technetium-99m-Generator, häufig auch „Technetium-Kuh" genannt, ist ein Gerät, mit dem man das metastabile Tc 99m aus dem Zerfall von Molybdän 99 gewinnt bzw. „abmelkt".
Teilkörperdosis	Mittelwert der Äquivalentdosis eines bestimmten Körperabschnitts oder eines Organs.

Kernspaltung, bei der der Kern in drei Kernbruchstücke zerplatzt, wobei ein Kernbruchstück in der Regel ein leichtes Teilchen, z. B. ein α-Teilchen oder ein Tritiumkern ist. **Ternäre Spaltung**

Natürliche ionisierende Strahlung aus der Erdkruste. Hauptradionuklide der terrestrischen Strahlung sind ^{40}K, ^{226}Ra und ^{232}Th. Die Strahlenbelastung durch terrestrische Strahlung beträgt 0,5 mSv/a. **Terrestrische Strahlung**

Thermische Neutronen haben eine Geschwindigkeitsverteilung, die mit der thermischen Bewegung der Atome und Moleküle in der Umgebung im Gleichgewicht ist. Bei Raumtemperatur haben thermische Neutronen Energien um (1/40) eV. **Thermische Neutronen**

Bei diesem Reaktortyp hat man den Vorteil, dass man sich auf die bereits gut entwickelte Technik der thermischen Leistungsreaktoren stützen kann. Im thermischen Brüter werden Transurane erbrütet. **Thermischer Brüter**

In bestimmten Stoffen werden durch Absorption ionisierender Strahlen stabile angeregte Zustände gebildet. Deren Zahl ist der absorbierten Energiedosis proportional. Durch Erhitzen fallen die angeregten Elektronen unter Emission von Licht in den Grundzustand zurück. Die dabei erzielte Lichtausbeute ist ein Maß für die absorbierte Energiedosis. Bei der Erhitzung wird die Dosisinformation gelöscht. **Thermolumineszenzdosimeter**

Als Thomson-Streuung bezeichnet man die elastische Streuung von Photonen an atomaren Elektronen im Energiebereich $E_\gamma \ll m_e c^2$. **Thomson-Streuung**

In diesem Kernkraftwerk ereignete sich im Jahre 1979 ein ernster Unfall, wobei es zu einer partiellen Kernschmelze kam. Durch das Containment wurde eine Verseuchung der Umwelt vermieden. **Three-Mile-Island-Reaktor**

Toroidale Brennkammer in Magnetspulen, in der ein Wasserstoffplasma zur Fusion gebracht wird. Durch einen großen Transformator wird ein Plasmastrom induziert. **Tokamak**

Einige Radionuklide (z. B. ^{239}Pu, ^{240}Pu, ^{249}Cf) haben extrem große biologische Halbwertszeiten und führen bei Inkorporation zu hohen Energiedosen. Aufgrund ihrer hohen Radiotoxizität sind die Freigrenzen für diese Nuklide besonders niedrig. Radiotoxische Stoffe zeigen auch eine hohe chemische Giftigkeit. **Toxizität**

Siehe Radioindikator. **Tracer**

Übertragungsfaktoren, die den Übergang radioaktiver Stoffe von einem Biosystem zu einem anderen beschreiben (z. B. Transfer: Boden $\rightarrow$ Pflanze $\rightarrow$ Kuh $\rightarrow$ Mensch). **Transferfaktor**

Transmutation	Durch Protonen- oder Neutronenbeschuss können langlebige Radionuklide in kurzlebige oder stabile Nuklide umgewandelt werden, ein für die Entsorgung radioaktiver Abfälle wichtiger Prozess. Eine großtechnische Realisierung dieses Verfahrens steht noch aus.
Transportkennzahl	Je nach Ortsdosisleistung an der berührbaren Oberfläche eines Radioisotope enthaltenen Transportstücks (z. B. Castor-Behälter) wird das Transportgut durch eine Kennzahl charakterisiert, die deren potentielle Gefährdung beschreibt. Diese Transportkennzahl ergibt sich als der mit 100 multiplizierte Zahlenwert der höchsten Ortsdosisleistung in mSv/h in einem Abstand von 1 m von der Außenfläche des Versandstücks.
Transurane	Elemente jenseits des Urans ($Z \geq 93$).
Tritium	Radioaktives Isotop des Wasserstoffs mit zwei Neutronen im Atomkern (^{3}H). Die Tritiumaktivität des Trinkwassers liegt bei 0,1 Bq/l, die von Oberflächengewässern (Seen, Flüssen) bei 10 Bq/l.
Tritium-Lichtquelle	Lampen ohne Strom: Die Betastrahlung des tritiumhaltigen Füllgases bringt die mit Phosphor belegte Innenfläche der Lichtquelle durch Fluoreszenz zum Leuchten.
Triton	Kern des Tritium-Atoms.
Tröpfchenmodell	In diesem Modell nimmt man an, dass der Zusammenhalt der Nukleonen im Kern ähnlich wie der Zusammenhalt der Wassermoleküle in einem Tropfen zustande kommt. Die Volumenbindungsenergie muss durch Oberflächeneffekte, Coulomb-Abstoßung und Asymmetrieeffekte modifiziert werden.
Tschernobyl-Katastrophe	Schwerer Reaktorunfall 1986 in der Ukraine mit sehr großer weltweiter Freisetzung radioaktiver Stoffe.
Überwachungsbereich, außerbetrieblicher	Bereich, in dem eine Person einer Energiedosis von maximal 1,5 mSv/a bei Ganzkörperbestrahlung ausgesetzt sein durfte. In der StrlSchV von 2001 entfällt der „außerbetriebliche Überwachungsbereich" und der bisherige „betriebliche Überwachungsbereich" wird zum Überwachungsbereich.
Überwachungsbereich	Überwachungsbereiche sind nicht zum Kontrollbereich gehörende betriebliche Bereiche, in denen Personen eine effektive Dosis von mehr als 1 mSv pro Jahr erhalten können.
Umgangsgenehmigung	Der Besitz von und der Umgang mit radioaktiven Stoffen bedarf ab einer bestimmten Aktivität oder Beschaffenheit der Strahler der Genehmigung durch die zuständige Behörde. Der Betrieb von Geräten, die ionisierende Strahlung erzeugen (z. B. Beschleuniger), bedarf ebenfalls einer Umgangsgenehmigung.

Universal Mobile Telecommunications System; Mobilfunkstandard der dritten Generation mit hohen Datenübertragungsraten im Frequenzbereich von 2 GHz. **UMTS**

Lineare Folge von Dipolmagneten, die alternierend gepolt sind und Elektronen zur Emission von Synchrotronstrahlung veranlassen. Die Magnete im Undulator sind so angeordnet, dass kohärentes Synchrotronlicht im keV-Bereich erzeugt wird. **Undulator**

Siehe Strahlenunfall. **Unfall**

Siehe Havariedosimetrie. **Unfalldosimetrie**

Das Quantenprinzip, zuerst von Werner Heisenberg formuliert, das besagt, dass es unmöglich ist, sowohl den Aufenthaltsort als auch den Impuls eines Teilchens zur selben Zeit mit absoluter Präzision zu kennen. Das Heisenberg-Prinzip bezieht sich generell auf komplementäre Größen, also ebenso auf die komplementären Größen Energie und Zeit. **Unschärferelation**

Niederenergetische Teilchen der kosmischen Strahlung werden in bestimmten Bereichen des Erdmagnetfeldes eingefangen und dort gespeichert. **van-Allen-Gürtel**

Radioaktive Abfälle können zur Endlagerung verglast werden. **Verglasen**

Siehe Annihilation. **Vernichtungsstrahlung**

Streuung geladener Teilchen in den Coulomb-Feldern von Kernen beim Durchgang geladener Teilchen durch Materie. **Vielfachstreuung**

Wird ein Photon in einem Detektor über Photoeffekt oder Compton-Effekt mit nachfolgender Photoabsorption des gestreuten Quants nachgewiesen, so wird er im Vollabsorptionspeak registriert. **Vollenergiepeak**

Durch Regen aus der Luft ausgewaschene und auf der Erde niedergeschlagene radioaktive Stoffe (z. B. infolge von Kernwaffentests in der Atmosphäre). **Washout**

Explosionsartige Kernfusion initiiert durch die Energiefreisetzung einer Kernspaltbombe („Atombombe"). **Wasserstoffbombe**

Energieerzeugungsmechanismus in der Sonne. Dabei wird Wasserstoff zu Helium verschmolzen. **Wasserstofffusion**

Kügelchen aus Tritium und Deuterium bei tiefen Temperaturen als Ausgangsmaterial zur Laserfusion. **Wasserstoffpellets**

Ein Prozess, in dem ein Teilchen oder ein Kern zerfällt oder mit einem anderen in Wechselwirkung tritt (wie bei einem Stoß). **Wechselwirkung**

Weichteilgewebe	Homogenes Material mit einem Massengehalt von 10,1% Wasserstoff, 11,1% Kohlenstoff, 2,6% Stickstoff und 76,2% Sauerstoff.
Wiederaufarbeitung	Rückgewinnung von unverbrannten Kernbrennstoffen durch chemische Extraktionsverfahren aus teilweise abgebrannten Reaktorbrennelementen für ihre erneute Nutzung (auch Wiederaufbereitung).
Wiederaufbereitung	Siehe Wiederaufarbeitung.
Wiggler	Anordnung von Dipolmagneten, die alternierend gepolt sind und Elektronen zur Emission von inkohärenter Synchrotronstrahlung veranlassen.
Wirkungsquerschnitt	Der Wirkungsquerschnitt ist diejenige Fläche eines Atomkernes oder Teilchens, die ein punktförmig gedachtes Teilchen treffen muss, um eine bestimmte Reaktion herbeizuführen.
Wischprobe	Zum Feststellen von Kontaminationen von Geräten, Arbeitsplätzen oder Kleidung können Wischproben genommen und ausgewertet werden.
X-Strahlen	Röntgenstrahlen, s. Röntgenstrahlung.
Zählrohr	Siehe Geiger–Müller-Zählrohr und Proportionalzählrohr.
Zellkerntreffer	Siehe Krebsbildung.
Zerfall	Ein Prozess, in dem ein Atomkern spontan unter Emission von α-, β-, γ- oder Neutronenstrahlung seine Identität ändert.
Zerfallsgesetz	Beschreibt die zeitliche Abnahme der Kerne einer Sorte durch den radioaktiven Zerfall: $N = N_0\,e^{-\lambda t}$, λ – Zerfallskonstante.
Zerfallskonstante (λ)	Beschreibt den radioaktiven Zerfall gemäß $N = N_0\,e^{-\lambda t}$. $\lambda = 1/\tau$, wenn τ die Lebensdauer ist und $\lambda = \ln 2/T_{1/2}$, wobei $T_{1/2}$ die Halbwertszeit darstellt.
Zerfallsreihen	Da schwere Atomkerne hauptsächlich α-Teilchen emittieren und die Massenzahl eines α-Teilchens $A = 4$ ist, gibt es genau vier Zerfallsreihen. Die Uran–Radium-Reihe, die Uran–Actinium-Reihe, die Thorium-Reihe und die Neptunium-Reihe. Die letztere kommt allerdings wegen der relativ kurzen Halbwertszeit des Neptunium-237-Isotops von etwa 2 Millionen Jahren in der Natur nicht mehr vor.
Zerfallsschema	Der radioaktive Zerfall eines Nuklids wird durch das Zerfallsschema beschrieben, in dem Mutternuklid, Tochternuklid, Zerfallsenergie, Zerfallsart und Übergangswahrscheinlichkeit angegeben sind.
Zerstrahlung	Siehe Annihilation.

Stoff, der bei Bestrahlung Szintillationslicht emittieren kann. Dieser „histo-   **Zinksulfid**
rische" Szintillationszähler wurde schon von Rutherford benutzt.

In einem Zyklotron-Beschleuniger werden geladene Teilchen durch magne-   **Zyklotron**
tische Felder auf spiralförmigen Bahnen geführt. Die Beschleunigung erfolgt durch elektromagnetische Hochfrequenzfelder.

A Tabelle wichtiger Radionuklide

Hier werden nur die Zerfälle mit der größten Häufigkeit aufgeführt; für β-Strahler werden die Maximalenergien der kontinuierlichen β-Spektren angegeben. „$\rightarrow$" bedeutet hier den Zerfall in das in der Tabelle folgende Element. K bedeutet K-Strahler (Elektroneneinfang).

Nuklid ^A_ZElement	Zerfalls- art	Halbwerts- zeit	β- bzw. α- Energie (MeV)	γ-Energie (MeV)
$^3_1$H	β^-	12,3 a	0,0186	kein γ
$^7_4$Be	K, γ	53 d	–	0,48
$^{10}_4$Be	β^-	$1,5 \times 10^6$ a	0,56	kein γ
$^{14}_6$C	β^-	5730 a	0,156	kein γ
$^{22}_{11}$Na	β^+, K	2,6 a	0,54	1,28
$^{24}_{11}$Na	β^-, γ	15,0 h	1,39	1,37
$^{26}_{13}$Al	β^+, K	$7,17 \times 10^5$ a	1,16	1,84
$^{32}_{14}$Si	β^-	172 a	0,20	kein γ
$^{32}_{15}$P	β^-	14,2 d	1,71	kein γ
$^{37}_{18}$Ar	K	35 d	–	kein γ
$^{40}_{19}$K	β^-, K	$1,28 \times 10^9$ a	1,33	1,46
$^{51}_{24}$Cr	K, γ	27,8 d	–	0,325
$^{54}_{25}$Mn	K, γ	312 d	–	0,84
$^{55}_{26}$Fe	K	2,73 a	–	0,006
$^{57}_{27}$Co	K, γ	272 d	–	0,122
$^{60}_{27}$Co	β^-, γ	5,27 a	0,32	1,17 & 1,33
$^{66}_{31}$Ga	β^+, K, γ	9,4 h	4,15	1,04
$^{68}_{31}$Ga	β^-, K, γ	68 m	1,88	1,07
$^{85}_{36}$Kr	β^-, γ	10,8 a	0,67	0,52
$^{89}_{38}$Sr	β^-	51 d	1,49	kein γ
$^{90}_{38}$Sr $\rightarrow$	β^-	28,7 a	0,55	kein γ
$^{90}_{39}$Y	β^-	64 h	2,28	kein γ
$^{99m}_{43}$Tc	γ	6 h	–	0,140
$^{106}_{44}$Ru $\rightarrow$	β^-	1,0 a	0,04	kein γ
$^{106}_{45}$Rh	β^-, γ	30 s	3,54	0,51

Nuklid ^A_ZElement	Zerfalls-art	Halbwerts-zeit	β- bzw. α-Energie (MeV)	γ-Energie (MeV)
$^{112}_{47}$Ag	β^-, γ	3,13 h	3,90	0,62
$^{109}_{48}$Cd $\rightarrow$	K	1,27 a	–	kein γ
$^{109m}_{47}$Ag	γ	40 s	–	0,088
$^{113}_{50}$Sn	K, γ	115 d	–	0,392
$^{132}_{52}$Te	β^-, γ	77 h	0,22	0,23
$^{125}_{53}$I	K, γ	60 d	–	0,035
$^{129}_{53}$I	β^-, γ	$1,6 \times 10^7$ a	0,15	0,038
$^{131}_{53}$I	β^-, γ	8,05 d	0,61	0,36
$^{133}_{54}$Xe	β^-, γ	5,24 d	0,35	0,08
$^{134}_{55}$Cs	β^-, β^+, γ	2,06 a	0,65	0,61
$^{137}_{55}$Cs $\rightarrow$	β^-	30 a	0,51 & 1,18	0,66
$^{137m}_{56}$Ba	γ	2,6 m	–	0,66
$^{133}_{56}$Ba	K, γ	10,5 a	–	0,36
$^{140}_{57}$La	β^-, γ	40,2 h	1,34	1,60
$^{144}_{58}$Ce $\rightarrow$	β^-, γ	285 d	0,32	0,13
$^{144}_{59}$Pr	β^-, γ	17,5 m	3,12	0,69
$^{144}_{60}$Nd	α	$2,3 \times 10^{15}$ a	1,80	kein γ
$^{152}_{63}$Eu	K, $\beta^{\mp}, \gamma$	13,5 a	0,68	0,122
$^{192}_{77}$Ir	K, β^-, γ	74 d	0,67	0,32
$^{198}_{79}$Au	β^-, γ	2,7 d	0,96	0,41
$^{204}_{81}$Tl	β^-, K	3,78 a	0,76	kein γ
$^{207}_{83}$Bi	K, γ	31,6 a	0,48	0,57
$^{222}_{86}$Rn $\rightarrow$	α, γ	3,8 d	5,48	0,51
$^{218}_{84}$Po $\rightarrow$	α, β^-	3,1 m	α: 6,00	kein γ
$^{214}_{82}$Pb $\rightarrow$	β^-, γ	26,8 m	0,73	0,35
$^{214}_{83}$Bi	β^-, γ	19,9 m	1,51	0,61
$^{226}_{88}$Ra	α, γ	1600 a	4,78	0,19
$^{228}_{90}$Th	α, γ	1,9 a	5,42	0,24
$^{234}_{92}$U	α, γ	$2,5 \times 10^5$ a	4,77	0,05
$^{235}_{92}$U	α, γ	$7,1 \times 10^8$ a	4,40	0,19
$^{238}_{92}$U	α, γ	$4,5 \times 10^9$ a	4,20	0,05

Nuklid ^A_ZElement	Zerfalls-art	Halbwerts-zeit	β- bzw. α-Energie (MeV)	γ-Energie (MeV)
$^{239}_{94}$Pu	α, γ	24 110 a	5,15	0,05
$^{240}_{94}$Pu	α, γ	6564 a	5,16	0,05
$^{241}_{95}$Am	α, γ	432 a	5,49	0,06
$^{252}_{98}$Cf	α, γ	2,6 a	6,11	0,04
$^{252}_{100}$Fm	α, γ	25 h	7,05	0,096
$^{268}_{109}$Mt	α	70 ms	10,70	–

Anmerkung

Die schweren α-strahlenden Radioisotope können auch durch spontane Spaltung zerfallen. Die Halbwertszeiten für spontane Spaltung sind aber in der Regel sehr viel größer als für α-Zerfälle. Genauere Informationen über Zerfallsschemata entnehme man der unter „Tabellenwerke" zitierten Literatur (s. S. 368). Die jeweils neuesten Informationen zur Nuklidkarte findet man im Internet unter

http://atom.kaeri.re.kr/

und

http://isotopes.lbl.gov/education   .

Wir werden reich sein.
Dieses Isotop zerfällt zu Gold!

© by Claus Grupen

B Freigrenzen für absolute und spezifische Aktivitäten (Auszüge aus Anlage III, Tabelle 1, StrlSchV 2001)

Für die Freigrenzen muss jeweils gelten

$$\sum_{i=1}^{N} \frac{A_i}{A_i^{\max}} \leq 1 \ ,$$

wenn A_i die Aktivitäten der Nuklide in einem Nuklidgemisch und $A_i^{\max}$ die zugehörigen Freigrenzen sind.

Radionuklid	Freigrenze	
	Aktivität in Bq	spezifische Aktivität in Bq/g
$^{3}_{1}\text{H}$	10^9	10^6
$^{7}_{4}\text{Be}$	10^7	10^3
$^{14}_{6}\text{C}$	10^7	10^4
$^{24}_{11}\text{Na}$	10^5	10
$^{32}_{15}\text{P}$	10^5	10^3
$^{40}_{19}\text{K}^*$	10^6	10^2
$^{54}_{25}\text{Mn}$	10^6	10
$^{55}_{26}\text{Fe}$	10^6	10^4
$^{57}_{27}\text{Co}$	10^6	10^2
$^{60}_{27}\text{Co}$	10^5	10
$^{82}_{35}\text{Br}$	10^6	10
$^{89}_{38}\text{Sr}$	10^6	10^3
$^{90}_{38}\text{Sr}^{\dagger}$	10^4	10^2
$^{99m}_{43}\text{Tc}$	10^7	10^2
$^{106}_{44}\text{Ru}^{\dagger}$	10^5	10^2
$^{110m}_{47}\text{Ag}$	10^6	10
$^{109}_{48}\text{Cd}^{\dagger}$	10^6	10^4
$^{125}_{53}\text{I}$	10^6	10^3

Radionuklid	Freigrenze	
	Aktivität in Bq	spezifische Aktivität in Bq/g
$^{129}_{53}$I	10^5	10^2
$^{131}_{53}$I	10^6	10^2
$^{134}_{55}$Cs	10^4	10
$^{137}_{55}$Cs[†]	10^4	10
$^{133}_{56}$Ba	10^6	10^2
$^{152}_{63}$Eu	10^6	10
$^{197}_{80}$Hg	10^7	10^2
$^{204}_{81}$Tl	10^4	10^4
$^{214}_{82}$Pb	10^6	10^2
$^{207}_{83}$Bi	10^6	10
$^{210}_{84}$Po	10^4	10
$^{220}_{86}$Rn[†]	10^7	10^4
$^{222}_{86}$Rn[†]	10^8	10
$^{226}_{88}$Ra[†]	10^4	10
$^{227}_{89}$Ac[†]	10^3	$0,1$
$^{232}_{90}$Th[†]	10^4	10
$^{233}_{92}$U	10^4	10
$^{235}_{92}$U[†]	10^4	10
$^{238}_{92}$U[†]	10^4	10
$^{239}_{94}$Pu	10^4	1
$^{240}_{94}$Pu	10^3	1
$^{241}_{95}$Am	10^4	1
$^{244}_{96}$Cm	10^4	10
$^{252}_{98}$Cf	10^4	10

[*] als natürlich vorkommendes Nuklid nicht beschränkt
[†] im Gleichgewicht mit den Tochternukliden; die Strahlenexpositionen durch diese Tochternuklide sind in den Freigrenzen berücksichtigt

C Maximal zulässige Aktivitätskonzentrationen aus Strahlenschutzbereichen, Anlage VII, Teil D, Tabelle 4 (Auszüge)

Radionuklid	maximal zulässige Aktivitätskonzentration	
	in der Luft in Bq/m^3	im Wasser in Bq/m^3
$^{3}_{1}H$	10^2	10^7
$^{7}_{4}Be$	6×10^2	5×10^6
$^{14}_{6}C$	6	6×10^5
$^{24}_{11}Na$	90	3×10^5
$^{32}_{15}P$	1	3×10^4
$^{42}_{19}K$	2×10^2	2×10^5
$^{54}_{25}Mn$	20	2×10^5
$^{55}_{26}Fe$	20	10^5
$^{57}_{27}Co$	30	3×10^5
$^{60}_{27}Co$	1	2×10^4
$^{82}_{35}Br$	50	10^5
$^{89}_{38}Sr$	4	3×10^4
$^{90}_{38}Sr$	0,1	4×10^3
$^{99m}_{43}Tc$	2×10^3	4×10^6
$^{106}_{44}Ru$	0,6	10^4
$^{110m}_{47}Ag$	1	4×10^4
$^{109}_{48}Cd$	4	4×10^4
$^{125}_{53}I$	0,5	2×10^4
$^{129}_{53}I$	0,03	4×10^3
$^{131}_{53}I$	0,5	5×10^3
$^{134}_{55}Cs$	2	2×10^4
$^{137}_{55}Cs$	0,9	3×10^4
$^{133}_{56}Ba$	4	4×10^4
$^{152}_{63}Eu$	0,9	5×10^4

Radionuklid	maximal zulässige Aktivitätskonzentration in der Luft in Bq/m³	im Wasser in Bq/m³
$^{197}_{80}$Hg	10^2	4×10^5
$^{204}_{81}$Tl	10	7×10^4
$^{214}_{82}$Pb	2	3×10^5
$^{207}_{83}$Bi	1	9×10^4
$^{210}_{84}$Po	0,008	30
$^{226}_{88}$Ra	0,004	2×10^2
$^{227}_{89}$Ac	7×10^{-5}	30
$^{232}_{90}$Th	3×10^{-4}	2×10^2
$^{233}_{92}$U	0,004	2×10^3
$^{235}_{92}$U	0,004	3×10^3
$^{238}_{92}$U	0,005	3×10^3
$^{239}_{94}$Pu	3×10^{-4}	2×10^2
$^{240}_{94}$Pu	3×10^{-4}	2×10^2
$^{241}_{95}$Am	4×10^{-4}	2×10^2
$^{244}_{96}$Cm	6×10^{-4}	3×10^2
$^{252}_{98}$Cf	0,002	2×10^2
beliebiges unbekanntes Gemisch	10^{-5}	10

Bei diesen Grenzwerten handelt es sich um maximale Aktivitätskonzentrationen in der Luft aus Strahlenschutzbereichen bezüglich Inhalation und maximal zulässige Aktivitätskonzentrationen, die aus Strahlenschutzbereichen in Abwasserkanäle eingeleitet werden dürfen.

Selbstverständlich muss auch hier die Bedingung

$$\sum_{i=1}^{N} \frac{\bar{C}_{i,a}}{C_i} \leq 1$$

eingehalten werden, wobei
C_i die maximal zulässige Aktivitätskonzentration
und
$\bar{C}_{i,a}$ die tatsächliche mittlere jährliche Aktivitätskonzentration
darstellen.

Maximal zulässige Aktivitätskonzentration aus Strahlenschutzbereichen, Anlage VII, Teil D, Tabelle 5 (Auszüge)

max. zulässige Aktivitätskonzentration von Radionukliden in 1 m³ Luft im Jahresdurchschnitt	
Radionuklid	**Konzentration in Bq/m³**
$^{11}_{6}$C	3×10^3
$^{13}_{7}$N	2×10^3
$^{15}_{8}$O	1×10^3
$^{37}_{18}$Ar	2×10^8
$^{85}_{36}$Kr	4×10^3
$^{125}_{54}$Xe	9×10^2
$^{133}_{54}$Xe	7×10^3
$^{138}_{54}$Xe	2×10^2

Diese Tabelle enthält maximal zulässige Aktivitätskonzentrationen für den Fall der Submersion. Als Submersion wird die Strahlenexposition von Personen verstanden, die sich an der Trennfläche eines aktivitätshaltigen Halbraumes (Luftraum über Erdboden oder Wasseroberfläche) aufhalten.

Auch hier muss die Relation

$$\sum_{i=1}^{N} \frac{\bar{C}_{i,\mathrm{a}}}{C_i} \leq 1$$

erfüllt sein (s. Anhang C, S. 318).

Die in der alten Strahlenschutzverordnung definierten Freigrenzen und abgeleiteten Grenzwerte der Jahresaktivitätszufuhr für Inhalation und Ingestion einzelner Radionuklide (JAZ-Werte), die auf dem 50 mSv/a-Konzept beruhten, wurden nicht in die Strahlenschutzverordnung von 2001 aufgenommen. Sie werden aber als Richtlinie, dann aber auf dem 20 mSv/a-Konzept basierenden Grenzwerten, später veröffentlicht. Diese Richtlinie ist im BMU zur Zeit noch in Arbeit. Die in der StrlSchV angegebenen maximal zulässigen Aktivitätskonzentrationen aus Strahlenschutzbereichen basieren auf dem 0,3 mSv/a-Konzept, weil durch diese Ableitungen die normale Bevölkerung betroffen sein kann.

Freigabewerte, Anlage III, Tabelle 1 (Auszüge)

Radionuklid	uneingeschränkte Freigabe von		
	festen Stoffen, Flüssigkeiten (mit Ausnahme von Spalte 3) (Bq/g)	Bauschutt Bodenaushub (Bq/g)	Bodenflächen (Bq/g)
^{3}H	1000	60	3
^{32}P	20	20	0,02
^{60}Co	0,1	0,09	0,03
^{90}Sr*	2	2	0,002
^{137}Cs*	0,5	0,4	0,06
^{226}Ra*	0,03	0,03	†
^{232}Th	0,03	0,03	†
^{235}U*	0,5	0,3	†
^{238}U*	0,6	0,4	†
^{239}Pu	0,04	0,08	0,04
^{240}Pu	0,04	0,08	0,04
^{241}Am	0,05	0,05	0,06

* im Gleichgewicht mit den Tochternukliden; die Strahlenexpositionen durch diese Tochternuklide sind in den Freigabewerten berücksichtigt

† natürliche im Boden vorkommende Radionuklide mit Aktivitäten um 0,01 Bq/g

D Grenzwerte für Oberflächenkontaminationen, Anlage III, Tabelle 1 (Auszüge)

Radionuklid	Oberflächenkontamination in Bq/cm^2
$^{3}_{1}$H, $^{7}_{4}$Be, $^{14}_{6}$C	100
$^{18}_{9}$F, $^{24}_{11}$Na, $^{38}_{17}$Cl	1
$^{54}_{25}$Mn, $^{60}_{27}$Co, $^{90}_{38}$Sr	1
$^{64}_{29}$Cu, $^{76}_{33}$As, $^{75}_{34}$Se	10
$^{99m}_{43}$Tc, $^{105}_{45}$Rh, $^{106}_{44}$Ru	10
$^{111}_{47}$Ag, $^{109}_{48}$Cd, $^{99}_{43}$Tc	100
$^{125}_{53}$I, $^{131}_{53}$I, $^{129}_{55}$Cs	10
$^{134}_{55}$Cs, $^{137}_{55}$Cs, $^{140}_{56}$Ba	1
$^{152}_{63}$Eu, $^{154}_{63}$Eu, $^{190}_{77}$Ir	1
$^{204}_{81}$Tl, $^{197}_{78}$Pt, $^{210}_{83}$Bi	100
$^{226}_{88}$Ra, $^{227}_{89}$Ac, $^{233}_{92}$U	1
$^{239}_{94}$Pu, $^{240}_{94}$Pu, $^{252}_{98}$Cf	0,1
$^{248}_{96}$Cm	0,01
β-Strahler oder EC-Strahler[1] mit $E_e^{max} < 0,2\,\mathrm{MeV}$	100
β- oder γ-Strahler allgemein	1
α-Strahler oder Radionuklide aus Spontanspaltung	0,1

Für die Oberflächenkontaminationen durch verschiedene Radionuklide ist die Bedingung

$$\sum_{i=1}^{N} \frac{A_i}{A_i^{max}} \le 1$$

einzuhalten, wobei A_i die tatsächliche und A_i^{max} die maximal zulässige Oberflächenkontamination darstellt.

---
[1] EC = Electron Capture (Elektroneneinfangstrahler)

E Definition von Strahlenschutzbereichen

Kontrollbereich		Überwachungsbereich
Sperrbereich > 3 mSv/h	6–20 mSv/a	1–6 mSv/a
	strahlenexponierte Personen (2000 h/a)	
	Kat. A	6–20 mSv/a
	Kat. B	1–6 mSv/a

Umgebung außerhalb der Strahlenschutzbereiche
< 1 mSv/a   dauernder
Aufenthalt

Grenzwert für die allgemeine Bevölkerung
für die Errichtung von Anlagen
durch Ableitungen radioaktiver Stoffe
mit Luft und Wasser
$\leq 0{,}3$ mSv/a

F Strahlungs-Wichtungsfaktoren w_R (Anlage VI)

Die Strahlungs-Wichtungsfaktoren w_R ersetzen die Bewertungsfaktoren q der alten Strahlenschutzverordnung.

Strahlenart und Energiebereich	Strahlungs-Wichtungsfaktor w_R
Photonen, alle Energien	1
Elektronen und Myonen, alle Energien	1
Neutronen $< 10\,\mathrm{keV}$	5
$10\,\mathrm{keV}$–$100\,\mathrm{keV}$	10
$> 100\,\mathrm{keV}$–$2\,\mathrm{MeV}$	20
$> 2\,\mathrm{MeV}$–$20\,\mathrm{MeV}$	10
$> 20\,\mathrm{MeV}$	5
Protonen, außer Rückstoßprotonen, Energie $> 2\,\mathrm{MeV}$	5
Alphateilchen, Spaltfragmente, schwere Kerne	20

Der energieabhängige Strahlungs-Wichtungsfaktor für Neutronen kann durch die Funktion

$$w_R = 5 + 17 \times e^{-\frac{1}{6}(\ln(2\,E_n))^2}$$

approximiert werden, wobei die Neutronenenergie E_n in MeV gemessen wird.

G Gewebe-Wichtungsfaktoren w_T (Anlage VI)

Gewebe oder Organe	Gewebe-Wichtungsfaktor w_T
Keimdrüsen	0,20
rotes Knochenmark	0,12
Dickdarm	0,12
Lunge	0,12
Magen	0,12
Blase	0,05
Brust	0,05
Leber	0,05
Speiseröhre	0,05
Schilddrüse	0,05
Haut	0,01
Knochenoberfläche	0,01
Andere Organe oder Gewebe	0,05

Für Regelung von Spezialfällen s. Anlage VI, StrlSchV; insbesondere die Fußnoten auf S. 178 StrlSchV.

H Expositionspfade

1. Bei Ableitung in Luft:
   a) Exposition durch Betastrahlung innerhalb der Abluftfahne
   b) Exposition durch Gammastrahlung aus der Abluftfahne
   c) Exposition durch Gammastrahlung der am Boden abgelagerten radioaktiven Stoffe
   d) Luft – Pflanze
   e) Luft – Futterpflanze – Kuh – Milch
   f) Luft – Futterpflanze – Tier – Fleisch
   g) Atemluft
2. Bei Ableitung mit Wasser:
   a) Aufenthalt im Sediment
   b) Trinkwasser
   c) Wasser – Fisch
   d) Viehtränke – Kuh – Milch
   e) Viehtränke – Tier – Fleisch
   f) Beregnung – Futterpflanze – Kuh – Milch
   g) Beregnung – Futterpflanze – Tier – Fleisch
   h) Beregnung – Pflanze

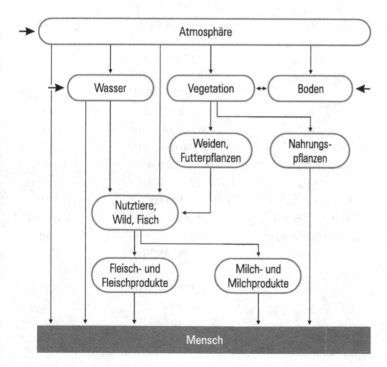

Abb. H.1
Möglichkeiten der Inkorporation
radioaktiver Stoffe

I Wichtige Konstanten

Konstanten, die exakt sind, werden, soweit möglich, vollständig angegeben (sie sind mit einem $*$ gekennzeichnet). Bei Messgrößen werden die signifikanten Dezimalstellen angegeben; d. h. der Messfehler ist kleiner als der letzten Dezimalstelle entspricht.

Größe	Symbol	Wert	Einheit
Lichtgeschwindigkeit*	c	299 792 458	m/s
Planck'sches Wirkungsquantum	h	$6,626\,07 \times 10^{-34}$	J s
Elementarladung	e	$1,602\,177 \times 10^{-19}$	C
Elektronenmasse	m_e	$9,109\,38 \times 10^{-31}$	kg
Protonenmasse	m_p	$1,672\,62 \times 10^{-27}$	kg
α-Teilchenmasse	m_α	$6,644\,661\,8 \times 10^{-27}$	kg
atomare Masseneinheit	m_u	$1,660\,54 \times 10^{-27}$	kg
Elektron–Proton-Massenverhältnis	m_e/m_p	$5,446\,170\,21 \times 10^{-4}$	
absolute Dielektrizitäts-konstante*	$\varepsilon_0 = 1/(\mu_0 c^2)$	$8,854\,187\ldots \times 10^{-12}$	F/m
absolute Permeabilität*	μ_0	$4\,\pi \times 10^{-7}$	N/A^2
Feinstrukturkonstante	$\alpha = e^2/(4\,\pi\,\varepsilon_0\,\hbar\,c)$	$1/137,035\,999$	
klassischer Elektronenradius	$r_e = e^2/(4\,\pi\,\varepsilon_0\,m_e\,c^2)$	$2,817\,940 \times 10^{-15}$	m
Compton-Wellenlänge	$\lambda_C = h/(m_e c)$	$2,426\,310\,2 \cdot 10^{-12}$	m
Gravitationskonstante	γ	$6,674 \times 10^{-11}$	m^3/(kg s^2)
Erdbeschleunigung*	g	$9,806\,65$	m/s^2
Avogadro-Zahl	N_A	$6,022\,14 \times 10^{23}$	mol^{-1}
Boltzmann-Konstante	k	$1,380\,65 \times 10^{-23}$	J/K
allgemeine Gaskonstante	$R\,(= N_A\,k)$	$8,3144$	J/(K mol)
Molvolumen[1]	V_{Mol}	$22,414 \times 10^{-3}$	m^3/mol
Rydberg-Energie	$E_{\text{Ry}} = m_e c^2 \alpha^2/2$	$13,6057$	eV
Stefan–Boltzmann-Konstante	$\sigma = \pi^2 k^4/(60\,\hbar^3 c^2)$	$5,6704 \times 10^{-8}$	W m^{-2} K^{-4}
Bohr-Radius	$a_0 = 4\pi\varepsilon_0\hbar^2/(m_e c^2)$	$0,529\,177\,21 \times 10^{-10}$	m
Faraday-Konstante	$F = e N_A$	$96\,485,309$	C/mol
Spezifische Ladung des Elektrons	e/m_e	$1,758\,820 \times 10^{11}$	C/kg

---

[1] bei Normalbedingungen ($T = 273,15$ K und $p = 101\,325$ Pa)

J Wichtige Umrechnungen

Physikalische Größe	Umrechnung
Kraft	$1\,\text{N} = 1\,\text{kg}\,\text{m/s}^2$
Arbeit, Energie	$1\,\text{eV} = 1{,}602\,177 \times 10^{-19}\,\text{J}$
	$1\,\text{cal} = 4{,}186\,\text{J}$
	$1\,\text{erg} = 10^{-7}\,\text{J}$
	$1\,\text{kWh} = 3{,}6 \times 10^{6}\,\text{J}$
Energiedosis	$1\,\text{Gy} = 100\,\text{rad}$
	$1\,\text{rad} = 10\,\text{mGy}$
Äquivalentdosis	$1\,\text{Sv} = 100\,\text{rem}$
	$1\,\text{rem} = 10\,\text{mSv}$
Ionendosis	$1\,\text{R} = 258\,\mu\text{C/kg}$
	$\cong 8{,}77 \times 10^{-3}\,\text{Gy (in Luft)}$
Ionendosisleistung	$1\,\text{R/h} = 7{,}17 \times 10^{-8}\,\text{A/kg}$
Aktivität	$1\,\text{Ci} = 3{,}7 \times 10^{10}\,\text{Bq}$
	$1\,\text{Bq} = 27{,}03\,\text{pCi}$
Druck	$1\,\text{bar} = 10^{5}\,\text{Pa}$
	$1\,\text{atm} = 1{,}013\,25 \times 10^{5}\,\text{Pa}$
	$1\,\text{Torr} = 1\,\text{mm Hg}$
	$= 1{,}333\,224 \times 10^{2}\,\text{Pa}$
	$1\,\text{kp/m}^2 = 9{,}806\,65\,\text{Pa}$
Ladung	$1\,\text{C} = 2{,}997\,924\,58 \times 10^{9}\,\text{esu}$
Länge	$1\,\text{m} = 10^{10}\,\text{Å}$
Temperatur	$\theta\,[^\circ\text{C}] = T\,[\text{K}] - 273{,}15$
	$T\,[^\circ\text{Fahrenheit}] = 1{,}80\,\theta\,[^\circ\text{C}] + 32$
	$= 1{,}80\,T\,[\text{K}] - 459{,}67$
Zeit	$1\,\text{d} = 86\,400\,\text{s}$
	$1\,\text{a} = 3{,}1536 \times 10^{7}\,\text{s}$

K Liste der verwendeten Abkürzungen

Å	– Ångstrøm (Längeneinheit); $1\,\text{Å} = 10^{-10}\,\text{m}$
a	– Jahr (annus)
A	– Ampere
ACS	– American Chemical Society
ADR	– Accord européen relatif au transport international des marchandises dangereuses par route
ALARA	– as low as reasonably achievable
arctan	– arcus tangens: Umkehrfunktion des Tangens (auf Taschenrechnern meistens als $\tan^{-1}$ gekennzeichnet)
atm	– Atmosphäre (Druckeinheit)
bar	– Druckeinheit, aus dem Griechischen $\beta\alpha\rho o\varsigma$, die Schwere
barn	– Einheit des (totalen) Wirkungsquerschnitts
BF_3	– Bortrifluorid
BMU	– Bundesministerium für Umwelt
Bq	– Becquerel
C	– Coulomb (Einheit der elektrischen Ladung)
cal	– Kalorie (Energieeinheit)
Castor	– cask for storage and transport of radioactive material
CERN	– Conseil Européen pour la Recherche Nucléaire, Genf
Ci	– Curie
d	– Tag (dies)
DARI	– Dose Annuelle due aux Radiations Internes
DF	– Dekontaminationsfaktor
DIN	– Deutsches Institut für Normung
DIS-Dosimeter	– Direct Ion Storage Dosimeter
DNA	– Desoxyribonukleinsäure (das A kommt vom Englischen 'acid' für Säure, auch DNS)
DTPA	– Diethylentriaminpentaacetat
e	– Euler'sche Zahl (e $= 2{,}718\,281\ldots$)
EC	– Electron Capture (Elektroneneinfang)
EDTA	– Ethylendiamintetraacetat

erg	– Energieeinheit ($1\,\mathrm{g\,cm^2/s^2}$); aus dem Griechischen $\epsilon\rho\gamma o\nu$, das Werk
ERR	– Excess Relatice Risk
esu	– Ladungseinheit: Elektrostatische Einheit (electrostatic unit)
EU	– Europäische Union
EURATOM	– Europäische Atomgemeinschaft
exp	– Abkürzung für die e-Funktion
eV	– Elektronenvolt
F	– Farad (Einheit der Kapazität)
FAO	– Food and Agricultural Organization of the United Nations
FWHM	– Full Width at Half Maximum – Volle Halbwertsbreite
GAU	– Größter Anzunehmender Unfall
GBq	– Giga-Becquerel
GeV	– Giga-Elektronenvolt
GGVS	– Gefahrgut Verordnung Straße
GM-Zählrohr	– Geiger–Müller-Zählrohr
GSF	– Forschungszentrum für Umwelt und Gesundheit
GSI	– Gesellschaft für Schwerionenforschung, Darmstadt
Gy	– Gray
h	– Stunde (hora)
hPa	– Hekto-Pascal
HPGe-Detektor	– High Purity (Reinst-) Germanium Detektor
HTR	– Hochtemperaturreaktor
Hz	– Hertz ($1/\mathrm{s}$)
IAEA	– International Atomic Energy Agency
IAEO	– International Atomic Energy Organization
ICAO	– International Civil Aviation Organization (Technical Instructions for Safe Transport of Dangerous Goods by Air)
ICNIRP	– International Commision on Non-Ionizing Radiation Protection
ICRP	– International Commission on Radiological Protection
ICRU	– International Commission on Radiation Units and Measurements

ILO	– International Labor Organization
IMDG	– International Maritime Dangerous Goods Code
ITER	– Internationaler Thermonuklearer Experimentalreaktor
IUPAC	– International Union for Pure and Applied Chemistry
IUPAP	– International Union for Pure and Applied Physics
J	– Joule (Einheit der Energie)
JAZ	– Jahresaktivitätszufuhr
JET	– Joint European Torus
K	– K-Einfang (Elektroneneinfang aus der K-Schale)
K	– Kelvin (absolute Temperatur)
kBq	– Kilo-Becquerel
KERMA	– Kinetic energy released per unit mass (auch: Kinetic energy released in matter (oder material))
keV	– Kilo-Elektronenvolt
kHz	– Kilohertz
kJ	– Kilo-Joule
kp	– Kilopond
kT	– Kilotonne (Sprengstoff)
kV	– Kilovolt
LASER	– Light Amplification by Stimulated Emission of Radiation
LD	– Letaldosis
LEP	– Large Electron–Positron Collider, CERN
LET	– Lineares Energieübertragungsvermögen
LINAC	– Linearbeschleuniger (linear accelerator)
ln	– logarithmus naturalis (natürlicher Logarithmus)
LNT	– Linear No-Threshold
mA	– Milli-Ampere
MBq	– Mega-Becquerel
µC	– Mikro-Coulomb
mCi	– Milli-Curie
µCi	– Mikro-Curie
meV	– Milli-Elektronenvolt
MeV	– Mega-Elektronenvolt
mGy	– Milli-Gray

µGy	– Mikro-Gray
mK	– Milli-Kelvin
µK	– Mikro-Kelvin
mol	– Menge eines Stoffes, der $6{,}022 \times 10^{23}$ Moleküle/ Atome (= Avogadro-Zahl) enthält.
MOSFET	– Metal Oxide Field Effect Transistor
mrem	– Milli-rem
MRT	– Microbeam Radiation Therapy
mSv	– Milli-Sievert
µSv	– Mikro-Sievert
mV	– Millivolt
MW	– Megawatt
N	– Newton (Krafteinheit)
NASA	– National Aeronautics and Space Administration
NEA	– Nuclear Energy Agency
NIR	– Non-Ionizing Radiation
nSv	– Nano-Sievert
OECD	– Organization for Economic Cooperation and Development
Ω	– Ohm
Pa	– Pascal (Druckeinheit)
PBD	– 2-(4-tert.-butylphenyl)- 5-(4-biphenyl-1,3,4-oxadiazole)
pCi	– Pico-Curie
PET	– Positronen-Emissions-Tomographie
pF	– Pico-Farad (10^{-12} F)
PIPS-Detektor	– Passive Implanted Planar Silicon Detektor
PM	– Photomultiplier
PMMA	– Polymethylmethacrylat
ppm	– parts per million (10^{-6})
PTB	– Physikalisch–Technische Bundesanstalt (in Braunschweig)
R	– Röntgen
rad	– roentgen absorbed dose
rad	– Radiant (Winkeleinheit, Vollwinkel: 2π)
Radar	– Radio Detecting and Ranging
rem	– roentgen equivalent man

RBW	– relative biologische Wirksamkeit (RBE – relative biological effectiveness)
RID	– Règlement international concernant le transport des marchandises dangereuses
RTG	– Radioisotope Thermoelectric Generator
SAR	– Spezifische Absorptionsrate
sterad	– Einheit des Raumwinkels; der volle Raumwinkel entspricht der Oberfläche der Einheitskugel: 4π
StrlSchV	– Strahlenschutzverordnung
Sv	– Sievert
TeV	– Tera-Elektronenvolt
TLD	– Thermolumineszenzdosimeter
TNT	– Trinitrotoluol (Sprengstoff)
Torr	– Torricelli (Druckeinheit, mm Hg-Säule)
UKW	– Ultrakurzwelle
UMTS	– Universal Mobile Telecommunications System
UN	– United Nations
UNS	– Untere Grenze Natürlicher Strahlung pro Jahr; $2\,\text{mSv}$
UNSCEAR	– United Nations Scientific Committee on the Effects of Atomic Radiation
UV	– Ultraviolett
UVA	– Ultraviolett, Wellenlänge 400–315 nm
UVB	– Ultraviolett, Wellenlänge 315–280 nm
UVC	– Ultraviolett, Wellenlänge 280–100 nm
V	– Volt
VDI	– Verein Deutscher Ingenieure
WHO	– World Health Organization
W	– Watt (Leistungsreinheit),
W s	– Wattsekunde (Energieeinheit)

L Liste der Elemente*

1	H	Wasserstoff (Hydrogenium); $D =^2_1H$ und $T =^3_1H$ sind Isotope des Wasserstoffs.	35	Br	Brom
2	He	Helium	36	Kr	Krypton
3	Li	Lithium	37	Rb	Rubidium
4	Be	Beryllium	38	Sr	Strontium
5	B	Bor	39	Y	Yttrium
6	C	Kohlenstoff (Carboneum)	40	Zr	Zirkonium
7	N	Stickstoff (Nitrogenium)	41	Nb	Niobium
8	O	Sauerstoff (Oxygenium)	42	Mo	Molybdän
9	F	Fluor	43	Tc	Technetium
10	Ne	Neon	44	Ru	Ruthenium
11	Na	Natrium	45	Rh	Rhodium
12	Mg	Magnesium	46	Pd	Palladium
13	Al	Aluminium	47	Ag	Silber (Argentum)
14	Si	Silizium	48	Cd	Cadmium
15	P	Phosphor	49	In	Indium
16	S	Schwefel (Sulfur)	50	Sn	Zinn (Stannum)
17	Cl	Chlor	51	Sb	Antimon (Stibium)
18	Ar	Argon	52	Te	Tellur
19	K	Kalium	53	I	Jod
20	Ca	Calcium	54	Xe	Xenon
21	Sc	Scandium	55	Cs	Cäsium
22	Ti	Titan	56	Ba	Barium
23	V	Vanadium	57	La	Lanthan
24	Cr	Chrom	58	Ce	Cer
25	Mn	Mangan	59	Pr	Praseodym
26	Fe	Eisen (Ferrum)	60	Nd	Neodym
27	Co	Cobalt	61	Pm	Promethium
28	Ni	Nickel	62	Sm	Samarium
29	Cu	Kupfer (Cuprum)	63	Eu	Europium
30	Zn	Zink	64	Gd	Gadolinium
31	Ga	Gallium	65	Tb	Terbium
32	Ge	Germanium	66	Dy	Dysprosium
33	As	Arsen	67	Ho	Holmium
34	Se	Selen	68	Er	Erbium
			69	Tm	Thulium
			70	Yb	Ytterbium
			71	Lu	Lutetium

* s. auch http://www.periodensystem.info/periodensystem.htm
bzw. http://www.webelements.com/
oder http://www2.bnl.gov/ton/

72	Hf	Hafnium	95	Am	Americium
73	Ta	Tantal	96	Cm	Curium
74	W	Wolfram	97	Bk	Berkelium
75	Re	Rhenium	98	Cf	Californium
76	Os	Osmium	99	Es	Einsteinium
77	Ir	Iridium	100	Fm	Fermium
78	Pt	Platin	101	Md	Mendelevium
79	Au	Gold (Aurum)	102	No	Nobelium
80	Hg	Quecksilber (Hydrargyrum)	103	Lr	Lawrencium
81	Tl	Thallium	104	Rf	Rutherfordium
82	Pb	Blei (Plumbum)	105	Db	Dubnium
83	Bi	Wismut (Bismutum)	106	Sg	Seaborgium
84	Po	Polonium	107	Bh	Bohrium
85	At	Astatin	108	Hs	Hassium
86	Rn	Radon	109	Mt	Meitnerium
87	Fr	Francium	110	Ds	Darmstadtium
88	Ra	Radium	111	Rg	Roentgenium
89	Ac	Actinium	112	*	
90	Th	Thorium	113	‡‡	
91	Pa	Protactinium	114	‡‡	
92	U	Uran	115	‡‡	
93	Np	Neptunium	116	‡‡	
94	Pu	Plutonium	118	‡‡	

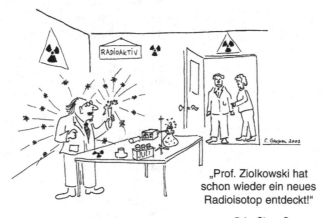

„Prof. Ziolkowski hat
schon wieder ein neues
Radioisotop entdeckt!"

© by Claus Grupen

---

* $Z = 112$: Gesellschaft für Schwerionenforschung (GSI), Darmstadt
‡‡ $Z = 113, 114, 115, 116, 118$: Lawrence Livermore–Dubna Collaboration

M Vereinfachte Nuklidkarte und Periodensystem der Elemente

Die Isotope (feste Protonenzahl Z und variable Neutronenzahl) der verschiedenen Elemente sind horizontal angeordnet. Isotone (feste Neutronenzahl N) liegen vertikal.

In der Übersichtskarte sind stabile, primordiale und instabile Nuklide mit verschiedenen Graustufen dargestellt und die Ausschnittkarten strichpunktiert umrandet; letztere werden in der Reihenfolge von leichteren zu schwereren Nukliden, d. h. von unten links nach oben rechts, gezeigt. In den Ausschnittkarten sind die stabilen Nuklide hellgrau hinterlegt und die primordialen in der oberen Kästchenhälfte. Magische Nukleonenzahlen sind durch Rahmungen mit dicken durchgezogenen Linien gekennzeichnet.

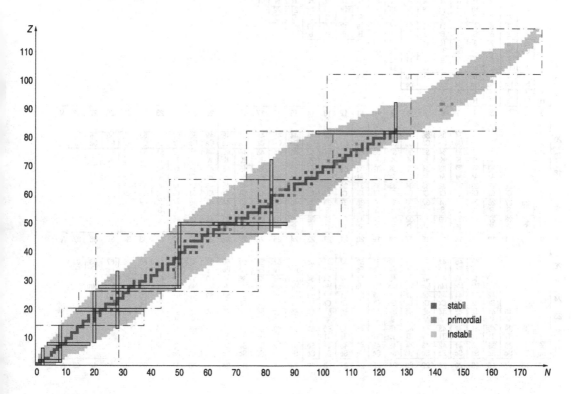

Ein Isotop wird als stabil bezeichnet, wenn seine Halbwertszeit größer als 10^{10} a ist, was etwa dem Weltalter entspricht. β-Zerfälle erhalten die Massenzahl. Solche Kernzerfälle bezeichnen demnach Übergänge in den Diagonalen (Isobaren) $A = Z + N = \text{const}$ (β^-: ein Nuklid nach links oben; β^+: ein Nuklid nach rechts unten). α-Zerfälle ändern die Massenzahl um 4 Einheiten und die Kernladungszahl um 2 Einheiten. Im Diagramm erhält man diese Übergänge mit $\Delta N = \Delta Z = -2$. Zerfälle durch spontane Spaltung treten nur bei Elementen mit $Z \geq 90$ auf. Der Zerfall durch spontane Spaltung ist häufig in Konkurrenz zum α-Zerfall.

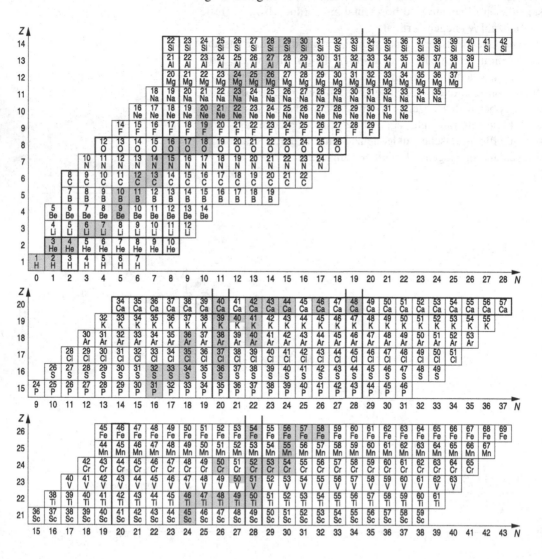

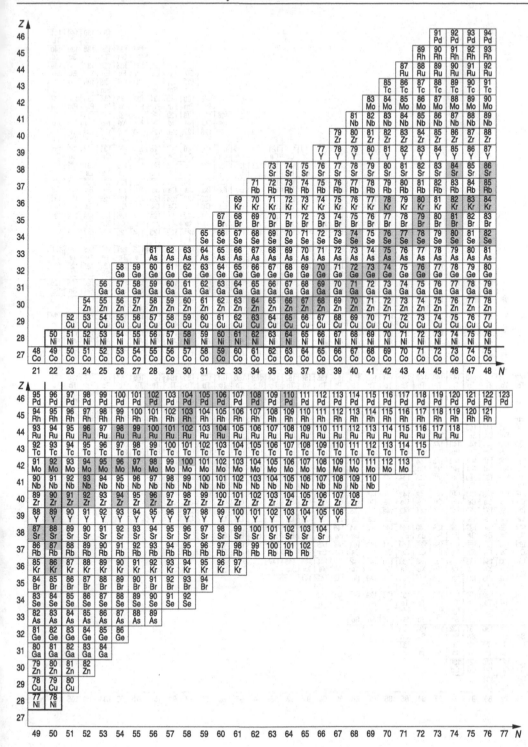

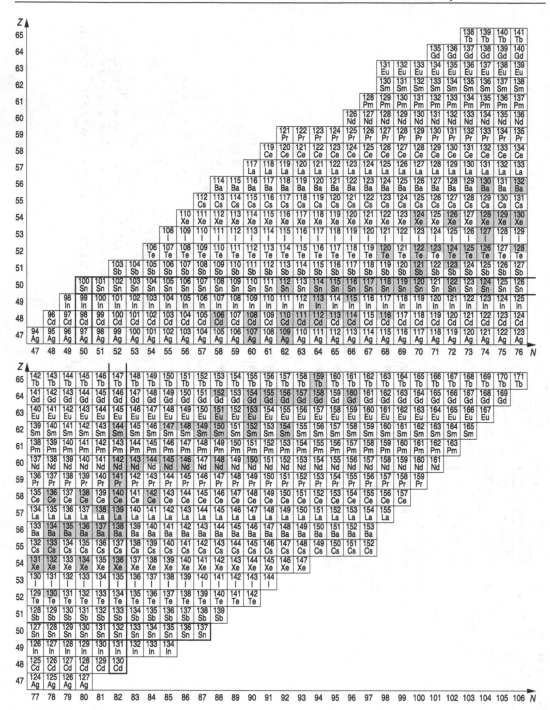

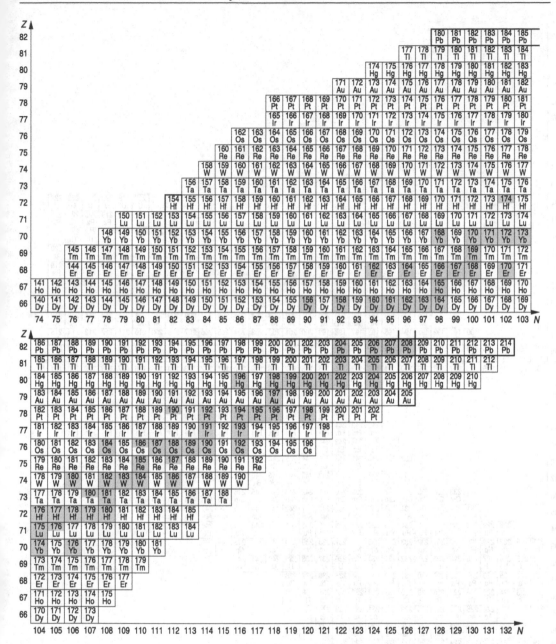

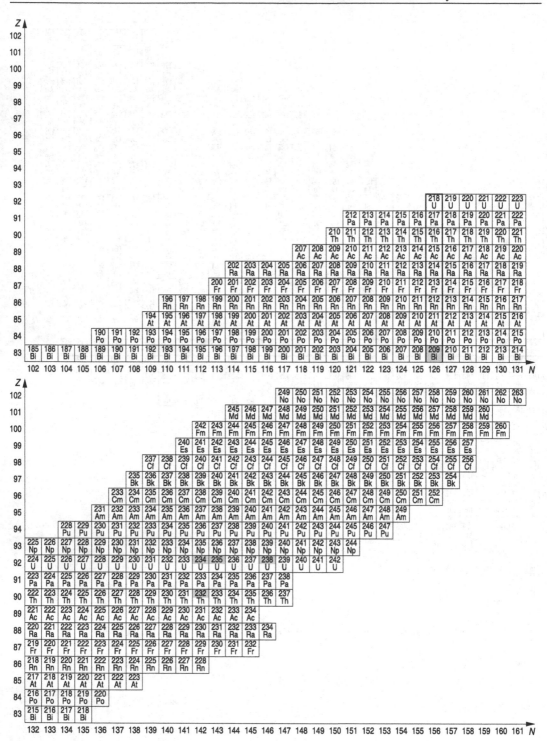

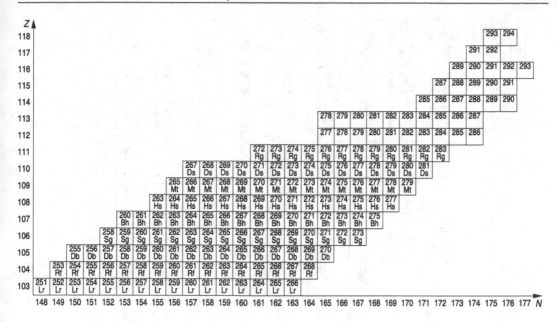

Eine vollständige Übersicht über die bekannten Nuklide gibt die „Karlsruher Nuklidkarte" von 2006 (G. Pfennig, H. Klewe-Nebenius, W. Seelmann-Eggebert, Forschungszentrum Karlsruhe 2006. Aktuelle Informationen findet man z. B. unter `www.nucle onica.net`.

Periodensystem der Elemente

Gruppe

Ia	IIa	IIIb	IVb	Vb	VIb	VIIb	VIIIb	VIIIb	VIIIb	Ib	IIb	IIIa	IVa	Va	VIa	VIIa	VIIIa
1 **H** Wasserstoff 1.01																	2 **He** Helium 4.00
3 **Li** Lithium 6.94	4 **Be** Beryllium 9.01											5 **B** Bor 10.81	6 **C** Kohlenstoff 12.01	7 **N** Stickstoff 14.01	8 **O** Sauerstoff 16.00	9 **F** Fluor 19.00	10 **Ne** Neon 20.18
11 **Na** Natrium 22.99	12 **Mg** Magnesium 24.31											13 **Al** Aluminium 26.98	14 **Si** Silizium 28.09	15 **P** Phosphor 30.97	16 **S** Schwefel 32.07	17 **Cl** Chlor 35.45	18 **Ar** Argon 39.95
19 **K** Kalium 39.10	20 **Ca** Calcium 40.08	21 **Sc** Scandium 44.96	22 **Ti** Titan 47.87	23 **V** Vanadium 50.94	24 **Cr** Chrom 52.00	25 **Mn** Mangan 54.94	26 **Fe** Eisen 55.85	27 **Co** Cobalt 58.93	28 **Ni** Nickel 58.69	29 **Cu** Kupfer 63.55	30 **Zn** Zink 65.39	31 **Ga** Gallium 69.72	32 **Ge** Germanium 72.64	33 **As** Arsen 74.92	34 **Se** Selen 78.96	35 **Br** Brom 79.90	36 **Kr** Krypton 83.80
37 **Rb** Rubidium 85.47	38 **Sr** Strontium 87.62	39 **Y** Yttrium 88.91	40 **Zr** Zirkon 91.22	41 **Nb** Niob 92.91	42 **Mo** Molybdän 95.94	43 **Tc** Technetium 97.91	44 **Ru** Ruthenium 101.07	45 **Rh** Rhodium 102.91	46 **Pd** Palladium 106.42	47 **Ag** Silber 107.87	48 **Cd** Cadmium 112.41	49 **In** Indium 114.82	50 **Sn** Zinn 118.71	51 **Sb** Antimon 121.76	52 **Te** Tellur 127.60	53 **I** Jod 126.90	54 **Xe** Xenon 131.29
55 **Cs** Caesium 132.91	56 **Ba** Barium 137.33	57–71 **La** Lanthanide	72 **Hf** Hafnium 178.49	73 **Ta** Tantal 180.95	74 **W** Wolfram 183.84	75 **Re** Rhenium 186.21	76 **Os** Osmium 190.23	77 **Ir** Iridium 192.22	78 **Pt** Platin 195.08	79 **Au** Gold 196.97	80 **Hg** Quecksilber 200.59	81 **Tl** Thallium 204.38	82 **Pb** Blei 207.20	83 **Bi** Wismut 208.98	84 **Po** Polonium 208.98	85 **At** Astat 209.99	86 **Rn** Radon 222.02
87 **Fr** Francium 223.02	88 **Ra** Radium 226.03	89–103 **Ac** Actinides	104 **Rf** Rutherfordium 261.11	105 **Db** Dubnium 262.11	106 **Sg** Seaborgium 263.12	107 **Bh** Bohrium 262.12	108 **Hs** Hassium 277.15	109 **Mt** Meitnerium 268.14	110 **Ds** Darmstadtium 271.15	111 **Rg** Roentgenium 272.15							

Lanthanidenreihe	57 **La** Lanthan 138.91	58 **Ce** Cer 140.12	59 **Pr** Praseodym 140.91	60 **Nd** Neodym 144.24	61 **Pm** Promethium 144.91	62 **Sm** Samarium 150.36	63 **Eu** Europium 151.96	64 **Gd** Gadolinium 157.25	65 **Tb** Terbium 158.93	66 **Dy** Dysprosium 162.50	67 **Ho** Holmium 164.93	68 **Er** Erbium 167.26	69 **Tm** Thulium 168.93	70 **Yb** Ytterbium 173.04	71 **Lu** Lutetium 174.97
Actinidenreihe	89 **Ac** Actinium 227.03	90 **Th** Thorium 232.04	91 **Pa** Protactinium 231.04	92 **U** Uranium 238.03	93 **Np** Neptunium 237.05	94 **Pu** Plutonium 244.06	95 **Am** Americium 243.06	96 **Cm** Curium 247.07	97 **Bk** Berkelium 247.07	98 **Cf** Californium 251.08	99 **Es** Einsteinium 252.08	100 **Fm** Fermium 257.09	101 **Md** Mendelevium 258.10	102 **No** Nobelium 259.10	103 **Lr** Lawrencium 262.11

Für jedes Element ist die Atomnummer (oben links) und die Atommasse (unten) angegeben. Die Atommasse ist mit der Isotopenhäufigkeit in der Erdkruste gewichtet.

N Zerfallsschemata

Im Folgenden werden vereinfachte Zerfallsschemata für einige im Strahlenschutz häufig verwendete Isotope angegeben. Für die kontinuierlichen Elektronenspektren werden die maximalen Energien angegeben. EC (electron capture) bezeichnet den Elektroneneinfang.

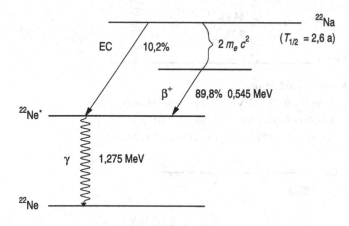

Abb. N.1
Zerfallsschema von ^{22}Na

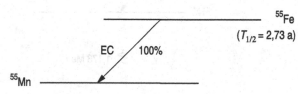

Charakteristische Röntgenstrahlung von ^{55}Mn:

$K_\alpha = 5{,}9\,\text{keV}$

$K_\beta = 6{,}5\,\text{keV}$

Abb. N.2
Zerfallsschema von ^{55}Fe

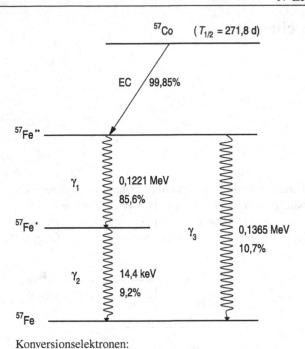

Konversionselektronen:

$K(\gamma_1) = 0{,}115\,\mathrm{MeV}$ $L(\gamma_1) = 0{,}121\,\mathrm{MeV}$
$K(\gamma_2) = 0{,}0073\,\mathrm{MeV}$ $L(\gamma_2) = 0{,}0136\,\mathrm{MeV}$
$K(\gamma_3) = 0{,}1294\,\mathrm{MeV}$ $L(\gamma_3) = 0{,}1341\,\mathrm{MeV}$

Abb. N.3
Zerfallsschema von ^{57}Co

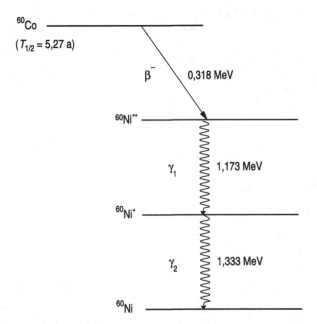

Abb. N.4
Zerfallsschema von ^{60}Co

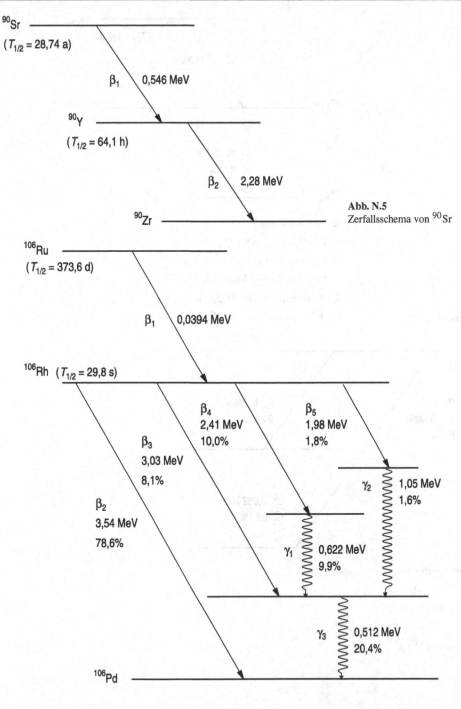

Abb. N.5
Zerfallsschema von ^{90}Sr

Abb. N.6
Zerfallsschema von ^{106}Ru

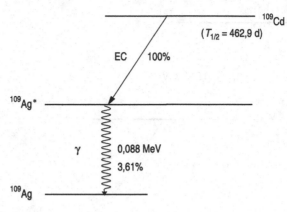

Konversionselektronen:

$$K(\gamma) = 0{,}0625\,\text{MeV}$$
$$L(\gamma) = 0{,}0842\,\text{MeV}$$
$$M(\gamma) = 0{,}0873\,\text{MeV}$$

K_α Röntgenstrahlen: 0.022 MeV

K_β Röntgenstrahlen: 0.025 MeV

Abb. N.7
Zerfallsschema von ^{109}Cd

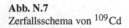
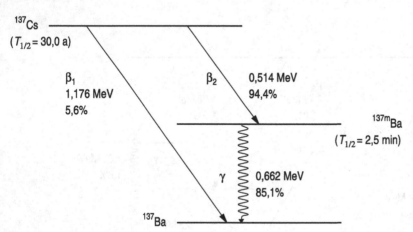

Konversionselektronen:

$$K(\gamma) = 0{,}624\,\text{MeV}$$
$$L(\gamma) = 0{,}656\,\text{MeV}$$

Abb. N.8
Zerfallsschema von ^{137}Cs

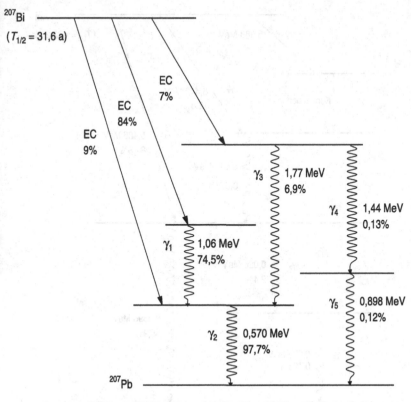

Konversionselektronen:

$K(\gamma_1) = 0,976\,\text{MeV}$ $L(\gamma_1) = 1,048\,\text{MeV}$

$K(\gamma_2) = 0,482\,\text{MeV}$ $L(\gamma_2) = 0,554\,\text{MeV}$

$K(\gamma_3) = 1,682\,\text{MeV}$ $L(\gamma_3) = 1,754\,\text{MeV}$

$K(\gamma_4) = 1,352\,\text{MeV}$ $L(\gamma_4) = 1,424\,\text{MeV}$

$K(\gamma_5) = 0,810\,\text{MeV}$ $L(\gamma_5) = 0,882\,\text{MeV}$

Abb. N.9
Zerfallsschema von ^{207}Bi

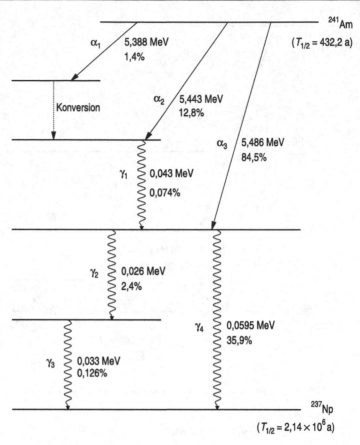

$$^{241}\text{Am}$$

α_1 5,388 MeV
          1,4%

$(T_{1/2} = 432,2 \text{ a})$

Konversion

α_2 5,443 MeV
          12,8%

α_3 5,486 MeV
          84,5%

γ_1 0,043 MeV
          0,074%

γ_2 0,026 MeV
          2,4%

γ_4 0,0595 MeV
          35,9%

γ_3 0,033 MeV
          0,126%

^{237}Np

$(T_{1/2} = 2,14 \times 10^6 \text{a})$

Konversionselektronen:

$K(\gamma_i)$ kinematisch unmöglich
$L(\gamma_1) = 0,0210 \text{ MeV}$
$L(\gamma_2) = 0,0039 \text{ MeV}$
$L(\gamma_3) = 0,0108 \text{ MeV}$
$L(\gamma_4) = 0,0371 \text{ MeV}$

Abb. N.10
Zerfallsschema von ^{241}Am

O Einführung in grundlegende Begriffe der Mathematik

Naturwissenschaftliche Zusammenhänge lassen sich durch Verwendung graphischer Darstellungen und elementarer mathematischer Funktionen elegant darstellen. Die Beschreibung physikalischer Zusammenhänge, wie sie noch vor dreihundert Jahren üblich war, ist kaum verständlich, weil sie nicht die Präzision einer Formelsprache aufweist. Andererseits ist die mathematische Beschreibung nicht jedermann leicht zugänglich und sicher auch gewöhnungsbedürftig. Die Natur, um die es bei der Darstellung physikalischer Sachverhalte geht, liefert aber eine Reihe von natürlichen Funktionen und Operationen, die man nicht durch zu grobe Vereinfachung unterdrücken sollte. Im Folgenden werden deshalb einige grundlegende Begriffe erläutert, die für die Aspekte des Strahlenschutzes und der Radioaktivität nützlich sind und eine präzise Darstellung der Sachverhalte ermöglichen.

O.1 Begriff der Ableitung und des Integrals

Die zeitliche oder räumliche Änderung einer Größe bezeichnet man als deren Ableitung. Am Beispiel eines Weg–Zeit-Diagramms soll dieser Befund erläutert werden. In Bild O.1 ist die gleichförmige Bewegung eines Objekts als Funktion des Ortes x und der Zeit t dargestellt.

Die konstante Steigung dieser Geraden – ausgedrückt durch das Verhältnis $\Delta x / \Delta t$ – ist die konstante Geschwindigkeit v.

Falls die Geschwindigkeit aber nicht konstant ist, hängt der Wert der ermittelten Geschwindigkeit davon ab, wie groß man die endli-

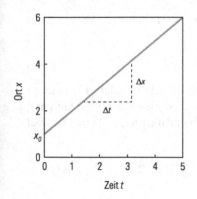

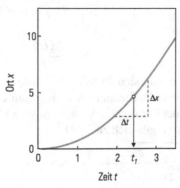

Abb. O.1
Darstellung des Ortes in Abhängigkeit von der Zeit

Abb. O.2
Beispiel für eine nicht lineare Beziehung zwischen Ort und Zeit

chen Orts- und Zeitintervalle Δx und Δt wählt. In Bild O.2 ist eine solche nicht-lineare Weg–Zeit-Beziehung dargestellt.

Differenzenquotient Das Verhältnis $\Delta x / \Delta t$ für möglichst kleine Intervallbreiten liefert die momentane Geschwindigkeit zur Zeit t_1. Will man den exakten Wert der Geschwindigkeit zur Zeit t_1 erhalten, muss man infinitesimal kleine Orts- und Zeitintervalle wählen. Leibniz hat zur Kennzeichnung dieser kleinen Intervalle die Notation dx/dt vorgeschlagen. Die Größe dx/dt beschreibt also die Steigung der Orts–Zeit-Beziehung an der Stelle t_1, das ist die Momentangeschwindigkeit zur Zeit t_1. Newton, der unabhängig von Leibniz und gleichzeitig diese „Differentialrechnung" erfand, verwendete als Notation für die zeitliche Ableitung einen Punkt über dem Ortssymbol: $\dot{x}$. Es gilt also die Äquivalenz:

Notationskonvention

$$\frac{dx}{dt} \equiv \dot{x} \ . \tag{O.1}$$

Die Ableitungsschreibweise dx/dt hat die Entwicklung der Differential- und der damit zusammenhängenden Integralrechnung in Kontinentaleuropa schnell vorangetrieben, während die für die Verwendung in der Integralrechnung umständliche Punktschreibweise, an der durch den großen Einfluss von Newton in England festgehalten wurde, die Entwicklung dort stark behinderte.

zeitliche Ableitung Für die zeitliche Ableitung einer Größe werden aber gegenwärtig noch beide zueinander äquivalenten Schreibweisen verwendet. In Bild O.2 kann man sofort sehen, dass sich die Geschwindigkeit $v = dx/dt$ zeitlich verändert. Das Objekt (z. B. ein PKW, der an einer Ampel startet) wird von $t = 0$ an beschleunigt, wobei als Maß der Beschleunigung die Änderung der Geschwindigkeit in der Zeit anzusehen ist:

$$\text{Beschleunigung } a = \frac{dv}{dt} = \dot{v} \ . \tag{O.2}$$

Durch die Betrachtung der Differenzenquotienten lassen sich nun einfache Rechenregeln für die Differentiation herleiten. Für ein Polynom

$$x(t) = a + b\,t + c\,t^2 \tag{O.3}$$

gilt

$$\frac{dx(t)}{dt} = b + 2\,c\,t \ , \tag{O.4}$$

wie man sich an den Abbildungen O.1 und O.2 leicht klarmachen kann (die Steigung einer Konstanten a ist gleich Null; die Steigung einer linearen Funktion bt ist gleich b und die Steigung einer Parabel $c\,t^2$ ergibt sich zu $2\,c\,t$).[1]

---

[1] $\dfrac{c\,(t+\frac{\Delta t}{2})^2 - c\,(t-\frac{\Delta t}{2})^2}{\Delta t} = \dfrac{c\,(t^2 + t\,\Delta t + \frac{\Delta t^2}{4}) - c\,(t^2 - t\,\Delta t + \frac{\Delta t^2}{4})}{\Delta t} = \dfrac{2\,c\,t\,\Delta t}{\Delta t} = 2\,c\,t$

Allgemein gilt als Differentiationsregel

$$\frac{\mathrm{d}}{\mathrm{d}t} t^n = n\, t^{n-1} \; . \tag{O.5}$$

Dabei muss t nicht unbedingt die Zeit bedeuten, sondern kann eine beliebige andere Variable sein.

Die Umkehrung der Differentiation wird durch die Integration bewerkstelligt. Betrachten wir dazu die spezielle Geschwindigkeits–Zeit-Beziehung $v(t) = a\, t$, also die in Bild O.3 dargestellte Gerade mit der Steigung a.

Das Integral über die Geschwindigkeits–Zeit-Beziehung in den Grenzen von $t = 0$ bis $t = t_1$ ist die Fläche unter der Kurve $v(t) = a\, t$ in diesen Grenzen, also die schraffierte Fläche. Diese errechnet sich in diesem Beispiel als Dreiecksfläche aus Grundseite mal Höhe geteilt durch 2 zu

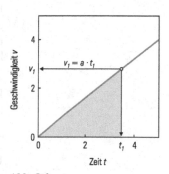

Abb. O.3
Beispiel einer linearen
Geschwindigkeits–Zeit-Beziehung

$$\frac{t_1\, a\, t_1}{2} = \frac{1}{2}\, a\, t_1^2 \; , \tag{O.6}$$

da $v_1 = a\, t_1$ ist. Für diese Operation benutzt man als Kürzel das Integral[2] über die Funktion $v = a\, t$ in den Grenzen $t = 0$ bis $t = t_1$:

**Integration =
Flächenberechnung**

$$\int_0^{t_1} a\, t\, \mathrm{d}t = \frac{1}{2}\, a\, t^2 \Big|_0^{t_1} = \frac{1}{2}\, a\, t_1^2 \; . \tag{O.7}$$

Die allgemeine Integrationsregel für ein Polynom lautet:

$$\int_0^{t_1} t^n\, \mathrm{d}t = \frac{t^{n+1}}{n+1} \Big|_0^{t_1} = \frac{t_1^{n+1}}{n+1} \; . \tag{O.8}$$

Für den Fall einer Integration ohne Angabe von Grenzen ist der Wert des Integrals nur bis auf eine Konstante bestimmt, die erst durch die Grenzen festgelegt würde:

$$\int t^n\, \mathrm{d}t = \frac{t^{n+1}}{n+1} + \mathrm{const} \; . \tag{O.9}$$

Formal lässt sich die Konsistenz dieser Vorschrift durch Ableitung des Ergebnisses der rechten Seite einsehen, da die Ableitung einer Konstanten den Wert Null ergibt und als Ergebnis sich wieder die Ausgangsfunktion t^n ergeben muss.

---

[2] Im Allgemeinen berechnet man das Integral zwischen zwei beliebigen Grenzen t_1 und t_2 gemäß

$$\int_{t_1}^{t_2} a\, t\, \mathrm{d}t = \frac{1}{2}\, a\, t^2 \Big|_{t_1}^{t_2} = \frac{1}{2}\, a\, t_2^2 - \frac{1}{2}\, a\, t_1^2 = \frac{1}{2}\, a\, \left(t_2^2 - t_1^2 \right) \; .$$

O.2 Exponentialfunktion

Beim radioaktiven Zerfall ist die Menge der zerfallenen Kerne ΔN der Anzahl der vorhandenen N und der Beobachtungszeit Δt proportional. Durch den Zerfall nimmt die Anzahl der Kerne ab. Deshalb gilt

$$\Delta N \sim -N \, \Delta t \ . \tag{O.10}$$

Da sich die Zerfallsrate mit der Zeit ändert, ist hier eine differentielle Schreibweise angebracht:

$$dN \sim -N \, dt \ . \tag{O.11}$$

Um aus dieser Proportionalität eine Gleichung zu erhalten, führen wir die Zerfallskonstante λ ein:

$$dN = -\lambda \, N \, dt \ , \tag{O.12}$$

Ein solcher Zusammenhang wird ganz allgemein durch die so genannte Exponentialfunktion beschrieben:

$$N = N_0 \, e^{-\lambda t} \tag{O.13}$$

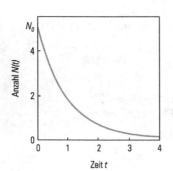

Die Basiszahl e ergibt sich zu $2,718\,28\dots$.

N_0 kennzeichnet die zur Zeit $t = 0$ (also ursprünglich) vorhandene Anzahl von Atomkernen. Bild O.4 zeigt den Verlauf der Exponentialfunktion in der Zeit.

Abb. O.4
Beispiel für die exponentielle
Variation einer Größe mit der Zeit

Die Exponentialfunktion beschreibt eine Vielzahl natürlicher Vorgänge, z. B. die Abschwächung von γ-Strahlung in Materie oder die Variation des Druckes der Luft in der Atmosphäre mit der Höhe.

Aus drucktechnischen Gründen wird die Funktion $e^{-\lambda t}$ manchmal auch als $\exp\{-\lambda t\}$ geschrieben.

Eigenschaften
der Exponentialfunktion

Die e-Funktion hat eine ganz bemerkenswerte Eigenschaft: Die Steigung der Funktion e^t ist ebenfalls eine e-Funktion:

$$\frac{d}{dt} e^t = e^t \ . \tag{O.14}$$

Steht vor der Variablen t noch ein Parameter α, so gilt

$$\frac{d}{dt} e^{\alpha t} = \alpha \, e^{\alpha t} \ . \tag{O.15}$$

Ebenso reproduziert die Integration der Kurve e^t die e-Funktion

$$\int e^t \, dt = e^t + \text{const} \ , \tag{O.16}$$

und entsprechend

$$\int e^{\alpha t} \, dt = \frac{1}{\alpha} \, e^{\alpha t} + \text{const} \ . \tag{O.17}$$

O.3 Natürlicher Logarithmus

Damit die menschlichen Sinne einen möglichst großen Bereich an Eindrücken erfassen können, hat es die Natur so eingerichtet, dass die Sinnesempfindungen proportional zum Logarithmus des Reizes sind. Der Logarithmus ist also eine schwach ansteigende, monotone Funktion (Bild O.5).

Der natürliche Logarithmus ist die Umkehrfunktion der Exponentialfunktion. Damit ist die Gleichung

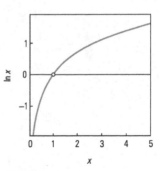

Abb. O.5
Darstellung der logarithmischen Variation einer Größe x

$$e^y = x \qquad (O.18)$$

genau dann erfüllt, wenn

$$y = \ln x \qquad (O.19)$$

ist.

Der Logarithmus bildet ebenfalls die Grundlage für das durch das Aufkommen von Taschenrechnern aus der Mode gekommene Arbeiten mit Rechenschiebern: Die logarithmische Funktion führt die Multiplikation auf eine Addition und die Potenzierung auf eine Multiplikation zurück:

Rechenregeln für Logarithmen

$$\ln(x\,y) = \ln x + \ln y \ , \qquad (O.20)$$

$$\ln \frac{x}{y} = \ln x - \ln y \ , \qquad (O.21)$$

$$\ln x^n = n\,\ln x \ . \qquad (O.22)$$

Eine graphische Auswertung der Logarithmus-Funktion (Bild O.5) zeigt, dass ihre Steigung groß für kleine Werte von x und klein für große x-Werte wird. Es ergibt sich als Ableitung[3]

$$\frac{\mathrm{d}}{\mathrm{d}x}\,\ln x = \frac{1}{x} \quad \text{(s. } \ln x \text{ aus Bild O.5)} \qquad (O.23)$$

und als Umkehrung der Ableitungsoperation

$$\int \frac{1}{x}\,\mathrm{d}x = \ln x + \text{const} \ . \qquad (O.24)$$

Mit diesen Regeln kann jetzt auch das Gesetz für den radioaktiven Zerfall verstanden werden: Aus

$$N = N_0\,e^{-\lambda t} \qquad (O.25)$$

ergibt sich durch Differenzieren

---

[3] $e^y = x\,;\ y = \ln x\,;\ \dfrac{\mathrm{d}\ln x}{\mathrm{d}x} = \dfrac{\mathrm{d}y}{\mathrm{d}x} = \dfrac{1}{\frac{\mathrm{d}x}{\mathrm{d}y}} = \dfrac{1}{\frac{\mathrm{d}e^y}{\mathrm{d}y}} = \dfrac{1}{e^y} = \dfrac{1}{x}$

$$\frac{dN}{dt} = -\lambda\, N_0\, e^{-\lambda t} = -\lambda\, N \quad , \tag{O.26}$$

also

$$dN = -\lambda\, N\, dt \tag{O.27}$$

(vgl. (O.12)).

Man erkennt an dieser einfachen Umstellung, dass das Rechnen mit Differentialen den ganz normalen Rechenregeln folgt.

An dieser Stelle ist nur der natürliche Logarithmus (zur Basis e) eingeführt worden. Es lassen sich aber auch Logarithmen zu anderen Basen (z. B. zur Basis 10: Zehnerlogarithmus) definieren.[4] Die Tatsache, dass der Logarithmus Potenzen linearisiert, lässt sich auch zur Vereinfachung von graphischen Darstellungen ausnutzen. Die e-Funktion, die den radioaktiven Zerfall beschreibt, lässt sich linearisieren, indem man die Achse, die die Anzahl der noch verbleibenden Kerne beschreibt, logarithmisch einteilt: Wegen

$$N = N_0\, e^{-\lambda t} \tag{O.28}$$

und

$$\ln N = \ln N_0 - \lambda t \tag{O.29}$$

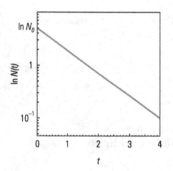

Abb. O.6
Linearisierung einer
Exponentialfunktion durch eine
halblogarithmische Darstellung

ergibt sich dann eine Gerade mit Steigung $-\lambda$ und Achsenabschnitt $\ln N_0$ (Bild O.6).

In analoger Weise wird eine Potenzfunktion – auf doppelt logarithmisch geteiltem Papier aufgetragen – zu einer Geraden, denn aus

$$y = x^n \tag{O.30}$$

folgt

$$\ln y = n\, \ln x \quad , \tag{O.31}$$

also eine Gerade mit Steigung n, wenn man $\ln y$ gegen $\ln x$ darstellt.

---

[4] Der natürliche Logarithmus wird üblicherweise $\ln x$ abgekürzt; in der Mathematik wird dafür meist $\log x$ geschrieben. Der Brigg'sche oder Zehnerlogarithmus wird mit $\lg x$ gekennzeichnet. Bedingt dadurch, dass der natürliche Logarithmus als Umkehrfunktion der Exponentialfunktion eingeführt wurde, ist $\ln e = 1$.

Weiterführende Literatur

Literatur zu den physikalischen Grundlagen und Wechselwirkungen von Teilchen mit Materie

W. C. Röntgen „**Eine Neue Art von Strahlen**", Sitzungsberichte der Würzburger Physik.-medic. Gesellschaft, Würzburg (1895) 1–12

H. A. Becquerel „**Sur les radiations invisibles émises pars les corps phosphorescents**", Les Comptes Rendus de l'Académie des Sciences de Paris 122, 501–503 (1896)

P. Curie, Mme. M. Curie and G. Bémont „**Sur une nouvelle substance fortement radio-active, contenue dans la pechblende (On a New, Strongly Radio-active Substance Contained in Pitchblende**"), Comptes Rendus de l'Académie des Sciences, Paris (1898) (26 December), Vol. 127, pp. 1215–1217.

H. A. Becquerel „**On Radioactivity, a New Property of Matter**", Nobel-Lectures in Physics (1901–1921), Elsevier Publishing Company, Amsterdam (1967)

P. Curie „**Radioactive Substances, Especially Radium**", Nobel-Lectures in Physics (1901–1921), Elsevier Publishing Company, Amsterdam (1967)

Mme P. Curie Marie Sklodowska „**Traité de Radioactivité**", Gauthier-Villars, Paris (1910)

M. Curie „**Die Radioaktivität**", Akad. Verlagsgesellschaft, Leipzig (1912)

M. Curie „**Radium and the New Concepts in Chemistry**", Nobel-Lectures in Chemistry (1901–1921), Elsevier Publishing Company, Amsterdam (1967)

E. Rutherford „**Radioaktive Substanzen und ihre Strahlungen**", in E. Marx „Handbuch der Radiologie", Akad. Verlagsgesellschaft, Leipzig (1913)

F. Soddy „Chemie der Radioelemente", Verlag. J. A. Barth, Leipzig (1914)

K. Fajans „Radioaktivität und die neueste Entwicklung der Lehre von den chemischen Elementen", Vieweg Verlagsgesellschaft mbH, Braunschweig (1922)

K. W. Kohlrausch, Herausgeber W. Wien, F. Harms „Radioaktivität", Akad. Verlagsgesellschaft, Leipzig (1928)

R. D. Evans „The Atomic Nucleus", McGraw-Hill Book Co., New York (1955)

G. Hertz „Lehrbuch der Kernphysik", Teubner, Stuttgart (1966)

K. Siegbahn „Alpha-, Beta- and Gamma-Ray Spectroscopy", Vol. 1/2, North Holland, Amsterdam (1968)

H. F. Henry „Fundamentals of Radiation Protection", John Wiley & Sons, New York (1969)

P. Marmier, E. Sheldon „Physics of Nuclei and Particles", Academic Press, New York (1969)

A. Martin, S. A. Harbison „An Introduction to Radiation Protection", J. W. Arrowsmith Ltd., Bristol (1986)

G. Musiol, J. Ranft, R. Reif, D. Seeliger „Kern- und Elementarteilchenphysik", VCH Verlagsgesellschaft, Weinheim (1988)

H. von Butlar, M. Roth „Radioaktivität. Fakten, Ursachen, Wirkungen", Springer, Heidelberg/Berlin (1990)

W. S. C. Williams „Nuclear and Particle Physics", Clarendon Press, Oxford (1991)

B. Dörschel, V. Schuricht, J. Steuer „Praktische Strahlenschutzphysik", Spektrum Akad. Verlag, Heidelberg (1992)

H. Hilscher „Kernphysik", Vieweg Verlagsgesellschaft mbH, Wiesbaden (1996)

J. E. Martin „Physics for Radiation Protection", John Wiley & Sons, New York (2000)

G. I. Brown „Invisible Rays: A History of Radioactivity", Sutton Publishing, Phoenix Mill, England (2002)

B. R. Martin „Nuclear and Particle Phyics", John Wiley & Sons, The Atrium, Chichester (2005)

J. Magill, J. Galy „Radioactivity – Radionuclides – Radiation. Featuring the Universal Nuclide Chart: With the Fold-out Karlsruhe Chart of the Nuclides", Springer, Berlin, Heidelberg (2005)

Particle Data Group „**Review of Particle Properties**", Eur. Phys. J. C15 (2000), K. Hagiwara et al., Phys. Rev. D66 (2002) 010001 `http://pdg.web.cern.ch/pdg/`; W.-M. Yao et al., J. Phys. G: Nucl. Part. Phys. **33** (2006) 1–1232; `http://pdg.lbl.gov`

„**Radiation Protection**",
`http://web.wn.net/~usr/ricter/web/radpro.html`

M. F. L'Annunziata „**Radioactivity: Introduction and Early History**", Elsevier Science, Amsterdam (2007)

Literatur zur Strahlenschutz-Messtechnik, -Technik und -Sicherheit

E. Broda, Th. Schönfeld „**Die Technischen Anwendungen der Radioaktivität**", VEB-Verlag Technik, Berlin; Porta Verlag, München (1956)

C. B. Braestrup, H. O. Wyckoff „**Radiation Protection**", Charles Thomas, Springfield (1958)

H. Kiefer, R. Maushart „**Strahlenschutz-Meßtechnik**", G. Braun, Karlsruhe (1964)

W. J. Price „**Nuclear Radiation Detectors**", McGraw-Hill Book Co., New York (1964)

H. Neuert „**Kernphysikalische Meßverfahren zum Nachweis für Teilchen und Quanten**", G. Braun, Karlsruhe (1966)

M. Oberhofer „**Strahlenschutzpraxis, Teil III – Umgang mit Strahlern**", Thiemig, München (1968)

W. Jacobi „**Strahlenschutzpraxis, Teil I – Grundlagen**", Thiemig, München (1968)

O. C. Allkofer „**Teilchendetektoren**", Thiemig, München (1971)

M. Oberhofer „**Strahlenschutzpraxis – Meßtechnik**", Thiemig, München (1972)

W. H. Tait „**Radiation Detection**", Butterworths, London (1980)

D. C. Stewart „**Handling Radioactivity**", John Wiley & Sons, New York (1981)

E. Sauter „**Grundlagen des Strahlenschutzes**", Thiemig, München (1983)

W. Petzold „**Strahlenphysik, Dosimetrie und Strahlenschutz**", Teubner, Stuttgart (1983)

J. R. Greening „**Fundamentals of Radiation Dosimetry**", Taylor and Francis, London (1985)

R. L. Kathren „**Radiation Protection**", Taylor and Francis, London (1985)

J. E. Turner „**Atoms, Radiation, and Radiation Protection**", Pergamon Press, New York (1986); „**Atoms, Radiation, and Radiation Protection**", Wiley-VCH, Weinheim (1995 und 2007)

S. E. Hunt „**Nuclear Physics for Engineers and Scientists**", John Wiley & Sons, New York (1987)

L. Roth, U. Weller „**Radioaktivität**", ecomed Verlagsgesellschaft, Landsberg (1987)

W. Stolz „**Radioaktivität**", Hanser, München (1990)

K. R. Kase et al. „**The Dosimetry of Ionizing Radiation**", Academic Press, San Diego (1990)

H. Kiefer, W. Koelzer „**Strahlen und Strahlenschutz**", Springer, Berlin (1987 und 1992)

H. Fritz-Niggli „**Strahlengefährdung, Strahlenschutz**" Verlag Hans Huber, Bern (1991)

C. F. G. Delaney, E. C. Finch „**Radiation Detectors**", Oxford Science Publ., Clarendon Press, Oxford (1992)

K. Kleinknecht „**Detektoren für Teilchenstrahlung**", Teubner, Stuttgart (1992)

H.-G. Vogt, H. Schultz „**Grundzüge des praktischen Strahlenschutzes**", Hanser, München (1992); 3. Auflage (2004)

C. Grupen „**Teilchendetektoren**", Bibliographisches Institut, Mannheim (1993)

W. R. Leo „**Techniques for Nuclear and Particle Physics Experiments**", Springer, Berlin (1994)

W. H. Hallenbeck „**Radiation Protection**", Taylor and Francis, London (1994)

G. Gilmore, J. Hemingway „**Practical Gamma-Ray Spectrometry**", John Wiley & Sons, New York (1995)

C. Grupen „**Particle Detectors**", Cambridge University Press, Cambridge (1996)

H. von Philipsborn „**Strahlenschutz: Radioaktivität und Strahlungsmessung**", Bayerisches Staatsministerium für Landesentwicklung und Umweltfragen, München (1996)

M. C. O'Riordan (Hrsg.) „Radiation Protection Dosimetry. Becquerel's Legacy: A Century of Radioactivity", Nuclear Technology Publishing, London (1996)

J. Sabol, P. S. Weng „Introduction to Radiation Protection Dosimetry", World Scientific, Singapore (1996)

G. F. Knoll „Radiation Detection and Measurement", John Wiley & Sons, New York (1999); Wiley Interscience, New York (2000)

R. K. Bock, A. Vasilescu „The Particle Detector BriefBook", Springer, Berlin, Heidelberg (1999, 2007); On-Line-Version: http://rkb.home.cern.ch/rkb/titleD.html

D. Green „The Physics of Particle Detectors", Cambridge University Press, Cambridge (2000)

F. A. Smith „A Primer in Applied Radiation Physics", World Scientific, Singapore (2000)

H. Krieger „Strahlenphysik, Dosimetrie und Strahlenschutz", Bd. 1 – Grundlagen, Teubner, Stuttgart (2002)

H. Krieger „Grundlagen der Strahlungsphysik und des Strahlenschutzes", Teubner, Wiesbaden (2004)

W. Stolz „Radioaktivität. Grundlagen – Messung – Anwendungen", 5. Auflage, Teubner, Stuttgart (2005)

J. E. Martin „Physics for Radiation Protection: A Handbook", Wiley-VCH, Weinheim (2006)

A. Martin, S. A. Harbison „An Introduction to Radiation Protection", Oxford University Press, A Hodder Arnold Publication, New York City (2006)

K. Kleinknecht „Detectors for Particle Radiation", Cambridge University Press, Cambridge (2007)

M. W. Charles, J. R. Greening „Fundamentals of Radiation Dosimetry, Third Edition", Taylor and Francis, London (2008)

C. Grupen, B. Shwartz „Particle Detectors", 2. Auflage, Cambridge University Press, Cambridge (2008)

„Strahlenschutz-Praxis, Organ des Fachverbandes Strahlenschutz", Berlin, erscheint viermal jährlich

International Commission on Radiation Units and Measurements (ICRU) http://www.icru.org/ic_basic.htm

Literatur zu den juristischen Aspekten des Strahlenschutzes

R. G. Jäger **„Dosimetrie und Strahlenschutz"**, Georg Thieme-Verlag, Stuttgart (1959 und 1974)

Postordnung, Bundesgesetzblatt I, S. 341 (1963)
Postordnung, Bundesgesetzblatt I, S. 1158 (1989)
seit 1.7.1991 außer Kraft gesetzt und durch gleichartige zivilrechtliche Regelungen ersetzt

W. Bäck, W. Hinrichs **„Strahlenschutzrecht"**, Deutscher Fachschriften-Verlag, Wiesbaden (1964)

Atomgesetz, Bundesgesetzblatt I (1959) und Bundesgesetzblatt (1985) S. 1565; Neufassung (2001)

E. Jacchia **„Atom – Sicherheit und Rechtsordnung"**, Eurobuch-Verlag, Freudenstadt (1965)

„Viertes Gesetz zur Änderung des Atomgesetzes", Bundesgesetzblatt I (1976)

Strahlenschutzvorsorgegesetz, Bundesgesetzblatt I, (1986) S. 2610

Eichordnung, Bundesgesetzblatt I, (1988) S. 1657

E. Dienstl, F. Holeczke, W. Börner **„Berufliche Strahlenexposition. Röntgen- und Strahlenschutzverordnung"**, Urban & Fischer, München (1998)

„Strahlenschutzverordnung", Bundesanzeiger (1989)

R. Kramer, G. Zerlett **„Strahlenschutzverordnung"**, Kohlhammer-Verlag, Stuttgart (1990)

R. Kramer, G. Zerlett **„Deutsches Strahlenschutzrecht I, Strahlenschutzverordnung, Strahlenschutzvorsorgegesetz, Strahlenschutzregisterverordnung"**, Kohlhammer-Verlag, Stuttgart (1990)

S. Spang **„Strahlenschutz-Fachkunde"**, Kohlhammer-Verlag, Berlin (1992); A. Spang, R. Spieß, S. Hiller, W. Jansen, H.-G. Vogt **„Strahlenschutz-Fachkunde – Handbuch für Strahlenschutzbeauftragte im nicht-medizinischen Bereich"**, 2. Auflage (1997)

W. Roth, F. Schröder **„Der Strahlenschutzbeauftragte"**, ecomed Verlagsgesellschaft, Landsberg (1994)

A. Hoegl, R. Neuhaus **„Strahlenschutz-Meßtechnik – Geräte, Verfahren, Richtlinien"**, ecomed Verlagsgesellschaft, Landsberg (1994)

F. Wachsmann, T. Schmidt, H. Eckerl „**Strahlenschutz-Belehrungen**", H. Hoffmann GmbH Verlag, Berlin (1997)

„**Die neue Röntgenverordnung**", 7. Auflage, H. Hoffmann GmbH Verlag, Berlin (1997)

L. Kasper „**Handbuch für Strahlenschutzbeauftragte**", Heymanns Verlag, Köln (2000)

„**Die neue Strahlenschutzverordnung**", Bundesanzeiger-Verlag, Köln (2001)

H. M. Veith „**Strahlenschutzverordnung, Neufassung 2001**", Bundesanzeiger-Verlag, Köln (2001)

„**Röntgenverordnung**", Bundesanzeiger-Verlag (1992); Neufassung (2002)

E. Witt, E. Jäger, L. Kasper „**Röntgenverordnung mit Anmerkungen**", Carl Heymanns Verlag, Köln (2002)

K. Ewen, M. Holte „**Die neue Strahlenschutzverordnung**", Dtsch. Wirtschaftsdienst, Wolters Kluwer Deutschland, Köln (2003)

L. Kasper „**Handbuch für Strahlenschutzbeauftragte**", Carl Heymanns Verlag, Köln (2006)

E. Witt, E. Jäger, L. Kasper „**Strahlenschutzverordnung mit Anmerkungen**", Carl Heymanns Verlag, Köln (2006)

Bundesamt für Strahlenschutz
http://www.bmu.de

International Commission on Radiological Protection
http://www.icrp.org/

Literatur zur Umweltradioaktivität

A. W. Wolfendale „**Cosmic rays**", George Newnes Ltd., London (1963)

K. Aurand et al. „**Die natürliche Strahlenexposition des Menschen**", Georg Thieme-Verlag, Stuttgart (1974)

O. C. Allkofer „**Introduction to Cosmic Radiation**", Thiemig, München (1975)

L. M. Libby „**The Uranium People**", Crane Russak, New York (1979)

A. W. Klement (Hrsg.) „**CRC Handbook on Environmental Radiation**", CRC Press, Boca Raton (1982)

H. Aurand et al. „Radioökologie und Strahlenschutz", Schmidt-Verlag, Berlin (1982)

M. Eisenbud „Environmental Radioactivity", Academic Press, Orlando (1986)

R. L. Kathren „Radioactivity in the Environment", Harword Acad. Publ., New York (1986)

C. R. Cothern et al. „Environmental Radon", Plenum Press, New York (1987)

M. Eisenbud „Environmental Radioactivity from Natural, Industrial and Military Sources", Academic Press, New York (1987)

K.-E. Zimen „Strahlende Materie, Radioaktivität – ein Stück Zeitgeschichte", Bechtle Verlag, Esslingen, München (1987)

R. F. Mould „Chernobyl. The Real Story", Pergamon Press, Oxford (1988)

V. M. Chernousenko „Chernobyl", Springer, Berlin (1991)

R. Bertell „No Immediate Danger – Prognosis for a Radioactive Earth", The Book Publ. Comp., Summertown (1995)

R. Tykva and J. Sabol „Low-Level Environmental Radioactivity: Sources and Evaluation", Technomic Publishing, Basel (1995)

A. Siehl (Hrsg.) „Umweltradioaktivität", Ernst & Sohn Verlag, Berlin (1996)

M. Eisenbud, Th. F. Gesell „Environmental Radioactivity", Academic Press, San Diego (1997)

L. I. Dorman „Cosmic Rays in the Earth's Atmosphere and Underground", Kluwer Academic Publishers, Dordrecht (2004)

Literatur zur biologischen Strahlenwirkung und Anwendung in der Medizin

W. D. Claus (Hrsg.) „Radiation Biology and Medicine", Addision-Wesley, Reading (1958)

W. V. Mayneord „Radiation and Health", The Nuffield Provincial Hospital Trust (1964)

G. Z. Morgan, J. E. Turner „Principles of Radiation Protection, A Textbook of Health Physics", John Wiley & Sons, New York (1967)

E. Scherer (Hrsg.) „Strahlentherapie", Springer, Berlin (1980)

T. D. Luckey „Hormesis with Ionizing Radiation", CRC Press, Boca Raton, Florida (1980)

B. Glöbel et al. „Umweltrisiko 80. Das Strahlenrisiko im Vergleich zu chemischen und biologischen Risiken", Georg Thieme-Verlag, Stuttgart (1980)

N. A. Dyson „Nuclear Physics with Applications in Medicine and Biology", John Wiley & Sons, New York (1981)

United Nations „Ionizing Radiation: Sources and Biological Effects", United Nations Scientific Committee on the Effects of Atomic Radiation; Report to the General Assembly, New York (1982)

H. Aurand et al. „Radioökologie und Strahlenschutz", E. Schmidt-Verlag, Berlin (1982)

J. E. Coggle „Biological Effects of Radiation", Taylor & Francis, London (1983)

J. D. Boice Jr., J. F. Fraumeni Jr. „Radiation Carcinogenesis. Epidemiology and Biological Significance", Progress in Cancer Research and Therapy, Vol. 26, Raven Press, New York (1984)

W. R. Hendee „Health Effects of Low Level Radiation", Appleton-Century-Crofts, Norwalk (1984)

Chr. Zink, W. Pschyrembel „Pschyrembel Wörterbuch Radioaktivität, Strahlenwirkung, Strahlenschutz", 2. Auflage, de Gruyter Verlag, Berlin, New York (1987)

J. Kiefer „Biologische Strahlenwirkung", Birkhäuser Verlag, Berlin (1989)

W. Köhnlein et al. „Die Wirkung niedriger Strahlendosen", Springer-Verlag, Heidelberg (1989)

F. Sauli „Applications of Gaseous Detectors in Astrophysics, Medicine and Biology", Nucl. Instr. Meth. A323 (1992) 1

G. Kraft „Schwerionenstrahlen in Biophysik und Medizin", AGF-Forschungsthemen 6, Bonn–Bad Godesberg (1992)

N. A. Dyson „Radiation Physics with Applications in Medicine and Biology", Ellis Horwood, New York (1993)

W. Schlungbaum, U. Flesch, U. Stabell „Medizinische Strahlenkunde", de Gruyter Verlag, Berlin (1993)

B. Mrosek „Strahlenschutz", Begleitbuch zum Pflichtkurs für Arzthelferinnen, Verlag Schattauer, Stuttgart, New York (1993)

M. E. Noz, G. Q. Maguire Jr. „Radiation Protection in Health Science", World Scientific, Singapore (1995)

W. Seibt „GK 1: Physik für Mediziner", VCH Verlagsgesellschaft mbH, Weinheim (1990); 11. Auflage, Chapman & Hall, London, Glasgow (1997)

H. G. Pratzel, P. Deetjen (Hrsg.) „Radon in der Kurortmedizin: Zum Nutzen und vermeindlichen Risiko einer traditionellen medizinischen Anwendung", I.S.M.H. Verlag, Geretsried (1997)

J. Hall „Lebenszeit, Halbwertszeit", Zweitausendeins, Frankfurt (1998)

P. F. Sharp, H. G. Gemmell, F. W. Smith „Practical Nuclear Medicine", Oxford University Press, Oxford (1998)

Th. Laubenberger „Technik der medizinischen Radiologie: Diagnostik, Strahlentherapie, Strahlenschutz", Deutscher Ärzte-Verlag, Köln (1999)

W. R. Hendee (Hrsg.) „Biomedical Uses of Radiation", Wiley-VCH, Weinheim (1999)

C. J. Martin, D. G. Sutton „Practical Radiation Protection in Healthcare", Oxford University Press, Oxford (2002)

S. Forshier „Essentials of Radiation Biology and Protection", Delmar Thomson Learning, Florence, USA (2002)

S. R. Cherry, J. Sorenson, M. Phelps „Physics in Nuclear Medicine", Saunders/Elsevier Science, Philadelphia, Pa. (2003)

F. M. Khan „The Physics of Radiation Therapy", Lippincott Williams & Wilkins, Philadelphia, Pa. (2003)

C. J. Martin „Medical Imaging and Radiation Protection", John Wiley & Sons, New York (2003)

U. G. Schröder, B. S. Schröder „Strahlenschutzkurs für Mediziner", Thieme, Stuttgart (2004)

P. J. Hoskin „Radiotherapy in Practice: Radioisotope Therapy", Oxford University Press, Oxford (2007)

M. G. Stabin „Radiation Protection and Dosimetry: An Introduction to Health Physics", Springer, Heidelberg (2007)

J. V. Trapp, T. Kron „An Introduction to Radiation Protection in Medicine", Institute of Physics Publishing, Bristol (2008); Taylor and Francis, London (2007)

„Radiation and Health Physics",
http://www.umich.edu/~radinfo/

„Health Physics/Radiation Protection",
http://www.umr.edu/~ehs/radiological.htm

International Commission on Radiological Protection (ICRP)
http://www.icrp.org/

Literatur zu Kernkraftwerken

S. Glasstone **„Principles of Nuclear Reactor Engineering"**, D. van Nostrand Comp., Princeton (1955)

S. Villani (Hrsg.) **„Uranium Enrichment"**, Springer, Heidelberg (1979)

W. Marshall **„Nuclear Power Technology"**, Vol. 1: Reactor Technology, Vol. 2: Fuel Cycle, Vol. 3: Nuclear Radiation, Clarendon Press, Oxford (1983)

E. Pochin **„Nuclear Radiation: Risks and Benefits"**, Clarendon Press, Oxford (1983)

A. G. Herrmann **„Radioaktive Abfälle"**, Springer, Berlin (1983)

B. Ma **„Nuclear Reactor Materials and Applications"**, Van Nostrand Reinhold Comp., New York (1983)

E. Hering, W. Schulz **„Kernkraftwerke, Radioaktivität und Strahlenwirkung"**, VDI-Verlag GmbH, Düsseldorf (1987)

J. G. Collier, G. F. Hewitt **„Introduction to Nuclear Power"**, Taylor and Francis, Abingdon, UK (1987)

R. L. Murray **„Nuclear Energy"**, Pergamon Press, New York (1988)

J. Rassow **„Risiken der Kernenergie"**, VCH Verlagsgemeinschaft, Weinheim (1988)

Der Bundesminister für Umwelt, Naturschutz und Reaktorsicherheit (Hrsg.): **„Aktuelle Fragen zur Bewertung des Strahlenkrebsrisikos"**, Veröffentlichungen der Strahlenschutzkommission, Band 12, Fischer-Verlag, Stuttgart (1989)

C. Salvetti, R. A. Ricci, E. Sindoni (Hrsg.) **„Status and Perspectives of Nuclear Energy: Fission and Fusion"**, North-Holland, Amsterdam (1992)

B. J. Lederer, D. W. Wildberg „**Reaktorhandbuch**", Carl Hanser Verlag, München (1992)

R. Murray „**Nuclear Energy**", Pergamon Press, Oxford (1993)

D. Bodansky „**Nuclear Energy, Principles, Practices, and Prospects**", American Institute of Physics, Woodbury, New York (1996)

R. Murray „**Nuclear Energy: An Introduction to the Concepts, Systems, and Applications of Nuclear Processes**", Butterworth-Heinemann (Reed Elsevier Group), Woburn, USA (2001)

W. M. Stacey „**Nuclear Reactor Physics**", Wiley, New York (2001)

R. E. H. Clark, D. H. Reiter (Hrsg.) „**Nuclear Fusion Research**", Springer Series in Chemical Physics, Vol. 78, New York (2005)

K. Miyamoto „**Plasma Physics and Controlled Nuclear Fusion**", Springer Series on Atomic, Optical, and Plasma Physics, Vol. 38, New York (2005)

L. C. Woods „**Theory of Tokamak Transport: New Aspects for Nuclear Fusion Reactor Design**", Wiley, New York (2005)

K. Strauß „**Kraftwerkstechnik zur Nutzung fossiler, nuklearer und regenerativer Energiequellen**", VDI-Buch, Springer, Berlin (2006)

Literatur zu den Strahlungsquellen

M. Oberhofer „**Safe Handling of Radiation Sources**", Verlag K. Thiemig, München (1982)

United Nations Publication „**Ionizing Radiation Sources and Biological Effects**", Renouf Publ. Co. Ltd., United Nations Publications, Geneva (1982)

K. Ewen „**Strahlenschutz an Beschleunigern**", Teubner Verlag, Wiesbaden (1985)

W. Scharf „**Particle Accelerators**", Applications in Technology and Research, John Wiley & Sons Inc., New York (1989)

H. Bergmann, H. Sinzinger (Hrsg.) „**Radioactive Isotopes in Clinical Medicine and Research**", Birkhäuser, Basel (1995)

National Research Council, Committee On Biomedical Institute Of Medicine „**Isotopes for Medicine and the Life Sciences**", F. J. Manning (Hrsg.), National Academy Press, Washington (1995)

F. Hinterberger „**Physik der Teilchenbeschleuniger**", Springer, Heidelberg (1997)

R. B. Firestone, „**Table of Isotopes, 2 Volume Set**", John Wiley & Sons, New York (1998)

K. Wille „**The Physics of Particle Accelerators**", Oxford University Press, Oxford (2000)

United Nations Scientific Committee on the Effects of Atomic Radiation „**Sources and Effects of Ionizing Radiation: Sources**", Stationery Office Books, Norwich, UK (2001)

G. Faure, T. M. Mensing „**Isotopes: Principles and Applications**", John Wiley & Sons, New York (2004)

H. Krieger „**Strahlunsquellen für Technik und Medizin**", Teubner Verlag, Wiesbaden (2005)

B. Fry „**Stable Isotope Ecology**", Springer, Heidelberg (2006)

H. Wiedemann (Hrsg.) „**Advanced Radiation Sources and Applications**", Proceedings of the NATO Advanced Research Workshop, held in Nor-Hamberd, Yerevan, Armenia (2004), Nato Science Series, Springer, Dordrecht (2006)

Literatur zur nicht-ionisierenden Strahlung

J. Law und J. W. Haggith „**Practical Aspects of Non-ionizing Radiation Protection**", Hilger in collaboration with the Hospital Physicists' Association, Bristol (1982)

R. Doll „**Electromagnetic Fields and the Risk of Cancer: Report of an Advisory Group on Non-ionising Radiation**", National Radiological Protection Board (NRPB), London (1992)

D. Hughes „**Management of Protection Against Ionising and Non-ionising Radiations**", Hyperion Books, New York (1995)

D. Holm „**Nichtionisierende Strahlung**", Urban und Fischer, München (1997)

N. Krause, M. Fischer, H.-P. Steimel (Hrsg.) „**Nichtionisierende Strahlung – mit ihr leben in Arbeit und Umwelt**", 31. Jahrestagung des Fachverbandes Strahlenschutz, TÜV Media GmbH, Köln (1999)

R. Matthes, J. H. Bernhardt & A. F. McKinlay (Hrsg.) „**Guidelines on Limiting Exposure to Non-Ionizing Radiation: A Reference Book**", International Commission on Non-Ionizing Radiation Protection, Oberschleissheim (2000)

U. Leute „**Was ist dran am Elektrosmog?**", J. Schlembach Fachverlag, Wilburgstetten (2001)

D. F. Rollé „**Elektrosmog. Störquellen erkennen – Gesundheitsrisiken vermeiden**", AT-Verlag, München (2003)

H. D. Reidenbach, K. Dollinger, J. Hofmann „**Nichtionisierende Strahlung: Sicherheit und Gesundheit**", TÜV-Verlag, Köln (2004)

Bundesamt für Strahlenschutz „**Strahlung, Strahlenschutz**", BfS-Broschüre, 3. Auflage, Salzgitter (2004)

H. Moritz „**Elektrosmog: Ursachen, Gesundheitsrisiken, Schutzmassnahmen**", Shaker-Verlag, Aachen (2005)

H. Zisler, M. Braun „**Elektrosmog Report 2006**", Franzis Fachverlag, Poing (2006)

A. W. Wood, C. Roy „**Non-Ionizing Radiation Protection**", John Wiley & Sons, New York (2008)

Tabellenwerke (Nuklidkarten)

H. Landolt, R. Börnstein „**Atomkerne und Elementarteilchen**", Bd. 5, Springer-Verlag, Berlin (1952)

W. Seelmann-Eggebert, G. Pfennig „**Radionuklid-Tabellen**", Telefunken, Ulm (1961)

C. M. Lederer, V. S. Shirley „**Table of Isotopes**", John Wiley & Sons, New York (1979)

R. C. Weast, M. J. Astle (Hrsg.) „**Handbook of Chemistry and Physics**", CRC Press, Boca Raton (1986) und folgende Auflagen; 87. Auflage (2007)

E. Browne, R. B. Firestone, V. S. Shirley „**Table of Radioactive Isotopes**", John Wiley & Sons, New York (1986)

G. Pfennig, H. Klewe-Nebenius, W. Seelmann-Eggebert „**Karlsruher Nuklidkarte**", Forschungszentrum Karlsruhe 1995, Neue Ausgabe bei Marktdienste Haberbeck, Lage (2006)

Particle Data Group „**Review of Particle Properties**", Eur. Phys. J. **C15** (2000); K. Hagiwara et al., Phys. Rev. **D66** (2002) 010001; http://pdg.web.cern.ch/pdg/; W.-M. Yao et al. J. Phys. G: Nucl. Part. Phys. **33** (2006) 1–1232; http://pdg.lbl.gov

„**Applied Nuclear Physics Data**",
http://atom.kaeri.re.kr/
http://isotopes.lbl.gov/education

Quellennachweis:
Photos kommerzieller Produkte

Wir danken den folgenden Firmen für die Bereitstellung von Photo-
material:

QSA Global GmbH
Produktbereich isotrak
Gieselweg 1
D-38110 Braunschweig

automess GmbH
Daimlerstraße 27
D-68526 Ladenburg

BERTHOLD TECHNOLOGIES GmbH & Co. KG
Calmbacher Straße 22
D-75323 Bad Wildbad

BICRON RADIATION MEASUREMENT PRODUCTS
6801 Cochran Road
Solon, Ohio 44139, USA

Canberra Eurisys GmbH
Walter-Flex-Straße 66
D-65428 Rüsselsheim

EG&G Technical Services, Inc.
900 Clopper Road, Suite 200
Gaithersburg, MD 20878, USA

ESM Eberline Instruments GmbH
Frauenauracher Straße 96
D-91056 Erlangen

GRAETZ Strahlungsmeßtechnik GmbH
Westiger Straße 172
D-58762 Altena

GSF – Forschungszentrum für Umwelt und Gesundheit GmbH
Ingolstädter Landstraße 1
D-85764 Neuherberg

JL Goslar
Strahlenschutz und Halbzeuge
Werk Hamburg
Schnackenburgallee 221
D-22525 Hamburg

MINI INSTRUMENTS LTD
15 Burnham Business Park
Springfield Road, Burnham-on-Crouch
Essex CM0 8TE, England

mab STRAHLENMESSTECHNIK
Münchener Apparatebau für elektronische Geräte
Harisch & Richter GbR
Oberweg 21
D-82008 Unterhaching

Oxford Technologies
Culham Science Center
Abingdon, Oxon, England

PTW–Freiburg
Physikalisch–Technische Werkstätten Dr. Pychlau GmbH
Lörracher Straße 7
D-79115 Freiburg

RADOS Technology GmbH
Ruhrstraße 49
D-22761 Hamburg

S.E.A. GmbH
(Strahlenschutz- Entwicklungs- und Ausrüstungs-Gesellschaft)
Ortsdamm 139
D-48249 Dülmen

ICx Radiation GmbH (früher: target systemelectronic GmbH)
Kölner Straße 99
D-42651 Solingen

Headquarters ICx Technologies
2100 Crystal Drive
Arlington, VA 22202, USA

Terra Universal, Inc.
700 N. Harbor Blvd.
Anaheim, California 92805, USA

Thermo Eberline Trading GmbH
Viktoriastraße 5
D-42929 Wermelskirchen

VacuTec Meßtechnik GmbH
Dornblüthstraße 14
D-01277 Dresden

Materialprüfungsamt Nordrhein-Westfalen
Marsbruchstraße 186
D-44287 Dortmund

Sachverzeichnis*

---

* Die kursiv gesetzten Seitenzahlen beziehen sich auf das Glossar.